U0383287

住房和城乡建设部"十四五"规划教材
普通高等教育"十一五"国家级规划教材
高等学校给排水科学与工程学科专业指导委员会规划推荐教材

水资源利用与保护

（第五版）

李广贺　主编
张晓健　主审

中国建筑工业出版社

图书在版编目（CIP）数据

水资源利用与保护 / 李广贺主编. -- 5 版.
-- 北京：中国建筑工业出版社，2024. 8. --（住房和城乡建设部"十四五"规划教材）（普通高等教育"十一五"国家级规划教材）（高等学校给排水科学与工程学科专业指导委员会规划推荐教材）. -- ISBN 978-7-112-30216-1

Ⅰ. TV213

中国国家版本馆 CIP 数据核字第 20245XP201 号

本教材在第四版的基础上，全面参考水资源利用与保护的相关成果与进展，结合新修订的技术标准与规范，对教材内容进行了全面系统修编与增补。教材全面介绍了水资源利用与保护的理论与方法，补充和完善了地下水资源评价、供水资源水质评价和节水理论与技术等章节内容。突出教材内容和结构的系统与完整。

本教材系统性强，理论性与实用性统一，可作为高等学校给排水科学与工程（给水排水工程）专业教材，也可作为环境科学、环境工程专业教材或教学参考书，还可供相关专业科技人员参考。

为便于教学，作者制作了与教材配套的课件，如有需要，可发邮件至 jckj @cabp. com. cn 索取，或到建工书院 http://edu. cabplink. com 下载，电话（010）58337285。

* * *

责任编辑：王美玲
责任校对：芦欣甜

住房和城乡建设部"十四五"规划教材
普通高等教育"十一五"国家级规划教材
高等学校给排水科学与工程学科专业指导委员会规划推荐教材
水资源利用与保护
（第五版）
李广贺　主编
张晓健　主审

*

中国建筑工业出版社出版、发行（北京海淀三里河路 9 号）
各地新华书店、建筑书店经销
北京红光制版公司制版
建工社（河北）印刷有限公司印刷

*

开本：787 毫米×1092 毫米　1/16　印张：21¼　字数：526 千字
2024 年 8 月第五版　2024 年 8 月第一次印刷
定价：**63.00** 元（赠教师课件）
ISBN 978-7-112-30216-1
（42807）

版权所有　翻印必究
如有内容及印装质量问题，请联系本社读者服务中心退换
电话:(010)58337283　QQ:2885381756
（地址:北京海淀三里河路 9 号中国建筑工业出版社 604 室　邮政编码:100037）

出 版 说 明

  党和国家高度重视教材建设。2016 年，中共中央办公厅、国务院办公厅联合印发了《关于加强和改进新形势下大中小学教材建设的意见》，提出要健全国家教材制度。2019 年 12 月，教育部牵头制定了《普通高等学校教材管理办法》和《职业院校教材管理办法》，旨在全面加强党的领导，切实提高教材建设的科学化水平，打造精品教材。住房和城乡建设部历来重视土建类学科专业教材建设，从"九五"开始组织部级规划教材立项工作，经过近 30 年的不断建设，规划教材提升了住房和城乡建设行业教材质量和认可度，出版了一系列精品教材，有效促进了行业部门引导专业教育，推动了行业高质量发展。

  为进一步加强高等教育、职业教育住房和城乡建设领域学科专业教材建设工作，提高住房和城乡建设行业人才培养质量，2020 年 12 月，住房和城乡建设部办公厅印发《关于申报高等教育职业教育住房和城乡建设领域学科专业"十四五"规划教材的通知》（建办人函〔2020〕656 号），开展了住房和城乡建设部"十四五"规划教材选题的申报工作。经过专家评审和部人事司审核，512 项选题列入住房和城乡建设领域学科专业"十四五"规划教材（简称规划教材）。2021 年 9 月，住房和城乡建设部印发了《高等教育职业教育住房和城乡建设领域学科专业"十四五"规划教材选题的通知》（建人函〔2021〕36 号）（简称《通知》）。为做好规划教材的编写、审核、出版等工作，《通知》要求：（1）规划教材的编著者应依据《住房和城乡建设领域学科专业"十四五"规划教材申请书》（简称《申请书》）中的立项目标、申报依据、工作安排及进度，按时编写出高质量的教材；（2）规划教材编著者所在单位应履行《申请书》中的学校保证计划实施的主要条件，支持编著者按计划完成书稿编写工作；（3）高等学校土建类专业课程教材与教学资源专家委员会、全国住房和城乡建设职业教育教学指导委员会、住房和城乡建设部中等职业教育专业指导委员会应做好规划教材的指导、协调和审稿等工作，保证编写质量；（4）规划教材出版单位应积极配合，做好编辑、出版、发行等工作；（5）规划教材封面和书脊应标注"住房和城乡建设部'十四五'规划教材"字样和统一标识；（6）规划教材应在"十四五"期间完成出版，逾期不能完成的，不再作为《住房和城乡建设领域学科专业"十四五"规划教材》。

  住房和城乡建设领域学科专业"十四五"规划教材的特点，一是重点以修订教育部、住房和城乡建设部"十二五""十三五"规划教材为主；二是严格按照专业标准规范要求编写，体现新发展理念；三是系列教材具有明显特点，满足不同层次和类型的学校专业教学要求；四是配备了数字资源，适应现代化教学的要求。规划教材的出版凝聚了作者、主

3

审及编辑的心血，得到了有关院校、出版单位的大力支持，教材建设管理过程有严格保障。希望广大院校及各专业师生在选用、使用过程中，对规划教材的编写、出版质量进行反馈，以促进规划教材建设质量不断提高。

住房和城乡建设部"十四五"规划教材办公室

2021 年 11 月

第五版前言

《水资源利用与保护》（第五版）作为住房和城乡建设部"十四五"规划教材，以及高等学校给排水科学与工程学科专业指导委员会规划推荐教材，系统介绍水资源概念、特征与开发利用状况，阐述了水资源量和水质评价理论与方法，论述了供需平衡分析与技术、取水工程设计与构筑物、节水理论与技术和水资源保护理论与方法。基于现代水资源利用与保护理论、技术、工程发展趋势，结合教材使用与教学内容要求，作者在《水资源利用与保护》（第四版）的基础上，对教材内容进行全面系统修编与增补，系统补充、完善和更新教材内容，突出教材内容体系和结构的系统与完整。

系统补充和修编教材内容和结构，更新相关标准与技术规范内容；全面修改地下水资源评价、供水资源水质评价和节水理论与技术等章节，完善技术要点与标准，教材层次、逻辑关系和内容体量更加趋于合理。总体上，突出了教材内容与体系的系统性和完整性，理论、方法与实用性的统一。

本教材由清华大学李广贺主编，清华大学张旭、张芳和太原理工大学崔建国参编。其中：第1、2章由李广贺修编；第3章地表水部分由张旭和张芳修编，地下水部分由李广贺修编；第4章由崔建国修编；第5章由李广贺和崔建国修编；第6章由张旭和张芳修编；第7章由李广贺修编；第8章由李广贺、张旭、崔建国和张芳修编；第9章由李广贺、张旭、崔建国、张芳修编。本教材由清华大学张晓健教授主审。

本书可作为给排水科学与工程专业教材，也可作为环境科学、环境工程、水文与水资源工程、水资源管理等专业的教材或教学参考书，并可供有关的工程技术人员参考。

由于教材涉及多学科，内容广泛，难免存在错误或不足，恳请读者给予指正。对于为本教材编写和修订给予帮助和支持的人员表示诚挚感谢。

第四版前言

《水资源利用与保护》（第四版）作为高等学校给排水科学与工程专业教材，系统介绍水资源评价、供需平衡分析、取水工程设计、节水技术、水资源保护等理论、技术与方法。基于现代水资源利用与保护理论、技术、工程发展趋势，结合教材使用与教学内容要求，作者在《水资源利用与保护》（第三版）的基础上，对教材章节、教材结构进行重新规划，系统补充、完善和更新教材内容，保持原教材所具有的内容体系和教材结构的系统与完整。

系统补充和修编教材内容和结构，更新相关标准与技术规范内容；全面修改节水理论与技术章节，完善技术要点与标准，增补海水资源利用内容；地表水和地下水取水工程独立成章，层次、逻辑关系和内容体量更加趋于合理。总体上，进一步突出了教材内容与体系的系统性和完整性，理论、方法与实用性的统一。

本教材由清华大学李广贺主编，清华大学张旭、张思聪和太原理工大学崔建国参编。其中：第 1、2 章由李广贺修编；第 3 章地表水部分由张旭修编，地下水部分由李广贺修编；第 4 章由崔建国修编；第 5 章由张思聪、李广贺修编；第 6 章由张旭修编；第 7 章由李广贺修编；第 8 章由李广贺、张旭、崔建国修编；第 9 章由李广贺、张旭、崔建国修编。本教材由董辅祥主审。

本书作为给排水科学与工程（给水排水工程）专业教材，也可作为环境科学、环境工程、水文与水资源工程、水资源管理等专业的教材或教学参考书，并可供有关的工程技术人员参考。

由于教材涉及多学科，内容广泛，难免存在错误或不足，恳请读者给予指正。对于为本教材编写和修订给予帮助和支持的人员表示诚挚感谢。

第三版前言

《水资源利用与保护》（第三版）作为全国高等学校给排水科学与工程（给水排水工程）专业课教材，探讨水资源分布、评价、开发利用与保护理论及方法。为了适应水资源利用与保护理论及方法的发展趋势，作者在《水资源利用与保护》（第二版）的基础上，全面参考水资源利用与保护的相关研究成果和新修订的技术标准与规范，对《水资源利用与保护》（第二版）进行修订。本次修订保持了原教材所具有的系统性、理论性与实用性相统一的特色，对教材内容进行了系统补充完善和更新。

教材全面介绍水资源利用与保护的理论与方法，补充和完善了水循环与水资源开发利用状况、供水水质评价、水资源开发利用工程、节水理论与技术等章节内容，增补了饮用天然矿泉水水质评价等内容，进一步突出了水资源利用与保护内容的系统性和完整性，以及理论性与实用性的统一。

本书由清华大学李广贺主编，清华大学张旭、张思聪和太原理工大学崔建国参编。其中：第 1、2 章由李广贺修编，第 3、6 章地表水部分由张旭修编，地下水部分由李广贺修编，第 4 章由崔建国、李广贺修编，第 5 章由张思聪修编，第 7 章由李广贺、崔建国、张旭修编，第 8 章由李广贺、张旭修编。本书由董辅祥主审。

本书作为给排水科学与工程（给水排水工程）专业的教材，也可作为环境科学、环境工程、水利、水资源管理专业的教材或教学参考书，并可供有关的工程技术人员参考。

由于教材涉及众多学科，难免存在错误和不足，恳请读者给予指正。

第二版前言

《水资源利用与保护》作为全国高等学校给水排水专业课教材，探讨水资源分布、评价、开发利用与保护理论与方法。为了适应水资源利用与保护理论与方法的发展趋势，作者在《水资源利用与保护》第一版的基础上，通过对国内外相关教材的全面调研，结合近年来水资源利用与保护的研究成果和新的技术标准与规范，对《水资源利用与保护》教材进行修编。保持了原教材所具有的系统性、理论性与实用性相统一的特色，对教材内容进行了系统补充完善和更新。

教材全面介绍水资源利用与保护的理论与方法，补充和完善了水资源开发利用工程、水资源供需平衡分析理论与工程、节水指标体系和技术、污水再生利用理论与技术、水资源保护理论与方法，增补了地下水开发工程的过滤器结构，水资源优化配置理论与方法等内容，进一步突出了水资源利用与保护内容的系统性和完整性，以及理论性与实用性的统一。

本书由清华大学李广贺主编，清华大学张旭、张思聪和太原理工大学崔建国参编。其中：第1、2、4章由李广贺修编，第3、6章地表水部分由张旭修编，地下水部分由李广贺修编，第5章由张思聪修编，第7章由李广贺、崔建国、张旭修编，第8章由李广贺、张旭修编。

本书作为给水排水工程专业的教材，也可作为环境科学、环境工程、水利、水资源管理专业的教材或教学参考书，并可供有关的工程技术人员参考。

由于教材涉及众多学科，难免存在错误和不足，恳请读者给予指正。

第一版前言

国民经济的发展和人类生活水平的提高无疑将受水资源状态的制约。长期以来,水资源的不合理开发、利用所造成的严重的水资源短缺和区域性的生态、环境灾害受到国际水资源与环境领域的广泛关注。现代水资源开发利用已从传统的仅对水资源量的评价与无序开发,转变为更加重视水资源量与质的综合评价、合理开发与利用;更加注重节水技术的开发与应用;更加关注水资源的天然循环与人为循环之间的协调;更加强调污水再生回用技术、污染水源的水质恢复技术的应用与推广,实现水资源的有效保护。显然,水资源的合理利用与保护成为当今人类为维持社会进步、国民经济可持续发展所必须采取的重要的手段和保证措施。

为了适应水资源利用与保护的发展趋势,受全国高校给水排水工程学科专业指导委员会的委托,在对国内外相关教材全面调研,并在有关水资源开发、利用与管理著作与教材的基础上,为高等学校给水排水工程专业课编写了能充分反映现代水资源理论与技术发展,并具有自己特色的教材《水资源利用与保护》。本教材全面介绍了水资源状况、水资源开发利用工程、水资源供需平衡分析理论与工程、节水指标体系和技术,污水再生回用理论与技术,以及水资源保护的概念与现代理论和方法。教材突出体现理论性与实用性的统一。

本书由清华大学李广贺主编,清华大学张旭、张思聪和太原理工大学崔建国编写。其中:第1、2、4章由李广贺编写,第3、6章地表水部分由张旭编写,地下水部分由李广贺编写,第5章由张思聪编写,第7章由李广贺、崔建国、张旭编写,第8章由李广贺、张旭编写。沈阳建工学院董辅祥教授主审。

在教材的编写过程中,吉林大学余国光教授给予极大的帮助,对教材中的主要章节的内容提出很多宝贵意见和建议。教材编写中引用众多的参考文献及相关资料,因疏漏可能未全部列出,对此表示深深歉意。对为教材编写提供帮助和支持的所有人员和所有参考文献的作者表示诚挚的谢意。教材编写的顺利完成,与他们的贡献与支持是分不开的。

本书作为给水排水工程专业的教材,也可作为环境科学、环境工程、水利、水资源管理专业的教学参考书,并可供有关的工程技术人员参考。

由于教材涉及众多学科,内容广泛,且编者水平有限,难免存在错误和不足,恳请读者给予指正。

目　　录

第1章 绪　论

1.1　水资源的基本含义

水是人类及一切生物赖以生存的不可缺少的重要物质，也是工农业生产、经济发展和环境改善不可替代的极为宝贵的自然资源，同土地、能源等构成人类经济与社会发展的基本条件。由于对水体自然资源基本属性认知程度和角度的差异性，有关水资源的确切含义仍未有统一定论。

由于水资源所具有的"自然属性"，人类对水资源的认识首先是对"自然资源"含义的了解。自然资源为："参与人类生态系统能量流、物质流和信息流，从而保证系统的代谢功能得以实现，促进系统稳定有序不断进化升级的各种物质"。自然资源并非泛指所有物质，而是特指那些有益于、有助于人类生态系统保持稳定与发展的某些自然界物质，并对于人类具有可利用性。作为重要自然资源的水资源毫无疑问应具有"对于人类具备可利用性"这一特定的含义。

水资源（Water Resources）的概念随着时代的进步，其内涵也在不断地丰富和发展。较早采用这一概念的是美国地质调查局（USGS）。1894年，该局设立了水资源处，其主要业务范围是对地表河川径流和地下水观测。此后，随着水资源研究范畴的不断拓展，要求对"水资源"的基本内涵给予具体的定义与界定。

《大不列颠大百科全书》将水资源解释为："自然界各种形态的水，包括气态水、液态水和固态水的总量"。这一解释为"水资源"赋予十分广泛的含义。实际上，资源的本质特性就是体现在其"可利用性"。毫无疑问，不能被人类所利用的不能称为资源。基于此，1963年英国的《水资源法》把水资源定义为："（地球上）具有足够数量的可用水"。在水环境污染并不突出的特定条件下，这一概念比《大不列颠大百科全书》的定义赋予水资源更为明确的含义，强调了其在量上的可利用性。

联合国教科文组织（UNESCO）和世界气象组织（WMO）共同制订的《水资源评价活动——国家评价手册》中，定义水资源为："可以利用或有可能被利用的水源，具有足够数量和合适的质量，并能在某一地点为满足某种用途而可被利用。"这一定义的核心主要包括两个方面，其一是应有足够的数量，其二是强调了水资源的质量。有"量"无"质"，或有"质"无"量"均不能称之为水资源。这一定义比英国《水资源法》中水资源的定义具有更为明确的含义，不仅考虑水的数量，同时其必须具备质量的可利用性。

2016年7月修订并实施的《中华人民共和国水法》将水资源认定为"地表水和地下水"。《环境科学词典》（1994）定义水资源为"特定时空下可利用的水，是可再利用资源，不论其质与量，水的可利用性是有限制条件的"。

《中国大百科全书》在不同的卷册中对水资源也给予了不同的解释。如在大气科学、海洋科学、水文科学卷中，水资源被定义为"地球表层可供人类利用的水，包括水量（水质）、水域和水能资源，一般指每年可更新的水量资源"；在水利卷中，水资源被定义为"自然界各种形态（气态、固态或液态）的天然水，并将可供人类利用的水资源作为供评价的水资源"。

引起对水资源的概念及其内涵具有不尽一致的认识与理解的主要原因在于：水资源是一个既简单又非常复杂的概念。它的复杂内涵表现在：水的类型繁多，具有运动性，各种类型的水体具有相互转化的特性。水的用途广泛，不同的用途对水量和水质具有不同的要求；水资源所包含的"量"和"质"在一定条件下是可以改变的；更为重要的是，水资源的开发利用还受到经济技术条件、社会条件和环境条件的制约。正因为如此，人们从不同的侧面认识水资源，造成对水资源一词理解的不一致性及认识的差异性。

综上所述，水资源可以理解为人类长期生存、生活和生产活动中所需要的各种水，既包括数量和质量含义，又包括其使用价值和经济价值。一般认为，水资源概念具有广义和狭义之分。

狭义上的水资源是指人类在一定的经济技术条件下能够直接使用的淡水。

广义上的水资源是指在一定的经济技术条件下能够直接或间接使用的各种水和水中物质，在社会生活和生产中具有使用价值和经济价值的水都可称为水资源。

广义上的水资源强调了水资源的经济、社会和技术属性，突出了社会、经济、技术发展水平对于水资源开发利用的制约与促进。在当今的经济技术发展水平下，进一步扩大了水资源的范畴，工业和生活污水构成水资源的重要组成部分，弥补水资源的短缺，从根本上解决长期困扰国民经济发展的水资源短缺问题；在突出水资源实用价值的同时，强调水资源的经济价值，利用市场理论与经济杠杆调配水资源的开发与利用，实现经济、社会与环境效益的统一。

鉴于水资源的固有属性，本书所论述的"水资源"主要限于狭义水资源的范围，即与人类生活和生产活动、社会进步息息相关的淡水资源。考虑水资源研究的拓展，书中对于污水再生回用、海水资源利用等非常规水资源将给予一定的阐述。需要指出的是，由于统计数据资料的局限，书中所涉及的水资源数据资料为淡水资源，除非特定注明。

1.2　水资源的特性

水是自然界的重要组成物质，是环境中最活跃的要素。它不停地运动着，积极参与自然环境中一系列物理的、化学的和生物的作用过程，在改造自然的同时，也不断地改造自身的物理化学与生物学特性。由此表现出水作为自然资源所独有的性质特征。

1. 资源的循环性

水资源与其他固体资源的本质区别在于其所具有的流动性，它是在循环中形成的一种动态资源，是环境中最活跃的要素，具有循环性。水循环系统是一个庞大的天然水资源系统，处在不断地开采、补给和消耗、恢复的循环之中，可以不断地供给人类利用和满足生态平衡的需要。

2. 储量的有限性

水资源处在不断地消耗和补充过程中，具有恢复性强的特征。但实际上全球淡水资源的储量是十分有限的。全球的淡水资源仅占全球总水量的 2.5%，大部分储存在极地冰帽和冰川中，真正能够被人类直接利用的淡水资源仅占全球总水量的 0.8%。可见，水循环过程是无限的，水资源的储量是有限的。

3. 时空分布的不均匀性

水资源在自然界中具有一定的时间和空间分布。时空分布的不均匀性是水资源的又一特性。全球水资源的分布表现为极不均匀性，如大洋洲的径流模数为 51.0L/(s·km^2)，澳大利亚仅为 1.3L/(s·km^2)，亚洲为 10.5L/(s·km^2)。最高的和最低的径流模数相差数倍或数十倍。

我国水资源在区域上分布极不均匀。总体上表现为东南多，西北少；沿海多，内陆少；山区多，平原少。在同一地区中，不同时间分布差异性很大，一般夏多冬少。

4. 利用的多样性

水资源是被人类在生产和生活中广泛利用的资源，不仅广泛应用于农业、工业和生活，还用于发电、水运、水产、旅游和环境改造等。在各种不同的用途中，消耗性用水与非消耗性或消耗很小的用水并存。用水目的不同对水质的要求各不相同，使得水资源表现出一水多用的特征。

5. 利、害的两重性

水资源与其他固体矿产资源相比，最大区别是：水资源具有既可造福于人类又可危害人类生存的两重性。

水资源质、量适宜，且时空分布均匀，将为区域经济发展、自然环境的良性循环和人类社会进步作出巨大贡献。水资源开发利用不当，又可制约国民经济发展，破坏人类的生存环境。如水资源利用工程设计不当、管理不善，可造成重大安全事故，引起土壤次生盐碱化。水量过多或过少的季节和地区，往往又产生了各种各样的自然灾害。水量过多容易造成洪涝危害，水量过少容易形成干旱等自然灾害。适量开采地下水，可为国民经济各部门和居民生活提供水源，满足生产、生活的需求。无节制、不合理地抽取地下水，往往引起水位持续下降、水质恶化、水量减少、地面沉降，不仅影响生产发展，而且严重威胁人类生存。正是由于水资源的双重性质，在水资源的开发利用过程中尤其强调合理利用、有序开发，以达到兴利除害的目的。

1.3 水资源研究现状与发展趋势

20 世纪 60 年代以来，随着世界经济的迅速发展，工业、农业生产规模的不断扩大，需用水量的不断增加，供用水问题在世界范围内已十分突出。如何加强对水资源合理开发利用、管理与保护，已受到广泛的关注。联合国教科文组织（UNESCO）、粮农组织（FAO）、世界气象组织（WMO）、联合国工业发展组织（UNIDO）等国际组织广泛开展水资源研究，不断扩大国际交流。

1965 年联合国教科文组织成立了国际水文十年（IHD）（1965 年～1974 年）机构，120 多个国家参加了水资源研究。该机构组织了水量平衡、洪涝、干旱、地下水、人类活动对水循环的影响研究，特别是农业灌溉和都市化对水资源的影响等方面的大量研究，取得了显著成绩。1975 年成立了国际水文规划委员会（IHP）（1975 年～1989 年）接替

IHD。第一期 IHP 计划（1975 年～1980 年）突出了与水资源综合利用、水资源保护等有关的生态、经济和社会各方面的研究；第二期 IHP 计划（1981 年～1983 年）强调了水资源与环境关系的研究；第三期 IHP 计划（1984 年～1989 年）则研究"为经济和社会发展合理管理水资源的水文学和科学基础"，强调水文学与资源规划与管理的联系，力求有助于解决世界水资源问题。

1972 年成立的国际水资源协会，1973 年～1988 年间召开的六次水资源专题国际会议，主要从水—人类生存—环境探讨世界水资源问题。

联合国地区经济委员会、粮农组织、世界卫生组织（WHO）、联合国环境规划署（UNEP）等制定了配合水资源评价的相关活动内容。水资源评价成为一项国际协作的活动。

1977 年联合国在阿根廷马尔德普拉塔召开的世界水会议上，第一项决议中明确指出：没有对水资源的综合评价，就谈不上对水资源的合理规划和管理。要求各国进行一次专门的国家水平的水资源评价活动。联合国教科文组织在制定水资源评价计划（1979 年～1980 年）中，提出的工作有：制定计算水量平衡及其要素的方法，估计全球、大洲、国家、地区和流域水资源的参考水平，确定水资源规划管理和计算方法。

1983 年第九届世界气象会议通过了世界气象组织和联合国教科文组织的共同协作项目：水文和水资源计划。它的主要目标是保证水资源量和质的评价，对不同部门毛用水量和经济可用水量的前景进行预测。同年，国际水文科学协会修改的章程中指出：水文学应作为地球科学和水资源学的一个方面来对待，主要任务是解决在水资源利用和管理中的水文问题，以及由于人类活动引起的水资源变化问题。

1987 年 5 月在罗马由国际水文科学协会和国际水力学研究协会共同召开的"水的未来——水文学和水资源开发展望"讨论会，提出水资源利用中人类需要了解水的特性和水资源的信息，人类对自然现象的求知欲将是水文学发展的动力。

1992 年 6 月在巴西里约热内卢召开的联合国环境与发展大会上，关注的热点包括水环境在内的环境和水资源问题。会议通过和签署了《里约热内卢环境与发展宣言》《21 世纪议程》等重要文件，对解决和缓解水资源和水环境危机提出了一系列战略性措施，包括减少对水资源的污染，加强饮水安全保障、促进跨界水问题的合作等。

瑞典皇家科学院、国际湖沼学会、国际水质协会、国际水资源协会、国际供水协会、世界银行和世界野生生物基金会等组织联合发起，从 1991 年起每年在斯德哥尔摩召开一次国际水会议，就全球水资源问题开展广泛讨论。

随着国际上水资源研究的不断深入，迫切要求利用现代化理论和方法识别和模拟水资源系统，规划和管理水资源，保证水资源的合理开发、有效利用，实现优化管理。经过多学科长期的共同努力，在水资源利用和管理的理论和方法方面取得了明显进展。

1. 水资源模拟与模型化

随着计算机技术的迅速发展，以及信息论和系统工程理论在水资源系统研究中的广泛应用，水资源系统的状态与运行的模型模拟已成为重要的研究工具。各类确定性、非确定性、综合性的水资源评价和科学管理数学模型的建立与完善，使水资源的信息系统分析、供水工程优化调度、水资源系统的优化管理与规划成为可能，加强了水资源合理开发利用、优化管理的决策系统的功能和决策效果。

2. 水资源系统分析多目标化

水资源动态变化的多样性和随机性，水资源工程的多目标性和多任务性，河川径流和地下水的相互转化，水质和水量相互联系的密切性，使水资源问题更趋于复杂化，它涉及自然、社会、人文、经济等各个方面。因此在对水资源系统分析过程中更注重系统分析的整体性和系统性。在水资源规划过程中，应用线性规划、动态规划、系统分析的理论寻求目标方程的优化解。现代的水资源系统分析正向着多层次、多目标的方向发展与完善。

3. 水资源信息管理系统

为了适应水资源系统分析与系统管理的需要，建立了水资源信息分析与管理系统，主要涉及信息查询系统、数据和图形库系统、水资源状况评价系统、水资源管理与优化调度系统等。水资源信息管理系统的建立和运行，提高了水资源科学合理利用与保护的层次和水平，加速了水资源合理开发利用和科学管理的进程，成为水资源研究与管理的重要技术支柱和平台。

4. 水环境理论与技术的先进性

人类大规模的经济和社会活动对环境和生态的变化产生了极为深远的影响。环境、生态的变异又反过来引起自然界水资源的变化，部分或全部地改变原来水资源的变化规律。人们通过对水资源变化规律的研究，寻找这种变化规律与社会发展和经济建设之间的内在关系，以便有效地可持续利用水资源，使环境质量向着有利于人类当今和长远利益的方向发展。转变传统的水资源管理理念，创新水资源管理模式，革新用水技术，提高用水效率，优化水资源配置，充分发挥水资源的综合效益。与此同时，节水、污水再生回用、水体污染控制与修复的现代理论与技术的研究取得了显著进展。

1.4　水资源利用与保护的任务和内容

水资源的合理开发和可持续利用、有效保护与管理，是维持水资源可持续利用，实现水资源良性循环的主要保证，也是维持社会进步，国民经济可持续发展的关键所在。"水资源利用与保护"作为全国高校给排水科学与工程专业的专业课教材，其主要任务是使学生全面了解水资源的形成、分布、开发与利用，系统地学习水资源质与量评价的基本理论与方法、评价指标体系；掌握地表水和地下水开发利用工程类型、结构特征、布置方式、水量计算与工程运行参数；学习和掌握水资源供需平衡分析的系统分析方法，节水、污水再生回用的现代理论与技术；了解水资源保护与管理的基本概念、法律法规体系、水环境监测与评价方法、水污染防治的概念、理论和方法，为合理利用与保护水资源奠定理论与技术基础。

本教材的主要内容包括：

(1) 水资源的循环、赋存与分布；

(2) 水资源评价、水量计算的理论和方法；

(3) 水资源质量评价指标与评价体系；

(4) 取水构筑物类型、适用范围与运行参数；

(5) 水资源供需平衡分析方法体系；

(6) 节水理论、技术与指标体系；

(7) 水资源保护与管理的内容、方法和措施。

第2章 水循环与水资源开发利用状况

2.1 地球水量储存与循环

2.1.1 地球水储量与分布

地球表面面积 $5.1 \times 10^8 \mathrm{km}^2$，水圈（地壳表层、表面和围绕地球的大气层中气态、液态和固态的水组成的圈层）内全部水体总储量达 $13.86 \times 10^8 \mathrm{km}^3$。海洋面积 $3.61 \times 10^8 \mathrm{km}^2$，占地球总表面积的 70.8%。含盐量为 35g/L 的海洋水量为 $13.38 \times 10^8 \mathrm{km}^3$，占地球总储水量的 96.5%。陆地面积为 $1.49 \times 10^8 \mathrm{km}^2$，占地球总表面的 29.2%，水量仅为 $0.48 \times 10^8 \mathrm{km}^3$，占地球水储量的 3.5%。

在陆地有限的水体中并不全是淡水。据统计，陆地上的淡水量仅为 $0.35 \times 10^8 \mathrm{km}^3$，占陆地水储量的 73%。其中的 $0.24 \times 10^8 \mathrm{km}^3$（占淡水储量的 69.6%）分布于冰川、多年积雪、两极和多年冰土中，在现有的经济技术条件下很难被人类所利用。人类可利用的淡水资源量只是 $0.1 \times 10^8 \mathrm{km}^3$，占淡水总量的 30.4%，主要分布在 600m 深度以内的含水层、湖泊、河流、土壤中。地球上各种水的储量见表 2-1。

地球水储量 表 2-1

水体种类	储水总量		咸 水		淡 水	
	水量（km³）	比例	水量（km³）	比例	水量（km³）	比例
海洋水	1338000000	96.538%	1338000000	99.041%	0	0
地表水	24254100	1.750%	85400	0.006%	24168700	68.996%
冰川与冰盖	24064100	1.7360%	0	0	24064100	68.697%
湖泊水	176400	0.0130%	85400	0.006%	91000	0.260%
沼泽水	11470	0.0008%	0	0	11470	0.033%
河流水	2120	0.0002%	0	0	2120	0.006%
地下水	23700000	1.710%	12870000	0.953%	10830000	30.917%
重力水	23400000	1.688%	12870000	0.953%	10530000	30.061%
地下冰	300000	0.022%	0	0	300000	0.856%
土壤水	16500	0.001%	0	0	16500	0.047%
大气水	12900	0.0009%	0	0	12900	0.037%
生物水	1120	0.0001%	0	0	1120	0.003%
全球总储量	1385984620	100%	1350955400	100%	35029220	100%

地球上水的储量巨大，但可供人类利用的淡水资源在数量上极为有限，仅占全球水总储量的不到 1%。即使如此有限的淡水资源，其分布地极不均匀。表 2-2 表示世界各大洲淡水资源的分布状况。

世界各大洲淡水资源分布　　　表 2-2

名　称	面积 ($\times 10^4$ km²)	年降水量		年径流量		径流系数	径流模数 [L/(s·km²)]
		mm	km³	mm	km³		
欧洲	1050	789	8290	306	3210	0.39	9.7
亚洲	4347.5	742	32240	332	14410	0.45	10.5
非洲	3012	742	22350	151	4750	0.2	4.8
北美洲	2420	756	18300	339	8200	0.45	10.7
南美洲	1780	1600	28400	660	11760	0.41	21.0
大洋洲①	133.5	2700	3610	1560	2090	0.58	51.0
澳大利亚	761.5	456	3470	40	300	0.09	1.3
南极洲	1398	165	2310	165	2310	1.0	5.2
全部陆地	14902.5	800	118970	315	47030	0.39	10.0

① 不包括澳大利亚，但包括塔斯马尼亚岛、新西兰岛和伊里安岛等岛屿。

由表 2-2 可见，世界上水资源最丰富的大洲是南美洲，其中尤以赤道地区水资源最为丰富。相反，热带和亚热带地区差不多只有陆地水资源总量的 1%。水资源较为缺乏的地区是中亚南部、阿富汗、阿拉伯和撒哈拉。西伯利亚和加拿大北部地区因人口稀少，人均水资源量相当高。澳大利亚的水资源并不丰富，总量不多。就各大洲的水资源相比较而言，欧洲稳定的淡水量占其全部水量的 43%，非洲占 45%，北美洲占 40%，南美洲占 38%，澳大利亚和大洋洲占 25%。

2.1.2　地球上水循环

地球上的水储量是在某一瞬间储存在地球不同空间的水体积，衡量不同类型水体之间的数量关系。在自然界中，水体并非静止不动，而是处在不断的运动过程中，不断地循环、交替与更新，因此在衡量地球上水储量时，更注意其时空变动性。

地球上水的循环体现为在太阳辐射能的作用下，从海洋及陆地的江、河、湖和土壤表面及植物叶面蒸发成水蒸气上升到空中，并随大气运行至各处，在水蒸气上升和运移过程中遇冷凝结而以降水的形式又回到陆地或水体。降到地面的水，除植物吸收和蒸发外，一部分渗入地表以下成为地下径流，另一部分沿地表流动成为地面径流，并通过江河流回大海。然后又继续蒸发、运移、凝结形成降水。由此，水的蒸发──降水──径流的过程周而复始、不停地进行着。通常把自然界水的运动过程称为自然界的水文循环。

自然界的水文循环，根据其循环途径分为大循环和小循环，如图 2-1 所示。

大循环是指水在大气圈、水圈、岩石圈之间的循环过程。具体表现为：海洋中的水蒸发到大气中以后，一部分飘移到大陆上空形成积云，然后以降水的形式降落到地面。降落到地面的水，其中一部分形成地表径流，通过江河汇流入海洋；另一部分则渗入地下形成地下水，又以地下径流或泉流的形式注入江河或海洋。

小循环是指陆地或者海洋本身的水单独进行循环的过程。陆地上的水，通过蒸发作用（包括江、河、湖、水库等水面蒸发，潜水蒸发、陆面蒸发及植物蒸腾等）上升到大气中形成积云，然后以降水的形式降落到陆地表面形成径流。海洋本身的水循环主要是海水通过蒸发成水蒸气而上升，然后再以降水的方式降落到海洋中。

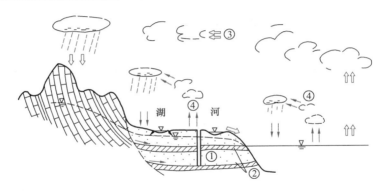

图 2-1 自然界水文循环示意图
①含水层；②弱透水层；③水分运移；④蒸发

水文循环是地球上最主要的物质循环之一。通过形态的变化，水在地球上起到输送热量和调节气候的作用，对于地球环境的形成、演化和人类生存都有着重大的作用和影响。水的不断循环和更新为淡水资源的不断再生提供条件，为人类和生物的生存提供基本的物质基础。

根据联合国1978年的统计资料，参与全球动态平衡的循环水量为 $0.0577 \times 10^8 \mathrm{km}^3$，仅占全球水储量的 0.42%。参与全球水文循环的水量中，地球海洋部分的比例大于地球陆地部分，且海洋部分的蒸发量大于降雨量，见表 2-3。

全球水文循环状况 　　　　　　　　　　　　　　　　　　　表 2-3

分　　区	面积（$\times 10^4 \mathrm{km}^2$）	水量（km^3）		
		降　　水	径　　流	蒸　　发
世界海洋	36100	458000	47000	505000
世界陆地	14900	119000	47000	72000
全球	51000	577000		577000

参与循环的水，无论从地球表面到大气、从海洋到陆地或从陆地到海洋，都在经常不断地更替和净化自身。地球上各类水体由于其储存条件的差异，更替周期具有很大的差别。

更替周期是指在补给停止的条件下，各类水从水体中排干所需要的时间，一般可按式（2-1）进行估算：

$$T = \frac{Q(t)}{q(t)} \tag{2-1}$$

式中　T——水的更替周期；

　　　$q(t)$——单位时间内水体中参与循环的水量；

　　　$Q(t)$——某一时刻水体中储存的水量。

如大气水的储量为 $1.29 \times 10^4 \mathrm{km}^3$，全球从水面和地面平均每年有 $57.7 \times 10^4 \mathrm{km}^3$ 的水蒸发到大气中，由此大气水的平均更替周期为：

$$\frac{1.29}{57.7} \times 365\mathrm{d} = 8\mathrm{d}$$

其他水体更替周期的估算方式大体相同，不同水体的更替周期估算结果列在表 2-4 中。

各种水体的更替周期　　　　　　　　　　　　　　　　　　　　　表 2-4

水体种类	更替周期	水体种类	更替周期
永冻带底水	10000a	沼泽	5a
极地冰川和雪盖	9700a	土壤水	1a
海洋水	2500a	河川水	16d
高山冰川	1600a	大气水	8d
深层地下水	1400a	生物水	几小时
湖泊	17a		

　　由表 2-4 可见，冰川、深层地下水和海洋水的更替周期很长，一般都在千年以上。河川水更替周期较短，平均 16d 左右。在各种水体中，以大气水、河川水和土壤水最为活跃。因此在开发利用水资源过程中，应该充分考虑不同水体的更替周期和活跃程度，合理开发，以防止由于更替周期长或补给不及时，造成水资源的枯竭。

　　自然界的水文循环除受到太阳辐射能作用，以大循环或小循环方式不停运动之外，由于人类生产与生活活动的作用与影响不同程度地发生"人为水循环"，如图 2-2 所示。应该注意到，自然界的水循环在叠加人为循环后，是十分复杂的循环过程，很难用一种简单的方法给予完整的表述。由此，图 2-2 仅是试图对于如此复杂的叠加循环过程利用简单的概念化的方法予以表示，便于理解。

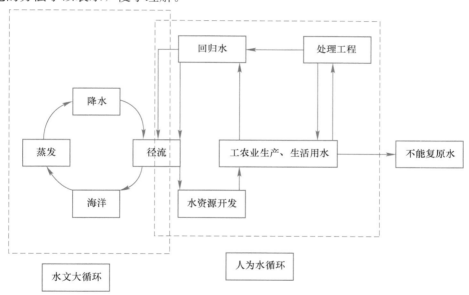

图 2-2　自然—人为复合水文循环概念简图

　　由图 2-2 可见，自然界水循环的径流部分除主要参与自然界的循环外，还参与人为水循环。水资源的人为循环过程中不能复原水与回归水之间的比例关系，以及回归水的水质状况局部改变了自然界水循环的途径与强度，使其径流条件局部发生重大或根本性改变，主要表现在对径流量和径流水质的改变。回归水（包括工业生产与生活污水处理排放、农田灌溉回归）的质量状况直接或间接对水循环水质产生影响，如区域河流与地下水污染。人为水循环对水量的影响尤为突出，河流、湖泊来水量大幅度减少，甚至干涸，地下水水位大面积下降，径流条件发生重大改变。不可复原水量所占比例越大，对自然水文循环的扰动越剧烈，天然径流量的降低将十分显著，引起一系列的环境与生态灾害。显然，在研究与阐述自然界水文循环方面，在系统自然水循环外，尤其关注人为水循环对自然径流的干扰与改造作用，对于实现水文的良性循环是至关重要的。

2.1.3 水量平衡

地球上的水可呈气态、液态和固态三种形式存在，并处在不停地运动过程中。从全球角度来认识水的自然循环过程，其总水量是平衡的。地球上任一区域在一定时间内，进入的水量与输出水量之差等于该区域内的蓄水变化量，这一关系称为水量平衡，它是质量守恒定律在水文循环中的特定表现形式。进行水量平衡的研究，有助于了解水循环各要素的数量关系，估计地区水资源数量，以及分析水循环各要素之间的相互转化关系，确定水资源的合理利用量。

1. 全球水量平衡

若以地球陆地作为研究范围，其水量平衡方程为：

$$E_L = P_L - R + \Delta S_L \tag{2-2}$$

式中　E_L——陆地蒸发量；

　　　P_L——陆地降水量；

　　　R——入海径流量；

　　　ΔS_L——陆地研究时段内蓄水量的变量。

在短时期内，时段蓄水量的变量 ΔS_L 可正可负。在多年情况下，当观测年数趋近无穷大时，正负值可以相互抵消，蓄水量总的变化接近于零。因此，多年平均水量平衡方程式为：

$$\overline{E}_L = \overline{P}_L - \overline{R} \tag{2-3}$$

式中　$\overline{E}_L$——陆地的多年平均年蒸发量；

　　　$\overline{P}_L$——陆地的多年平均年降水量；

　　　$\overline{R}$——多年平均年入海径流量。

对海洋而言，多年平均年蒸发量 $\overline{E}_h$ 应等于多年平均年降水量 $\overline{P}_h$ 与多年平均年入海径流量 $\overline{R}$ 之和，即：

$$\overline{E}_h = \overline{P}_h + \overline{R} \tag{2-4}$$

将式（2-3）、式（2-4）合并，即得全球水量平衡方程：

$$\overline{E}_L + \overline{E}_h = \overline{P}_L + \overline{P}_h \tag{2-5}$$

或

$$\overline{E} = \overline{P} \tag{2-6}$$

即全球多年平均年蒸发量 $\overline{E}$ 等于全球多年平均年降水量 $\overline{P}$。

2. 流域水量平衡

根据水量平衡原理，对于非闭合流域，即地下分水线与地面分水线不相重合的流域，可列出如下水量平衡方程式：

$$P + E_1 + R_b + R_d + S_1 = E_2 + R'_b + R'_d + S_2 \tag{2-7}$$

式中　P——时段内区域的降水量；

　　E_1，E_2——时段内的水蒸气凝结量和蒸发量；

　　R_b，R_d——时段内地面径流和地下径流流入量；

R'_b，R'_d——时段内地面径流和地下径流流出量；

S_1，S_2——时段初和时段末的蓄水量。

令 $E=E_2-E_1$ 代表净蒸发量，则式（2-7）为：

$$P+R_b+R_d+S_1=E+R'_b+R'_d+S_2 \tag{2-8}$$

式（2-8）即为非闭合流域的水量平衡方程。对于一个闭合流域，即地下水分水线与地表水分水线重合的流域，$R_b=0$，$R_d=0$。若令 $R=R'_b+R'_d$，$\Delta S=S_2-S_1$，则闭合流域水量平衡方程为：

$$R=P-E-\Delta S \tag{2-9}$$

对多年平均情况而言，上式中蓄水变量项 ΔS 的多年平均值趋近于零，故式（2-9）可简化为

$$\overline{P}=\overline{R}+\overline{E} \tag{2-10}$$

式中　$\overline{P}$，$\overline{R}$，$\overline{E}$——流域多年平均降水量、年径流量和年蒸发量。

应该注意到，在人类社会发展与经济技术进步历程中，流域水量平衡一直受到人为水循环的影响，人类的用水活动控制着水的动态变化。因此，在研究流域水量平衡过程中，不可忽视人为水循环的影响与作用。对于人为水循环影响下的闭合流域的水量平衡，具有如下概念关系：

$$P=R+E+\Delta S^* \tag{2-11}$$

式中　ΔS^*——人为水循环影响下某时段内径流量的变化量；

其他符号意义同前。

式（2-11）仅表示水量平衡关系的概念化模式，ΔS^* 的大小变化反映水量平衡区（或流域）内社会、经济、技术的发展程度与节约用水水平。经济技术发展程度高，节约用水措施到位，水资源开发利用合理，则径流量的变化量（ΔS^*）相对较小，保证了水资源的可持续利用、生态环境的良性发展。

2.2　全 球 水 资 源

人类对水资源的开发利用的认识经历了一个漫长的历史时期。在古代社会努力适应水环境变化，力图达到趋利避害、增利减害的目的；在近代社会为了兴利除害，追求对水资源进行多目标开发；在现代社会，对水资源的利用进入了密切协调社会与自然关系的阶段，更加注重社会、经济效益和生态平衡，以期获得最大的综合效益。

2.2.1　全球水资源开发利用状况

在过去的 300 年中，人类用水量增加了 35 倍多，尤其是在近几十年里，取水量每年递增 4%～8%，发展中国家增加幅度最大，而工业化国家的用水状况趋于稳定。由于世界各地人口、社会经济发展及水资源数量的差异性，人均年用水量地区性差别较大，发达地区（如北美洲）的人均年用水总量高达 1700～1800m³，是发展中地区和工农业落后地区（如亚洲、非洲）的 3～8 倍。

据对 1980 年、2006 年的全球水资源利用量（表 2-5），以及农业、工业和生活用水量的统计结果表明，工业用水量所占比例下降 4%，生活用水量所占比例明显增加。世界各

地用水量差异极大，在工业发达的欧洲，用水量中近57%用于工业，而在亚洲和非洲地区，农业用水量占总用水量的80%以上，主要用于农田灌溉。20世纪90年代以来，发展中国家工业用水量、生活用水量在不断增加，但对全球水资源利用量的影响十分有限，全球水资源在工业、农业和生活中的分配比例的大的框架仍没有较大的改变。

全球水资源利用统计　　　　　　　　　　　　　　　表2-5

年　份	水资源总利用量（×10⁴km³）	农业用水（%）	工业用水（%）	生活用水（%）
1980	0.324	69	23	8
2006	0.3902	69	19	12

（1）农业用水

农业用水一直占全部用水量的2/3以上。不同自然条件、不同作物组成、不同的灌溉方式，用水量的差别十分显著。随着灌溉面积的增加，用水量大幅度增加。而灌溉方式的改变，在一定程度上降低了农田灌溉水量。相比较而言，传统的灌溉方式——漫灌和畦灌，灌溉用水量一般在7500m³/hm²，喷灌和滴灌仅为3000m³/hm²，可降低灌溉用水量60%左右。20世纪70年代以来，在发达国家，如日本、美国等，集约高效农业的发展，节水灌溉措施的加强与节水灌溉技术的应用，使得农业产量增加而用水量基本稳定。20世纪80年代以来，以色列在农业灌溉普遍采用计算机自动控制的滴灌与喷灌技术，农业用水减少了30%。并将全国70%的废水处理后用于灌溉，大大提高水资源的利用效率。

（2）工业用水

工业用水是全球水资源利用的一个重要组成部分。工业用水取水量为全球总用水量的1/4～1/5。工业用水的组成是十分复杂的，用水量的多少取决于各类工业的生产方式、用水管理、设备水平和自然条件等，同时取决于各国的工业化水平。

20世纪50～80年代初，发达国家工业生产的迅猛发展，使得工业用水量经历一段快速增长的过程。工业用水比例由8%迅速提高到28%左右。随着工业结构调整、工艺技术的进步、工业节水水平的提高，发达国家的工业用水量增长逐渐放缓，达到零增长，甚至出现负增长。日本工业用水量从60年代中期至70年代初以每年44%的速率猛增。70年代中期趋于稳定。70年代初至80年代末，工业产值大幅度增长，淡水使用量却稳定变化，新鲜淡水补给量在逐年下降后，80年代初呈现零增长状态。而工业用水回收利用率持续提高。

发展中国家由于工业基础相对较为薄弱，工业经济发展水平低下，用于工业的水量占总用水量的比例偏低，大多不到10%。工业用水的增长仍具有一定的空间。用水浪费仍是发展中国家不可忽视的重要问题。

（3）生活用水

居民生活用水是随着人口的增加和生活水平的提高而增加。尤其是生活水平的提高对水资源的数量和质量均具有较高的要求。总体说来，全球的生活用水量仅占全球总用水量的8%左右。对用水总量零增长趋势影响不大。

由于生活水平的差异，世界各大城市中居民用水量也相差甚远，图2-3给出世界部分城市的居民生活用水水平。可见，发达国家的主要城市中居民用水水平是发展中国家的数倍，是贫穷国家的数十倍。

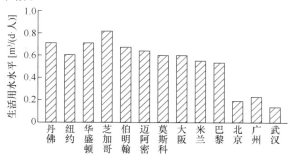

图 2-3　世界部分城市居民生活用水水平对比

2.2.2　全球水资源面临问题

根据地球水储量与分布，人类可利用的淡水资源仅为 $0.1×10^8 km^3$，只是地球上水的很小一部分。此外，有限的水资源也很难再分配，巴西、俄罗斯、中国、加拿大、印度尼西亚、美国、印度、哥伦比亚和扎伊尔等 9 个国家已经占去了这些水资源的 60%。从未来的发展趋势看，由于社会对水的需求不断增加，而自然界所能提供的可利用的水资源又有一定限度，突出的供需矛盾使水资源已成为国民经济发展的重要制约因素，主要表现在以下几方面。

（1）水量短缺严重，供需矛盾尖锐。

随着社会需水量的大幅度增加，水资源供需矛盾日益突出，水资源量短缺现象非常严重。联合国在对世界范围内的水资源状况进行分析研究后发出警告："世界缺水将严重制约下个世纪经济发展，可能导致国家间冲突"。同时指出，全球已经有 1/4 的人口面临着一场为得到足够的饮用水、灌溉用水和工业用水而展开的争斗。联合国环境规划署发表的《2012 年全球环境展望》报告指出：世界大约有 80% 的人口生活在水安全高危地区，约 34 亿人口受到严重威胁，这些人口几乎全部居住在发展中国家。联合国发布的《2019 年世界水资源发展报告》指出，随着工业和社会用水的增加，到 2050 年全球用水量将增加 20%~30%，将有超过 20 亿人生活在水资源严重短缺的国家。在过去 40 年间，亚洲地区人均水资源占有量下降了 40%~60%。对中东国家来说，缺水危机已经成为严酷的现实。另外，世界上许多重要的水域是由多个国家共有的，普遍存在水资源利用矛盾和潜在冲突，最明显的是在尼罗河流域、亚洲西南部和中东。

1960 年至 2000 年，全球地下水取水量从每年 $312 km^3$ 增加到 $734 km^3$，导致每年地下水耗损从 $126 km^3$ 增加到 $283 km^3$。许多全球主要的农业中心都依赖地下水，包括印度西北部、中国东北部、巴基斯坦东北部、加利福尼亚的中央山谷和美国西部。

（2）水源污染严重，"水质型缺水"突出。

随着经济、技术和城市化的发展，排放到环境中的污水量日益增多。据统计，目前全世界每年约有 $420 km^3$ 污水排入江河湖海，污染了 $5500 km^3$ 的淡水，约占全球径流总量的 14% 以上。由于人口的增加和工业的发展，排出的污水量将日益增加。估计今后 25~30 年内，全世界污水量将增加 14 倍。据卫生学家估计，目前世界上有 1/4 人口患病是由水污染引起的。据不完全统计，发展中国家每年有 2500 万人死于饮用不洁净的水，占所有发展中国家死亡人数的 1/3。

水源污染造成的"水质型缺水",加剧了水资源短缺的矛盾和居民生活用水的紧张和不安全性。2012年6月在里约召开的"联合国可持续发展"大会上,专家们指出:"截止到2010年,世界上近11亿人口没有足够量的安全水源,发展中国家的卫生设施覆盖率为56%"。

2.2.3 全球水资源开发利用趋势

20世纪初以来,全球工业化的不断发展、城市化速度加快及居民生活水平的不断提高,全球用水和取水量的不断增加,尤其是第二次世界大战以来,工农业发展的迅速加快导致用水取水量的大幅度增加。表2-6为世界主要用水部门用水量/不可复原水量的统计和预测,图2-4为不同用水量占总用水量的比例历时变化。

世界主要用水部门用水量/不可复原水量统计和预测　　　　　　　表2-6

用水部门	1900年	1940年	1950年	1960年	1970年	1975年	1985年	2000年
城市	$\frac{20}{5}$	$\frac{40}{8}$	$\frac{60}{11}$	$\frac{60}{14}$	$\frac{120}{20}$	$\frac{150}{25}$	$\frac{250}{38}$	$\frac{440}{65}$
工业	$\frac{30}{2}$	$\frac{120}{6}$	$\frac{190}{9}$	$\frac{310}{15}$	$\frac{510}{20}$	$\frac{630}{25}$	$\frac{1100}{45}$	$\frac{1900}{70}$
农业	$\frac{350}{260}$	$\frac{660}{480}$	$\frac{860}{630}$	$\frac{1500}{1150}$	$\frac{1900}{1500}$	$\frac{2100}{1600}$	$\frac{2400}{1900}$	$\frac{3400}{2600}$
总计	$\frac{400}{267}$	$\frac{820}{494}$	$\frac{1110}{650}$	$\frac{1870}{1179}$	$\frac{2530}{1540}$	$\frac{2880}{1650}$	$\frac{3750}{1983}$	$\frac{5740}{2735}$

注:分子为用水量,分母为不可复原的水量;由于无2000年的实际统计值,仍引用预测值。

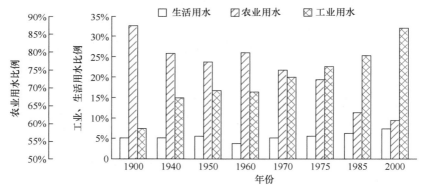

图2-4　不同用水量占总用水量的比例历时变化及趋势

总体上,全球水资源开发利用趋势主要表现在:

(1) 农业用水量及农业用水中不可复原的水量最高。

由图2-4可见,农业用水量在总用水量中所占的比例在逐年降低,但农业用水量基数大,仍然是当今相当长一段时间内的水资源开发利用大户。尤为重要的是,农业用水的不可恢复水量占用水量的比例又远远大于工业和生活用水的不可恢复水量的比例。因此,在未来水资源开发利用过程中,农业用水方式和节水措施将是克服水资源短缺的重要方面,而且节水的潜力巨大。

(2) 工业用水由于不可恢复的水量最低,将更加重视提高工业用水技术,降低用水量定额,加大节水力度,大幅度提高用水重复利用率。

（3）水资源的开发将更为重视经济、环境与生态的良性协调发展。由过去只单一强调最大限度获取天然径流量，忽视水资源开发过程中可能引发的环境与生态灾害，将更为重视水资源的合理分配与调度，"开源与节流"并重，优先发展污水再生回用等非传统水资源的安全合理利用，实现水资源的合理开发，永续利用。

2.3　中　国　水　资　源

2.3.1　中国水资源量概况

我国地域辽阔，国土面积达 $960 \times 10^4 km^2$。由于处于季风气候区域，受热带、太平洋低纬度上温暖而潮湿气团的影响以及西南的印度洋和东北的鄂霍茨克海的水蒸气的影响，我国的东南地区、西南地区以及东北地区可获得充足的降水量，使我国成为世界上水资源相对比较丰富的国家之一。

据统计，我国多年平均降水量约 $6084 km^3$，折合降水深度为 642mm，与全球陆地降水深度 800mm 相比低 20%。我国水资源总量为 $2746 km^3$，水资源可利用量 8140 亿 m^3，仅占水资源总量的 29%。仅次于巴西、俄罗斯、加拿大、美国、印度尼西亚；2018 年人均占有水资源量仅为 $2020 m^3$，不足世界人均占有量的 1/4，美国的 1/6，俄罗斯和巴西的 1/12，加拿大的 1/50。从表面上看，我国淡水资源相对比较丰富，属于丰水国家。但我国人口基数和耕地面积基数大，人均和每公顷平均经济量相对要小得多，我国已处于严重的缺水边缘。联合国规定人均 $1700 m^3$ 为严重缺水线，人均 $1000 m^3$ 为生存起码标准。中国目前有 15 个省人均水量低于严重缺水线。其中天津、上海、宁夏、北京、河北、河南、山东、山西、江苏、辽宁等十个省市区人均水量较低。

2.3.2　中国水资源时空分布特征

我国的水资源特征主要表现为时空变化极大，分布极不均衡，呈现东多西少、南多北少、夏多冬少的特点。这种水资源的分布特征使得我国水资源问题更为突出。

1. 空间分布特征

（1）降水、河流分布的不均匀性

我国水资源空间分布的特征主要表现为：降水和河川径流的地区分布不均匀，水土资源组合不平衡。一个地区水资源的丰富程度主要取决于降水量的多寡。根据降水量丰度和径流深度可将全国地域分为五个不同水量级的径流带，见表 2-7。径流带的分布受降水、地形、植被、土壤和地质等多种因素的影响，其中降水影响是主要的。由此可见，我国东南部属丰水带和多水带，西北部属少水带和缺水带，中间部分及东北地区则属过渡带。

我国径流带、径流深区域分布　　　　　　　　　　　　　　表 2-7

径流带	年降雨量 （mm）	径流深 （mm）	地　　　　　区
丰水带	>1600	>900	福建省和广东省的大部分地区、台湾省的大部分地区、江苏省和湖南省的山地、广西壮族自治区南部、云南省西南部、西藏自治区的东南部

续表

径流带	年降雨量 （mm）	径流深 （mm）	地　　　　　区
多水带	800～1600	200～900	广西壮族自治区大部分地区、四川省、贵州省、云南省大部分地区、秦岭—淮河以南的长江中下游地区
过渡带	400～800	50～200	黄河、淮海平原、山西省和陕西省的大部分地区、四川省西北部和西藏自治区东部
少水带	200～400	10～50	东北西部、内蒙古自治区、宁夏回族自治区、甘肃省、新疆维吾尔自治区西部和北部、西藏自治区西部
缺水带	<200	<10	内蒙古自治区西部地区和准噶尔、塔里木、柴达木三大盆地以及甘肃省北部的沙漠区

我国又是多河流分布的国家，流域面积在 $100km^2$ 以上的河流就有 5 万多条，流域面积在 $1000km^2$ 以上的有 1500 条。在数万条河流中，年径流量大于 $7.0km^3$ 的大河流 26 条。我国河流的主要径流量分布在东南地区和中南地区，与降水量的分布具有高度一致性。说明河流径流量与降水量之间的密切关系。

（2）地下水资源分布的不均匀性

我国是一个地域辽阔、地形复杂、多山分布的国家，山区（包括山地、高原和丘陵）约占全国面积的 69%，平原和盆地约占 31%。地形特点是西高东低，定向山脉纵横交织，构成了我国地形的基本骨架。北方分布的大型平原和盆地成为地下水的基本骨架。北方分布的大型平原和盆地成为地下水储存的良好场所。东西向排列的昆仑山—秦岭山脉，成为我国南北方的分界线，对地下水资源量的区域分布产生了深刻影响。

另外，年降水量由东南向西北递减所造成的东部地区湿润多雨、西北部地区干旱少雨的降水分布特征，对地下水资源的分布起到重要的控制作用。

地形、降水分布的地域差异性，使我国不仅在地表水资源上表现为南多北少的局面，而且地下水资源仍具有南方丰富、北方贫乏的特征。占全国总面积 60% 的北方地区，水资源总量只占全国水资源总量的 19%（约为 $527km^3/a$），不足南方的 1/4。北方地区地下水天然资源量约 $246km^3/a$，约占全国地下水天然资源量的 30%，不足南方的 1/2。特别是占全国约 1/3 面积的西北地区，水资源量仅有 $128km^3/a$，只占全国的 4.6%，地下水天然资源量为 $77km^3/a$，占全国地下水天然资源量的 9.5%。而东南及中南地区，面积仅占全国的 11%，但水资源量占全国的 28%，地下水天然资源量 $196km^3/a$，均约占全国地下水天然资源量的 24.3%。南、北地区在地下水资源量上的差异是十分明显的。

上述表明，我国地下水资源量总的分布特点是南方高于北方，地下水资源的丰富程度由东南向西北逐渐减少，另外，由于我国各地区之间社会经济发达程度不一，各地人口密集程度、耕地发展情况均不相同，使不同地区人均、单位耕地面积所占有的地下水资源量具有较大的差别。

2. 时间分布特征

我国的水资源不仅在地域上分布很不均匀，而且在时间分配上也很不均匀，无论年际或年内分配都是如此。

我国大部分地区受季风影响明显，降水年内分配不均匀，年际变化大，枯水年和丰水年连续发生。许多河流发生过 3～8 年的连丰、连枯期，如黄河在 1922 年～1932 年连续

11 年枯水，1943 年～1951 年连续 9 年丰水。

我国最大年降水量与最小年降水量之间相差悬殊。我国南部地区最大年降水量一般是最小年降水量的 2～4 倍，北部地区则达 3～6 倍。如北京的降水量 1959 年为 1405mm，而 1921 年为 256mm，1891 年为 168mm，2022 年为 585.4mm，1959 年为 1891 年的 8.4 倍，为 1921 年的 5.5 倍，为 2022 年的 2.4 倍。

降水量的年内分配也很不均匀。我国长江以南地区由南往北雨季为 3 月～6 月至4 月～7月，降水量占全年的 50％～60％。长江以北地区雨季为 6 月～9 月，降水量占全年的 70％～80％。图 2-5 为北京市月降水量占全年降水量的百分比及与世界其他城市的对比。结果表明，北京市 6 月～9 月降水量占全年总降水量的 80％，而欧洲国家全年的降水量变化不大。这进一步反映出和欧洲国家相比，我国降水量年内分配的极不均匀性以及水资源合理开发利用的难度，充分说明我国地表水和地下水资源统一管理、联合调度的重要性和迫切性。

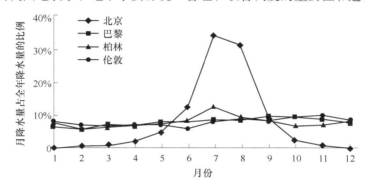

图 2-5　月降水量占全年降水量的比例

正是由于水资源在地域上和时间上分配不均匀，造成有些地方或某一时间内水资源富余，而另一些地方或时间内水资源贫乏。因此，在水资源开发利用、管理与规划中，水资源的时空的再分配将成为克服我国水资源分布不均、灾害频繁状况，实现水资源最大限度有效利用的关键内容之一。

2.3.3　中国水资源开发利用

20 世纪 80 年代初，我国供水设施的实际供水量为 443.7km³，约占全国平均水资源总量的 16％。其中，引用河川径流量 381.8km³，占总供水量的 86％，开采地下水 61.9km³，占总供水量的 14％。据水利部《中国水资源公报》，2018 年对全国用水情况调查（表 2-8），全国总用水量 601.6km³，其中生态环境用水占 3.3％，生活用水占 14.3％，工业用水占 21.0％，农业用水占 61.4％，地表水源、地下水源、其他水源供水量分别为 495.27km³、97.64km³ 和 8.64km³，分别占总供水量的 82.3％、16.2％和 1.44％。1997 年～2018 年 20 年间，总用水量提高 8.1％，生活用水量提高 63.8％，工业用水量提高 12.6％，农业用水量降低 5.8％。与国际上发达国家的用水趋势具有相似之处。需要关注的是，2022 年总用水量和各行业用水量与 2018 年相比呈现新的变化趋势和特点。表现为，总用水量降低 1.8km³，其中工业用水量降低最为明显，为 29.1km³；而生活、农业和生态用水量均呈现不同程度的增加。生态与环境补水量增加明显。

我国年用水总量与水资源总量在世界上所占的位置类似，居世界前列，而人均用水量不足世界人均用水量的 1/3。与世界上先进国家相比，工业和城市生活用水所占的比例较低，农业用水占的比例过大。随着工业化、城市化的发展及用水结构的调整，工业和城市生活用水所占的比例将会进一步的提高。

1997 年～2022 年全国总用水量对比　　　　　　　　　　　　　表 2-8

年份	全国总用水量（km³）	生活用水		工业用水		农业用水		生态与环境补水	
		用水量（km³）	占总用水量比例（%）	用水量（km³）	占总用水量比例（%）	用水量（km³）	占总用水量比例（%）	用水量（km³）	占总用水量比例（%）
1997	556.6	52.5	9.4	112.1	20.2	392.0	70.4		
2002	549.7	61.6	11.2	114.3	20.8	373.8	68.0		
2007	581.9	71.0	12.2	140.2	24.1	360.2	61.9	10.5	1.8
2012	613.1	74.2	12.1	138.0	22.5	389.9	63.6	11.0	1.8
2018	601.6	86.0	14.3	126.2	21.0	369.3	61.4	20.1	3.3
2022	599.8	90.6	15.1	96.8	16.2	378.1	63.0	34.3	5.7

1. 农业用水

农业是我国用水大户，占总用水的比例较高。农业用水主要包括农田、林业、牧业的灌溉用水及水产养殖业、农村工副业和人畜生活等用水。农田灌溉用水是农业的主要用水和耗水对象，农田灌溉用水占农业总用水的比例始终保持在 90% 以上的水平。

在农业用水中，地下水的开发利用占据十分重要的地位。在北方农业用水中，地下水用水量占农业总用水量的 24.2%，北方个别省市远高于这一比例。其中北京市农业总用水量中地下水占 85.5%，河北省为 66.6%，山西省和山东省分别为 49.3% 和 40.9%。

由于农业节水技术与节水措施的推广应用，节水水平的提高，农业用水量占总用水量的比例其趋势上是在不断降低的过程中，从 1949 年的 97.1%，1980 年的 80.7%，1997 年的 70.4%，2007 年的 61.9% 到 2018 年的 61.4%。

2. 工业和生活用水

近 30 年来，我国工业和生活用水量具有显著的提高，所占总用水量的比例也有大幅度的增加。统计结果表明，工业和生活用水量由 1980 年占全国总用水量的 12% 上升至 2012 年的 34.6%。与发达国家相比，占总用水量的比例仍然偏低。加拿大、英国、法国的工业用水量占总用水量比例均在 50% 以上，分别为 81.5%、76% 和 57.2%。我国人均生活日用水量（含公共用水）为 225L，农村居民人均生活日用水量为 89L。城镇居民生活日用水量略有增加。城市规模的差异，以及城市化水平的不同，区域水资源条件的差别，造成城市居民人均日用水量的差距相当大。

地下水在我国城镇生活用水中占据重要的不可替代的地位。地下水用量占城镇生活总用水量的 59%，其中地下水所占比例在 70% 以上的有山西省、宁夏回族自治区、山东省、河北省、青海省，所占比例在 50%～70% 的有北京市、陕西省、河南省、内蒙古自治区。其余省、直辖市和自治区的比例一般在 10%～50%。

2.3.4　中国水资源面临主要问题

1. 水资源开发过度，生态破坏严重

人口的增加，经济的发展，工农业生产与城市生活对水资源的需求逐年在增加。据对 1949 年～2005 年我国用水分析，1949 年～1979 年急剧增长，由 1030 亿 m³ 增至 4408 亿 m³，增加了 3 倍，1980 年～2005 年增长速度相对缓慢，2005 年用水量为 5633 亿 m³。总体上，我国水资源的开发程度偏高，局部地区超过水资源的最大允许开发限度，伴随而至的环境与生态恶化愈发严重。由于强调地表水渠系利用率，使山前冲洪积扇地区河流由于入渗量的减少而补给地下水量大为降低，造成下游河道干涸、沙化。

黄河作为我国的主要河流拥有水资源总量 $735 \times 10^8 \text{m}^3$。自 20 世纪 70 年代初开始出现断流，在 1972 年～1996 年间，黄河共有 19 年发生断流，累计断流次数达 57 次，共 686d。据有关部门不完全统计，这 25 年间因断流和供水不足造成的工农业直接损失达 268 亿元。黄河断流造成河口地区黄河三角洲生态环境恶化。黄河三角洲是《中国生物多样性保护战略与行动计划》中确定的具有国际意义的湿地、水域生态系统和海洋海岸系统的重要保护区。黄河断流历时延长及其水沙来量减少，不仅影响该区域的农业发展，加大海潮侵袭和盐碱化，使三角洲的草甸植被向盐生植被退化，对草地生态极为不利，而且有可能引起近海水域生物资源的衰减及种群结构的变化。

过量、近乎掠夺性的开发形成断流而造成生态环境的恶化，在西北内陆河流域日趋严重。其主要原因是流出山区的河流流量减少，导致山前平原地下水位呈区域性下降，溢出带泉水流量衰减。下游因地表水量少，只得抽取地下咸水灌溉，导致土地盐碱化；而超采地下水，水位下降过大，使得大面积植被死亡或衰退。除此之外，海河、淮河、辽河和西北诸河的总用水量已大大超过了流域的可利用水资源量，生产生活用水挤占生态需水，超采地下水，导致严重的生态与环境问题。

2. 城市供水集中，供需矛盾尖锐

在城市地区，工业和人口相对集中，供水地点范围有限，常年持续供水，同时要求供水保证率高。随着城市和工业的迅猛发展，大中城市供需矛盾日趋尖锐。中国缺水城市主要集中在北方，高峰季节只能满足需水量的 65%～70%，全国城市日缺水量达 1600 余万立方米。因缺水，工业经济年损失估计高达 2300 多亿元。分析造成水资源短缺的直接原因包括：（1）水资源分布与人口、土地分布的极不平衡；（2）工农业发展迅速，人口成倍增长，人类对水的需求量超出可供的水资源量。从 20 世纪 60 年代到 80 年代，全球水资源用量增长一倍以上。1949 年～1993 年，我国总用水量以每 10 年增加 $1000 \times 10^8 \text{m}^3$ 的规模递增。这种对水资源需求的增长与中国有限的水资源量之间形成尖锐矛盾；（3）天然存在的劣质水体，以及水资源污染所造成的污染水体所占水资源的比例较高，造成严重的"水质型"缺水；（4）水资源开发利用不合理，水资源利用效率低下，水浪费现象十分普遍，在不发达或欠发达地区尤为如此。

3. 地下水过量开采，环境地质问题突出

因地下水开采过于集中，在城市地区引起地下水位持续下降、地面沉降，在滨海地区引起海水入侵等环境地质问题。

（1）区域地下水位持续下降，降落漏斗面积不断扩大。新一轮地下水资源评价结果显示，全国已形成区域地下水降落漏斗 100 多个，面积达 15 万 km^2。华北平原深层地下水已形成了跨冀、京、津、鲁的区域性地下水降落漏斗，面积近 7 万 km^2。苏、锡、常地区区域降落漏斗面积已达 $3000km^2$。

（2）泉水流量衰减或断流。在北方，由于在岩溶泉域内不合理开采地下水，造成一些名泉水流量减少或断流，对于城市生态环境和旅游景观带来不利影响。

（3）地面沉降。超量集中开采深层地下水造成水位大幅度下降后，多孔介质释水土层压密，导致了地面沉降。过量开采地下水还导致了地裂缝，对城市基础设施构成严重威胁。

（4）由于超量开采地下水，造成水位大幅下降，地面失衡，在覆盖型岩溶水源地和矿区产生地面塌陷。据统计，我国 20 多个城市和地区不同程度地发生地面塌陷。

（5）海水入侵。沿海城市和地区在滨海含水层中超量开采地下水，造成海水入侵含水层、地下水水质恶化及矿化度和氯离子浓度增加，海水入侵破坏了地下淡水资源，加剧了沿海地区淡水资源供水紧张的局面。

4. 水环境保护与质量提高面临巨大压力

20 世纪末，随着工农业生产快速发展和生活水平的提高，水环境保护与治理措施相对滞后，水环境问题日益突出，污染压力巨大。部分污、废水未经处理排入地表水体，造成城市河道水质恶化，纳污河流黑臭问题突出。由于乡镇企业的急速发展以及农业施用化肥的大量增加，除城市附近的点污染外，农业区面源污染日趋严重。此外，乡镇企业生活污水和工业废水的大量排放，构成了我国水体的另一个重要污染源。大多乡镇企业生产工业比较落后，规模小、发展快、数量多、分散且排污量大、浪费资源严重，污水处理设施很不完善，造成局部水域严重污染。

21 世纪以来，由于不断加大水环境保护与治理力度，整体水环境质量不断得到提高。据 2022 年《中国生态环境状况公报》，长江、黄河、珠江、松花江、淮河、海河、辽河七大流域和浙闽片河流、西北诸河、西南诸河监测的 3115 个国控断面中，Ⅰ类和Ⅱ类水质占 63.3%，Ⅲ类水质占 27.0%，Ⅳ类水质占 8.3%，Ⅴ类和劣Ⅴ类水质占 1.4%。全国 1890 个国家级地下水环境质量考核点位中，Ⅰ类～Ⅳ类水质点占 77.6%，Ⅴ类占 22.4%。

5. 水资源开发利用缺乏统筹规划和有效管理

目前，对地下水与地表水、上游与下游、城市工业用水与农业灌溉用水、城市和工业规划布局及水资源条件等尚缺乏合理综合规划。地下水开发利用的监督管理工作薄弱，地下水和地质环境监测系统不健全。

上述分析表明，目前制约我国水资源开发利用的关键问题是水资源短缺、供需矛盾突出、水污染严重。其主要原因是管理不善，造成水质恶化速度加快。统计表明，近 60%～70% 的水资源短缺与水污染有关。"水质型"缺水问题严重困扰着水资源的充分有效利用。因此，水资源利用与保护的关键在于水资源数量与质量的正确评价，供需平衡的合理分析、水资源开发利用工程的合理布局、节水技术与措施的有效实施，实现防止、控制和治理水污染，缓解水资源短缺的压力，实现水资源的有效保护、持续利用和良性循环。

第3章 水资源量评价

水资源评价是保证水资源持续利用的前提，是水资源开发利用的基础。水资源评价包括水资源数量评价、水资源质量评价、水资源利用评价及综合评价。水资源数量评价是水资源评价的重要组成部分，通过水资源数量评价可以确定可利用水资源量，因此水资源数量评价是水资源开发利用与管理的重要依据。

进行水资源评价时应遵循地表水与地下水统一评价、水量水质并重、水资源可持续利用与社会经济发展及生态环境保护相协调的原则，客观、科学、系统、实用地对水资源进行评价。

3.1 水资源的形成

3.1.1 地表水资源的形成与类型

地表水为河流、冰川、湖泊、沼泽等水体的总称。多年平均条件下，水资源量的收支项主要为降水、蒸发和径流。平衡条件下，收支在数量上是相等的。对一定地域的地表水资源而言，其丰富程度是由降水量的多少来决定的，所能利用的是河流径流量。因此，在讨论地表水资源的形成与分布时，重点讨论构成地表水资源的河流资源的形成与分布问题。

降水、径流和蒸发是决定区域水资源状态的三要素。三者之间的数量变化关系制约着区域水资源数量的多寡和可利用量。合理利用三者之间的定量关系，对流域的水资源合理开发具有重要的指导作用。

1. 降水

降水作为水资源的收入项，决定着不同区域和时间条件下地表水资源的丰富程度和空间分布状态，制约着水资源的可利用程度与数量。正如前述，我国的降水主要表现为时空分布的极端不均匀性。

降水量的年际变化程度常用年降水量的极值比 K_a 或年降水量的变差系数 C_v 值来表示。

（1）年降水量的极值比 K_a

年降水量的极值比 K_a 可表示为：

$$K_a = \frac{x_{max}}{x_{min}} \tag{3-1}$$

式中　x_{max}——最大年降水量；

　　　x_{min}——最小年降水量。

K_a 值越大，降水量年际变化越大；K_a 值小，说明降水量年际变化小，降水量年际之间均匀。就全国而言，年降水量变化最大的地区是华北和西北地区，丰水年和枯水年降水量相比一般可达 3～5 倍，部分干旱地区高达 10 倍以上。南方湿润地区降水量的年际变化比北方要小，一般丰水年的降水量为枯水年的 1.5～2.0 倍。

(2) 年降水量变差系数 C_v

数理统计中用均方差与均值之比作为衡量系列数据相对离散程度的参数，称为变差系数 C_v，又称离差系数或离势系数。变差系数是量纲为 1 的数。

① 均方差 σ

均方差的表达式为：

$$\sigma = \sqrt{\frac{\sum_{i=1}^{n}(x_i - \overline{x})^2}{n-1}} \tag{3-2}$$

式中　σ——均方差；

　　　$\overline{x}$——均值，其表达式为：

$$\overline{x} = \frac{x_1 + x_2 + \cdots + x_n}{n} = \frac{1}{n}\sum_{i=1}^{n}x_i \tag{3-3}$$

式中　x_i——观测序列值，$i=1, 2, \cdots, n$；

　　　n——样本个数。

② 变差系数 C_v

$$C_v = \frac{\sigma}{\overline{x}} \tag{3-4}$$

年降水量变差系数 C_v 值越大，表示年降水量的年际变化越大，反之就越小。在我国的西北地区，除天山、阿尔泰山、祁连山等地年降水量变差系数较小以外，大部分地区的 C_v 值在 0.4 以上，个别干旱盆地的年降水量 C_v 值高达 0.7 以上。就全国而言，西北地区的年降水量变差系数处于高值区；次高值区是华北和黄河中、下游的大部分地区，为 0.25～0.35，黄河中游的个别地区也在 0.4 以上；东北大部分地区年降水量 C_v 值一般为 0.2 左右；东北的西部地区 C_v 值可高达 0.3 左右；南方湿润地区是全国年降水量变差系数最小的地区，一般在 0.2 以下，但东南沿南海某些经常遭受台风袭击的地区，由于受台风暴雨的影响，C_v 值一般在 0.25 以上。

2. 径流

(1) 河流径流的补给

河流径流的水情和年内分配主要取决于补给来源。我国河流的补给可分为降水补给、地下水补给和积雪、冰川融水补给。

1) 降雨补给

降雨补给是指降水以雨水形式降落，当降雨强度大于土壤入渗强度后产生地表径流，降雨汇入溪流和江河之中，使河水流量得到补充的过程。我国大部分河流补给都以降雨补给为主。此类河流受降水年际和年内分配的影响明显。

2) 地下水补给

地下水对河川径流的补给是另一种补给类型。从水源上分析，地下水同样来自大气降水补给，但与降水对河川补给的最大差异在于地下水补给是经过地下水系统的调节作用后再对河川径流的补给，这样就使河川径流的水情和季节分配发生了重要变化。

据全国水资源评价时基流分割的分析结果，地下水补给河道的水量占年径流总量的25%～30%。不同地区由于河道下切深度、岩性特征、植被等因素的影响，地下水的补给量差异较大。除此之外，在我国广西壮族自治区，云南省、贵州省著名的岩溶区，常常有暗河和明流交替出现的情况，这是一种特殊的地下水补给类型。

3）冰川、融雪水补给

冰川、融雪水补给是指大气降水以固态形式降落到地表后不立即补给河道，在气候变暖、气温升高时，冰川和积雪融化补给河道的过程。此种补给类型在全国所占比例不大，平均年径流量约 $50 km^3$，约占全国年径流量的 1.9%，水量有限。

总体上，我国大部分地区的河流主要靠降雨补给。降雨补给的径流量在不同地区不同时间内变化很大，长江以南及云贵高原最大径流量出现在每年的 4 月～7 月，其径流量占年径流量的 60%左右；华北平原最大的径流量出现在 6 月～9 月，4 个月的径流量约占年径流量的 80%以上；西南大部分地区 6 月～9 月或 7 月～10 月的最大径流量占年径流量的60%～70%。

（2）径流的时空分布

1）径流的区域分布

受年降水量时空分布的影响，以及地形及地质条件的综合影响，年径流量的区域分布既有地域性的变化，又有局部的变化。从全国范围看，年径流深度分布的总体趋势是由东南向西北递减。

2）径流量的动态变化

年径流量的多年变化一般用年径流量的变差系数 C_v 值来表示。年径流量的多年变化主要取决于年降水量的多年变化，还受到径流补给类型及流域内的地貌、地质和植被等条件的综合影响。相比较而言，降水补给的河流 C_v 值大于冰川、融雪和降水混合补给的河流 C_v 值，而后者的 C_v 值又大于地下水补给的河流 C_v 值。

我国年径流量 C_v 值的地区分布大体是：秦岭以南年 C_v 值在 0.5 以下；淮河流域大部分地区在 0.6～0.8 之间；华北平原地区可超过 1.0，个别河流竟达 1.3 以上，是我国年径流量变差系数最大的地区；东北地区山地年径流的 C_v 值一般在 0.5 以下，松辽平原和三江平原较大，在 0.8 以上；黄河流域除甘肃省北部、宁夏回族自治区和内蒙古自治区的 C_v 值较大外，一般在 0.6 以下，上游更小，但近几年来，黄河下游地区有变大的趋势；内陆河流域，山区的 C_v 值一般在 0.2～0.5 之间，盆地在 0.6～0.8 之间，内蒙古高原西部一般大于 1.0，最大可达 1.2 以上。

径流量的年际变化有丰枯交替的特点，连续丰枯的情况更值得注意。黄河（陕县站）曾出现 1922 年～1932 年连续 11 年的枯水段，永定河（官厅站）在 1926 年～1933 年连续8 年出现偏旱，河北省 1997 年～2002 年出现连续枯水年组。因此在分析径流量多年变化时，除了变差系数的大小和区域分布外，也应对系列的代表性、丰枯周期进行必要的探讨，这对水资源的合理利用及连续枯水时的对策研究具有重要意义。

3）年径流量的季节变化

径流量的季节变化，关键取决于河川径流补给来源的类型和变化规律。地下水补给来源的河川径流量的季节变化相对比较小;而以降水作为主要补给来源的我国大部分河流,其径流量的季节变化取决于降水量的变化,相对比较大。

(3)河流径流的表示方法

流域上的降水,除去损失以后,经由地面和地下途径汇入河网,形成流域出口断面的水流,称为河流径流,简称径流。径流随时间的变化过程,称为径流过程。

径流按其空间的存在位置,可分为地表径流和地下径流。地表径流是指降水除消耗外的水量沿地表运动的水流。若按其形成水源的条件,还可进一步分为降雨径流、雪融水径流以及冰融水径流等。地下径流是指降水后下渗到地表以下的一部分水量在地下运动的水流。水流中夹带的泥砂则称为固体径流。

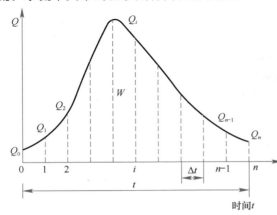

图 3-1　流量过程线及径流总量计算示意

表示径流的特征值主要有流量 Q_t、径流总量 W_t、径流模数 M、径流深度 R_t、径流系数 α。

流量 Q_t 为单位时间内通过河流某一断面的水量,单位以 "m^3/s" 表示。由实测的各时刻流量可绘出流量随时间的变化过程,称为流量过程线或 Q-t 线,如图 3-1 所示。图 3-1 中的流量是各时刻的瞬时流量,根据瞬时流量按时段求平均值可得时段的平均流量,如日平均流量、年平均流量等。

径流总量 W_t 指在一定的时段内通过河流过水断面的总水量,单位为 "m^3"。

t 时段内的平均流量为 $\overline{Q}_t$,则 t 时段的径流总量为:

$$W_t = \overline{Q}_t \cdot t \tag{3-5}$$

径流深 R_t 是设想将径流总量平铺在整个流域面积上所得的水深,单位为 "mm"。其计算公式为:

$$R_t = \frac{W_t}{1000F} = \frac{\overline{Q}_t \cdot t}{1000F} \tag{3-6}$$

式中　t——时间,s;

$\quad W_t$——径流总量,m^3;

$\quad \overline{Q}_t$——平均流量,m^3/s;

$\quad F$——流域面积,km^2;

$\quad R_t$——t 时段的径流深度,mm。

径流模数 M 为单位流域面积上产生的流量,单位为 "$m^3/(s \cdot km^2)$",可表示为:

$$M = \frac{Q_t}{F} \tag{3-7}$$

径流系数 α 为某时段内的径流深度与同一时段内降水量之比,以小数或百分数计,其计算公式为:

$$\alpha = \frac{R}{P} \tag{3-8}$$

式中　R——某时段内的径流深度，mm；

　　　P——同一时段内的降水量，mm。

由于径流深度是由降水量形成的，所以对于闭合流域径流深度将小于降水量，即 $\alpha < 1$。

3. 蒸发

蒸发主要包括水面蒸发和陆面蒸发。一定时间段内水分经蒸发而散布到空中的量称为蒸发量，通常用蒸发掉的水层厚度表示，单位为"mm"。

水面蒸发主要反映当地的大气蒸发能力，与当地降水量的大小关系不大，主要影响因素是气温、湿度、日照、辐射、风速等。因此在地域分布上，一般冷湿地区水面蒸发量小，干燥、气温高的地区水面蒸发量大，高山区水面蒸发量小，平原区水面蒸发量大。

我国年水面蒸发量的主要分布地区参见表 3-1。

我国年水面蒸发量的分布地区　　　　　　　　　　　　　　　表 3-1

年水面蒸发量（mm）	地　　　　区
>2000	塔里木盆地，柴达木盆地沙漠区
1200～1600	青藏高原，西北内陆地区，华北平原中部、西辽河上游区，广东省、广西壮族自治区南部沿海和台湾地区西部，海南岛和云南省大部
800～1000	长江以南的广大山区
600～800	大小兴安岭，长白山，千山山脉

陆面蒸发量主要是指某一地区或流域内河流、湖泊、塘坝、沼泽等水体蒸发、土壤蒸发以及植物蒸腾量的总和，即陆地实际蒸发量。根据水量平衡原理，对于一个闭合流域，陆面蒸发量等于流域平均降水深减去流域平均径流深，因此陆面蒸发量受蒸发能力和降水条件两大因素的制约。湿润而又高温地区陆面蒸发量一般较大；干旱地区，由于总降水量有限，没有足够的水分可供蒸发，陆面蒸发量较小。因此，前者的陆面蒸发量和水面蒸发量比较接近，而后者相差甚远。全国陆面蒸发量的分布趋势和年降水量一样，由东南向西北递减。

干旱指数 γ 是衡量一个地区降水量多寡、进行水资源分析的一个重要参数。其定义为某一地区年水面蒸发量 E_0 与年降水量 P 的比值：

$$\gamma = E_0 / P \tag{3-9}$$

干旱指数 γ 表示某一特定地区的湿润和干旱的程度。γ 值大于 1.0，表明蒸发量大于降水量，该地区的气候偏于干旱，γ 值越大，干旱程度就越严重；反之空气就越湿润。

我国干旱指数 γ 在地区上的变化范围很大。最低值小于 0.5，如长江以南、东南沿海等地；最大值可大于 100，如吐鲁番盆地干旱指数高达 318.9。

干旱指数的地区分布与年降水量、年径流深的分带性具有密切的关系，见表 3-2。

干旱指数、径流深度、径流系数表　　　　　　　　　　　　　表 3-2

降水分带	年降水量 P（mm）	干旱指数 γ	径流系数 α	年径流深 R_t（mm）	径流分带	占国土面积比例
十分湿润带	>1600	$\gamma \leqslant 0.5$	$\alpha > 0.5$	$R_t > 800$	丰水带	7.8%
湿润带	$800 < P \leqslant 1600$	$0.5 < \gamma \leqslant 1.0$	$0.25 < \alpha \leqslant 0.5$	$200 < R_t \leqslant 800$	多水带	26.1%

续表

降水分带	年降水量 P（mm）	干旱指数 γ	径流系数 α	年径流深 R_t（mm）	径流分带	占国土面积比例
半湿润带	$400 < P \leqslant 800$	$1 < \gamma \leqslant 3$	$0.1 < \alpha \leqslant 0.25$	$50 < R_t \leqslant 200$	过渡带	18.6%
半干旱带	$200 < P \leqslant 400$	$3 < \gamma \leqslant 7$	$\alpha \leqslant 0.1$	$10 < R_t \leqslant 50$	少水带	20.9%
干旱带	$P \leqslant 200$	$\gamma > 7$		$R_t \leqslant 10$	干涸滞	26.6%

3.1.2 地下水资源的形成与运动规律

地下水分布于不同的岩层和地质构造中，通过其补给、径流、排泄过程参与自然界的水循环，并与大气圈及水圈发生水交换，构成地下水循环过程。总体上，地下水的赋存与循环是自然界水资源分布与循环的重要构成部分。

1. 地下水的形成

储存在地表以下空隙（孔隙、裂隙、溶隙）中的水称为地下水。地下水形成的基本条件是岩石的空隙性，空隙中水的存在形式，具有储水与给水功能的含水层。

（1）岩石的空隙性

组成地壳的松散或固结岩石，都存在数量及大小不等、形状各异的空隙。即使是致密坚硬的花岗岩，其裂隙率也达 0.02%～1.9%。岩石的空隙性为地下水赋存提供了必要的空间条件。空隙的多少、大小、形状、连通情况与分布规律，对地下水的分布与运动具有重要影响。按空隙特性可将其分为：松散岩石中的孔隙、坚硬岩石中的裂隙和可溶岩中的溶隙三大类，如图 3-2 所示。定量描述孔隙、裂隙和溶隙大小的参数是孔隙度、裂隙率和溶隙率。

 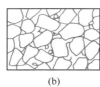 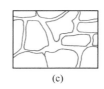 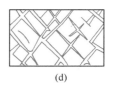

（a）　　　　　　　（b）　　　　　　　（c）　　　　　　　（d）

图 3-2　岩石中的各种空隙

（a）分选及浑圆度良好的砾石；（b）砾石中填充砂粒；（c）石灰岩中受溶蚀而扩大的裂隙；
（d）块状结晶岩中的裂隙

自然界岩石中空隙的发育状况和空间分布状态十分复杂。松散岩石空隙固然以孔隙为主，但某些黏土干缩后可产生裂隙，对地下水的储存与运动的作用，超过其原有的孔隙。固结程度不高的沉积岩，往往既有孔隙，又有裂隙。而对于可溶岩，由于溶蚀不均一，有的部分发育成溶洞，而有的部分则为溶隙，有些则可保留原生的孔隙和裂隙。在实际工作中要注意有关资料的收集与分析，注意观察，确切掌握岩石空隙的发育与空间分布规律。

孔隙度（n）：包括孔隙在内某一体积岩石中孔隙体积（V_n）与岩石总体积（V）之比，可表示为：

$$n = \frac{V_n}{V} \times 100\%$$

$(3-10)$

影响孔隙度（n）大小的因素包括：①岩石的密实程度：岩石越松散孔隙度越大。然而松散与密实只是表面现象，其实质是组成岩石的颗粒的排列方式不同；②颗粒的均匀性：颗粒大小越不均一，其孔隙度就越小；③颗粒的形状：一般松散岩石颗粒的浑圆度越好，孔隙度越小；④颗粒的胶结程度：当松散岩石被泥质或其他物质胶结时，其孔隙度就大大降低。

黏土的孔隙度往往可以超过上述理论上最大孔隙度值。由于黏土颗粒表面常带有电荷，在沉积过程中黏粒聚合，构成颗粒集合体，可形成直径比颗粒还大的结构孔隙。此外，黏土中往往还发育有虫孔、根孔、干裂缝等次生空隙。

裂隙率（K_T）指岩石裂隙的体积（V_T）与岩石总体积（V）之比，用百分数表示。表达式如下：

$$K_T = \frac{V_T}{V} \times 100\%$$ (3-11)

溶隙率（K_K）为可溶岩石的空隙体积（V_K）与可溶岩石总体积（V）之比，表达式如下：

$$K_K = \frac{V_K}{V} \times 100\%$$ (3-12)

岩溶率的变化范围很大，由小于 1.0% 到百分之几十，并且溶隙具有显著的空间分布变异性。

关于孔隙度（n）、裂隙率（K_T）和溶隙率（K_K）的测定方法参见相关文献。

岩石中的空隙，必须以一定方式连接起来构成空隙网络，才能成为地下水有效的储容空间和运移通道。自然界中，松散岩石、坚硬岩石和可溶岩中的空隙网络具有不同的特点。松散岩石中的孔隙分布于颗粒之间，连通良好，分布均匀，在不同方向上，孔隙通道的大小和多少均很接近。赋存于其中的地下水分布与流动均比较均匀。

可溶岩石的溶隙是一部分原有裂隙与原生孔缝溶蚀扩大而成的，空隙大小悬殊，分布也不均匀。因此，赋存于可溶岩石中的地下水分布与流动极不均匀。

坚硬岩石的裂隙（图 3-3）宽窄不等，长度有限的线状裂隙，往往具有一定的方向性。只有当不同方向的裂隙相互穿插、相互切割、相互连通时，才在某一范围内构成彼此连通的裂隙网络。裂隙的连通性远比孔隙差。因此，储存在裂隙基岩中的地下水相互联系较差，分布和流动往往是不均匀的。

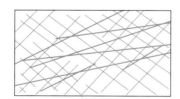 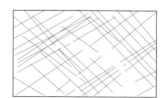

图 3-3 基岩地层裂隙网络

（2）岩石中水的存在形式

岩石空隙中的水的主要形式为结合水（吸着水、薄膜水）、重力水、毛细水、固态水和气态水。岩石空隙中的水构成自然界地下水资源的主体。

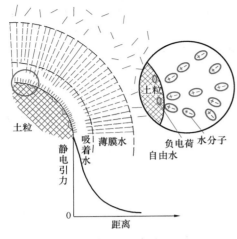

图 3-4　颗粒表面的水

1）结合水

松散岩石颗粒表面和坚硬岩石空隙壁面，因分子引力及静电引力作用而具表面能，而吸附水分子，在颗粒表面形成很薄的水膜，如图 3-4 所示。当表面能大于水分子自身重力时，岩石空隙中不能靠自身重力运动的水，称其为结合水。

岩石中结合水的含量，主要取决于其表面积的大小。岩石颗粒越细，其颗粒表面总面积越大，结合水含量也越多；颗粒粗时，则相反。因此，黏土中所含吸着水与薄膜水分别为 18% 和 45%，而砂中其含量分别还不到 0.5% 和 2.0%，对于裂隙和溶隙的坚硬岩石来说，其含量更小。

结合水主要存在于松散岩石中，它影响松散岩石的水理性质（空隙大小和数量不同的岩石与水相互作用，所表现出的容纳、保持、给水和透水性质）和物理力学性质，使岩石的给水能力减弱，但也赋予松散岩石一定的抗剪强度。

2）重力水

当薄膜水厚度不断增大，固体表面引力不断减弱，以至于不能支持水的质量时，液态水就会在重力作用下向下自由运动，在空隙中形成重力水。重力水能传递静水压力，有冲刷、侵蚀和溶解能力。靠近固体表面的重力水，受表面引力的影响，水分子排列整齐，流动时呈层流状态；当远离固体表面只受重力作用时，这部分重力水在流速较大时易转为紊流运动。

3）毛细水

地下水面以上岩石细小空隙中具有毛细管现象，形成一定上升高度的毛细水带。毛细水不受固体表面静电引力的作用，而受表面张力和重力的作用，称之为半自由水。当两力作用达到平衡时，便保持一定高度滞留在毛细管孔隙或小裂隙中，在地下水面以上形成毛细水带。由地下水面支撑的毛细水带，称之为支持毛细水。其毛细管水面可以随着地下水面的升降和补给、蒸发作用而发生变化，但其毛细管上升高度却是不变的，它只能进行垂直运动，可以传递静水压力。

除上述形式外，在空隙中存在气态水和固态水，在此不再评述。

（3）含水层与隔水层（或弱透水层）

含水层是指能够透过并给出相当数量水的岩层，隔水层是指不具透水和给水能力（或弱透水和给水能力）的岩层。含水层与隔水层是地下水形成和储存的重要和基本条件。二者的划分是相对的，并不存在截然的界限或绝对的定量指标，它们是相比较而存在的。在实践中应根据研究区的水文地质条件与供水要求，辩证、科学地划分含水层与隔水层。

形成含水层的基本条件为：

1）岩层要具有能容纳重力水的空隙

构成含水层的岩层具有能储存地下水的空间（空隙），岩石中的空隙是构成含水层的先决条件。同时，具有给出水的能力的岩层才能构成含水层。

2）具有储存和聚集地下水的地质条件

含水层的构成还必须具有一定的地质构造条件，才能使具有空隙的岩层含水，并把地下水储存起来。岩层下有隔水层，使水不能向下漏失；水平方向有隔水层阻挡，以免水全部流空。只有这样才能使运动在岩层空隙中的地下水长期储存下来，并充满岩层空隙而形成含水层。如果岩层具有空隙而无有利于储存地下水的构造条件，这样的岩层就只能作为过水的通道而构成透水层。

3）具有充足的补给来源

当岩层空隙性好，并且具有有利于地下水储存的地质条件时，还必须要有充足的补给来源，才能使岩层充满重力水而构成含水层。

综合上述，只有当岩层具有地下水自由出入的空间，有适当的地质构造和充足的补给来源的才能构成含水层。

根据空隙类型、埋藏条件和渗透性能空间变化，将含水层划分成各种类型，见表 3-3。

含 水 层 类 型　　　　　　　　　　　　　　　　　　表 3-3

划分依据	含水层类型	特　　　征
空隙类型	孔隙含水层 裂隙含水层 岩溶含水层	地下水储存在松散孔隙介质中 介质为坚硬岩石，储水场所为各种成因的裂隙 介质为可溶岩层，储水空间为溶液
埋藏条件	潜水含水层 承压含水层	含水层上面不存在隔水层，直接与包气带相接 含水层上面存在稳定隔水层，含水层中的水具承压性
渗透性能 空间变化	均质含水层 非均质含水层	含水层中各个部位及不同方向上渗透性相同 含水层的渗透性随空间位置和方向的不同而变化

（4）地下水的分类

地下水存在于各种自然条件下，其聚集、运动的过程各不相同，因而在埋藏条件、分布规律、水动力特征、物理性质、化学成分、动态变化等方面都具有不同特点。对地下水进行合理的分类是实现地下水资源合理开发的重要内容。

目前采用较多的一种分类方法是按地下水的埋藏条件把地下水分为：上层滞水、潜水、承压水。若根据含水层的空隙性质又把地下水分为：孔隙水、裂隙水、岩溶水。按空隙性质划分的三种类型的地下水，如果按埋藏条件均可是上层滞水、潜水或承压水。因而把上述两种分类组合起来就可得到九种复合类型的地下水，每种类型都有独自的特征，见表 3-4 和图 3-5。

地 下 水 分 类　　　　　　　　　　　　　　　　　　表 3-4

按埋藏条件	定　　义	按含水层空隙性质		
		孔隙水	裂隙水	岩溶水
上层滞水	包气带中局部隔水层之上具有自由水面的重力水	季节性存在于局部隔水层上的重力水	出露于地表的裂隙岩层中季节性存在的重力水	裸露岩溶化岩层中季节性存在的重力水
潜水	饱水带中第一个具有自由表面的含水层中的水	上部无连续完整隔水层存在的各种松散岩层中的水	基岩上部裂隙中的水	裸露岩溶化岩层中的水

续表

按埋藏条件	定　义	按含水层空隙性质		
		孔隙水	裂隙水	岩溶水
承压水	充满于上下两个稳定隔水层之间的含水层中的重力水	松散岩层组成的向斜、单斜和山前平原自流斜地中的地下水	构造盆地及向斜、单斜岩层中的裂隙承压水，断层破碎带深部的局部承压水	向斜及单斜岩溶岩层中的承压水

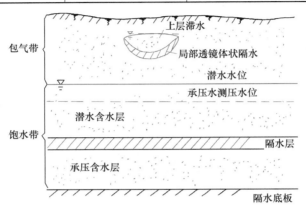

图 3-5　地下水类型概念图

上层滞水：因完全靠大气降水或地表水体直接渗入补给，水量受季节影响特别显著，一些范围较小的上层滞水在旱季往往干枯无水。当隔水层分布较广时，上层滞水可作为小型生活水源。这种水的矿化度一般较低，但因接近地表，容易被污染，作为饮用水源时必须加以注意。

潜水：饱水带中第一个具有自由表面的含水层中的水。其埋藏条件决定了潜水具有以下特征：

1）由于潜水面之上一般无稳定的隔水层，因此具有自由水面。有时潜水面上有局部的隔水层，且潜水充满两隔水层之间，在此范围内的潜水将承受静水压力，而呈现局部的承压现象。

2）潜水在重力作用下，由潜水位较高处向潜水位较低处流动，其流动的快慢取决于含水层的渗透性能和水力坡度。潜水向排泄处流动时，其水位逐渐下降，形成曲线形表面。

3）潜水通过包气带与地表相连通，大气降水、凝结水、地表水通过包气带的空隙通道直接渗入补给潜水，所以在一般情况下，潜水的分布区与补给区是一致的。

4）潜水的水位、流量和化学成分都随着地区和时间的不同而变化。

潜水在自然界分布范围大，补给来源广，水量较丰富，特别是潜水与地表常年性河流存在水力联系时，水量更为丰富。但由于潜水含水层之上无连续的隔水层分布，水体易受污染和蒸发影响，作为供水水源时应注意全面考虑。

承压水：充满于上下两个稳定隔水层之间的含水层中的重力水。承压水的主要特点是有稳定的隔水顶板存在，没有自由水面，水体承受静水压力。

承压水由于有稳定的隔水顶板和底板，分布区与补给区不一致。承压含水层在出露地表部分可以接受大气降水及地表水补给，上部潜水也可越流补给承压含水层。承压含水层的埋藏深度比潜水大，其水位、水量、水温、水质等方面受水文气象因素和人为因素影响较小，因此富水性好的承压含水层是理想的供水水源。

（5）地下水循环

由自然界的水循环可知，地下水运动既是自然界水的大循环的一个重要的有机组成部分，同时又独立地参与自身的补给、径流、排泄的小循环。对于以供水为目的，地下水自身循环及影响其循环的内在和外在因素的研究尤为重要。

含水层或含水系统通过补给，从外界获得水量，径流过程中水由补给处输送到排泄处，然后向外界排出。在水的交换、运移过程中，往往伴随着盐分的交换与运移。补给、径流与排泄决定着含水层或含水系统的水量与水质在空间和时间上的变化，同时，这种补给、径流、排泄无限往复进行，构成了地下水的循环。

含水层自外界获得水量的过程称为补给。地下水的补给来源，主要为大气降水和地表水的渗入，以及大气中水汽和土壤中水汽的凝结。人为操纵下的补水过程为人工补给，如灌溉、回灌等。

含水层失去水量的过程称为排泄。在排泄过程中，地下水的水量、水质及水位都会随着发生变化。地下水排泄的方式有泉、河流、蒸发、人工排泄等。

地下水在岩石空隙中的流动过程称为径流。

大气降水或地表水通过包气带向下渗流，补给含水层成为地下水，地下水又在重力作用下由水位高处向水位低处流动，最后在地形低洼处以泉的形式排出地表或直接排入地表水体，如此反复地循环就是地下水径流的根本原因。因此，天然状态下（除了某些盆地外）和开采状态下的地下水都是流动的。同时地下水的补给、径流和排泄是紧密联系在一起的，是形成地下水运动的一个完整的、不可分割的过程。

地下水径流的方向、速度、类型、径流量主要受到含水层的空隙性、地下水的埋藏条件、补给量、地形、地下水的化学成分与人为因素的影响。

地下水径流量常用地下径流率 M 来表示，其意义为 $1km^2$ 含水层面积上的地下水流量 $[m^3/(s \cdot km^2)]$，也称为地下径流模数。

年平均地下径流率可按式（3-13）计算：

$$M = \frac{Q}{365 \times 86400 \times A} \tag{3-13}$$

式中 A——地下水径流面积，km^2；

Q——一年内在面积 A 上的地下水径流量，m^3。

地下径流率是反映地下水径流量的一种特征值，受到补给、径流条件的控制，其数值大小是随地区和季节而变化的。因此，只要确定某径流面积在不同季节的径流量，就可计算出该地区在不同时期的地下径流率。

2. 地下水运动的特点及其基本规律

（1）地下水运动特征

地下水是储存并运动于岩石颗粒间像串珠管状的孔隙和岩石内纵横交错的裂隙之中，由于这些空隙的形状、大小和连通程度等的变化，因而地下水的流动通道是十分曲折而复杂的，如图 3-6 所示。

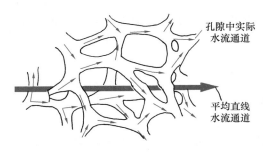

图 3-6　地下水流动通道示意图

地下水流动表现为：

1）迟缓的流速

河道或管网中水的流速一般都以"m/s"来表示，因为其流速常在 1m/s 左右，甚至在每秒几米以上。而地下水由于在曲折的通道中运动，水流由于受到摩擦阻力具有较大的水头损失，流速一般非常缓慢，人们常用单位"m/d"来表示其流速。地下水在孔隙或裂隙中的流速通常是每日几米，小于 1m/d，甚至为 $10^{-4}\sim$ 10^{-5}m/d。地下水在曲折的通道中缓慢地流动过程称为渗流，而渗流的水称渗透水流，渗透水流通过的含水层横断面称为过水断面。

2）层流和紊流

由于地下水是在曲折的通道中缓慢渗流，故地下水流大多数都呈雷诺数很小的层流运动，即水质点有秩序地呈相互平行而不混杂的运动。不论在岩石的孔隙还是裂隙中，只有当地下水流通过漂石、卵石的特大孔隙或岩石的裂隙及可溶岩的大溶洞时，才会出现雷诺数较大的层流甚至出现紊流状态，水质点相互混杂而无秩序的运动。在人工开采地下水的条件下，取水构筑物附近由于过水断面减小使地下水流动速度增加很大，常常成为紊流区。

3）非稳定、缓变流运动

地下水在自然界的绝大多数情况下呈现运动要素（流速、流量、水位）随时间改变的非稳定流运动。但当地下水的运动要素在某一时间段内变化不大，或地下水的补给、排泄条件随时间变化不大时，人们常常把地下水的运动要素变化不大的这一时段中地下水的流动近似地作为稳定流。

（2）地下水运动的基本规律

地下水运动的基本规律又称渗透的基本定律，在水力学中已有论述，这里只引用定律的基本内容。

1）线性渗透定律

线性渗透定律反映了地下水层流运动时的基本规律，是 1856 年法国水力学家达西通过实验建立的，称为达西定律。实验条件为均质各向同性的多孔介质、定水头、稳定流，运动状态假设为层流。其表达式为：

$$Q = K \cdot \frac{H_1 - H_2}{L} \cdot A_w \tag{3-14}$$

式中　Q——渗流量，即单位时间内渗过沙体的地下水量，m³/d；

$H_1 - H_2$——在渗流途径 L 长度上上下游过水断面上的水头损失，m；

L——渗流途径长度，m；

A_w——渗流的过水断面面积，m²；

K——渗透系数，反映各种岩石透水性能的参数，m/d。

上式又可表示为：

$$v = K \cdot J \tag{3-15}$$

式中　v——渗透速度，m/d；

J——水力坡度，单位渗流途径上的水头损失，无量纲。

式（3-15）表明渗透速度与水力坡度的一次方成正比，因此称为线性（直线）渗透定律。

渗透系数 K 是反映岩石渗透性能的指标，其物理意义为：当水力坡度为 1 时的地下水流速。它不仅取决于岩石的性质（如空隙的大小和多少），而且和水的物理性质（如密度和黏滞性）有关。但在一般的情况下，地下水的温度变化不大，故往往假设其密度和黏度是常数，所以渗透系数 K 值只看成与岩石的性质有关，如果岩石的孔隙性好（孔隙大、孔隙多），透水性就好，渗透系数值也大。

通常认为达西公式是地下水层流运动的基本定律。雅柯布·贝尔通过渗透速度和水力梯度关系的实验，表明达西公式并不适用于所有的地下水层流运动，而只有当雷诺数 $Re<1$，以黏滞力占优势的地下水运动才服从达西定律表达式，即：

$$Re = \frac{u \cdot d}{\gamma} < 1 \tag{3-16}$$

式中　u——地下水实际流速，m/d；

　　　d——孔隙的直径，m；

　　　γ——地下水的运动黏滞系数，m^2/d。

2）非线性渗透定律

当地下水在岩石的大孔隙、大裂隙、大溶洞中及取水构筑物附近流动时，不仅雷诺数大于 10，而且常常呈紊流状态。紊流运动的规律是水流的渗透速度与水力坡度的平方根成正比，这称为谢才公式，表示式为：

$$v = K \cdot \sqrt{J} \text{ 或 } Q = K \cdot A_\text{w} \cdot \sqrt{J} \tag{3-17}$$

式中符号意义同前。

有时水流运动形式介于层流和紊流之间，则称为混合流运动，可用斯姆莱公式表示：

$$v = K \cdot J^{\frac{1}{m}} \tag{3-18}$$

式中，m 值的变化范围为 1～2。当 $m=1$ 时，即为达西公式；当 $m=2$ 时，即为谢才公式。

3.2　地表水资源量评价

地表水资源包括河流、湖泊、冰川等，地表水资源量包括这些地表水体的动态水量。由于河流径流量是地表水资源最主要的组成部分，因此在地表水资源评价中用河流径流量表示地表水资源量。

3.2.1　水资源的分区

由于影响河流径流的许多因素（如气象因素、流域下垫面因素等）具有地域性分布变化的规律，致使水资源相应地呈现地域性分布的特点。即在相似的地理环境条件下，水资源的时空变化具有相似性；反之，在不同的地理环境条件下，水资源的时空变化往往差别很大。因此，进行水资源评价时，水资源分区显得十分重要。

1. 水资源分区原则

为了保证水资源分区具有科学性、合理性，并且切合实际、便于应用，分区时应遵循水资源地域性分布的规律，同时能充分符合水资源利用与管理的基本要求。水资源分区应遵循的基本原则，大致上可归纳为以下四点。

（1）区域地理环境条件的相似性与差异性

河流水文现象所具有的地域性分布规律，是建立在地理环境条件相似与差异性之上的，是多种因素相互影响下长期发展演变的结果，因而具有相对的稳定性与继承性。例如长江三角洲地区与黄土高原地区相比较，两者之间自然地理条件差异很大，社会经济条件亦明显不同，但各自区域内部的气候、水文、植被以及社会经济条件，具有相似性。这种区域地理环境条件的相似性与差异性，为各自然区划、经济区划提供了前提条件，也成为水资源分区必须遵循的重要原则。

（2）流域完整性

水资源分析计算需要大量的江河、湖泊水文观测资料，而水文现象的观测以及资料的分析整编，通常是以流域为单元进行的。此外，各种水利工程设施的规划、设计与施工（包括水资源开发利用工程），也往往是以流域为单位组织实施的。因此水资源分区应尽可能保持流域的完整性。

（3）考虑行政区划与经济区划的界线

水资源分区除了考虑自然因素外，还必须考虑各部门对水资源综合开发利用与水资源保护的要求。而各级职能机构，包括水利机构、国民经济计划管理单位、工矿企业用水单位等，均按行政区划或经济区划等级系统来设置。即使是水文气象监测单位的设置以及资料的整编，除按流域分设外，同时也按行政区划考虑。而水资源的供需平衡更与国民经济发展计划密切联系，不能脱离行政区划。所以，在实际工作中，除了要遵循流域完整性原则，还必须考虑行政区划与经济区划的界线。

（4）与其他区划尽可能协调

水资源评价涉及多个领域及部门，与其他自然区划、水利区划、流域规划、供水计划等紧密相关，许多分析数据需要其他区划提供，水资源的供需平衡分析更要与流域规划、国民经济发展计划、各部门用水需要相联系。因此，水资源分区如能与其他分区协调一致，既为水资源分析评价工作提供方便条件，又可提高水资源评价的实用价值，使评价结果便于应用。

2. 水资源分区方法

进行水资源评价，首先需要进行水资源分区。根据各地的具体自然条件，按照上述原则对评价范围进行一级或多级分区。常用的分区方法有：

（1）根据各地气候条件和地质条件分区

可以根据各地的气候条件和地质条件对评价区进行分区，如将评价区分为湿润多沙区、湿润非多沙区、干旱多沙区和干旱非多沙区，或仅根据气候条件分为湿润区、半湿润区、半干旱区和干旱区等。

（2）根据天然流域分区

由于河流径流量是水资源的主要部分，因此通常以各大河流天然流域作为一级分区，然后参考气候和地质条件再进行次一级的分区。根据《水资源评价导则》SL/T 238—1999规定，水资源评价应按江河水系的地域分布进行流域分区。全国性水资源评价要求进行一级流域分区和二级流域分区；区域性水资源评价可在二级流域分区的基础上，进一步分出三级流域分区和四级流域分区。

（3）根据行政区划分区

根据《水资源评价导则》SL/T 238—1999 规定，水资源评价还应按行政区划进行行政分区。全国性水资源评价可按省（自治区、直辖市）和地区（市、自治州、盟）两级划分，区域性水资源评价可按省（自治区、直辖市）、地区（市、自治州、盟）和县（县级市、自治县、旗、区）三级划分。

3.2.2 地表水资源量评价的内容

地表水资源量评价应包括下列内容：

（1）单站径流资料统计分析

凡资料质量较好、观测系列较长的水文站均可作为选用站，包括国家基本站、专用站和委托观测站。各河流控制性测站为必须选用站。统计大河控制站、区域代表站历年逐月天然径流量，分别计算长系列和同步系列年径流量的统计参数；统计其他选用站的同步期天然年径流量系列，并计算其统计参数。

（2）主要河流年径流量计算

主要河流一般指流域面积大于 $5000km^2$ 的大河，选择河流出口控制站的长系列径流量资料，分别计算长系列和同步系列的平均值及不同频率的年径流量。

（3）分区地表水资源量计算

计算各分区和全评价区同步系列的统计参数和不同频率的年径流量，针对不同情况，采用不同方法计算分区年径流量系列。

（4）地表水资源时空分布特征分析

分析地表水资源的地区分布特征、径流量的年内分配及多年变化情况。

（5）地表水资源可利用量估算

通过分析各地区的蓄、引、提等地表水工程措施，估算可能控制利用的河道外一次性最大水量。

（6）人类活动对河流径流的影响分析

查清水文站以上控制区内水土保持、水资源开发利用及农作物耕作方式等各项人类活动状况，综合分析人类活动对当地河流径流量及其时程分配的影响程度，对当地实测河流径流量及其时程分配作出修正。

以下章节将主要叙述河流年径流量计算、分区地表水资源数量计算、地表水资源时空分布特征分析、地表水资源可利用量估算的基本方法，以及变化环境下的地表水资源评价研究概况。

3.2.3 河流径流计算

1. 河流水文现象的基本特征及计算方法

（1）河流水文现象的基本特征

河流水文现象的发生和发展过程，由于受气象因素和地质、地貌、植被等下垫面因素以及人类活动的综合影响，其变化规律是十分复杂的。但是，人们仍可以通过对河流水文现象的长期观察和分析研究，从中寻找出一些规律和特征。

1）周期性

河流水文现象的周期性是指其随着时间推移具有周期性变化的特征。河流水体因受气象因素影响总是呈现以年为周期的丰水期、枯水期交替的变化规律，如一年四季中的降水有多雨季和少雨季的周期变化，河流径流则相应呈现丰水期和枯水期的交替变化。不仅如此，河流水文由于受长期气候变化的影响还表现出多年变化的周期性特征。

2）确定性和随机性

河流水文现象在某个时刻或时段由于其确定的客观原因而表现出确定性的特征。同时，河流水文现象受到各种复杂因素的影响，而且各因素不断变化、相互作用，因此表现出随机性的特征。例如，某河流断面下一个年份的最大流量、最高水位及最小流量、最低水位等数值及其发生时刻是不能够完全确定的，具有一定的随机性。河流水文特征的随机性，无疑增大了河流水资源开发利用的难度和复杂性。

3）区域性

由于气象因素和地理因素具有区域性变化规律，因此受其影响的河流水文现象在一定程度上也具有区域性的特征。若自然地理因素相近似，则水文现象的变化规律具有近似性。例如，同一自然地理区的两个流域，只要流域面积相差不悬殊，则其水文现象在时空分布上的变化规律较为近似，表现为水文现象变化的区域性。湿润地区河流的径流年内分配一般较为均匀，而干旱地区河流的径流年内分配相对不均匀。

（2）河流水文计算的方法

从上述河流水文现象的基本特征可以看出，河流水文现象的时空变化规律是错综复杂的。为了寻找它们的变化规律，做出定量或定性的描述，首先要进行长期的、系统的观测工作，收集和掌握充分的河流水文资料，然后根据不同的研究对象和资料条件，采取各种有效的分析研究方法。目前，河流水文分析计算方法大致可分为以下三种。

1）成因分析法

河流在任一时刻所呈现的水文现象都是一定客观因素条件下的必然结果。成因分析法就是通过对观测资料或实验资料的分析，建立某一水文特征值与其影响因素之间的函数关系，从而预测未来的水文情势。由于影响水文现象的因素很多，观测资料相对较少，目前这种方法还不能完全满足实际需要。

2）地理综合法

由于河流水文现象具有区域性的特征，其变化在区域内的分布具有一定的规律，因此河流水文观测资料比较少的地区可以借用邻近地区的资料来进行推算。这种利用已有固定观测站点的长期观测资料确定河流水文特征值在区域内的时空分布规律，预估无资料流域未来水文情势的方法，称为地理综合法。地理综合法对于推算缺乏资料流域的河流水文特征值具有非常重要的作用。但这种方法并不能很好地分析出河流水文现象的物理成因。

3）数理统计法

数理统计法就是根据河流水文现象的随机性特征，运用概率论和数理统计的方法，分析河流水文特征值系列的统计规律，并进行概率预估，从而得出水资源开发利用工程所需的设计水文特征值。

但是，数理统计法本身是一种形式逻辑的分析方法，把降水量、径流量等水文特征值孤立地进行统计、归纳，得出的结果只是事物的现象，不能揭示河流水文现象的本质和内在联系。因此，只能把数理统计法当作一种数学工具，实际工作中应当与成因分析法密切结合起来。

在解决实际问题时，应本着"多种方法，综合分析，合理选定"的原则，根据当地的地区特点以及水文资料情况，对采用的方法有所侧重，以便为水资源开发利用与管理提供可靠的水文依据。

2. 河流水文计算的概率与数理统计方法

概率与数理统计方法目前是河流水文计算的主要方法，即用概率论来研究随机现象的统计规律，根据随机现象的一部分资料，应用数理统计方法去研究总体现象的数据特征和规律。

在概率与数理统计中，将被研究的随机变量的全体称为总体，总体中的一部分称为样本。例如，某河流断面年径流量的总体应包括从河流形成那年起迄今乃至延长到未来河流消失年的所有年径流量，而现在人们所掌握的观测数据一般只有几十年的跨度，仅是其总体中很小的一部分。

采用数理统计的方法研究降水和径流等随机现象时，通常利用收集到的实测资料系列为样本，分析各实测值的出现频率及其抽样误差；利用数理统计方法计算随机变量的统计参数，作为降水和径流现象的特征值，以此反映随机现象总体的规律性。

由于数理统计方法是利用部分实测资料反映总体的规律，因此得到的结果不可避免地会与总体的真实结果有一定的差距，这就需要结合成因分析法，有时还要结合地理综合法进行综合性分析，对数理统计的结果给予检验和修正。

（1）河流水文随机变量的统计参数

1）均值

均值指资料系列的算术平均值，可按式（3-3）计算。均值表示样本的平均情况，它可以说明样本总体水平的高低。如甲地区平均降水量大于乙地区的平均降水量，说明甲地区比乙地区降水充沛。

2）变差系数 C_v

变差系数可按式（3-4）计算，反映系列相对离散程度。当随机变量为年降水量或年径流量时，变差系数反映它们的年际变化。

3）偏差系数

变差系数只能反映样本系列的相对离散程度，它不能反映系列在均值两边的对称程度。在河流水文统计中主要采用偏差系数（又称偏态系数）C_s 作为衡量系列不对称程度的参数，其计算公式如下：

$$C_s = \frac{n^2}{(n-1)(n-2)} \cdot \frac{\sum\limits_{i=1}^{n}(K_i-1)^3}{nC_v^3} \tag{3-19}$$

式中　K_i——模比系数。

$$K_i = \frac{x_i}{x}$$

当 n 较大时，有：

$$C_s \approx \frac{\sum\limits_{i=1}^{n}(K_i-1)^3}{(n-3)C_v^3} \tag{3-20}$$

$C_s > 0$ 时，称为正偏态分布；$C_s < 0$ 时，称为负偏态分布；$C_s = 0$ 时，为正态分布。研究表明，河流水文现象多属于正偏态分布。

（2）频率计算

在河流水文计算中，频率均指累积频率，即等量或超量值的累积频数与总观测次数的比值。

在水资源利用工程中，需要计算某河流的水文特征值（如水位、年径流量、降水量等）在工程运营期内或今后若干年中可能出现的概率。频率计算的目的就是提供这种具有概率意义的设计水文数据，或者称为一定概率下的水文数据。

频率计算的方法是：

① 用实测的某河流水文特征值作为随机样本，计算各特征值相对应的频率，并将各组数据点绘于二维坐标图上，用目估方法通过点群中心绘制一条光滑的曲线，称为经验频率曲线；

② 根据概率论的原理，选用某种由一定数学公式表示的频率曲线，称为理论频率曲线，并通过调整参数，选配一条与经验频率曲线配合最好的理论频率曲线；

③ 以该理论频率曲线作为外延的工具，得出不同频率下的该种水文特征值并作为设计依据。

1）经验频率曲线

设某水文要素的系列共有 n 项，按由大到小的次序排列为：x_1，x_2，$\cdots$，x_m，$\cdots$，x_n，则在系列中等于及大于 x_1 的出现机会为 $1/n$，等于及大于 x_m 的出现机会为 m/n（m 表示系列中等于及大于 x_m 的项数），其余可依此类推。在水文计算中，称 $1/n$ 为水文要素等于及大于 x_1 的频率，m/n 为水文要素等于及大于 x_m 的频率（以百分比表示）。

通过以上的分析，可以归纳出频率计算公式：

$$P = \frac{m}{n} \times 100\% \tag{3-21}$$

式中　P——等于及大于 x_m 的经验频率；

　　　m——x_m 的序号，即等于及大于 x_m 的项数；

　　　n——系列的总项数。

上式用于样本资料分析不甚合理。例如，当 $m = n$ 时，$P = 100\%$，这就意味着将来也不会出现比实测最小值还小的要素值，这当然是不合理的，因为随着观测年数的增多，一定会有更小的数值出现。因此，必须将上式加以修正，使其能较好地反映自然规律。世界各国曾先后提出过不少类似的修正公式。目前在我国常用的计算经验频率的公式为数学期望公式：

$$P = \frac{m}{n+1} \times 100\% \tag{3-22}$$

现以某枢纽处实测 21 年的年最大洪峰流量资料为例，说明经验频率曲线的绘制和使用方法。具体步骤如下：

① 将逐年实测的年最大洪峰流量（水文变量）填入表 3-5 中第 2 列，第 1 列为相应的年份。

② 将第 2 列的年最大洪峰流量按大小递减次序重新排列，填入表 3-5 第 4 列；第 3 列为序号，自上而下为 1，2，$\cdots$，n。

③ 按式（3-22）分别计算经验频率 P，填入表 3-5 第 5 列。

某枢纽处年最大洪峰流量频率计算表　　　　　　　　　　　表 3-5

年　份	年最大洪峰流量 Q_m(m³/s)	序　号	由大到小排列的年最大洪峰流量 Q_m(m³/s)	经验频率 P
1945	1540	1	2750	4.6%
1946	980	2	2390	9.0%
1947	1090	3	1860	13.6%
1948	1050	4	1740	18.2%
1949	1860	5	1540	22.7%
1950	1140	6	1520	27.3%
1951	790	7	1270	31.8%
1952	2750	8	1260	36.4%
1953	762	9	1210	40.9%
1954	2390	10	1200	45.4%
1955	1210	11	1140	50.5%
1956	1270	12	1090	54.6%
1957	1200	13	1050	59.1%
1958	1740	14	1050	63.6%
1959	883	15	980	68.2%
1960	1260	16	883	72.7%
1961	408	17	794	77.3%
1962	1050	18	790	81.8%
1963	1520	19	762	86.4%
1964	483	20	483	90.9%
1965	794	21	408	95.4%

④ 以第 4 列的水文变量 Q_m 为纵坐标，以第 5 列的 P 为横坐标，在频率格纸上点绘经验频率点，然后用目估法通过点群中间绘制一条光滑曲线，即为某枢纽处的年最大洪峰流量经验频率曲线，如图 3-7 所示。

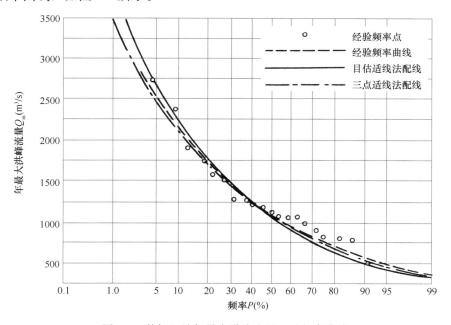

图 3-7　某枢纽处年最大洪峰流量经验频率曲线

⑤ 根据指定的频率值，在曲线上查出所需的水文数据。如设计频率为 10%，则从图 3-7 上可查得设计年最大洪峰流量为 2167m³/s。

2）理论频率曲线

经验频率曲线是根据实测资料绘出的，当实测资料的时间跨度较长或设计标准要求较低时，经验频率曲线尚能解决一些实际问题。但是，实际应用中往往要推求稀遇频率洪水，如 $P=1\%$，0.1%，0.01%。而目前实测资料时间跨度一般最多不过几十年，计算的经验频率点只有几十个。因此，需要查用的经验频率曲线上端部分往往没有实测点据控制，即使采用频率格纸使经验频率曲线变直一些，但要进行曲线外延时仍有相当的主观成分，会使设计水文数据的可靠程度受到影响。另外，水文要素的统计规律有一定的地区性，但是很难直接利用经验频率曲线把这种地区性的规律综合出来；没有这种地区性规律，就无法解决无实测水文资料的小流域的水文计算问题。为解决这些问题，人们提出用数学方程式表示的频率曲线来配合经验频率点据，即寻求理论频率曲线。

探求频率曲线的数学方程，即寻求河流水文某特征值的频率分布线形，一直是水文分析计算中的难点。河流水文随机变量究竟服从何种分布规律，目前还没有充足的论证，只能用某种理论线形近似代替。这些理论线形并不是根据河流水文现象的物理性质推导出来的，而是根据经验资料从数学的已知概率密度函数中选出来的。迄今为止，国内外采用的理论线形已有 10 余种，诸如皮尔逊Ⅲ（P-Ⅲ）型曲线、对数皮尔逊Ⅲ（LP-Ⅲ）型曲线、耿贝尔（EV-I）型曲线以及克里茨基—闵凯里（K-M）型曲线等。随着研究的不断深入，相信还会有新的、更符合河流水文随机变量分布的频率分布线形出现。不论对何种理论线形，利用频率分析寻求某确定数学函数形式的思路和过程大同小异，都是利用数理统计方法中参数估计的方法达到最终目的。多年的使用经验表明，皮尔逊Ⅲ型曲线比较符合我国多数地区水文现象的实际情况。因此，在我国水利、公路、铁路等工程的有关规范中，大多数采用皮尔逊Ⅲ型曲线作为近似于水文现象总体的频率曲线线型，在洪（枯）水流量、降雨径流以及波浪高度的频率分析中广泛应用。另外，耿贝尔型曲线（第Ⅰ型极值分布曲线）也适用我国洪水频率分析，特别在最高最低潮水位的频率分析时普遍应用。

皮尔逊Ⅲ型曲线是一条一端有限、一端无限的不对称单峰、正偏态分布曲线，在概率论中称为 Γ 分布，其概率密度函数为：

$$f(x) = \frac{\beta^{\alpha}}{\Gamma(\alpha)}(x-\alpha_0)^{\alpha-1}e^{-\beta(x-\alpha_0)} \tag{3-23}$$

式中　$\Gamma(\alpha)$ —— α 的伽马函数；

　　　α，β，α_0 ——三个参数，其中 α_0 表示曲线起点与坐标原点的距离。

根据数学的有关知识可以推证，α、β、α_0 与总体的三个统计参数 $\bar{x}$、C_v、C_s 具有下列关系：

$$\begin{cases} \alpha = \dfrac{4}{C_s^2} \\ \beta = \dfrac{2}{\bar{x}\,C_v C_s} \\ \alpha_0 = \bar{x}\left(1 - \dfrac{2C_v}{C_s}\right) \end{cases} \tag{3-24}$$

式中　$\bar{x}$ ——总体的均值；

C_v——总体的变差系数；

C_s——总体的偏差系数。

由式（3-24）可以看出，只要总体的三个统计参数 $\bar{x}$、C_v、C_s 一经确定，P-Ⅲ型曲线也就唯一确定了。因此，对于任意一个样本系列，如果忽略样本误差，其对应的 P-Ⅲ型曲线的形状也唯一确定了。

在水文计算中，需要确定给定频率 P 下的水文特征值 x_p，它可以通过下列积分求得：

$$P(x \geqslant x_p) = \frac{\beta^\alpha}{\Gamma(\alpha)} \int_{x_p}^{+\infty} (x - a_0)^{\alpha-1} e^{-\beta(x-a_0)} \, dx \tag{3-25}$$

为了避免应用时重复计算，可将此积分式进行参数代换，制成数表，便于查用。随机变量标准化的形式为：

$$\Phi = \frac{X - \bar{X}}{\bar{X}C_v}$$

式中，Φ 称为离均系数，为标准化变量，其均值为 1，均方差为 1。则 $X = \bar{X}(1 + \Phi C_v)$，$dx = \bar{X}C_v d\Phi$，将 x 和 dx 代入式（3-25），简化后得：

$$P = \frac{2^\alpha C_s^{1-2\alpha}}{\Gamma(\alpha)} \int_\phi^{-\infty} (C_s\Phi + 2)^{\alpha-1} e^{\frac{2(C_s\Phi+2)}{C_s^2}} \, d\Phi \tag{3-26}$$

式中的被积分函数只含有一个待定参数 C_s，因此只要假定一个 C_s 值，便可从式（3-26）通过积分求出 P 与 Φ 之间的关系。假定不同的 C_s，可以得出相应的 $P \sim \Phi$ 关系。$P \sim \Phi$ 关系已经制成皮尔逊Ⅲ型曲线离均系数 Φ 值表，可查阅有关资料。

理论频率曲线绘制的步骤可概括为：

1）由实测的水文资料，统计并计算 $\bar{X}$、C_v 和 C_s；

2）由已知的 C_s 查 Φ 值表，可得到不同频率 P 的离均系数 Φ_P 值；

3）将 Φ_P 及 $\bar{X}$ 和 C_v 代入 $X_P = \bar{X}(1 + \Phi_P C_v)$，求得对应于不同频率 P 的水文特征值 X_P；

4）在海森概率格纸上，以 P 为横坐标，X_P 为纵坐标，点绘理论点据（P，X_P），根据理论点据分布趋势，目估并绘制一条光滑曲线，即为皮尔逊Ⅲ型理论曲线。

但是，以现有河流水文观测资料为样本，其统计参数的相对误差往往较大，导致对应的 P-Ⅲ型曲线失真，难以正确反映总体的规律。鉴于这种情况，现行河流水文计算采用配线法选定参数，其中心思想是以经验频率点据为基础，通过反复对 P-Ⅲ型曲线的三个统计参数 $\bar{x}$、C_v、C_s 进行人为的、适当的调整，从而确定一条与实测资料符合较好的理论频率曲线，并以此时的三个统计参数作为最终参数估计值，为工程设计和规划提供依据。水文统计中选定参数的方法主要有适线法和参数估计法。常用的适线法有目估适线性（也称为试错适线法）、三点适线法和优化适线法；常用的参数估计法有矩法、数值积分权函数法、极大似然法、模糊数学法等。以下介绍目估适线法和三点适线法。

目估适线法是通过目估定线，再用实测系列的均值 $\bar{x}$ 和变差系数 C_v 来试算合适的偏差系数 C_s。根据我国的实践经验，对于一般年径流，C_v 值可以在 2～3 倍的 C_s 的范围内选取；对于暴雨和洪水，C_v 值可以在 2.5～4 倍的 C_s 的范围内选取。这种方法一般不改变实测系列的均值 $\bar{x}$ 和变差系数 C_v，只变动 C_s。必要时，也可在一定范围内适当调整 C_v 值，甚至 $\bar{x}$ 值，直到求得与经验点据配合较好的理论频率曲线。

三点适线法的主要思路是,唯一确定 P-Ⅲ 型曲线的过程就是唯一确定 $\bar{x}$、C_v、C_s 的过程。如果已知这条曲线上三个点的坐标,则可由相应的三个方程联立求解出这三个参数。因此三点适线法的具体做法是,通过目估绘出与经验频率点据配合较好的理论频率曲线,然后在其上取三个点 (P_1, x_{P_1}),(P_2, x_{P_2}),(P_3, x_{P_3})。三个点中的 P_2 一般都取 50%,P_1 和 P_3 则取对称值。若系列项数 n 在 20 左右,可取 $P=5\%$,50%,95%;若项数 n 在 30 左右,可取 $P=3\%$,50%,97%;若项数再多,可取 $P=1\%$,50%,99%;项数较少时,可取 $P=10\%$,50%,90%。曲线上的三个点满足下列条件:

$$x_{P_1} = \bar{x}(\Phi_{P_1} C_v + 1)$$
$$x_{P_2} = \bar{x}(\Phi_{P_2} C_v + 1)$$
$$x_{P_3} = \bar{x}(\Phi_{P_3} C_v + 1)$$

式中,Φ_{P_i} 为相应于累计频率 P_i 的离均系数,$i=1$,2,3。

三个方程联立,可求得 S,$\bar{x}$,σ。

$$S = \frac{x_{P_1} + x_{P_3} - 2x_{P_2}}{x_{P_1} - x_{P_3}}$$

$$\sigma = \frac{x_{P_1} - x_{P_3}}{\Phi_{P_1} - \Phi_{P_3}}$$

$$\bar{x} = x_{P_2} - \sigma\Phi_{P_2} = x_{50\%} - \sigma\Phi_{50\%}$$

式中 S 为偏度系数,是 C_s 和 P 的函数,当 P 确定时,S 仅与 C_s 有关,二者的关系已制成表,可查阅有关资料。$(\Phi_{P_1} - \Phi_{P_3})$ 及 $\Phi_{50\%}$ 只与 C_s 有关,其关系也制成了表,由此可确定 σ 和 $\bar{x}$,进而计算出 C_v 值。

三点适线法同时考虑三个参数变动,思路清晰,计算简便。但是由于目估定线有一定的随意性,会直接影响该法的计算结果。因此,在应用三点适线法时,为求最优的适线效果,需要将所获得的理论频率曲线绘出,并与经验频率点据比较,再对参数进行适当的调整。三点适线法常与目估适线法相结合,作为后者初选参数的一种手段。

图 3-7 中绘出了采用目估适线法和三点适线法确定的理论频率曲线。由利用目估适线法配线求得的理论频率曲线可以推求频率为 1%,即百年一遇的设计洪峰流量为 $3738\text{m}^3/\text{s}$。

(3)频率与重现期的关系

频率这个名词比较抽象,为便于理解和应用,常采用重现期与频率并用。所谓重现期,是指某随机变量的取值在长时期内平均多少年出现一次,又称为多少年一遇。频率 P 与重现期 T 的关系,对下列两种不同情况有不同的表示方法。

1)当为了防洪研究暴雨洪水问题时,一般设计频率小于 50%,则:

$$T = \frac{1}{P} \tag{3-27}$$

式中 T——重现期,a;

P——频率,以小数计。

例如,当设计洪水的频率采用 $P=1\%$ 时,代入式(3-27)得重现期为 100 年,称为百年一遇洪水。

2)当考虑保证灌溉、发电及给水等用水建筑物时,设计频率 P 常大于 50%,则:

$$T = \frac{1}{1-P} \tag{3-28}$$

例如，当灌溉设计保证率 $P=80\%$ 时，代入式（3-28）得重现期为 5 年，称为以 5 年一遇的枯水作为设计来水的标准，也就是说平均 5 年中有 4 年来水能保证正常的灌溉要求。

由于水文现象一般并无固定的周期性，上面所讲的频率是指多年中的平均出现机会，重现期也是指多年中平均若干年可能出现一次。例如，百年一遇的洪水是指大于或等于这样的洪水在长时期内平均 100 年发生一次，而不能理解为恰好每隔 100 年遇上一次。对于某具体的 100 年时间段来说，超过这样大的洪水可能有 n 次，也可能一次都不出现。

（4）样本资料要求和资料的审查及插补延展

1）样本资料要求

数理统计方法应用在河流水文统计中时，通常利用已收集到的实测资料为样本，分析各实测值的出现频率及其抽样误差，以此反映该河流水文系列总体的规律性，预示未来的水文情势和建筑物的安全度，从中选定合理的设计参数，解决工程设计问题。因此，收集河流水文资料时，应注意满足以下要求：

① 一致性

一致性即所收集资料应属于同类型、同条件下的资料。不同性质的河流水文资料不能收入同一系列中作为分析的依据。例如不同基准面的实测水位资料不能收入同一系列；瞬时最高水位、日平均水位与最低水位的实测值不能收入同一系列；瞬时最大流量与最小流量也不能收入同一系列。原因是它们取得的条件不同或性质不同。人类的经济活动，如水利工程、用水消耗、河道分洪等，破坏了径流形成的一致性条件，影响和改变了河流的径流情势，因此在应用数理统计方法分析径流水文参数时，应进行还原计算，将实测径流系列修正为天然径流系列。

② 代表性

代表性一般要求有 20～30 年的实测资料作为样本。实测系列越长，代表性越好，越能反映实际情况；实测系列越短，代表性越差，与实际情况的差距越大。

③ 可靠性

可靠性即资料要可靠，注意对资料中精度不高的部分进行重点审查并加以修正，以保证分析结果的客观性与准确性。

④ 独立性

河流水文统计分析中把河流水文现象看成是一种随机事件，因此选用的资料应具有一定的独立性，彼此有关系的资料不能收入同一系列。例如，前后几天的日流量值都是同一场暴雨造成的，彼此并不独立，因此不能用连续的日流量资料组成一个统计系列。一般一年中只取一个同类水位或流量实测资料组成的系列独立性好，一年中取多个资料组成的系列独立性较差。

2）资料的审查

河流水文变量特征值的精度取决于资料的可靠程度，为保证质量，应对选用资料进行合理性检查，特大值、特小值及社会和经济等发生重大变革时期的资料应作为审查的重点。对水文资料的审查应包括测站的沿革、断面控制条件和观测方法、精度以及汇水面积等。

审查通常可通过本站历年和各站同年资料对照分析，视其有无规律可循，对特大、特小值要注意分析原因，是否在合理范围内；对突出点的数值，要深入对照其汛期、非汛期、月、日的有关数据，方能定论。此外，对测站位置和地形影响等也要进行审查、分析。

对资料的审查和合理性检查，应贯穿整个工作的各个环节，如资料抄录、插补延长、分析计算和等值线的绘制等环节。

3）资料的插补延展

如果能收集到足够长时间的河流水文观测资料，则用前述计算方法就可以得到水资源利用工程中所需要的设计数据。但是，可能由于某些原因，致使我们能收集到的资料数量比较有限、代表性较差；或资料系列中间某个年份缺少观测资料。为了减少样本的抽样误差，提高统计参数的精度，对缺测资料应适当进行插补延展，以便使用数理统计方法。但延展资料的年数不宜过长，最多不超过实测年数，相关曲线外延部分一般不超过实测点距变幅的30%。

插补延展资料系列经常使用的一种方法是相关分析法。在河流水文计算中进行相关分析，主要是通过分析各水文变量之间的相关关系，求出有关系的水文变量之间的相关线及其方程式，用较长的水文资料系列插补和延展短期的水文资料系列。例如，当有较长时间的降水观测资料而河流流量资料不足时，可以求出年降水和年径流量之间的相关关系，用以插补和延展流量资料；当气候、地形条件一致的邻近站资料较充足时，可利用邻近站同期年降水量资料或年径流量资料，通过相关分析，差补和延展本站的流量资料。此时，对选用的邻近站（或称参证站）要求气候条件相似，与本站在成因上有密切联系，系列较长，资料较好。

相关分析的内容一般包括三个方面：

① 判断变量之间是否存在相关关系，对这种关系的密切程度进行显著性检验；

② 确定变量间的数量关系——回归方程；

③ 根据自变量的值，插补或延展研究变量的值，并对其进行误差估计。

（5）径流还原计算

水资源分析评价中，降水、径流等水量平衡要素的分析，不同设计保证率下水资源量的确定，都采用数理统计的方法。这种方法的基本要求是：水文统计样本要具有某种相同的基础，即所运用的资料系列要具有一致性和代表性。也就是说，在所研究的年代里，水文情势不受或极少受人为的干扰，其所取得的资料系列要基本上反映天然的状况。

但是，随着社会和经济的发展，人类活动对自然界的影响越来越大，如开垦农田、砍伐森林，大规模兴建水利工程，大量引水、提水灌溉，以及城市、工矿企业取水等，使流域自然地理条件和江河水文情势逐年发生变化，影响地表水的产流、汇流过程及循环路径，从而影响径流在空间和时间上的变化，使水文测站实测水文资料不能真实反映地表径流的固有规律。此外，实测资料是在不同的基础条件下取得的，资料系列之间缺乏一致性，因而不能直接用于数理统计方法计算。为全面、准确地估算各流域、地区的河流径流，需对实测水文资料进行还原计算，消除人类活动对水文资料带来的影响，求得资料系列的一致性。

所谓还原计算，就是消除人为影响，将资料系列回归到"天然状态"的一种方法。

常用的径流还原计算的方法有分项调查法和降水径流模式法。

1）分项调查法

根据径流还原计算的要求，原则上应消除各种人类活动对径流的影响，即对测站以上灌区耗水量，蓄水工程的蓄变量和渗漏量，引入、引出水量，河道分洪水量，工业和城市生活用水量，因水面变化而引起蒸发的变化量等，应直接采用实测或调查资料，并尽量按年逐月还原计算。

分项调查法是针对影响径流变化的各项人类活动，逐项进行调查，分析确定各自影响径流的程度，然后逐项还原计算。在各种还原计算方法中，分项调查法理论严谨，概念明确，方法具体，是还原计算中最基本的方法。但此法要求有比较充足的分项调查统计资料，工作量大。

根据水量平衡基本原理，可建立下列实测径流与各项还原水量间的水量平衡方程式：

$$Q_{天然} = Q_{实测} + Q_{灌溉} + Q_{工业} + Q_{蓄} + Q_{引} + Q_{蒸} + Q_{渗} + Q_{分洪} \tag{3-29}$$

式中　$Q_{天然}$——还原后的天然径流量，$\mathrm{m^3/s}$；

$\quad\quad Q_{实测}$——水文站实测径流量，$\mathrm{m^3/s}$；

$\quad\quad Q_{灌溉}$——灌溉耗水量，$\mathrm{m^3/s}$；

$\quad\quad Q_{工业}$——工业和城市生活耗水量，$\mathrm{m^3/s}$；

$\quad\quad Q_{蓄}$——计算时段始末蓄水工程蓄水变量，蓄水量增加时该值为正值，减少时则为负值，$\mathrm{m^3/s}$；

$\quad\quad Q_{引}$——跨流域（地区）引水增加或减少的测站控制水量，增加水量为负值，减少水量为正值，$\mathrm{m^3/s}$；

$\quad\quad Q_{蒸}$——蓄水工程水面蒸发量和相应陆地蒸发量的差值，$\mathrm{m^3/s}$；

$\quad\quad Q_{渗}$——蓄水工程的渗漏量，$\mathrm{m^3/s}$；

$\quad\quad Q_{分洪}$——河道分洪水量，$\mathrm{m^3/s}$。

对还原计算的水量需进行合理化检验后才能应用于河流水文计算。检验的方法为：

① 对工农业、牧业、城市用水量定额和实耗水量，应结合工农业的特点、发展情况以及气候、土壤、灌溉方式等因素，进行部门之间、城市之间和年际之间的比较，以检查其合理性；

② 对还原计算后的年径流量进行上下游、干支流、地区之间的综合平衡，以分析其合理性；

③ 对还原计算前后的降水径流关系进行对比分析，考察还原计算前后关系是否改善。

2）降水径流模式法

根据自然界水分循环过程与降水径流形成的基本规律，流域径流量与降水量之间存在密切关系，因此可以根据同步降水、径流资料，建立降水和径流的关系模式。将历年降水资料视为处于天然状态下的实际降水资料，历年资料之间具有一致性。将径流资料划分为未受人类活动显著影响的资料和受到显著影响的资料两部分。通过建立未受人类活动显著影响时期的降水径流之间的关系，修正因受人类活动显著影响而改变的径流量值，得到天然径流量，该值与实测径流量的差值即为还原水量。

3. 年径流量分析

评价地表水资源，应对评价范围内的水文站进行单站径流统计分析和主要河流的年径流量计算。

凡资料质量较好、观测系列较长的水文站均可作为单站径流统计分析的选用站，包括国家基本站、专用站和委托观测站，其中各河流控制性测站为必须选用站，收集各站年径流量，计算年径流量的统计参数；对于流域面积大于 5000km^2 的主要河流，应选择河流出口控制站的年径流量资料，计算系列平均值及不同频率的年径流量。

（1）年径流量的基本概念

① 年径流量

一个年度内通过河流某断面的水量，称为该断面以上流域的年径流量。

② 多年平均年径流量

天然河道的径流量随气候不断变化，不同的年份，径流量也不同。为了反映河流水资源情况，通常利用数理统计方法求出实测各年径流量的均值，称为多年平均年径流量，或平均年径流量。

③ 正常年径流量

随着统计实测资料年数的增加，年径流量的均值将趋于一个稳定的数值，此值称为正常年径流量。正常年径流量反映了在天然情况下河流蕴藏的水资源的理论数量，代表能最大限度开发利用的地表水资源量，是水文、水力计算中的一个重要特征值。在地理综合分析和不同地区水资源对比时，它是最基本的数据。

由于人们难以取得河流年径流量的总体资料，因此，一般情况下，只要有一定长度的系列资料，就可以用年径流量平均值代替正常年径流量。

④ 设计年径流量

设计年径流量指通过河流某指定断面对应于设计频率的年径流量。在修建取水构筑物及水库、闸坝、抽水站等水利工程时，为了满足设计保证率的要求，需要进行设计年径流量的计算。

（2）平均年径流量计算

1）资料充分时年径流量的推求

资料充分是指具有一定代表性、足够长时间的实测资料系列，一般要求实测资料系列时间跨度超过 30 年，其中包含特大丰水年、特小枯水年及相对应的丰水年组和枯水年组。只有这样，才能客观地反映河流过去的水文特征，为正确地预估未来水文情势提供可靠的依据。

资料充分时，可按式（3-3）计算年径流量均值，其误差大小取决于：

① 年份 n 的多少。n 值越大，误差越小；

② 河流年径流量的变差系数 C_v 值的大小。C_v 值大则误差可能较大；

③ 资料总体的代表性。例如资料系列中丰水年份较多，则计算值就偏大。

2）资料不足时年径流量的推求

如果实测资料系列较短，不到 20 年，代表性较差，则需要用一定的手段来插补延展资料系列，提高其代表性。经过延展的资料系列就可以对其求取均值。

常用的插补延展资料系列方法是相关分析法。通常被用作相关变量自变量的河流水文参数有：

① 与本站在成因上有密切联系的相邻其他站点的实测年径流量；

② 本站或与本站在成因上有密切联系的相邻其他站点的年降水量。

3）缺乏实测资料情况下年径流量的推求

在中、小河流的水文计算中，经常会遇到缺乏实测径流资料的情况，或者即使有一些实测资料，但因系列过短，不能用相关分析法来延展。在这种情况下，可以通过间接途径来推求年径流量。

① 等值线图法

闭合流域年径流量的影响因素是降水和蒸发，而降水量和蒸发量具有地理分布规律，所以年径流量也具有地理分布规律，因此它的统计参数如多年平均年径流量、变差系数 C_v 值等都可以绘成等值线图。为了消除流域面积的影响，等值线图常用径流深来绘制。目前，各省（区）编制的水文手册中都提供了本地区的多年平均年径流深、年径流变差系数等值线图，可以查用。使用等值线图法计算年径流量时，首先应在图上勾绘出计算断面以上的流域。如果流域面积小且等值线分布均匀，则流域形心处等值线的数值即可作为年径流量。如果流域面积较大，等值线分布不均匀，则采用面积加权法计算。

② 水文比拟法

将选定的参照流域的某一水文特征值移用到研究流域上来的方法称为水文比拟法。通常称该参照流域为参证流域。这种方法认为气候和自然地理条件相似的流域，其径流情况也具有相似性。因此，采用水文比拟法的关键在于恰当地选择参证流域，影响该流域径流的主要因素应与研究流域相似，并且具有较充分的长期水文实测资料。

当研究流域与参证流域处于同一河流的上、下游并且二者面积相差不大（面积相差不大于 3%～5%），或者两个流域不在同一条河流上，但气候与下垫面条件相似时，可以直接将参证流域的年径流深 R_{ref} 移用到研究流域，即：

$$R_0 = R_{ref} \tag{3-30}$$

当研究流域与参证流域的个别因素有差异时，则应进行修正后再移用，即：

$$R_0 = K R_{ref} \tag{3-31}$$

式中　R_0——研究流域的年径流深，mm；

　　　R_{ref}——参证流域的年径流深，mm；

　　　K——考虑不同因素影响时的修正系数。

若两流域自然地理条件相似，而降水情况有差别，则可按降水量加以修正，修正系数为：

$$K = \frac{x_0}{x_{ref}} \tag{3-32}$$

式中　x_0，x_{ref}——研究流域和参证流域的年降水量，m^3/s。

（3）某一频率下的设计年径流量

1）有实测资料情况下设计年径流量的计算

利用实测资料计算设计年径流量的步骤如下：

① 分析实测资料有无代表性，对少于 20 年的短系列必须加以延展（可采用相关分析法）；

② 计算经验频率，绘制经验频率曲线；

③ 计算径流量均值$\overline{Q}$及C_v和C_s；

④ 用配线法确定理论频率曲线；

⑤ 推求不同设计频率的年径流量。

由于设计年径流量计算通常用于计算一定保证率下的水资源量，因此配线时应注意$P>50\%$部分与经验频率点据的符合情况。

2）缺乏实测资料时设计年径流量的计算

当缺乏实测径流资料时，仍可借助频率曲线来估算设计年径流量。其工作步骤如下：

① 用前述的等值线图法或水文比拟法等推求出平均年径流量$\overline{Q}$及变差系数C_v。

② 取C_s值为C_v值的某一倍数。多数情况下可采用$C_s=2C_v$，也可查用各地区水文手册的经验比值。对于湖泊较多的流域，因C_v值较小，可采用$C_s>2C_v$；对于干旱地区，可考虑采用$C_s<2C_v$。

③ 推求设计频率的年径流量。

还可以应用经验公式推求变差系数C_v。有研究者研究建立了针对不同流域或不同行政分区的年径流变差系数的经验公式。因变差系数受气候因素、流域下垫面条件以及区域面积的影响，不同地区经验公式的结构有所变化，影响因素各有侧重，推求得到的变差系数经验公式的构成也有所不同。在应用实测资料时，所分析的各流域除气候特点、流域下垫面相近外，各流域的面积也不宜相差太多。

3.2.4 分区地表水资源量评价

分区地表水资源数量是指区内降水形成的河流径流量，不包括入境水量。分区地表水资源量评价应在求得年径流系列的基础上，计算各分区和全评价区同步系列的统计参数和不同频率的年径流量。

针对不同的情况，采用不同的方法计算分区年径流量系列：

（1）区内河流有水文站控制

按水资源分区，选择控制站或代表站，分析实测及天然径流量，根据控制站（或代表站）天然年径流量系列，按面积比修正为该分区天然年径流量系列。

若区内控制站上下游降水量相差较大，可按上下游的单位面积平均降雨量与面积之比，加权计算分区的年径流量。计算公式为：

$$Q_{ab}=Q_a\left(1+\frac{\overline{P}_b F_b}{\overline{P}_a F_a}\right) \tag{3-33}$$

式中　Q_{ab}——分区年径流量，m^3/s；

Q_a——控制站以上年径流量，m^3/s；

$\overline{P}_a$，$\overline{P}_b$——控制站以上及以下同一年的单位面积平均降水量，$m^3/(s\cdot km^2)$；

F_a，F_b——控制站以上及以下的面积，km^2。

（2）区内河流没有水文站控制

1）利用水文模型计算径流量系列；

2）利用自然地理特征相似的邻近地区的降水、径流关系，由降水系列推求径流量系列；

3）利用径流深等值线图，从图上量出本区与邻近分区同步期年径流深，求其比值，再乘以邻近分区径流量系列，得出本区径流量系列，并经合理性分析后采用。

3.2.5　地表水资源时空分布特征

地表水资源的时空分布特征包括径流的地区分布特征、径流的年际变化和年内分配情况。

1. 地表水资源的地区分布特征

受年降水量时空分布以及地形、地质条件的综合影响，年径流量的区域分布既有地域性的变化，又有局部的变化。河流径流的等值线图可以反映地表水资源的地区分布特征。

在水资源评价中可以选择汇水面积为 $300\sim5000\,\mathrm{km^2}$ 的水文站（在测站稀少地区可适当放宽要求），根据还原后的天然年径流量系列，计算各分区及全评价区的平均年径流深和 C_v 值，点据不足时可辅以较短系列的平均年径流深和 C_v 值，绘制平均年径流深和 C_v 等值线图，以此分析地表水资源的地区分布特征。

2. 径流量的年际变化

年径流量的多年变化主要取决于年降水量的多年变化，此外，还受到径流补给类型及流域内的地貌、地质和植被等条件的综合影响。分析天然径流的年际变化可以采用变差系数、极值比、丰枯周期等。

3. 径流的年内分配

了解径流的年内分配情况，对于合理利用地表水资源，以及确定水库的调节库容，满足用水部门的用水量要求等，具有重要的意义。

径流量的年内变化，关键取决于河流径流补给来源的类型和变化规律。以地下水作为补给来源的河流，径流量的年内变化相对比较小，而以降水作为主要补给来源的河流，径流量的年内变化相对比较大。

在河流水文计算中，当有较长期径流资料时，常采用典型年法进行径流的年内分配计算。典型年法又称时序分配法。

典型年的选择原则为：

（1）选择年径流量接近平均年径流量或对应某一频率的设计年径流量的年份作为典型年。这是因为年径流量与年内分配有一定的联系，年径流量接近的年份，其年内分配一般也比较接近。

（2）选择分配情况不利的年份作为典型年。这是因为目前对径流量年内分配的规律研究得还很不够，为安全起见，应选择对工程不利的年内分配作为典型。例如，对灌溉工程来说，应选择灌溉需水期的径流量相对较小、非灌溉期的径流量相对较大的年份。当灌溉面积和设计频率一定时，这种年份的径流量分配需要较大的调节库容。

典型年选定之后，求出平均年径流量或设计年径流量 Q 与典型年的年径流量 Q_d 的比值 k，即：

$$k = \frac{Q}{Q_d} \tag{3-34}$$

k 称为放大倍比（又称折算系数）。用典型年的各月径流量乘以 k 值进行缩放，即得相应年径流量的分配过程。

缺乏实测径流资料时，一般采用水文比拟法移用参证站的典型年年内分配，也可根据各地区水文手册中的径流量年内典型分配率来确定。

3.2.6 可利用地表水资源量估算

地表水资源可利用量是指在经济合理、技术可行及满足河道内生态环境用水的前提下，通过蓄、引、提等地表水工程措施可供河道外一次性利用的最大水量（不包括回归水的重复利用量）。

某一分区的地表水资源可利用量，不应大于当地河流径流量与入境水量之和再扣除相邻地区分水协议规定的出境水量，即：

$$Q_{可利用} \leqslant Q_{当地河流径流} + Q_{入境} - Q_{出境} \tag{3-35}$$

各分区可利用地表水资源量可以通过蓄水工程、引水工程和提水工程进行估算。

（1）蓄水工程

大、中型水库一般都有实测资料，实测放水系列能反映水库下游的需水量。在推算这类工程的可利用地表水资源时，应根据水库入库水量进行水库径流调节，确定不同保证率的可供水量。

对于小型水库工程，缺少实测资料，可以通过调查分析，确定水库每年放水量与水库库容的比值，以此来估算可利用地表水资源量。

（2）引水工程

一般大型引水工程的引水口都有实测引水记录。无引水泵时，可根据下游用水资料，考虑引水渠道的渗漏后，反推引水量；或根据引水工程的设计过水能力估算引水量。应根据引水量与地表水径流特征值的关系，确定不同保证率下的引水工程利用的水资源量。

（3）提水工程

通常提水工程用于沿河流的农业灌溉，因此可用提水工程服务的灌溉面积乘以综合灌溉毛定额，得到提水工程利用的水资源量。如果提水工程在水库放水渠道上，则不再记入提水工程内，以避免重复计算。

3.2.7 变化环境下的地表水资源评价研究概况

在水资源评价中，通常将河流径流量作为地表水资源量。气候变化与频繁的人类活动不同程度地改变了水文循环过程，导致流域径流形成的物理条件发生了较大变化，流域降雨径流关系也相应地发生了变化，使得用于地表水资源量评价计算的年径流系列失去了一致性。

目前，国内关于非一致性年径流量系列的研究主要集中在"还原"和"还现"计算方法方面，即采用流域内工农业、生活等用水量调查方法，还原天然产水量中的引水量、耗水量、流域内蓄水工程水面蒸发量等。这种方法只能反映流域出口断面测不到的水量，但是无法解决由于下垫面变化而引起的径流量变化等问题，因此所推求的年径流频率分布只能反映过去或现状径流形成的条件，而无法反映不同时期不同环境下径流的变化，特别是未来某个水平年的径流状况。

因此，变化环境下的水资源效应受到各国学者的广泛关注，成为当今国际水科学研究的前沿课题。自20世纪80年代以来，关于变化环境对水文过程影响的研究已经在国内外积累了丰富的研究成果。

（1）变化环境下流域水资源演变机制分析

关于水资源演变的研究多集中于气候变化、人类活动、下垫面这三个因素的影响分析。气候变化和人类活动两个因素对径流量的影响主要来自大气环流变化对降雨时空分布、降雨强度、降雨总量以及气温、空气湿度、风速等因素的影响，从而影响了产汇流的量。人工取用水直接影响了河道的水资源量，而下垫面的地形、土壤、土地利用等是影响流域水循环的重要因素。

近年来，受全球气候变化的影响，我国不少地区极端水旱灾害事件发生频繁，强度加大，危害加深，不少地区连续出现大面积干旱。如 2007 年 22 个省发生旱情；2010 年西南大旱，部分省份遭受 80 年乃至百年一遇的特大旱情，且旱情持续超过 5 个月之久。

气候变化引起降雨、蒸发、径流等水分循环的变化，导致我国水资源在时间和空间上重新分配。根据 2001 年～2010 年《中国水资源公报》的水资源量与第二次水资源调查评价的 45 年系列成果，分析这 10 年水资源的变化情况，结果表明，从全国水资源一级区上看，大部分区域偏枯，仅有淮河区和西北诸河区偏丰，地表水资源量的丰枯分布情况决定了水资源总量的丰枯分布；气候变化和人类活动使北方地区水资源情势进一步恶化，枯水时段进一步延长，北少南多的水资源分布格局进一步加剧。

当前对于自然水循环演变规律的研究主要包含降雨、截流、蒸发、入渗和径流等过程，研究表明降水受气候变化和环境改变影响显著，是驱动水循环的主要关键因素。国内外学者通过建立降雨、气候和径流量之间的变化关系，研究探讨了气候变化对径流的影响，并开展了气候因子对地表水资源量变化影响的定量分析。

关于环境变化下各因子对径流影响的贡献率分析，目前在流域尺度上，可定量分析气候变化与其他因子对水文的影响。研究方法主要有水文模型法和定量评估法，其中定量评估方法主要有气候弹性系数法、敏感性分析法、降雨—径流双累积曲线法等。

（2）变化环境下的水资源评价理论方法研究

随着社会经济的飞速发展，人类活动对水资源的影响日渐深入，土地利用变化、工业与城市发展、大规模水利工程建设等已将水循环从原来的"自然"驱动占主导逐渐转变为"自然—人工"（或"自然—社会"）二元驱动。国内外学者开展了多层次、多角度的水资源评估，拓展原有的水资源评价理论方法研究，以应对变化环境下不断涌现出的全球水问题。

人类活动对水资源的影响，导致水资源循环的规律表现为明显的二元特征，一是水资源的自然形成、运动和演化规律，二是水资源在经济社会系统中形成的取水、输水、用水、耗水、排水的循环规律，两者相互作用，相互影响。水的自然循环和社会循环构成了水资源的形成、分布、运动和演变过程。

为了应对变化环境下的水资源需求，有学者提出将评价模式拓展为水的自然循环和社会循环统一评价，将评价手段拓展为"自然—社会"二元水循环模型，能够从不同时间尺度和空间尺度描述水的自然循环和社会循环机理，综合考虑下垫面变化过程和人工取用水过程对水循环的影响，实现水循环全要素过程的精细模拟。

从未来发展来看，随着水问题的发展和研究的不断深入，水资源日益显著的社会属性、经济属性、生态和环境属性受到重视，社会学和经济学等相关研究将会引入水资源研究中。另外，信息技术的不断发展也为水资源研究提供了有力的技术支撑。

（3）变化环境下水资源评价内容

变化环境下的水资源评价方法在内容上对传统水资源评价方法进行了拓展,其评价内容包括三大部分:一是资源量的评价,即资源有效再生通量的评价;二是循环过程中的水分利用效用的评价;三是水资源量的动态评价,即评价不同时间点上的水资源量,实现循环通量和循环效用的统一评价。水资源评价内容具体可分为层次化评价、循环效用评价、循环效率评价及动态评价。

层次化评价可依据水资源的三大基本评价准则确定水资源层次化评价的主要内容,即基于有效性准则评价降水通量下的广义水资源量,将产流以外的其他形式有效水分纳入水资源评价范畴当中;基于可控性准则评价狭义水资源量;基于可持续性评价准则的国民经济可利用量,是在可持续发展理念的指导下,以维持流域水资源的可再生性循环为宗旨,考虑生态系统和社会经济系统协调发展,建立在生态系统和社会经济系统的水资源分配准则之上的社会经济可以利用的最大水量。

循环效用评价即经济效用量和生态效用量评价。首先是区分有效水分的资源效用,即区分有效水分在其资源服务功能实现中,是实现了相应的经济效用,还是实现了其生态效用,抑或是同时具有了生态和经济服务功能;其次是量化经济效用量和生态效用量。

循环效率评价即对水分循环过程的利用效率进行定量评价,以确定有效水分中的低效和高效比例。水资源循环效率的评价为区域节水潜力的计算奠定资源评价基础。

动态评价即评价不同时间特定下垫面和水资源开发利用条件下的水资源量,反映人类活动对水循环过程的渐变和突变影响。

(4) 非一致性径流量频率计算方法研究

长期以来,人们都是基于物理成因一致且观测样本相互独立的"一致性"来认识水文统计分布规律的,这种基于"独立同分布"的"一致性"假设是传统工程水文频率计算理论和方法的前提条件,但变化环境导致的水文变异破坏了传统工程水文分析计算的假设条件。采用传统的工程水文分析方法制定的流域水资源开发利用工程、防洪和抗旱工程的运行调度等,将面临变化环境带来的风险。针对年径流过程的"非一致性"问题,国内外学者开展了相关研究工作,主要集中在以下四个方面:①不同时空尺度径流量变异检验;②非一致性径流量频率计算方法;③径流年内分配过程特征值变异检验;④非一致性年径流过程设计方法。

非一致性径流量频率计算方法的研究成果可以分为两大类:一是基于还原/还现途径,包括变异点前后径流量系列与某一参数的关系分析法、时间系列的分解与合成方法以及水文模型法;二是基于非平稳极值系列的直接水文频率分析途径,包括基于混合分布的非一致性水文频率分析方法、基于时变矩的水文频率分析方法、基于条件概率分布的非一致性水文频率分析方法等。

1) 变异点前后径流量系列与某一参数的关系分析法,常将降雨作为参数建立起降雨径流关系。根据控制断面以上流域的面平均雨量与断面径流量资料,建立变异前后不同时期的降雨径流关系,再由估算年份的降雨量计算径流量,可实现径流量系列向某一时期的修正。

2) 时间系列的分解与合成方法,采用成因分析法与统计分析法对径流量系列的变异性进行识别及检验,依据检验结果对确定性成分进行拟合,建立确定性成分与时间的函数关系,用原径流量系列值减去其对应的确定性成分,进而得到随机性成分,即实现了径流量系列的还原。

3）水文模型方法，通过建立不同时期下垫面条件与水文模型参数之间的定量关系，用模型参数的变化反映下垫面的变化。

4）基于混合分布的非一致性水文频率分析方法，所选取的水文极值系列中的个体有时并非来自同一总体，即不是服从于同一分布，混合分布模型是基于非同分布的极值样本系列进行频率分析，其假设非同分布的极值样本系列是由若干个子分布混合而成的。

5）基于时变矩的水文频率分析方法，采用线性、抛物线型、指数型函数描述水文统计分布的参数随时间的变化趋势，进而进行水文频率分析计算。

6）基于条件概率分布的非一致性水文频率分析方法，依据洪水或径流形成机理的差异性将年内水文极值划分成若干个时期，且各个时期之间不重叠；假设同一分期内的极值样本系列是同分布的，而不同分期的极值样本系列是相互独立的异分布，且年最大值以不同的条件概率发生在不同的分期内；根据全概率公式计算水文极值出现在任一时期的概率。

3.3　地下水资源量评价

地下水资源是指存在于地下可以为人类所利用的水资源，是全球水资源的一部分，并且与大气水资源和地表水资源密切联系、互相转化；既有一定的地下储存空间，又参与自然界水循环，具有流动性和可恢复性的特点。

3.3.1　地下水资源分类

1. 地下水"资源"与"储量"的基本概念

地下水资源是指有使用价值的各种地下水量的总称。其内涵包括质与量两个方面。若单指水量时，一般直接用地下水的各种量表示。

20 世纪 50～60 年代，我国曾广泛使用"储量"的概念，至 20 世纪 70 年代中期开始逐渐以地下水资源取代地下水储量的概念，以反映地下水的可恢复性特征。

地下水"储量"和"资源"两词分别来自矿产地质学和水文学，前者以矿产资源论，后者则视为水资源的一部分，仅纯术语方面的差别。如以"开采储量"和"开采资源"为例，都表示在水质符合标准时，利用技术经济合理的取水方法获得的水量，两者是同义词。不同的是将地下水看作矿产时，用"开采储量"；视为水资源时，则用"开采资源"。有时，为了反映地下水量的不同形成特点，也可以见到同一分类中，同时出现"储量"和"资源"的概念。如法国将较长时间内含水层系统中的储存量称"储量"，而"储量"的开采部分则称"资源"。可见，"储量"和"资源"两词在水文地质学中是被兼用的。

2. 国内外地下水资源分类

我国地下水资源分类研究源于地学，并偏重于天然资源的研究。如早期采用的地下水四大储量（即静储量、动储量、调节储量和开采储量）分类。它的最大缺点是没有明确开采资源的组成，无法提供可靠的开采数据。随着水资源供需矛盾的日趋严重，正确评价地下水的开采资源渐显迫切，于是 20 世纪 80 年代的一些研究中，提出了有关开采资源组成及其与开采方案相联系的讨论，为日后的地下水资源国家标准的制定，奠定了理论基础。

其中具代表性的意见有：

（1）只有地下水补给量和储存量方可称为"资源"，开采量只是对前两者作用的结果，不应看作"资源"；

（2）地下水的天然资源一般可用一个水文地质单元内多年平均的各项补给量的总和或各项排泄量的总和来表示。地下水的开采资源是与一定的开采方案相联系的；

（3）评价地下水资源，必须是在计算地下水的补给量、储存量和消耗量的基础上。

我国制定的国家标准《供水水文地质勘察规范》GBJ 27—1988吸收了上述各观点，将地下水资源划分为地下水的补给量、储存量和允许开采量。并进一步强调了可利用的地下水量（即允许开采量）。2001年对GBJ 27—1988进行了修订，并发布《供水水文地质勘察规范》GB 50027—2001。

国家技术监督局发布实施的《地下水资源分类分级标准》GB 15218—1994根据我国开采地下水的技术经济条件和法规，考虑远景发展的需要与可能，将地下水资源划分为能利用的资源（允许开采资源）和尚难利用的资源两类。该国家标准的最大特点，是将地下水开采的技术经济与环境方面的可行性，作为地下水资源评价时必须考虑的一个因素，并首次提出了尚难利用的资源类型，表明国家要求在地下水资源评价中加强安全意识，提高地下水开发利用的水平。2021年修订并发布《地下水资源储量分类分级》GB/T 15218—2021，将地下水资源储量划分为储存量、补给量和可开采量三类。其中可开采量是补给量和储存量的一部分。允许开采量是可开采量的一部分。进一步明确储存量、补给量、可开采量和允许开采量之间的量化关系。

苏联是较早重视地下水资源（储量）分类研究的国家，具有浓厚的地学特色。早在20世纪40年代，H·A普洛特尼科夫的地下水四大储量（静储量、动储量、调节储量、开采储量）分类，曾在较长时期里是我国开展地下水资源评价的主要依据。美、日、加等国从控制地下水开采带来的（如地面沉降等）负面影响（日本称之为地下水公害）出发，强调地下水开发中的保护与管理，重视开采资源和开采量的研究。为了保障居民最低限度的生存权和安全，它们强调地下水资源使用的社会性。即对于整个社会而言，地下水开采的利弊影响是极不平等的，因此应由自然科学和社会科学共同来理解和评价地下水的开采资源，批评单纯用自然状态下的水均衡条件来确定开采量。自从1915年美国首次使用安全开采量以来，围绕地下水开发保护中所涉及的容许和安全性问题的争论，先后出现了各种概念的开采量术语，诸如：安全开采量（Safe Yield），持续开采量（Sustained Yield），涸竭开采量（Mining Yield），容许开采量（Permissive Yield）等。20世纪80年代，随着地下水管理模型的兴起，又引申出了最佳开采量（Optimal Yield），是将对地下水开采所产生的利弊的调整，换算成所谓的经济效益和费用问题，用数理方法的求解来确定开采量。

3. 地下水资源分类的国家标准

按照《地下水资源储量分类分级》规定，地下水储存量、补给量不分级。根据供水水文地质勘察阶段、水文地质条件调查和地下水资源研究程度、开采技术经济条件等要素，允许开采量分为：验证的、探明的、控制的、推断的、预测的共五级，分别对应A、B、C、D、E五级精度。

将现行国家标准《供水水文地质勘察规范》GB 50027—2001和《地下水资源储量分类分级》GB/T 15218—2021两个分类综合分析，见表3-6。

地下水资源储量分类分级表　　　　　　　　　　　　　表 3-6

分类		储量分级及精度				
GB 50027—2001	GB/T 15218—2021	查明资源（允许开采量）			潜在资源（允许开采量）	
		验证的	探明的	控制的	推断的	预测的
补给量	补给量					
储存量	储存量					
允许开采量	可开采量	A	B	C	D	E

补给量：指天然或开采条件下，单位时间以各种形式进入含水层（带）中的水量。包括：①地下水的流入；②降水渗入；③地表水渗入；④越流补给；⑤人工补给。

储存量：指储存于含水层或含水系统内水位变动带以下的地下水量。分为潜水含水层的容积储量和承压含水层的弹性储存量。

可开采量：经勘查或经开采验证，当前能够从含水层中开采出来的地下水量。是地下水储存量、补给量的一部分。

允许开采量：经勘查或经开采验证，在当前经济、技术、环境许可条件下能够从含水层中开采出来的地下水量。允许开采量是可开采量的一部分。

4. 允许开采量分级与精度

允许开采量分为：验证的、探明的、控制的、推断的、预测的共五级，分别对应 A、B、C、D、E 五级精度。

A 级：开采阶段的允许开采量。用于水源地合理开采以及改建、扩建工程设计，水源地水文地质图的比例尺为 1∶1 万或 1∶2.5 万。要求掌握连续三年以上开采动态观测资源，具有解决水源地具体问题所进行的专门研究和试验成果，如对地下水允许开采量进行系统的多年水均衡计算，相关分析和评价；对开采过程中的环境地质问题进行的专题研究；对经济条件的评价等。

B 级：是水源地勘探阶段提交的允许开采量，作为水源地及其具体工程建设设计的依据，水源地水文地质图的比例尺为 1∶1 万或 1∶2.5 万。要求对通过详查或已选定的水源地，进一步布置勘探工程和水文地质试验。根据一个水文年以上的地下水动态观测资料和互群井抽水试验或试验性开采抽水试验，结合不同开采方案和枯水年组合系列，对允许开采量进行对比计算，预测地下水开采期间地下水水位、水量、水质的变化，评价水源地的允许开采量，提出并论证最佳开采方案，预测可能出现的环境地质问题，评价开采的经济条件。

C 级：是水源地详查阶段提交的允许开采量，用于水源地及其主体工程的可行性研究，水文地质图比例尺一般为 1∶2.5 万或 1∶5 万。在需水量明显小于允许开采量的情况下，也可作为水源地建设设计的依据。要求根据带观测孔的抽水试验和枯水期半年以上地下水动态观测资料，结合开采方案初步计算允许开采量，论证拟建水源地的可靠性，评价可能出现的环境地质问题，建议合理的开采方案和开采量。

D 级和 E 级：分属普查和地质调查阶段提交的允许开采量。分别用于水源地规划设计和可行性研究，对地下水允许开采量只要求概算。

3.3.2　地下水资源评价的内容、原则与一般程序

1. 地下水资源评价的内容

（1）地下水资源评价

根据水文地质条件和需水量要求，拟定开采方案，计算开采条件下的补给量、消耗量和可用于调节的储存量，分析开采期内补给量与储存量对开采量的平衡、调节作用，评价开采的稳定性；根据气象、水文资料论证地下水补给的保证程度，确定合理的允许开采量。

（2）地下水水质评价

在掌握地下水水质时空规律的基础上，按不同用户对水质的要求，对地下水的物理性质、化学成分与卫生条件进行综合评价；分析论证开采过程中水质、水温的变化趋势，提出卫生保护和水质管理措施。在水质可能发生明显变化的情况下，开展地下水水质变化趋势预测与预警。

（3）开采技术条件评价

允许水位降是重要的开采条件，也是地下水开发保护的重要参数。要在计算开采量的同时，计算整个开采过程中，境内不同地段地下水水位的最大下降值是否满足允许值要求。

（4）开采后果评价

评价地下水开采对地区生态、环境的影响，分析由于区域地下水的下降，是否会引发地面沉降、地裂、塌陷等环境地质问题，以及海水或污水入侵、泉水干枯、水源地相互影响等不良后果，提出并论证相应的技术措施。

2. 地下水资源评价的原则

地下水资源评价中的一些共性问题，应作为评价原则予以重视。

（1）"三水"转化，统一考虑与评价的原则

天然水循环中，地下水与地表水、降水（简称"三水"）是互相转化的。开采条件下，地下水将获得更多的地表水和降水的补给，并减少向地表水和大气的排泄蒸发，有利于水资源的保护和开发利用。"三水"统一考虑的宗旨是：考虑地下水在开采条件下一切可能出现的转化。充分利用含水层中的水量，合理获取外部水的转化。

对地下水与地表水的统一评价，既可避免长期存在的水资源重复计算问题，且有利于水资源合理开发。如我国干旱半干旱地区的一些第四系沉积盆地，作为大、中型地下水水源地，其地质环境较脆弱，长期集中开采地下水，难免会出现地面沉降等负面影响。而地表水径流量又极不稳定，在一年中有一定时期的断流，如能通过统一评价实施联合开发，即在分质供水的前提下，雨季尽可能地使用地表水，旱季集中开采地下水，过渡期实行地下水与地表水的联合调度，既可避免环境地质问题，又可确保稳定供水，取得地下水与地表水的优势互补的效果。

（2）利用储存量以丰补歉的调节平衡原则

地下水补给量具有年内、年际调节作用。其年际补给量受气象周期变化的影响，补给量差异性明显。在补给量极不稳定的地区，维持地下水的持续稳定开采，储存量调节作用是不可忽视的。我国降水的时空分布差异极大，造成地下水的补给量有季节和多年气象周期变化，不同季节和水文年的补给量相差悬殊，尤其那些以降水补给为主，或有季节性地

表水补给的地区更是如此。充分发掘储存量的调节作用，在满足允许水位降的前提下，采用枯水期"借"丰水期"补"，以丰补歉多年调节平衡的方法，可扩大地下水的允许开采量。

（3）考虑人类活动，化害为利的原则

在地下水资源评价中，不同程度地受到人类活动的影响，如水库、运河、灌渠等，它既可对地下水起人工补给作用，也可起截流阻渗作用。此外，矿山等疏干工程，则与地下水水源地"争水"，其中矿井的疏干水位远低于可供水的允许水位降，影响极大。化害为利的宗旨：一方面通过优化地下水开采的布局及其允许水位降，更多地截取流向矿井的地下水；另一方面重视矿井水回收与利用。

（4）不同目的和不同水文地质条件区别对待的原则

不同供水目的对水量、水质和水温的要求各异，评价时应按不同标准区别对待。

不同水文地质条件其评价的方法与要求也不相同。根据地下水资源评价区（或单元）的地下水埋藏与评价单元边界条件、地下水动态变化特征等，选择适宜的评价方法。地下水盆地，可利用储存量的调节作用，以丰补歉，评价开采资源；而山区阶地，则可利用夺取地表水的转化量，评价开采资源。此外，地质环境稳定的基岩地区，可根据水均衡条件，评价最大允许开采量；而地质环境脆弱的第四系平原地区，必须考虑"环境制约"，限制地下水水位降与开采量，将一部分地下水资源列入尚难利用的水资源中。

（5）技术、经济、环境综合考虑的原则

地下水资源评价必须综合考虑技术、经济、环境三个方面的利弊，要求确定的开采量和开采方案，既有良好的技术经济效益，又使开采带来的负面影响降到最低限度，具有合理的环境效益。

3.3.3　地下水资源补给量（Q_b）和储存量（W）计算

1. 地下水流入量（侧向补给量）

$$Q_b = K \cdot J \cdot B \cdot H \text{ 或 } Q_b = K \cdot J \cdot B \cdot M \tag{3-36}$$

式中　Q_b——侧向补给量，m^3/d；

K——含水层渗透系数，m/d；

J——地下水水力坡度；

B——计算断面宽度，m；

H（或 M）——潜水（或承压水）含水层厚度，m。

2. 降水渗入补给量

$$Q_b = \alpha \cdot A \cdot x/365 \tag{3-37}$$

式中　Q_b——日均降水渗入补给量，m^3/d；

α——年均降水入渗系数；

A——降水渗入面积，m^2；

x——年降水量，m/a。

降水入渗系数 α 是指降水渗入量（即补给地下水的量）与降水总量的比值。α 的大小取决于地表岩性和结构、地形坡度、植被覆盖及降水量大小与降水强度等。确定 α 值的方法较多，目前多采用动态观测法计算 α 值。

$$\alpha = \mu \sum (\Delta h + \Delta h't) / \sum x_i \tag{3-38}$$

式中　Δh——年内各次降雨的地下水位升幅，m；

　　　$\Delta h'$——各次降雨前地下水位的降速，m/d；

　　　t——各次水位上升的时间，d；

　　　x_i——各次水位上升期间的降雨总量，m；

　　　μ——给水度。

此外，降水入渗系数 α 值也可用水均衡法计算；或选用经验数据，但要注意岩性、植被、地下水位埋深、降雨量等因素对 α 值的影响。

3. 河（渠）渗入补给量

河（渠）渗入补给量是指当河（渠）水位高于两岸地下水位时，河（渠）水以侧渗形式对两岸地下水的补给量。可根据开采区河（渠）的上、下游断面的流量差确定，也可用有关的渗流公式计算。当两岸的渗流条件不同，需要分别计算两岸不同的渗流补给量时，利用潜水含水层的平面渗流公式：

$$Q_b = KB \frac{h_l - h_w}{L} \cdot \frac{h_l + h_w}{2} \tag{3-39}$$

式中　B——河（渠）的补给宽度，m；

　h_l，h_w——沿渗流补给方向岸边与开采井群的动水位高度，m；

　　　L——岸边至井群的直线水平距离，m；

其他符号意义同前。

河（渠）道渗入补给量也可采用数值法、水文分析、单位河（渠）长输入损失量法进行评价。

4. 灌溉水渗入补给量

（1）采用地下水位资料计算

$$Q_b = \mu A \cdot \Delta h / 365 \tag{3-40}$$

式中　μ——给水度；

　　Δh——灌溉引起的年地下水升幅，m/a；

　　A——灌溉面积，m^2。

（2）利用灌溉定额计算

$$Q_b = \alpha \cdot m \cdot A / 365 \tag{3-41}$$

式中　m——灌溉定额，$m^3/(a \cdot m^2)$；

其他符号意义同前。

5. 相邻含水层垂向越流补给量

$$Q_b = A \cdot \eta (h_2 - h_1) = A \cdot \frac{k'}{m'}(h_2 - h_1) \tag{3-42}$$

式中　A——越流补给面积，m^2；

　　η——越流系数，1/d；

　　k'——越流层垂向渗透系数，m/d；

　　m'——越流层厚度，m；

　　h_1——开采层的水位或开采漏斗的平均水位，m；

h_2——相邻含水层的水位，m。

6. 容积储存量（W_v）（潜水含水层的储存量）

$$W_v = \mu \cdot V \tag{3-43}$$

式中　W_v——含水层的容积储存量，m^3；

　　　V——含水层体积，m^3。

7. 承压含水层的弹性储存量（W_c）

$$W_c = S \cdot A \cdot h_p \tag{3-44}$$

式中　W_c——承压含水层的弹性储存量，m^3；

　　　S——储存系数（释水系数）；

　　　h_p——承压含水层自顶板算起的压力水头高度，m；

　　　A——含水层的面积，m^2。

3.3.4　地下水资源允许开采量计算

1. 方法选择与计算程序

地下水资源允许开采量的计算和确定应符合取水方案在技术上可行，经济上合理；在整个开采期内动水位不超过设计值，出水量不会减少；水质水温的变化不超过允许范围；不发生危害性的环境地质现象和影响已建水源地的正常生产。

地下水允许开采量计算，在广义上也称地下水资源评价，其主要特点为：

1）随着水文地质学学科的发展，近代数学方法和模型技术的引入，各学科之间的相互交叉渗透，地下水勘察新技术新方法的应用，使得勘探信息越来越丰富，地下水资源评价方法日趋完善和多样化。地下水资源量评价的数学模型已远远超过教科书所讨论的范围，诸如确定性与非确定性模型、集中参数与分布参数系统模型、线性与非线性模型、单一与耦合模型等都已得到广泛采用。

2）系统理论和模型技术的应用使得对地下水资源评价的认识不再停留在数量的多少上，而是把数量计算与水资源特性的整体认识相结合，利用模型技术的反馈调节机制，使定量计算的成果反馈到定性认识，检验原先对地下水资源特性的认识，这一对研究实体的定性—定量—定性的过程，既是对数学模型及勘察成果的认可过程，也是对水文地质条件不断深化认识和定量化的过程，它有利于减少计算过程中存在的各种人为的随意性，以及数学方法本身存在的不唯一性问题。

3）水文地质概念模型是基于充分和系统了解计算区地质和水文地质条件，结合评价任务，通过计算区几何形状、含水层性质、边界条件、地下水流态等合理概化，能够反映地下水系统结构和功能、便于数学模型描述与刻画。水文地质概念模型的应用起到了将地质实体转化为数学模型这一过程的中介桥梁作用，促进了数值法等现代数学方法的应用，大大提高了勘探信息的利用率和计算精度。水文地质概念模型可以理解为是将复杂的地质体，按不同数学模型的表达形式要求，构造一种被抽象的数学语言接受的理想化系统模式，这一模式反映了地下水系统的内部结构和外部环境。水文地质概念示意图是它的一种表达形式，它集不同类型的有关数据（水量、水质、水位、物理特征参数及几何量等），按时空分布形式定量地表达水文地质条件，包括水量（水质）的输入、输出和储存的规律。它既是选择数学模型，按数学模型要求分析整理数据资料的依据，又是计算结果的一

59

种完整的表达形式。

由于地下水资源评价方法众多，下面列表 3-7 归纳，并选其中最常用的评价方法给予简要阐述。

地下水资源评价方法一览表　　　　　　　　　　　　　表 3-7

模型特征	评价方法	所需资料	适用条件
确定性渗流型	解析法	水文地质条件，开采量、开采时间等 渗流场水文地质参数，初始条件，边界条件，开采条件	适用于含水层均质程度高，结构、边界简单，开采井分布规则等接近解析解的条件
	数值法	数值法需要一个水文年以上的水位、流量观测资料和大流量、长时间群井抽水试验资料	适用于水文地质条件复杂，研究程度和精度要求较高的大、中型水源地
随机型	系统分析	抽水试验或水位、流量、降水量等长期动态观测资料	不受复杂的含水层结构与边界条件的限制，适用于中小型水源地或旧水源地的扩建与调整
	数理统计分析		
	水文分析		
经验型	开采试验法		
	补偿疏干法		适用于调节型水源地
	相似比拟法	相似水源地的勘探、开采统计资料	勘探水源地与已知水源地的水文地质条件相似
	水均衡法	均衡区各项补排水量和对应参数	适用于均衡要素单一，易于测定的地区，水文地质条件复杂，其他方法难以应用

（1）计算方法选择

由于水文地质条件的差异和不同勘察阶段所取得的水文地质资料数据的丰缺程度不一，以及对精度的要求不同，所选取的计算方法也不同。

在地下水允许开采量计算中，不同计算方法和数学模型具有各自的特点与适用条件。确定性渗流型模型具有全面刻画含水层内部水量分布和与外部环境的水量转化及不同开采方案的能力，可以结合不同开采方案计算相应的允许开采量，是允许开采量计算的基本方法。其中数值法对水文地质条件的适应性强，一般用于高级别资源量的计算。其他方法大多着重表达地下水与周围某环境因素之间的特殊联系（如降水、地表水、地下水水位降等），由于不能与具体开采条件结合，一般作为辅助性计算，用于对允许开采量计算成果的检验或补充，或在特殊情况下用于允许开采量评价。如：扩建水资源地，因具备丰富的实际开采数据，采用开采试验推断法或回归分析模型更合理。在地下暗河发育的岩溶地区，地下水资源大部分集中在岩溶管道中，并为管流，采用水文分析的管道截流法，经济可靠；分水岭地区，地下水运动以垂向入渗为主，地下径流发育不完善，与渗流的基本原理不符，宜用地下径流模数等水文分析法。泉源水源地，在掌握泉水流量长期动态资料时，常用系统理论或泉水流量分析等集中参数模型。

由于地下水补给其季节性多年性周期变化的特点，符合随机模型的表达形式，它可以以确定性渗流型模型构造耦合模型，用于刻画与外部水量的转化，解决边界条件复杂的高级别允许开采量计算。

在允许开采量计算中，各种数学模型的计算成果，必须通过开采条件下水量平衡计算的稳定性论证。通常首先由渗流型模型结合开采方案计算允许开采量，然后用水均衡法分析开采量的稳定性，最后论证其保证程度。所以，水均衡计算是检验各种方法计算成果的重要依据。

关于数学模型选择的合理性，至少有两个标准可以衡量。即：

1）对水文地质条件的适应性——指其是否正确地表达了水文地质条件；

2）对勘察阶段的精度要求，及勘察方法和工程控制程度的适应性——指能否充分地利用勘探工程提供的各种资料数据，来反映勘察工作的成果，满足计算精度的要求。换言之，也可理解为所选择的数学模型，其满足计算精度所需的勘探资料数据是否有保证。

由此可见，数学模型的选择和整个勘察工作是密切相关的。它使勘察工作中的定性与定量、地质与数学、勘探与评价有机结合，任何一个方面的相互脱节，均会给计算带来不必要的困难与失误，尽早选择一个合理数学模型，可减少勘察工作的投资、缩短工期、提高经济效益。因此，计算方法和数学模型的选择是整个水文地质勘察工作中的一个极重要的环节，它应贯穿勘察阶段的始与终。

（2）地下水资源评价的一般程序

地下水资源评价的一般程序体现在根据设计水量的要求、资料收集、条件勘察、模型选择、参数准备、水量评价等全过程。具体参见图 3-8。

2. 解析法

解析法是用相应的井（渠）流解析公式计算允许开采量。应用解析法的关键所在是如何正确处理解析公式建立过程中的严格理想化要求与实际问题复杂性、不规则性之间的差异。众所周知，并非任何函数关系都可以用解析公式表达，为了满足各种井流模型的解析解存在的条件，要求泛定方程和定解条件简单，计算区和布井方案的几何形态规则。这等于对含水层的物理和几何特征、布井方案及模型方程提出了极苛刻的要求，例如：要求含水层均质、等厚、各向同性；渗流区和开采区形状规则；补给边界的水量转化机制简单，不存在非确定性随机因素的影响；不产生潜水的大降深，不出现承压水和潜水同时并存，不存在初始水位的降落漏斗，没有

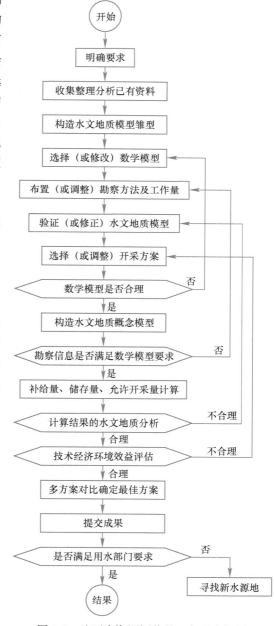

图 3-8　地下水资源评价的一般程序框图

不均匀的越流以及天窗或河、渠的入渗等。完全满足这些条件的理想化井流模型实际是不可能存在的。因此,采用解析法时,不可避免地要将复杂不规则的实际问题,通过简化纳入各种理想化的特定模式中。当一个实际问题与某个理想化模型相近似,则解析解的应用既经济又快捷。但多数情况下这种差异甚大,这样按解析公式要求作出的种种严格理想化处理,难免出现差错。此外,一些形式复杂的解析公式,其求解的烦琐程度不亚于数值法,实用意义也就不大了。实践证明,弄清解析公式的"建模"条件及其局限性,科学地处理实际问题与理想化模型之间的差异,做出合理的概化,是用好解析法的关键。

解析法由于可以考虑取水建筑物的类型、结构、布局和井距等开采条件,并能为水井设计提供各种参数,所以是允许开采量评价中常用的基本方法。但它必须用水均衡法计算补给量,以论证其保证程度,避免理想化处理可能导致水文地质条件的"失真",特别是在处理复杂的边界条件时,因此解析法一般用于边界条件简单的地区。

解析法包括稳定流与非稳定流两大类型。虽然地下水径流运动受气候和开采条件变化的影响,严格地说都应属非稳定流,但在补给充足、开采量小于补给量,具有稳定开采动态的情况下,均存在似稳定流的状态,可以采用稳定流公式计算;对于合理疏干型水源地,或远离补给区的承压水、补给条件差的潜水,应采用各种非稳定流方法。

具体做法一般有两种:一种是根据水文地质条件布置技术经济合理的取水建筑物,预测稳定型或调节平衡型的允许开采量,或在允许降深内在一定期限的非稳定型允许开采量;另一种是按具体需水量要求布置几个不同的取水方案,通过计算对比,选出最佳方案,若为稳定型与调节平衡型应评价其保证程度,若为非稳定开采动态应进行水位预报,评价不同开采期限内的水位情况,做出水位、水量是否能满足供水要求的结论,并论证开采可能出现的不良后果。

在井距较大,各开采井间相互影响不大的情况下,可根据单井解析公式计算各井的出水量,然后求其和作为允许开采量。若各井间相互影响时,可采用水位削减法等井群干扰公式,按布井方案设计出水量,作为允许开采量;或将不规则布井方案,概化为规则的理想"大井",用大井法计算出水量,作为干扰井群的允许开采量。

以上各种方法将在以后的管井、大口井的出水量计算中进行讨论。

3. 数值法

数值法是按分割近似原理,用离散化方法将求解非线性的偏微分方程问题,转化为求解线性代数方程问题,摆脱了解析解在求解中的种种严格理想化要求,使数值法能灵活地应用于解决各种非均质地质结构和复杂不规则边界条件问题。因此,数值法主要用于水文地质条件复杂的大型水源地的允许开采量计算。如非均质含水层、各类复杂边界含水层、多层含水层等。

在地下水资源评价中常用的数值法主要有两种:即有限单元法和有限差分法。两者无本质区别,实际效果也差不多,所不同的仅仅是在网格部分及线性化方法上有所差别。这里仅对如何应用数值法进行地下水允许开采量评价作一概略讨论。

(1) 数学模型的选择

数学模型的选择,既要考虑需要,又要分析其可能与效果,即实际问题的复杂程度是否具有所选模型相应的资料。一般来说,平面二维数学模型已能满足解决实际问题的基本要求。但对于由弱透水层连接的多层状含水层层组结构,可以从实际出发选择准三维模型，即用平面二维问题刻画含水层的基本特性，以垂向一维流描述含水层之间的作用；对于在垂向上具明显非均质特征的巨厚含水层，在作较大降深的开采量和水位预报时，为避免"失真"最好采用三维流的数学模型。

下面以非均质二维非稳定流地下水模型为例进行讨论，它由泛定方程和定解条件（初始条件、边界条件）组成：

泛定方程：

$$\frac{\partial}{\partial x}\left[T_x \frac{\partial H}{\partial X}\right] + \frac{\partial}{\partial y}\left(T_y \frac{\partial H}{\partial y}\right) + W = S \frac{\partial H}{\partial t} \quad (x,y) \in G, t > t_0 \tag{3-45}$$

初始条件：

$$H(x,y,t)\,|_{t=0} = H_0(x,y) \quad (x,y) \in G, t = t_0$$

边界条件：

$$H(x,y,t)\,|_{\Gamma_1} = H_1(x,y,t) \quad (x,y) \in \Gamma_1, t > t_0$$

$$T_x \frac{\partial H}{\partial x}\cos(n,x) + T_y \frac{\partial H}{\partial y}\cos(n,y)\,|_{\Gamma_2} = -q(x,y,t) \quad (x,y) \in \Gamma_2, t > t_0$$

式中　T_x——导水系数。潜水，$T_x = K \cdot H$；承压水，$T_x = K \cdot M$；

H——水头；

M——承压含水层厚度；

S——潜水为给水度，承压水为释水系数；

W——单位时间、单位面积上的垂向转化量；

Γ_1——水位边界；

Γ_2——流量边界；

G——计算域；

$(x \cdot y)$——平面坐标；

t——时间。

泛定方程是一个描述地下水渗流场收、支平衡的水均衡方程，其对水量转化规律的刻画是以达西定律为依据的，它由两部分组成：一是均衡基本项（T、S 项），指方程带有水头函数 h 的偏导项，表征渗流场各均衡单元内部及相互间的水量分布与交换。其中含 T 的水量渗透基本项，指渗流场水量的侧向交换条件，反映了含水介质的渗透性、非均质性、含水层的几何形态、渗流运动状态；而含 S 的水量储存与释放基本项，指渗流水量的储存与消耗。二是垂向交换项（W 项），包括源、汇项（即计算域内各井的抽水或注水强度），垂向入渗补给和消耗以及越流项。在模型中 W（x，y，t）应是一个给定的已知函数，但在实际中某些垂向交换量常常是未知的，因此也可引入相关参数（如降水入渗 α，垂向越流系数 η 等）在模型中进行求参。

初始条件：某一选定的初始时刻（$t=0$）渗流区内的水头分布，即水头在渗流区内各点上初始时刻的值，用来表示渗流区的初始状态。

边界条件：渗流区边界所处的条件。在给定渗流区的边界上，用来表示水头（或渗流量）在渗流区边界上所满足的条件。反映渗流区水流与周围环境之间的制约关系。

第一类边界条件（Dirichlet 边界）：若某一部分边界（设为 S_1 或 Γ_1）上各点在每一时刻的水头均为已知，称为第一类边界或给定水头边界。表示为：

$$H(x,y,z,t)\,|_{s_1} = \varphi_1(x,y,z,t), (x,y,z) \in S_1$$

（地表水体、疏干巷道等水力联系密切的边界水头）

第二类边界条件（Neumann 条件）：若已知某一部分边界（设为 S_2 或 Γ_2）单位面积（二维空间为单位宽度）上流入（流出时为负值）的流量 q 时，称为第二类边界或给定流量边界。表示为：

$$k\frac{\partial H}{\partial n}\Big|_{s_2} = q(x,y,z,t), (x,y,z) \in S_2$$

第三类边界条件：若某段边界 S_3 或 Γ_3 上 H 和 $\frac{\partial H}{\partial n}$ 的线性组合已知，即：

$$\frac{\partial H}{\partial n} + \alpha H = \beta \tag{3-46}$$

α 和 β 为上述边界的已知函数，称为第三类边界条件或混合边界条件。

$$K\frac{\partial H}{\partial n}\Big|_{s_3} = \frac{K_1}{m_1}(H_n - H) = q(x,y,z,t) \tag{3-47}$$

初始条件：给定某一个选定的时刻（通常表示为 $t=0$）渗流区内各点的水头值，即：

$$K\frac{\partial H}{\partial n}\Big|_{s_2} = q(x,y,z,t), (x,y,z) \in S_2 \tag{3-48}$$

（2）水文地质条件概化

水文地质条件概化是数值计算中的一个重要环节。要求根据勘探资料按数值方法对实际问题的特点进行概化。它反映了勘探信息的利用率和保证率，以及对水文地质条件的研究程度，直接关系计算精度。

含水层结构的概化：包括含水层的空间形态与结构参数分区的概化。含水层的空间形态，是利用含水层顶、底板标高等值线图，给出每一剖分节点（离散点）坐标（x，y）上的含水层顶、底板标高，由模型自动识别含水层的厚度，完成几何形态的概化。含水层的非均质结构参数分区，是在水文地质分区的基础上（即依据 T、S 的分布特点，结合岩性和松散沉积物的成因类型、基岩的构造条件、岩溶地区的水动力条件，进行水文地质分区）。按水文地质条件的宏观规律和渗流运动的特点，在空间上渐变地进行参数分区及参数分级，给出各分区参数的平均值及其上、下限，作为模型调试的依据。对取水层与相邻含水层相互作用概化，一般要求地质模型给出与相邻含水层的连接位置与坐标，其连接方式可以是断层，"天窗"或通过弱透水层的越流补给。

地下水流态的概化：将复杂的地下水实际流态概化为较为简单的流态。当水位降较大时，在开采井附近常出现复杂的非达西流与三维流，此外某些局部的构造部位或岩溶发育地段，甚至出现非渗流或非连续流状态。但这些复杂水流状态的分布范围一般不大，因此在宏观上仍可考虑用二维达西流进行概化。

边界条件的概化：数值法能较真实地模拟复杂的边界条件。它与数理统计模型相结合，可以处理解析法无能为力的各种非确定性边界问题。概化时，要求根据边界分布的空间形态，给出边界的坐标，确定边界作用的性质，有无水量交换及其交换方式，并根据动态观测或抽水试验资料，用数理统计方法概化水位或流量变化规律，并按不同时段要求给出各边界节点的水位或单宽流量。

计算域边界的选择与确定对数值计算的精度及其工程量的投资关系极大。操作时应遵循两个基本原则：一是在经济上要求以最小的工程量控制边界条件；二是在技术上要求所确定的主要边界，具有一定的工程控制，能为模型的识别、校正和预测提供可靠的计算数据。具体表现在，首先，尽可能地取自然边界和确定性边界，以节约勘探工程量和提高模型的可靠性；其次，应避免置计算边界于源、汇项附近，并远离供水中心，以缩小边界条件概化不当对计算结果的不良影响；此外，模型识别与预测的边界必须一致，否则模型识别的成果将失去意义。

在二维地下水模型中，垂向水量交换是作为水量附加项（W 项）列入方程中的，因此在概化时应特别慎重。同时要求给出含水层中的人工抽（注）水井的坐标、类型及其抽（注）水强度。

初始条件的概化：按初始时刻各控制节点实测水位资料绘制的等水位线图，给出各节点的水位作为初始条件。由于控制节点的数量有限，等水位线图的制作难免存在一定的随意性，在含水层结构或边界条件较复杂的情况下，最好利用模型的小步长运行进行校正。

（3）计算域的离散

数值法根据分割近似原理，将一个反映实际渗流场的光滑连续的水头曲面，用一个由若干彼此衔接无缝不重叠的三角形（有限元法）或方形、矩形（有限差分法）拼凑成的连续但不光滑的水头折面代替，将非线性问题简化为线性问题求解。按离散化要求剖分时，首先要选好控制性节点，它是具有完整水位资料的观测孔。由于观测孔的数量有限，要有许多插值点来补充，完成对整个计算域的离散。为了保证模型识别的精度，每一个参数分区和水位边界至少应保证有一个已知水位变化规律的控制性节点。插值点应布置在水位变化明显、参数分区界线、承压水与潜水分界线的控制节点稀疏的地方，并结合单元剖分原则，对插值点的位置作适当地调整。

单元剖分的原则，以控制水文地质条件宏观规律为目的。一般从资料较多的中心地带向偏远地区逐渐放稀。在水力坡度变化大的地段要适当加密，但应避免突变，三角形单元的三边之长不宜相差太大，其长、短边之比不要超过 3：1，三角形的内角以 30°～90°之间为好，否则影响数值解的收敛。剖分后，要按一定顺序对节点网格作系统的编号，并准备各节点的数据。

时间的离散，是根据地下水位降（升）速场的特点，选好合适的时间步长控制水头变化规律，既保证计算精度，又节约运算时间。如模拟抽水试验时，抽水初水位下降迅速，必须用以分钟为单位的小步长才能控制，随着水位降速的变慢，逐渐延长至以时、日为单位的步长。模拟稳定开采时，可用月、季，甚至年为单位的大步长。完整的水文周期，可提高模型识别的可信度。

（4）模型的识别与检验

模型识别是用实测水头值及其他已知条件校正模型的方程、结构参数、边界条件中的某些不确切的成分，数学运算中称解逆问题。它是根据详勘要求的一个水文年动态观测资料，提供枯、平、丰水季节的天然流场资料和抽水试验的人工流场资料，选用或自编相应的程序软件进行的。由于水头函数是一个多元函数，它是地下水模型中各要素综合作用的反映，因此模型识别的地质含义可理解为对研究区水文地质条件的一次全面判断。在条件允许的情况下，应进一步利用长期观测资料的历史水位进行检验。

模型识别的方法有直接解法和间接解法两种。

直接解法把水头函数作为已知项，用反演计算直接寻找模型中的参数和其他未知量的最优解。直接解法虽有高效率的运算速度，但要求过严的工程控制程度（在理论上要求每个节点的水头值在计算时段内均为已知值）和对数据误差的敏感反应，使其难以适应现实条件。

间接解法是一种常用的方法。它在给定定解条件和已知源、汇项的前提下，用正演计算模拟水头的时空分布，通过数学的最优方法不断调整方程参数和边界的输入输出条件，使水头的计算值与实测值的拟合误差满足要求为止。它是一种试算逼近法，这种反复拟合的识别过程，是在地质人员的控制下由计算机自动执行的。地质人员的指导作用，是根据水文地质条件提出最优化方法及约束条件，如：给出待求参数的初值与变化范围、选择边界类型按时间步长给出相应的水位与单宽流量值、确定水位计算值与实测值的允许拟合误差、限制每组参数优选的循环次数等。

对于拟合误差的精度要求，由于实际情况各异，难以制订一个统一的标准，一般用相对误差小于时段水位变幅的 5%～10%。结合水头拟合曲线态势变化的同步性与一致性，以及水文地质条件和水均衡条件的合理性，作为综合判断的依据。

模型识别与检验的成果，通常用各控制节点计算水头与实测水头值的拟合对照表及地下水水头时空态势拟合图表示。后者指各控制节点水头降（升）速场和不同时段水头梯度场的拟合，它反映了点与面、时间与空间的整个拟合精度。

反演计算在数学上存在两大难题：一是不同水文地质条件可形成接近的水头分布特征，称唯一性问题。而任一种逆问题的数学方法，只讨论寻找求解目标函数极小值的手段，而不讨论极小值是否唯一；二是数据的微小误差均可给解逆问题带来重大失误，称稳定性问题，尤其是直接解法的稳定性问题就更突出。两者有其一，数学上均称为不适定，即它的解是不可信的。此外，地质人员对水文地质条件判断的失误和在数据采集与处理中的随意性，扩大了反演计算的不适定。

经验证明，解决反演计算的唯一性问题，出路在于有效的水文地质勘察和高精度的信息资料获取。

1）通过加强水文地质条件宏观规律的研究和合理使用有限的工程量，提高参数分区及各分区之间参数比值的概化精度；用勘探工程控制重要边界条件，限制概化中的随意性，确保地质模型的可靠性；

2）提高数据采集和处理的精度；

3）避免多项参数和边界问题同时反演的做法，应通过均衡研究，用不同时段抽水试验资料如不同均衡期天然流场动态资料，寻找各项参数和边界单因素求解的最佳逆演时段，通过化繁为简，由已知求未知的逐渐逼近方法，完成模型的整体识别。在此基础上，如条件允许应继续用历史资料进一步作多时态（枯、平、丰水年）的模型检验。

上述模型识别过程，实质上是对水文地质条件及地下水补给、径流、调蓄与排泄作用的全面量化过程，其成果将直接为最佳取水地段选择与允许开采量评价提供科学依据。

（5）允许开采量的数值预报

允许开采量计算是利用经过多层次反复校正和检验的地下水模型，结合选定的开采方案，用正演计算模拟不同开采方案的地下水流场，以最大允许水位降作为约束条件，进行开采量的数值预报，在反复模拟调试中，优化开采方案和开采量，直到满足为止。

计算时要求：

1）按求参成果规划取水地段和布井方案，确定最大允许水位降，计算时按需水量大小给出不同布井方案各井的开采量初值，并赋予一组在最大允许水位降约束下，按一定增减比例自动调整井距和开采量的调试（修正）系数。

2）确定初始条件，给出各节点初始水位值。

3）预测边界的变化规律，按不同保证率的气象水文资料，给出开采条件下各边界的水位，流量变化值。

数值预报的精度，主要取决于对边界下推规律的预测与概化。为了避免边界预测和概化的随意性，应根据动态资料和模型识别的成果，在水均衡条件的制约下，建立相应的随机模型，概化边界的变化规律。

4. 开采试验法

开采试验法指用探采结合的办法，直接开凿勘探生产井，按开采条件（包括布井方案、开采降深和开采量）进行一至数月的抽水试验，以其稳定的抽水量（即补给量）直接确定开采量，它适用于需水量不大，水文地质条件复杂，一时难以查清补给条件，又急需做出评价的地区。广义地说，凡根据抽水试验的结果直接评价或外推的方法，均属此类。采用这种方法关键在于正确判断抽水过程中地下水的稳定状态和水位恢复情况，其结果可能出现稳定和非稳定状态两种情况：

（1）稳定状态

在长期抽水过程中，动水位达到设计水位降值并趋近稳定状态，抽水量大于或等于需水量；停抽后，水位能较快地恢复到原始水位。这表明抽水量小于开采条件下的补给量，其开采量是有补给保证的，可作为允许开采量。这种抽水试验应在旱季进行，但确定的允许开采量是偏保守的。

由于旱季地下水流场处于入不敷出，水位不断下降的非稳定状态，因此只有排除天然疏干流场的干扰，才能判断抽水试验的叠加流场是否达到稳定状态，如图 3-9 所示。

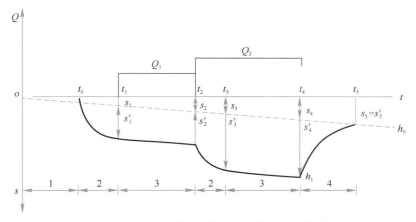

图 3-9　稳定开采试验状态动水位历时曲线图

1—天然状态；2—抽水非稳定阶段；3—抽水稳定阶段；4—抽水恢复阶段

h_0 为旱季天然流场动水位，可按抽水前实测的日降幅推算；h_1 为叠加流场的动水位。抽水由 t_0 时刻开始，地下水位急速下降后，至 t_1 和 t_3 时刻动水位 s_1' 和 s_3' 开始呈均匀下降，其下降速度与天然流场趋于一致。此时，叠加流场和天然流场的水位降过程线将保持平行，斜率保持不变，$\Delta s/\Delta t$ 为常数，表明抽水已达到稳定状态。同理，水位恢复以 t_4 时刻开始，至 t_5 时刻恢复水位 s_5' 与天然流场水位 s_5 重合，表明动水位已恢复到天然状态。由此可见，旱季抽水试验稳定状态的判断，有赖于对抽水前天然流场水位降速的确定。

（2）非稳定状态

在按需水量长期抽水过程中，动水位已超过设计水位下降值，仍未稳定，停抽后水位有所恢复，但达不到天然水位，表明抽水量已超过开采条件下的补给量，按需水量开采没有保证。这时，可按下列方法评价开采量。

为了便于讨论，假设抽水时天然流场基本处于稳定状态，地下水位降幅很小，可不予考虑，如图 3-10 所示。

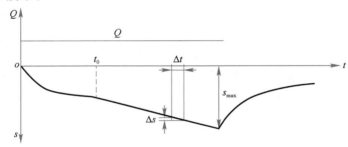

图 3-10　非稳定状态水位历时曲线图

在非稳定状态下，任一 Δt 时段抽水产生的水位降 Δs，若没有其他的消耗项，则其水平衡关系为：

$$\mu A \cdot \Delta s = (Q_k - Q_b)\Delta t \tag{3-49}$$

$$Q_k = Q_b + \mu A \Delta s/\Delta t \tag{3-50}$$

$$Q_b = Q_k - \mu A \Delta s/\Delta t \tag{3-51}$$

式中　Q_k——抽水量，m^3/d；

　　　Q_b——抽水条件下地下水补给量，m^3/d；

　　　μA——水位升、降一米时单位储存量变化值，m^2；

　　　Δs——Δt 时段的水位降，m。

从上式可知，从含水层中抽出的水量是由补给量和储存量组成，将两项分解便可用补给量评价开采量。

对此，首先应计算 μA 值。μA 值可用两次不同流量的抽水试验（Q_{k1}、Q_{k2}）和相应的 $\Delta s_1/\Delta t_1$、$\Delta s_2/\Delta t_2$ 资料，通过联立方程求解：

$$Q_{k1} = Q_b + \mu A \Delta s_1/\Delta t_1 \tag{3-52}$$

$$Q_{k2} = Q_b + \mu A \Delta s_2/\Delta t_2 \tag{3-53}$$

得

$$\mu A = (Q_{k2} - Q_{k1}) \Big/ \left(\frac{\Delta s_2}{\Delta t_2} - \frac{\Delta s_1}{\Delta t_1} \right) \tag{3-54}$$

则

$$Q_b = Q_{k1} - \left[(Q_{k2} - Q_{k1}) \bigg/ \left(\frac{\Delta s_2}{\Delta t_2} - \frac{\Delta s_1}{\Delta t_1} \right) \right] \frac{\Delta s_1}{\Delta t_1} \tag{3-55}$$

为了核对 Q_b 的可靠性，可按恢复水位资料进行检查。停抽后，抽水量 Q_k 为零，于是

$$Q_b = \pm \mu A \frac{\Delta s}{\Delta t} \tag{3-56}$$

用上述公式计算的 Q_b，结合水文地质条件和需水量即可评价开采量。

采用旱季抽水试验只能获得一年中最小的补给量，所以求得的 Q_b 是偏小的。最好将抽水试验延续到雨季，用同样的方法求得雨季的补给量，再分别按雨季 t_1 旱季 t_2 的时段长短分配到全年，得到

$$Q_b = \frac{Q_{b1} \cdot t_1 + Q_{b2} \cdot t_2}{365} \tag{3-57}$$

式中　Q_{b1}、Q_{b2}——分别为雨季 t_1 和旱季 t_2 的补给量。

用这样的补给量作为允许开采量时，还应计算旱季末的最大水位降 s_{max}，看是否超过最大允许降深。

$$s_{max} = s_0 + (Q_k + Q_{b2})t_2/\mu A \tag{3-58}$$

式中　s_0——雨季的水位降；

Q_k——允许开采量。

5. 补偿疏干法

补偿疏干法适用于季节性调节型水源地。含水层分布范围有限，有较大的储存量可起到充分调节作用，地下水补给在时间上具有分配不均的地区。在半干旱地区，降雨的季节性分布极不均匀，旱季漫长，雨季短暂，降雨集中，地下水开采在旱季依赖消耗含水层的储存量，雨季以回填被疏干的地下库容的形式进行补给。在补给有保证的情况下，取决于允许降深范围内，如何最大限度地利用储存量的调节库容，即旱季"空库"的大小。补偿疏干法是通过对旱季"空库"与雨季"回填"的含水层机制进行模拟，以此评价最大允许开采量。它要求具备两个条件，一是可借用的储存量必须满足旱季的连续稳定开采；二是雨季补给必须在平衡当时开采的同时，保证能全部补偿借用的储存量，而不是部分补偿。

补偿疏干法也属于开采试验法范畴，由于两者的应用条件不同，对抽水试验的要求也不一样。补偿疏干法要求抽水试验始于无补给的旱季，跨越旱季与雨季的连续稳定抽水试验来提供计算所需的资料，如图 3-11 所示。

具体步骤如下：

（1）求 μA 值

要求根据无补给条件下抽水试验的地下水位等速下降时段的资料计算。这时地下水位下降漏斗的影响范围已基本形成，其下降速度应等于出水量与下降漏斗面积的比值。即：

$$\Delta s/\Delta t = Q_1/\mu A \tag{3-59}$$

则

$$\mu A = Q_1 \Delta t_1/\Delta s_1 = Q_1(t_1 - t_0)/(s_1 - s_0) \tag{3-60}$$

式中　Q_1——旱季稳定抽水量，m^3/d；

　　　μA——水位每升、降一米时单位储存量变化值，m^2；

　t_0、s_0——分别为抽水时水位出现等速下降的初始时刻，d；及其相应的水位降，m；

　t_1、s_1——分别为抽水的延续时间，d；及其相应的水位降，m。

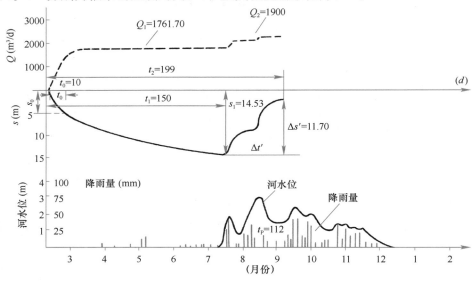

图 3-11　抽水时水位、流量过程曲线和补给关系示意图

（2）求最大允许开采量 Q_k 与疏干体积 V_s

$$Q_k = \mu A (s_{max} - s_0)/t \tag{3-61}$$

$$V_s = Q_k \cdot t = \mu A (s_{max} - s_0) \tag{3-62}$$

式中　Q_k——允许开采量，m^3/d；

　　　V_s——旱季末的疏干体积，m^3；

　　s_{max}——最大允许水位降，m；

　　　t——整个旱季的时间，d。

（3）求雨季补给量 Q_b

根据抽水试验雨季时段的资料求 Q_b、Q_{bcp}、V_b。

$$Q_b = (\mu A \Delta s'/\Delta t' + Q_2)t_x \cdot r \tag{3-63}$$

$$Q_{bcp} = Q_b/365 = t_x \cdot r (\mu A \Delta s'/\Delta t' + Q_2)/365 \tag{3-64}$$

$$V_b = Q_b - Q_2 = \mu A (\Delta s'/\Delta t')t_x \cdot r + (t_x \cdot r - 1)Q_2 \tag{3-65}$$

式中　Q_b——雨季补给量，m^3；

　　Q_{bcp}——全年平均补给量，m^3/d；

　　　V_b——雨季对含水量的补偿体积，m^3；

　　　Q_2——雨季稳定抽水量，m^3/d；

$\Delta s'/\Delta t'$——雨季抽水水位回升速率，m/d；

　　　t_x——整个雨季的时间，d；

r——安全修正系数，$r=0.5\sim1$，按气象周期出现的干旱年系列，结合抽水年份的气象条件给出。

（4）评价

根据计算结果，如果 $Q_{bcp}\geqslant Q_k$，$V_b\geqslant V_s$，则计算的 Q_k 可作为允许开采量；如果 $Q_{bcp}<Q_k$，$V_b<V_s$，则以 Q_{bcp} 作为允许开采量。

6. 水均衡法

水均衡法是根据物质守恒原理，研究地下水的补给、消耗与储存之间的数量转换关系，由此评价允许开采量。适用于地下水埋藏较浅，补给与排泄较简单且水文地质条件易于查清的地区。它不仅是地下水资源评价的基本方法，也是其他方法评价的指导思想和检验结果的依据。对于一个地区（均衡域）来说，在补给与消耗的不平衡发展过程中，任一时间段（均衡期）Δt 内补给量 Q_b 与消耗量 Q_p 之差，应等于该均衡区 A 内水体积 $\mu A\Delta h/\Delta t$（即储存量）的变化量，据此开采条件下的水均衡方程可表示为：

$$Q_k = Q_b - Q_p \pm \mu A\,\Delta h/\Delta t \tag{3-66}$$

在长期开采条件下，随着地下水位的下降，出现袭夺排泄量，以及蒸发量减少 ΔQ_p，产生补给的增量 ΔQ_b。因此，如果以补给量作为评价依据的稳定型开采动态，则最大允许开采量为：

$$Q_k = Q_b + \Delta Q_b + \Delta Q_p \tag{3-67}$$

如果是合理的消耗型开采动态，则为：

$$Q_k = Q_b + \Delta Q_b + \Delta Q_p + \mu A\,s_{max}/(t \cdot 365) \tag{3-68}$$

式中　s_{max}——最大允许降深，m；

　　　t——开采年限，一般取 $50\sim100a$。

按水均衡法计算的开采量是整个均衡区的极限值，一般大于将来的实际开采量。要使计算结果与实际开采量接近，应根据具体的水文地质条件和均衡要素测定的精度，乘以小于 1 的开采系数。

应用此法时，首先要划分均衡区，确定均衡期，然后根据水均衡条件建立水均衡方程，并测定各项均衡要素。均衡区一般取完整的水文地质单元或含水层（组）均衡区的边界尽量选择天然边界或地下水交换量容易确定的边界，均衡期应选择具有代表性的年份，一般以年为单位，一个水文年或一个大水文周期。均衡要素的组成随水文地质条件和气候的周期变化而不同。为了提高计算精度，常常需要在均衡区内进一步按不同含水介质成因类型的不同地下水类型进行分区，按均衡要素存在的季节（如旱季、融冻、农灌、雨季等）进行分期，并建立相应的子方程，以简化水均衡，保证各单项均衡要素的计算精度。此外，为取得较准确的计算数据，最好在每个均衡分区内选择有代表性地段做小范围的均衡试验，实测各均衡要素计算所需的参数。最后，要根据多年的动态观测资料，计算不同保证率典型年的水均衡，评价允许开采量的保证程度。

7. 相关分析法

相关分析法主要用于稳定型和调节型开采动态的水源地，或补给有余的旧水源地扩大开采时的地下水资源评价。计算时根据抽水试验资料或开采历史资料，用数理统计方法找出开采量和水位降等因素之间的相关关系（即统计规律），建立相关程度密切的回归方程，在不改变其物理背景（如补给条件、开采条件等）的前提下，外推未来开采时允许开采量，但外推范围不能太大。相关分析法也常用于泉源水源地的水资源评价。通过分析泉水流量与降水等各种影响因素之间的相关关系。

由于相关分析法是建立在数理统计理论基础上的，直接以现实物理背景下得到的统计规律分析和解决问题，因此可以避开各种复杂的地质问题，并考虑各种非确性随机因素的影响，同时能依据逐年增加的资料，随时修正预报成果。它的主要缺点是不能与开采方案相结合，又受到样本容量不能太少的限制，否则会影响外推精度。

为了避免重复，其具体计算方法，参见河流水文计算中相关分析的内容。

对城市供水水文地质勘察，要求相关系数 r 大于 0.80，即表示相关密切。当相关程度符合要求时，把设计水位下降值代入相应的回归方程，直接计算设计开采量。也可根据需水量预测水位下降值，但不得超过允许下降值。

8. 地下水文分析法

地下水文分析法是依照水文学，采用测流方法计算某一区域一年内地下水的总流量。它如果接近补给量或排泄量，可作为该区域的允许开采量。由于地下水直接测流的困难，地下水文分析法只适于一些特定地区，如岩溶管流区、基岩山区等地。而这些地区常常也是其他方法难以应用的地区。

（1）岩溶管道截流总和法

我国西南岩溶山地多管道流，地下水资源大部分集中于岩溶管道中，而管外岩层的裂隙和溶隙中储存的水量甚微。因此，岩溶管道中的地下径流量，可作为该地地下水的可开采量。在这种地区，只要能测得各暗河出口处枯季的径流量 Q_i，加起来便是该区地下水的可开采量 Q_k，即：

$$Q_k = \sum_{i=1}^{n} Q_i \tag{3-69}$$

（2）地下径流模数法

当暗河管道埋藏很深无法测流时，可利用地下径流模数法。这是一种借助间接测流的近似计算方法，即认为一个地区地下暗河的流量与其补给面积成正比，且在条件相似的地区地下径流模数 M 是相近似的。因此只要在调查区选择其中的一、二条暗河，测得其枯季流量 Q_i 和相应的补给面积 A_i，求得地下径流模数 M，再乘以全区的补给面积 A，便可求得整个调查区的地下径流量 ΣQ_i，以此作为地下水的允许开采量。

$$M = Q_i / A_i \tag{3-70}$$

$$Q_k = M \cdot A \tag{3-71}$$

（3）流量过程线分割法

山区河流枯季的地下径流量（即基流量），基本上代表了地下水的排泄量，可以作为评价允许开采量的依据。利用水文站的河流水文图（即流量过程图），结合具体的水文地质条件，对全区地表水流量过程线进行深入分析，把补给河水的地下水排泄量分割出来，即可获得全区的地下径流量，作为评价地下水允许开采量的依据。

（4）水文分析法中的频率分析

地下径流量受气候变化影响较大，如果所用资料是丰水年的，会得出偏大的结果，在平水年和枯水年就没有保证。如果利用枯水年资料，又过于保守。因此需要进行频率分析，获得不同保证率的数据。如果地下径流量观测数据较少，观测系列较短时，可以与观测数据较多、系列较长的气象资料进行相关分析，用回归方程来外推和插补，再作频率分析。其具体也可见河流水文统计的有关章节。

第4章　供水资源水质评价

水资源开发利用的重要任务是在对水资源质量全面合理评价的基础上，根据不同供水目的，提供满足其用水水质要求的，具有一定水量保证的水源。显然，水资源的合理开发与有效利用的前提就是对供水资源数量与质量进行正确评价。有关水资源形成与资源量评价在有关的章节中已给予较为详尽的论述。本章将重点阐述供水资源水质评价有关的指标体系、生活饮用、工业和农业用水水质标准与评价。

4.1　水中组分与水质指标体系

组成水中的物质组分按其存在状态和颗粒大小可分为三类：悬浮物质、溶解物质和胶体物质。悬浮物质是由大于分子尺寸的颗粒组成，它们靠浮力和黏滞力悬浮于水中。溶解物质则由分子或离子组成，它们被水的分子结构所支承。胶体物质则介于悬浮物质与溶解物质之间（图 4-1）。

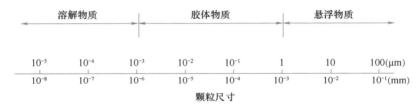

图 4-1　水中物质按颗粒大小分类

仅仅根据水中物质颗粒大小还不能全面反映水的物理、化学和生物方面的性质。为了评价供水资源质量状况，必须建立水质和水质指标的概念。

水质是指水和其中所含的物质组分所共同表现的物理、化学和生物学的综合特性。各项水质指标则表示水中物质的种类、成分和数量，是判断水质的具体衡量标准。

水质指标项目繁多，可分为物理的、化学的和生物学的三大类。

1. 物理性水质指标

属于这一类的水质指标主要有：

（1）感官物理性状指标，如温度、色度、臭和味、浑浊度、透明度等。

（2）其他的物理性水质指标，如总固体、悬浮固体、可沉固体、电导率（电阻率）等。

2. 化学性水质指标

（1）一般的化学性水质指标，如 pH、碱度、硬度、各种阳离子、各种阴离子、总含盐量、一般有机物质等。

（2）有毒的化学性水质指标，如各种重金属、氰化物、多环芳烃、卤代烃、各种农药等。

（3）氧平衡指标，如溶解氧（DO）、化学需氧量（COD）、生化需氧量（BOD）、总需氧量（TOD）等。

（4）放射性水质指标，如总 α 放射性、总 β 放射性等。

3. 生物学水质指标

生物学水质指标一般包括细菌总数、总大肠菌数、各种病原细菌、病毒等。

4.2　生活饮用水与饮用水源水质量标准与评价

生活用水作为水资源利用的重要组成部分其水质量与安全供水的保障体系受到广泛关注。随着人类生活水平和质量的提高，生活用水量增长幅度加大，用水水质的要求愈加严格。问题是，供水资源由于污染造成供水水质与生活用水质量之间的矛盾十分突出。显然，了解和认识生活用水质量标准与评价方法，对于保证水资源利用的安全性具有重要的实际意义。

生活用水主要由生活饮用水和生活杂用水两部分构成。由于使用的目的不同，对供水水质的要求具有一定的差别。考虑教材内容的安排，生活杂用水部分在此不作进一步讨论。

4.2.1　生活饮用水水质标准与评价

饮用水的水质量状况直接关系人体健康，寻求安全与洁净的饮用水水源显得尤为重要。在饮用水供水水源地勘察中，从生理感观、物理性质、溶解盐类含量、有毒成分及细菌成分等方面对水质进行全面评价是十分必要的。为此，各国针对各自不同的地理环境、人文环境、给水资源状况，制定一系列符合各自用水环境的饮用水质标准，目的是保证饮用水的安全性和可靠性。

1. 我国饮用水卫生标准

饮用水水质标准是衡量饮用水安全的主要指标与依据。随着对安全饮水重视程度的提升和科学技术进步，饮用水水质标准在不断地修订，水质指标与标准在不断变化。我国1985 年颁布实施的《生活饮用水卫生标准》GB 5749—1985 确定了感官性状和一般化学指标、毒理学指标、细菌学指标和放射性指标等 4 大类共 35 项指标，长期以来作为衡量饮用水质的标准，对保障人民生活质量和健康起到了重要的作用。然而，由于水体中的化学组分和健康安全性问题的不断发现，《生活饮用水卫生标准》GB 5749—1985 已不能满足饮水安全的需要，为此，2006 年我国又颁布了新的饮用水质量标准，即《生活饮用水卫生标准》GB 5749—2006，该标准的水质指标由 GB 5749—1985 的 35 项增加至 106 项，增加了 71 项，修订了 8 项，微生物学指标由 2 项增至 6 项，饮用水消毒剂由 1 项增至 4 项，毒理学指标中无机化合物由 10 项增至 22 项，有机化合物由 5 项增至 53 项，感官性状和一般理化指标由 15 项增加至 21 项。

2022 年我国对生活饮用水卫生标准再次修订，即 2023 年 4 月 1 日实施的《生活饮用水卫生标准》GB 5749—2022。该标准的水质指标由 GB 5749—2006 的 106 项调整为 97 项，包括常规指标 43 项和扩展指标 54 项，主要变化为：增加了 4 项指标，删除了 13 项指标，更改了 3 项指标的名称和 8 项指标的限值，增加了总 β 放射性指标进行核素分析评价的具体要求及微囊藻毒素-LR 指标的适用情况，删除了小型集中式供水和分散式供水部分水质指标及限值的暂行规定。

新标准更加关注感官指标，如增加了 2-甲基异莰醇、土臭素两项感官指标作为扩展指标；更加关注消毒副产物，将一氯二溴甲烷、二氯一溴甲烷、三溴甲烷、三卤甲烷、二氯乙酸、三氯乙酸等 6 项消毒副产物指标从原非常规指标调整到常规指标。同时，将氨（以 N 计）从原非常规指标调整到常规指标。

水质常规指标及限值见表 4-1a，水质扩展指标及限值见表 4-1b。

我国《生活饮用水卫生标准》GB 5749—2022（水质常规指标及限值）　　表 4-1a

项目	指标	限值
微生物指标	总大肠菌群(MPN/100mL 或 CFU/100mL)	不应检出
	大肠埃希氏菌(MPN/100mL 或 CFU/100mL)	不应检出
	菌落总数(CFU/mL)	100
毒理指标	砷(mg/L)	0.01
	镉(mg/L)	0.005
	铬(六价)(mg/L)	0.05
	铅(mg/L)	0.01
	汞(mg/L)	0.001
	硒(mg/L)	0.01
	氰化物(mg/L)	0.05
	氟化物(mg/L)	1
	硝酸盐(以 N 计)(mg/L)	10
	三氯甲烷(mg/L)	0.06
	一氯二溴甲烷(mg/L)	0.1
	二氯一溴甲烷(mg/L)	0.06
	二溴甲烷(mg/L)	0.1
	三溴甲烷(mg/L)	0.1
	三卤甲烷(三氯甲烷、一氯二溴甲烷、二氯一溴甲烷、三溴甲烷的总和)	该类化合物中各种化合物的实测浓度与其各自限值的比值之和不超过 1
	二氯乙酸(mg/L)	0.05
	三氯乙酸(mg/L)	0.1
	溴酸盐(mg/L)	0.01
	亚氯酸盐(mg/L)	0.7
	氯酸盐(mg/L)	0.7
感官性状和一般化学指标	色度(铂钴色度单位)(度)	15
	浑浊度(散射浑浊度单位)(NTU)	1
	臭和味	无异臭、异味
	肉眼可见物	无
	pH	不小于 6.5 且不大于 8.5
	铝(mg/L)	0.2
	铁(mg/L)	0.3
	锰(mg/L)	0.1
	铜(mg/L)	1

续表

项目	指标	限值
感官性状和一般化学指标	锌(mg/L)	1
	氯化物(mg/L)	250
	硫酸盐(mg/L)	250
	溶解性总固体(mg/L)	1000
	总硬度(以 $CaCO_3$ 计)(mg/L)	450
	高锰酸盐指数(以 O_2 计)(mg/L)	3
	氨(以 N 计)(mg/L)	0.5
放射性指标	总 α 放射性(Bq/L)	0.5(指导值)
	总 α 放射性(Bq/L)	1(指导值)

注：1. MPN 表示最可能数；CFU 表示菌落形成单位。当水样检出总大肠菌群时，应进一步检验大肠埃希氏菌；当水样未检出总大肠菌群，不必检验大肠埃希氏菌。
　　2. 小型集中式供水和分散式供水因水源与净水技术受限时，菌落总数指标限值按 500MPN/mL 或 500CFU/mL 执行。氟化物指标限值按 1.2mg/L 执行，硝酸盐（以 N 计）指标限值按 20mg/L 执行，浑浊度指标限值按 3NTU 执行。
　　3. 水处理工艺流程中预氧化或消毒方式采用液氯、次氯酸钙及氯胺时，应测定三氯甲烷、一氯二溴甲烷、二氯一溴甲烷、三溴甲烷、三卤甲烷、二氯乙酸、三氯乙酸；采用次氯酸钠时应测定三氯甲烷、一氯二溴甲烷、二氯一溴甲烷、三溴甲烷、三卤甲烷、二氧乙酸、三氯乙酸、氯酸盐；采用臭氧时应测定溴酸盐；采用二氧化氯时应测定亚氯酸盐；采用二氧化氯与氯混合消毒剂发生器时，应测定亚氯酸盐、氯酸盐、三氯甲烷、一氯二溴甲烷、二氯一溴甲烷、三溴甲烷、三卤甲烷、二氯乙酸、三氯乙酸。
　　　当原水中含有上述污染物，可能导致出厂水和末梢水的超标风险时，无论采用何种预氧化或消毒方式，都应对其进行测定。
　　4. 当发生影响水质的突发公共事件时，经风险评估，感官性状和一般化学指标可暂时适当放宽。
　　5. 放射性指标超过指导值（总 β 放射性扣除[40]K 后仍然大于 1Bq/L），应进行核素分析和评价，判定能否饮用。
　　6. 常规指标中还包括游离氯、总氯、臭氧、二氧化氯四种消毒剂指标。

我国《生活饮用水卫生标准》GB 5749—2022（水质扩展指标及限值）　　　表 4-1b

项目	指标	限值
微生物指标	贾第鞭毛虫（个/10L）	<1
	隐孢子虫（个/10L）	<1
毒理指标	锑(mg/L)	0.005
	钡(mg/L)	0.7
	铍(mg/L)	0.002
	硼(mg/L)	1.0
	钼(mg/L)	0.07
	镍(mg/L)	0.02
	银(mg/L)	0.05
	铊(mg/L)	0.0001
	硒(mg/L)	0.01
	高氯酸盐(mg/L)	0.07
	二氯甲烷(mg/L)	0.02
	1,2-二氯乙烷(mg/L)	0.03
	四氯化碳(mg/L)	0.002
	氯乙烯(mg/L)	0.001
	1,1-二氯乙烯(mg/L)	0.03

项目	指标	限值
毒理指标	1,2-二氯乙烯(总量)(mg/L)	0.05
	三氯乙烯(mg/L)	0.02
	四氯乙烯(mg/L)	0.04
	六氯丁二烯(mg/L)	0.0006
	苯(mg/L)	0.01
	甲苯(mg/L)	0.7
	二甲苯(总量)(mg/L)	0.5
	苯乙烯(mg/L)	0.02
	氯苯(mg/L)	0.3
	1,4-二氯苯(mg/L)	0.3
	三氯苯(总量)(mg/L)	0.02
	六氯苯(mg/L)	0.001
	七氯(mg/L)	0.0004
	马拉硫磷(mg/L)	0.25
	乐果(mg/L)	0.006
	灭草松(mg/L)	0.3
	百菌清(mg/L)	0.01
	呋喃丹(mg/L)	0.007
	毒死蜱(mg/L)	0.03
	草甘膦(mg/L)	0.7
	敌敌畏(mg/L)	0.001
	莠去津(mg/L)	0.002
	溴氰菊酯(mg/L)	0.02
	2,4-滴(mg/L)	0.03
	乙草胺(mg/L)	0.02
	五氯酚(mg/L)	0.009
	2,4,6-三氯酚(mg/L)	0.2
	苯并(a)芘(mg/L)	0.00001
	邻苯二甲酸二(2-乙基己基)酯(mg/L)	0.008
	丙烯酰胺(mg/L)	0.0005
	环氧氯丙烷(mg/L)	0.0004
	微囊藻毒素-LR(藻类暴发情况发生时)(mg/L)	0.001
感官性状和一般化学指标	钠(mg/L)	200
	挥发酚类(以苯酚计)(mg/L)	0.002
	阴离子合成洗涤剂(mg/L)	0.3
	2-甲基异莰醇(mg/L)	0.00001
	土臭素(mg/L)	0.00001

2. 美国饮用水水质标准

美国环保局水办公室发布的《饮用水水质标准》(U. S. EPA—2018)（Drinking Water Standards），分为第一类饮用水标准、第二类饮用水水质标准等。第一类饮用水标准共有 97 项指标，包括有机化合物 63 项、无机物 22 项、放射性核素 5 项、微生物 7 项，属于强制性标准，见表 4-2。

第二类饮用水水质标准共有 15 项指标，是非强制性的联邦标准，见表 4-3。

美国第一类饮用水水质标准与健康建议（U. S. EPA—2018）（第一类饮用水标准）　　表 4-2

化 合 物	标准（mg/L）		致癌分类
	MCLG	MCL	
1. 有机化合物，63 种			
（1）苯系物（BTEX），5 种			
苯（Benzene）	0	0.005	H
甲苯（Toluene）	1	1	I
乙苯（Ethylbenzene）	0.7	0.7	D
二甲苯（Xylenes）	10	10	I
苯乙烯（Styrene）	0.1	0.1	C
（2）卤代烃类，15 种			
四氯化碳（Carbontetrachloride）	0	0.005	L
二溴氯丙烷（Dibromochloropropane—DBCP）	0	0.0002	B2
1,2-二氯乙烷（1,2-Dichloroethane）	0	0.005	L
1,1-二氯乙烯（1,1-Dichloroethylene）	0.007	0.007	S
顺-1,2-二氯乙烯（cis-1,2-Dichloroethylene）	0.07	0.07	I
转-1,2-二氯乙烯（tran-1,2-Dichloroethylene）	0.1	0.1	I
二氯甲烷（Dichloromethane）	0	0.005	L
1,2-二氯丙烷（1,2-Dichloropropane）	0	0.005	B2
二溴乙烷（Ethylenedibromide）	0	0.00005	L
1,1,1-三氯乙烷（1,1,1-Trichloroethane）	0.2	0.2	I
1,1,2-三氯乙烷（1,1,2-Trichloroethane）	0.003	0.005	C
三氯乙烯（Trichloroethylene）[①]	0	0.005	B2
氯乙烯（Vinylchloride）	0	0.002	H
六氯代环戊乙烯（Hexachlorocyclpentadiene）	0.05	0.05	N
四氯乙烯（Tetrachloroethylene）[①]	0	0.005	—
（3）氯代苯类，5 种			
氯苯（Monochlorobenzene）	0.1	0.1	D
邻二氯苯（o-Dichlorobenzene）	0.6	0.6	D
对二氯苯（p-Dichlorobenzene）	0.075	0.075	C
六氯苯（Hexachlorobenzene）	0	0.001	B2
1,2,4-三氯苯（1,2,4-Trichlorobenzene）	0.07	0.07	D

化 合 物	标准（mg/L）		致癌分类
	MCLG	MCL	
（4）多氯联苯（PCBs），2种			
多氯联苯（Polychlorinatedbiphenyls—PCBS）	0	0.0005	B2
2,3,7,8-四氯二苯并-p-二噁英[2,3,7,8-TCDD(DioXin)]	0	$3×10^{-8}$	B2
（5）酚类，1种			
五氯酚（Pentachlorophenol）	0	0.001	L
（6）多环芳烃（PAHs），1种			
苯并(a)芘（Benzo(a)pyrene）	0	0.0002	B2
（7）农药，23种			
氯丹（Chlordane）	0	0.002	B2
2,4-滴（2,4-Dichlorophenoxyacetic acid）	0.07	0.07	D
甲草胺（Alachlor）	0	0.002	B2
克百威（Carbofuran）	0.04	0.04	N
地乐酚（Dinoseb）	0.007	0.007	D
毒杀芬（Toxaphene）	0	0.003	B2
茅草枯（Dalapon sodium salt）	0.2	0.2	D
阿特拉津（Atrazine）	0.003	0.003	N
异狄氏剂（Endrin）	0.002	0.002	I
敌草快（Diquat）	0.02	0.02	E
草甘膦（Glyphosate）	0.7	0.7	D
林丹（Lindane）	0.0002	0.0002	S
七氯（Heptachlor）	0	0.0004	B2
西玛嗪（Simazine）	0.004	0.004	N
甲氧滴滴涕（Methoxychlor）	0.04	0.04	D
毒锈定（Picloram）	0.5	0.5	D
草氨酰[Oxamyl(Vydate)]（杀线威）	0.2	0.2	N
草藻灭（Endothall）	0.1	0.1	N
七氯环氧化物（Heptachlor epoxide）	0	0.0002	B2
2,4,5-涕丙酸（2,4,5-TP(Silvex)）	0.05	0.05	D
涕灭威（Aldicarb[②]）	0.001	0.003	D
涕灭威砜（Aldicarb sulfone[②]）	0.001	0.002	D
涕灭威亚砜（Aldicarb sulfoxide[②]）	0.001	0.004	D
（8）三卤化物（THM），4种			
氯仿（Chloroform(THM)）	0.07	0.08[③]	L/N
溴二氯甲烷（Bromodichloromethane(THM)）	0	0.08[③]	L
三溴甲烷（Bromoform(THM)）	0	0.08[③]	L

续表

化　合　物	标准(mg/L)		致癌分类
	MCLG	MCL	
二溴氯甲烷(Dibromochloromethane(THM))	0.06	0.08③	S
(9)其他,7种			
二(2-乙基己基)己二酸(盐)(Di[2-ethylhexyl]adipate)	0.4	0.4	C
二(2-乙基己基)邻苯二甲酸酯[Di(2-ethylhexyl)phthlate]	0	0.006	B2
丙烯酰胺(Acrylamide)	0	TT④	L
一氯乙酸(Monochloroacetic acid)	0.03	0.06⑤	I
二氯乙酸(Dichloroacetic acid)	0	0.06⑤	L
三氯乙酸(Trichloroacetic acid)	0.02	0.06⑥	S
环氧氯丙烷(Epichlorohydrin)	0	TT⑥	B2
2. 无机组分,22种			
锑(Sb)	0.006	0.006	D
砷(As)	0	0.01	A
石棉平均纤长/$L>10\mu m$	7MFL⑦	7MFL⑦	A⑧
钡(Ba)	2	2	N
铍(Be)	0.004	0.004	—
镉(Cd)	0.005	0.005	D
溴酸盐(Bromate)	0	0.01	B2
氯胺(Chloramine⑨)	4	4	—
氯(Chlorine)	4	4	D
二氧化氯(Chlorine dioxide)	0.8	0.8	D
亚氯酸盐(Chlorite)	0.8	1	D
总铬(Cr)	0.1	0.1	D
铜(Cu)(在水龙头处)	1.3	TT⑩	D
氰化物(CN)	0.2	0.2	I
氟(F)	4	4	—
铅(Pb)(在水龙头处)	0	TT⑩	B2
汞(无机的)(Hg)	0.002	0.002	D
硝酸根(以氮计)(NO₃-N)	10	10	—
亚硝酸根(以氮计)(NO₂-N)	1	1	—
硝酸根+亚硝酸根(以氮计)(NO₃-N+NO₂-N)	10	10	—
硒(Se)	0.05	0.05	D
铊(Th)	0.0005	0.002	I
3. 放射性核素,5种			
总 α 粒子活性	0	15pCi/L	A
$^{A226}R+^{228}R$	0	5pCi/L	A
β 粒子和光子活性	0	4mrem/a	A

续表

化 合 物	标准(mg/L)		致癌分类
	MCLG	MCL	
氡（Radon）	0	300，最大 400 PCi/L	A
铀（Uranium）	0	0.03	A
微生物,7 种			
隐孢子虫	—	TT*	
蓝氏贾第鞭毛虫	—	TT*	
异养菌总数	未定	TT*	
军团杆菌	0	TT*	
总大肠杆菌	0	5.0%**	
浊度	未定	TT*	
病毒	0	TT*	

注：1. 第一类饮用水标准是强制性执行标准；

2. MCLG—污染物最大浓度目标，它是防止不良人类健康影响具有足够安全范围的非强制性饮用水污染物浓度；

3. MCL—污染物最大浓度，输送至公共供水用户水中污染物最高允许浓度；

4. 致癌分类—A 类为致癌物，有足够的流行病学数据支持摄入该污染物和致癌之间的关系；B 类为很可能的致癌物，流行病学证据有限（B1），动物致癌证据充足（B2）；C 类为可能的致癌物，动物致癌证据不多，人类致癌证据缺乏或无资料；D 类为不能进行致癌分类的组分，动物或人类的致癌证据均缺乏或无资料；E 类为无致癌证据的组分，在充分的流行病学调查和动物实验中无致癌证据；

就一种人类致癌剂的可能性和过量时可以引发癌症的情况进行定性权重描述时推荐的描述术语为：H 为对人类致癌性的；L 为很可能对人致癌性的；L/N：超过一个指定的剂量可能会致癌，但在这个剂量以下不可能会致癌，这是因为肿瘤在这个剂量下不会形成；S 为致癌潜力具有启发性证据的；I 为评估致癌潜力的信息不充分的；N 为对人不可能有致癌性的；

5. 表中①审定中；②由于相似的作用方式，这三种化合物中的两种以上的任何组合，其 MCL 值都不得超过 0.007mg/L；③1998 年消毒剂和消毒副产物最终规定，三卤甲烷总量为 0.08mg/L；④当饮水系统中采用丙烯酰胺时，在投加剂量 1mg/L，其化合物（或产物）和单位体含量不能超过相当于含有 0.05% 单体的聚丙烯酰胺聚合物；⑤1998 年消毒剂和消毒副产物最终规定，五种卤代乙酸的总量为 0.06mg/L；⑥当饮水系统中采用环氧氯丙烷时，在投加计量 20mg/L，其化合物（或产物）和单体含量不能超过相当于含有 0.01% 单体的以氯环氧丙烷为基础的聚合物的含量；⑦MFL＝百万纤维每升；⑧基于吸入暴露的致癌性；⑨一氯胺，以游离氯计；⑩铜和铅的影响浓度分别为 1.3mg/L 和 0.015mg/L；

6. * 过滤系统必须去除 99% 隐孢子虫；杀死或灭活 99.9% 蓝氏贾第鞭毛虫，杀死或灭活 99.99% 病毒；控制异养菌总数小于 500 个/mL；对军团菌未列限制，EPA 认为，如果贾第鞭毛虫和病毒被灭活，则其已得到控制；任何时间浊度不得超过 5NTU。

7. ** 每月总大肠杆菌阳性水样不超过 5%。含有总大肠菌的水样要分析粪型大肠杆菌，粪型大肠杆菌不允许存在。

美国第二类饮用水水质标准　　　　　　　　　　　　　　　表 4-3

组分	类型	最大浓度（mg/L）
Al	F	0.05~0.2
Cl^-	F	250
色度	F	15 单位
Cu	F	1.0

续表

组分	类型	最大浓度（mg/L）
腐蚀性	F	无腐蚀性
F	F	2.0
发泡剂	F	0.5
Fe	F	0.3
Mn	F	0.05
气味	F	3 单位
pH	F	6.5～8.5
Ag	F	0.1
SO_4^{2-}	F	250
TDS	F	500
Zn	F	5

注：第二类饮用水水质标准是非强制性的联邦法规，它与饮用水的味道、气味、颜色和其他美学上不良影响的性质有关。EPA 建议各州把这些标准作为合理的水质目标，但联邦法规并不要求供水系统遵守此标准。然而，各州可采用政府关心的自己的强制性法规，为了安全，应检查州立的饮用水标准。F 代表第二类饮用水水质标准为终稿状态。

3. 世界卫生组织饮用水水质准则

世界卫生组织饮用水水质准则是指导各国制订饮用水标准和提高饮用水质量的指导性标准。世界卫生组织于 1958 年就发布了《饮用水国际准则》，其后的 1983 年至 1997 年间分三卷出版了《饮用水水质准则》第一版和第二版，2004 年出版了第三版，并于 2006 年又发布了第三版的增补资料，2011 年再次修订后出版了《饮用水水质准则》第四版。其中，微生物指标共涉及 19 种致病菌，7 种病毒，11 种致病原虫（寄生虫）。化学物指标共评估了 187 种化学物，其中已经建立了准则值的化学物 90 项，未建立准则值 97 项。未建立准则值的原因是，认为有 25 种农药不大可能在饮用水中出现，72 种化学物因现有数据不足或饮用水中不大可能出现对人体健康产生危害的浓度水平。此外，准则中还有放射性指标和可接受性指标。《饮用水水质准则》（第四版）中准则值见表 4-4。

饮用水水质准则值（WHO）表 4-4

化学品	准则值（mg/L）	说明
苯（Benzene）	0.01[b]	
甲苯（Toluene）	0.7（C）	
乙苯（Ethylbenzene）	0.3（C）	
二甲苯（类）（Xylenes）	0.5（C）	
苯乙烯（Styrene）	0.02（C）	
一溴二氯甲烷（Bromodichloromethane）	0.06[b]	
溴仿（Bromoform）	0.1	
四氯化碳（Carbontetrachloride）	0.004	

续表

化学品	准则值（mg/L）	说明
1,2-二氯乙烷（1,2-Dichloroethane）	0.03b	
1,2-二氯乙烯（1,2-Dichloroethene）	0.05	
二氯甲烷（Dichloromethane）	0.02	
1,2-二氯丙烷（Dichloropropane（1,2-(1,2-DCP)））	0.04（P）	
1,3-二氯丙烯（1,3-Dichloropropene）	0.02b	
二溴氯甲烷（Dibromochloromethane）	0.1	
四氯乙烯（Tetrachloroethene）	0.04	
氯乙烯（Vinylchloride）	0.0003b	
三卤甲烷（Trihalomethanes）		各组分浓度与各自准则值的比值之总和≤1
三氯乙烯（trichloroethene）	0.02（P）	
1,2-二溴-3-氯丙烷（1,2-Dibromo-3-chloropropane）	0.001b	
1,2-二溴乙烷（1,2-Dibromoethane）	0.0004b（P）	
氯仿（Chloroform）	0.3	
1,2-二氯苯（1,2-Dichlorobenzene）	1（C）	
1,4-二氯苯（1,4-Dichlorobenzene）	0.3（C）	
五氯酚（Pentachlorophenol）	0.009b（P）	
2,4,6-三氯酚（2,4,6-Trichlorophenol）	0.2b（C）	
苯并（a）芘（Benzo［a］Kpyrene）	0.0007bBoron	
滴灭威（Aldicarb）	0.01	用于砜与亚砜化合物
艾氏剂和异艾氏剂（Aldrin&dieldrin）	0.00003	两者之和
甲草胺/草不绿（Alachlor）	0.02b	
莠去津及代谢产物	0.1	
毒死蜱（Chlorpyrifos）	0.03	
呋喃丹/卡巴呋喃/克百威（Carbofuran）	0.007	
氯丹（Chlordane）	0.0002	
异狄氏剂（Endrin）	0.0006	
西玛津/西玛三嗪（Simazine）	0.002	
滴滴涕和代谢物（DDTandmetabolites）	0.001	
2,4-滴丙酸（Dichloroprop）	0.1	
林旦/林丹/高丙体666（Lindane）	0.002	
禾草特/环草丹/草达灭（Molinate）	0.006	
2,4,5-涕（2,4,5-T）	0.009	

续表

化学品	准则值（mg/L）	说明
乐果（Dimethoate）	0.006	
甲氧滴滴涕（Methoxychlor）	0.02	
佛乐灵（Triflualin）	0.02	
氰乙酰肼/氰草津（Cyanazine）	0.0006	
异丙甲草安（Metolachlor）	0.01	
二甲戊乐灵（Pendimethalin）	0.02	
丙烯酰胺（Acrylamide）	0.0005b	
2,4-滴（2,4-二氯酚羟基醋酸）（2,4-D（2,4-dichloro-phenoxyaceticacid））	0.03	用于游离酸
丁基-2,4-二氯酚羟基醋酸(2,4-DB)	0.09	
二（2-乙基）邻苯二甲酸盐（或酯）（Di（2-ethylhexyl）phthalate）	0.008	
1,4-二恶烷/1,4-二氧杂环乙烷（1,4-Dioxane）	0.05b	
三氯醋酸盐（Trichloroacetate）	0.2	
二甲基亚硝胺（N-Nitrosodimethlamine）	0.0001	
EDTA/乙二胺四乙酸（Edeticacid（EDTA））	0.6	用于游离酸
次氨基三乙酸（NTA）（Nitrilotriaceticacid（NTA））	0.2	
特丁律（Terbuthylazine）	0.007	
环氧氯丙烷/表氯醇（Epichlorohydrin）	0.0004（P）	
2,4,5-涕丙酸（Fenoprop）	0.009	
六氧丁二烯（Hexachlorobutadiene）	0.0006	
异丙隆（Isoproturon）	0.009	
2-甲基-4-氯苯氧基乙酸（MCPA）	0.002	
2-甲基-4-氯丙酸（Mecoprop）	0.01	
锑（Antimony）	0.02	
砷（Arsenic）	0.01（A，T）	
钡（Barium）	0.7	
硼（boron）	2.4	
溴酸盐（Bromate）	0.01b（A，T）	
镉（Cadmium）	0.003	
氯酸盐（Chlorate）	0.7（D）	
氯（Chlorine）	5（C）	用于有效消毒，在 pH<8.0 时，至少接触 30min，游离氯 ≥0.5mg/L
亚氯酸盐（Chlorite）	0.7（D）	

续表

化学品	准则值（mg/L）	说明
氯麦隆 （Chlorotoluron）	0.03	
铬 （Chromium）	0.05（P）	总铬
铜 （Copper）	2	低于此值时所洗衣物和卫生洁具有可能着色
铅 （Lead）	0.01（A，T）	
氟化物 （Fluoride）	1.5	设定国家标准时应考虑饮水量和其他来源的摄入量
硒 （Selenium）	0.04（P）	
铀 （Uranium）	0.03（P）	只涉及铀的化学性质
汞 （Mercury）	0.006	无机汞
镍 （Nichel）	0.07	
硝酸盐 （以 NO_3^- 计） （Nitrate）	50	短期暴露
钠 （Sodium）	50	用于二氯异尿酸钠
二氯异氰尿酸盐 （Dichloroisocyanurate）	40	用于三聚氰酸
亚硝酸盐 （以 NO_2^- 计） （Nitrite）	3 0.2（P）	短期暴露 长期暴露
一氯胺 （Monochloramine）	3	
一氯醋酸盐 （Monochloroacetate）	0.02	
二溴乙腈 （Dibromoacetonitrile）	0.07	
二氯乙酸 （Dichloroacetate）	0.05[b]（D）	
二氯乙腈 （Dichloroacetonitrile）	0.02（P）	
三氯乙酸盐 （Trichloroacetate）	0.2	
微囊藻毒素-LR （Microcystin-LR）	0.001（P）	总量 （游离和细胞结合的）

注：1. 引自世界卫生组织《饮用水水质准则》（第四版）（2011）。

2. P＝暂定准则值。已证明对健康有害，但资料有限健康效应的数据不确定性大。T＝暂定准则值。因为计算所得准则值低于实际处理方法或水源保护等所能达到的水平。A＝暂定准则值。因为计算所得准则值低于所能达到的定量水平。

D＝暂定准则值。因为消毒结果可能超过准则值。C＝该物质浓度相当或低于基于健康意义的准则值时已能使水的外观、味道和气味改变，引起消费者投诉。

3. [b] 考虑作为致癌物，其准则值是指在一般寿命的上限期间发生癌症危险为 10^{-5} 时饮水中致癌物（每 100000 人口饮用准则值浓度的水在 70 年间增加 1 例癌症）的浓度。危险为 10^{-4} 或 10^{-6} 时的浓度值可通过将该准则值乘以 10 或除以 10 计算获得。

与我国《生活饮用水卫生标准》GB 5749—2022 相比，两者限值相同的指标有 39 项（表 4-5），同样指标，但限值不同的指标有 17 项（表 4-6）。

我国《生活饮用水卫生标准》GB 5749—2022 与 WHO 准则值相同的水质指标　　表 4-5

指标	限值 (mg/L)	指标	限值 (mg/L)	指标	限值 (mg/L)	指标	限值 (mg/L)
砷	0.01	一氯二溴甲烷	0.1	三溴甲烷	0.1	呋喃丹	0.007
铬	0.05	二氯一溴甲烷	0.06	乙苯	0.3	林丹	0.002
铅	0.01	二氯乙酸	0.05	二甲苯	0.5	2，4-滴	0.03
钡	0.7	1，2-二氯乙烷	0.03	1，2-二氯苯	1	滴滴涕	0.001
溴酸盐	0.01	二氯甲烷	0.02	1，4-二氯苯	0.3	毒死蜱	0.03
亚氯酸盐	0.7	2，4，6-三氯酚	0.2	甲苯	0.7	微囊藻毒素-LR	0.001
氯酸盐	0.7	大肠埃希氏菌	不得检出	邻苯二甲酸二(2-乙基己基)酯	0.008	乐果	0.006
六氯丁二烯	0.0006	三氯乙烯	0.02	苯	0.01	总 α 放射性 (Bq/L)	0.5
丙烯酰胺	0.0005	三卤甲烷	比值和小于 1	苯乙烯	0.02	总 β 放射性 (Bq/L)	1
四氯乙烯	0.04	1，2-二氯乙烯	0.05	五氯酚	0.009		

我国《生活饮用水卫生标准》GB 5749—2022 与 WHO 准则值不同的水质指标　　表 4-6

指标	标准限值 (mg/L)	准则限值 (mg/L)	指标	标准限值 (mg/L)	准则限值 (mg/L)
镉	0.005	0.003	余氯	0.3～2	0.2～5
汞	0.001	0.006	一氯胺（总氯）	0.5～3	3
硒	0.01	0.04	三氯乙酸	0.1	0.2
锑	0.005	0.02	三氯甲烷	0.06	0.3
硼	1	2.4	四氯化碳	0.002	0.004
镍	0.02	0.07	苯并（a）芘	0.00001	0.0007
铜	1	2	氯乙烯	0.001	0.0003
硝酸盐氮	10	11	莠去津	0.002	0.1
氟化物	1	1.5			

4. 饮用水水质评价要点

（1）水的物理性状评价

饮用水的物理性质应当是无色、无味、无臭、不含可见物，这在生活饮用水水质标准中已有明确规定。其主要原因是不良的水的物理性质，直接影响人的感官对水体的忍受程度，同时它也反映了一定的化学成分。如：水中含腐殖质呈黄色，含低价铁呈淡蓝色，含高价铁或锰呈黄色至棕黄色，悬浮物呈混浊的浅灰色，硬水呈浅蓝色，含硫化氢有臭蛋味，含有机物及原生动物有腐物味、霉味、土腥味等，含高价铁有发涩的锈味，含硫酸铁或硫酸钠的水呈苦涩味，含钠则有咸味等，均可严重影响水资源作为饮用水源的利用。

（2）水中普通盐类评价

水中溶解的主要常见离子成分，如 Cl^-、SO_4^{2-}、HCO_3^-、Ca^{2+}、Mg^{2+}、Na^+、K^+、Fe^{2+}、Mn^{2+}、I^-、Sr^{2+}、Be^{2+}。它们多数是天然矿物成分，其含量在水中变化很大。它们的含量过高时会损及水的物理性质、使水过于咸或苦，以致不能饮用；过低时，人体吸取不到所需的某些矿物质，也会产生一些不良的影响。如在饮用水水质标准中规定饮用水中的硬度不得超过 450mg/L（以 $CaCO_3$ 计），但硬度太低，对人体也不宜，因此一般规定饮用水硬度的下限是 150mg/L（以 $CaCO_3$ 计），最好是在 150～270mg/L（以 $CaCO_3$ 计）范围。硫酸盐含量过高造成水味不好，同时还可引起腹泻，使肠道机能失调，一般认为硫酸根的含量应在 250mg/L 以下，尤其是在水中缺钙地区，硫酸盐含量低于 10mg/L 时易患大骨节病。锶和铍在天然水中一般含量很低。含量过高时可引起大骨节病、锶佝偻病和铍佝偻病。

水的 pH 是重要的评价指标，因为它是影响和决定水的物理和化学性质的重要因素。过高或者过低的 pH 均不利于人体健康，因此饮用水中要限定在 6.5～8.5 之间。

（3）水中有毒物质的限定

水中的有毒物质种类很多，包括有机的和无机的。目前，各国对有毒物质限定的数量各不相同，主要基于对有毒物质的毒理性的研究程度和水平。除了在饮用水水质标准中所限定的而外，仍有众多的有毒物质由于现有研究水平无法确认其毒理性水平而不能给出明确的限定指标。随着研究水平的不断提高，分析监测能力的不断加强与提高，越来越多的有毒物质的限定指标将在饮用水水质标准中体现出来。

我国 1985 年试行的饮用水水质标准主要对氟化物、氰化物、砷、硒、汞、铬（六价）、铅、银、硝酸盐、氯仿、四氯化碳、苯并（a）芘、滴滴涕、六六六进行限定。这些物质在地下水中的出现，除少数是天然形成而外，大多数均为人为污染所造成的。就毒理学而言，这些物质对人体具有较强的毒性，以及强致癌性。2023 年实施《生活饮用水卫生标准》GB 5749—2022 大幅度增加微量有毒有害有机化学物的种类，使我国饮用水水质评价提高到一个新的层次，符合国际饮水安全的发展趋势。

各国在其饮用水水质标准中对此类化学组分的含量均有严格的限制。相比较而言，美国国家环境保护局所制定的饮用水标准中对于微量有机物质的控制标准要严格得多。标准中所控制的微量有机污染物质尤以卤代烃和农药控制的数量为最多，分别为 16 种和 17 种，二者占总微量有机污染物数量的 63%（图 4-2）。

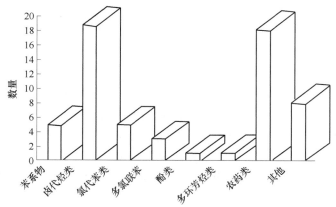

图 4-2 美国国家饮用水标准控制的微量有机物质

从发展趋势上看，水源水受到有毒有害微量有机污染的范围在逐渐扩大、程度在不断加深，制定严格的饮水标准，严格控制饮用水中有机污染物的数量和含量对于人体健康是十分重要的。我国颁布实施的《生活饮用水卫生标准》GB 5749—85 由于局限于当时的环境、社会与经济技术水平，标准中仅将氯仿、四氯化碳、苯并（a）芘、滴滴涕、六六六列为试行标准，远远不能适应现代饮水安全保障体系的要求。《生活饮用水卫生标准》GB 5749—2022 加大对具有"三致"效应的微量有机污染物浓度限制，广泛增加微量有机污染物的限定指标。

（4）对细菌学指标的限制

受生活污染的水中，常含有各种细菌、病原菌和寄生虫等，同时有机物质含量较高，这类水体对人体十分有害。因此，饮用水中不允许有病原菌和病毒的存在。然而由于条件的限制，对水中的细菌、特别是病原菌不是随时都能检出的，因此为了保障人体健康和预防疾病，以及便于随时判断致病的可能性和水受污染的程度。将菌落总数、总大肠杆菌群、大肠埃希氏菌、贾第鞭毛虫和隐孢子虫作为指标，确定水受生活及粪便污染的程度。

① 菌落总数，指水在相当于人体温度（37℃）下经 24h 培养后，每毫升水中所含各种细菌的总个数。饮用水标准规定每毫升中细菌总数不得超过 100 个。

② 总大肠菌群，是指具有某些特性的一组与粪便污染有关的细菌，其定义为：需氧及兼性厌氧、在 37℃能分解乳糖产酸产气的革兰氏阴性无芽胞杆菌。该菌群细菌包括大肠埃希氏菌、柠檬酸杆菌、产气克雷白氏菌和阴沟肠杆菌等。一般认为大肠埃希氏菌（大肠杆菌）本身并非致病菌，但水中有大肠杆菌说明水体已被粪便污染，进而说明存在有病原菌的可能性，但 20 世纪中叶发现大肠埃希氏菌有多种致病菌，可引起腹泻和败血症，因此应严格限制，水质标准中规定不得检出。当水样检出总大肠菌群时，应进一步检验大肠埃希氏菌或耐热大肠菌群。当水样未检出总大肠菌群，就不必检验大肠埃希氏菌或耐热大肠菌群。

③ 贾第鞭毛虫和隐孢子虫，是引起人体腹泻的水源性原生寄生虫，具有致病量低、环境抵抗压力强的特点，特别是它们不容易被一般的水处理消毒剂有效地灭活，所以水质标准中规定不得检出。

（5）放射性指标限定

水中的放射性成分主要是铀、钍、锕放射性系及钾、铷等天然放射性核素，主要来源于岩石、土壤和空气中的天然放射性物质。此外由于核试验、核工业污染等各种人工放射性核素，通过不同途径进入水体，造成放射性污染。

水中的放射性成分含量通常较低。由于众多低含量的放射性核素检测分析的难度，因此根据放射产生的 α 放射性和 β 放射性作为限定指标。按照 GB 5749—2022 标准，饮用水中总 α 放射性浓度不超过 0.5Bq/L，总 β 放射性浓度不超过 1.0Bq/L。明确要求当放射性浓度超过指标限值，应进行放射性核素分析和评价，判定水的安全风险。

应该注意到，饮用水标准是根据各个国家或地区的具体现实条件而制定的，是不断发展的，随着经济条件和卫生条件的提高，对饮用水水质的要求也愈加严格。所以评价的标准必须以最新标准和地方标准为依据。

4.2.2 饮用水水源水质量评价

中华人民共和国住房和城乡建设部制定了适用于城乡集中或分散式生活饮用水的水源水质量（包括自备生活饮用水水源）的《生活饮用水水源水质标准》CJ/T 3020—93（表4-7），对生活饮用水水源的水质指标、水质分级、标准限值给出了明确的规定。

《生活饮用水水源水质标准》CJ/T 3020—93　　　　　　表 4-7

项目	标准限值	
	一级	二级
色	色度不超过 15 度，并不得呈现其他异色	不应有明显的其他异色
浑浊度（度）	≤3	
臭和味	不得有异臭、异味	不应有明显的异臭、异味
pH	6.5～8.5	
总硬度（以碳酸钙计）（mg/L）	≤350	≤450
溶解铁（mg/L）	≤0.3	≤0.5
锰（mg/L）	≤0.1	≤0.1
铜（mg/L）	≤1.0	≤1.0
锌（mg/L）	≤1.0	≤1.0
挥发酚（以苯酚计）（mg/L）	≤0.002	≤0.004
阴离子合成洗涤剂（mg/L）	≤0.3	≤0.3
硫酸盐（mg/L）	<250	<250
氯化物（mg/L）	<250	<250
溶解性总固体（mg/L）	<1000	<1000
氟化物（mg/L）	≤1.0	≤1.0
氰化物（mg/L）	≤0.05	≤0.05
砷（mg/L）	≤0.05	≤0.05
硒（mg/L）	≤0.01	≤0.01
汞（mg/L）	≤0.001	≤0.001
镉（mg/L）	≤0.01	≤0.01
铬（六价）（mg/L）	≤0.05	≤0.05
铅（mg/L）	≤0.05	≤0.07
银（mg/L）	≤0.05	≤0.05
铍（mg/L）	≤0.0002	≤0.0002
氨氮（以氮计）（mg/L）	≤0.5	≤1.0
硝酸盐（以氮计）（mg/L）	≤10	≤20

续表

项目	标准限值	
	一级	二级
耗氧量（KMnO₄ 法）（mg/L）	≤3	≤6
苯并（a）芘（μg/L）	≤0.01	≤0.01
滴滴涕（μg/L）	≤1	≤1
六六六（μg/L）	≤5	≤5
百菌清（mg/L）	≤0.01	≤0.01
总大肠菌群（个/L）	≤1000	≤10000
总 α 放射性（Bq/L）	≤0.1	≤0.1
总 β 放射性（Bq/L）	≤1	≤1

注：一级水源水：水质良好，地下水只需消毒处理，地表水经简易净化处理（如过滤）、消毒后即可供生活饮用者；二级水源水：水质受轻度污染。经常规净化处理（如絮凝、沉淀、过滤、消毒等），其水质即可达到《生活饮用水卫生标准》GB 5749—2022 规定，可供生活饮用；水质浓度超过二级标准限值的水源水，不宜直接作为生活饮用水的水源。

但是，《生活饮用水水源水质标准》CJ/T 3020—93 的指标数远少于现行的《生活饮用水卫生标准》GB 5749—2022，因此实际应用时也常参照地表水和地下水的质量标准采用指标对比法进行评价。对于地表水水源，水质不得超过《地表水环境质量标准》GB 3838—2002 的Ⅲ类标准；对于地下水水源，水质不得超过《地下水质量标准》GB/T 14848—2017 的Ⅲ类标准。

4.2.3　饮用天然矿泉水水质标准

饮用天然矿泉水是一种矿产资源，是来自地下深部循环的天然露头或经人工揭露的深部循环的地下水。以含有一定量的矿物盐或微量元素，或二氧化碳气体为特征。在通常情况下，其化学成分、流量、水温等动态指标在天然周期波动范围内相对稳定。

2018 年 6 月 21 日中华人民共和国国家卫生健康委员会、国家市场监督管理总局联合发布了《食品安全国家标准 饮用天然矿泉水》GB 8537—2018，规定了饮用天然矿泉水的产品分类、检验方法以及标识、包装要求；规定了感官要求、理化界限指标、限量指标、污染物限量指标和微生物指标等与水源有关的五类指标，详见表 4-8。其中理化界限指标要求必须有一项（或一项以上）指标达到规定的指标值，所以也称为达限指标。

饮用天然矿泉水主要指标 GB 8537—2018　　　　　　　　　　　　　　　　表 4-8

项目	指标	要求（mg/L）
感官要求	色度	≤10 度（不得呈现其他异色）
	浑浊度	≤1NTU
	滋味、气味	具有矿泉水特征性口味，无异味、无异嗅
	状态	允许有极少量的天然矿物盐沉淀，无正常视力可见外来异物

续表

项目		指标	要求（mg/L）
理化指标	界限指标	锂	≥0.20
		锶	≥0.20（含量在 0.20～0.40 时，水源水水温应在 25℃以上）
		锌	≥0.20
		偏硅酸	≥25.0（含量在 25.0～30.0 时，水源水水温应在 25℃以上）
		硒	≥0.01
		游离二氧化碳	≥250
		溶解性总固体	≥1000
	限量指标	硒	0.05
		锑	0.005
		铜	1.0
		钡	0.70
		总铬	0.05
		锰	0.4
		镍	0.02
		银	0.05
		溴酸盐	0.01
		硼酸盐（以 B 计）	5
		氟化物（以 F^- 计）	1.5
		耗氧量（以 O_2 计）	2.0
		^{226}镭放射性（Bq/L）	1.1
		挥发性酚（以苯酚计）	0.002
		氰化物（以 CN^- 计）	0.01
		阴离子合成洗涤剂	0.3
		矿物油	0.05
		总 β 放射性 Bq/L	1.50
污染物限量		应符合 GB 2762 的规定	
微生物限量		大肠菌群	5(n),0(c),0(m)M PN/100mL，滤膜法单位为 CFU/100mL
		粪链球菌	5(n),0(c),0(m)CFU/250mL
		铜绿假单胞菌	5(n),0(c),0(m)CFU/250mL
		产气荚膜梭菌	5(n),0(c),0(m)CFU/250mL
食品添加剂		应符合 GB 2760—2014 的规定	

注：微生物限量指标值按不同采样方案限量，采样方案按 GB 4789.1 执行。其中 n：同一批次产品应采集的样品件数；c：最大可允许超出 m 值的样品数；m：微生物指标可接受水平限量值（三级采样方案）或最高安全限量值（二级采样方案）。

4.3　工业用水质量评价

不同的工业生产，如造纸、化工、印染、冶炼、电子、食品等对供水水质的要求和限定的水体关键化学组分具有较大的差异性。纺织工业用水要求严格限定硬度、铁、锰含量。锅炉用水要求严格限定硬度和溶解气体的含量。显然，不同工业用水水质的限定就要求在供水水源地勘察与水质量评价过程中，在充分调查了解各种不同工业用途供水水质基本要求的基础上，系统地、有重点地在拟开发水源地布置水质采样点，按照工业用水的水质标准，全面评价水源水质量状况，为水源的合理开发、利用提供依据。由于工业种类繁多，很难在有限的篇幅中论述所有的工业用水水质评价的内容，本节将主要讨论在工业用水中所占比例大的锅炉用水、冷却水以及纺织、制革、印染等生产用水水质评价。

4.3.1　锅炉用水的水质评价

在工业用水中，锅炉用水构成供水的基本组成部分。因此，对工业用水的水质进行评价，应首先对锅炉用水进行水质评价。

蒸汽锅炉中的水处在高温高压条件下，成垢作用、起泡作用和腐蚀作用等不良的化学作用，严重影响锅炉的正常使用。可见，在水源地水质调查过程中，对这三种作用影响程度的评价是十分必要的。

1. 成垢作用

水煮沸时，水中所含的一些离子、化合物可以相互作用而生成沉淀，依附于锅炉壁上形成锅垢，这种作用称为成垢作用。不断增厚的锅垢不仅影响传热，浪费燃料，而且易使金属炉壁过热熔化，引起锅炉爆炸。锅垢的成分通常有 CaO、$CaCO_3$、$CaSO_4$、$CaSiO_3$、$Mg(OH)_2$、$MgSiO_3$、Al_2O_3、Fe_2O_3 及悬浮物质的沉渣等。这些物质是由溶解于水中的钙、镁盐类，胶体的 SiO_2、Al_2O_3、Fe_2O_3 和悬浮物沉淀而成的。

$$Ca^{2+} + 2HCO_3^- = CaCO_3 \downarrow + H_2O + CO_2 \uparrow$$
$$Mg^{2+} + 2HCO_3^- = MgCO_3 \downarrow + H_2O + CO_2 \uparrow$$

$MgCO_3$ 再分解，则沉淀出镁的氢氧化物：

$$MgCO_3 + H_2O = Mg(OH)_2 \downarrow + CO_2 \uparrow$$

与此同时，还可以沉淀出 $CaSiO_3$ 及 $MgSiO_3$，有时还沉淀出 $CaSO_4$ 等，所有这些沉淀物在锅炉中便形成了锅垢。

锅垢总量的计算公式如下：

$$H_0 = S + C + 72[Fe^{2+}] + 51[Al^{3+}] + 400[Mg^{2+}] + 118[Ca^{2+}] \tag{4-1}$$

式中　H_0——锅垢的总浓度，mg/L；

　　S——悬浮物浓度，mg/L；

　　C——胶体浓度（$SiO_2 + Fe_2O_3 + Al_2O_3$），mg/L；

　　$[Fe^{2+}]$、$[Al^{3+}]$、$[Mg^{2+}]$、$[Ca^{2+}]$——离子浓度，mmol/L；

式中的系数是按所生成的沉淀物摩尔质量计算出来的。

锅垢包括硬质的垢石（硬垢）及软质的垢泥（软垢）两部分。硬垢主要是由碱土金属的碳酸盐、硫酸盐以及硅酸盐构成，附壁牢固，不易清除。软垢由悬浊物质及胶体物质构成，易于洗刷清除。因此，在对水的成垢作用进行评价时，还应采用硬垢系数对硬垢进行评价。其评价公式为：

$$H_n = SiO_2 + 40[Mg^{2+}] + 68([Cl^-] + 2[SO_4^{2-}] - [Na^+] - [K^+])$$

$$K_n = \frac{H_n}{H_0} \tag{4-2}$$

式中　K_n——硬垢系数；

　　　H_n——硬垢总浓度，mg/L；

　　　SiO_2——二氧化硅浓度，mg/L；

　　　其他符号意义同前。

如果括号内为负值，可略去不计。按式（4-2）对水的硬垢能力进行评价，其评价指标见表 4-9。

一般锅炉用水水质评价指标　　　　表 4-9

成垢作用				起泡作用		腐蚀作用	
按锅垢总量（H_0）		按硬垢系数（K_n）		按起泡系数（F）		按腐蚀系数（K_k）	
指标	水质类型	指标	水质类型	指标	水质类型	指标	水质类型
<125	锅垢很少的水	<0.25	具有软沉淀物的水	<60	不起泡的水	>0	腐蚀性水
125~250	锅垢少的水	0.25~0.5	具有中等沉淀物的水	60~200	半起泡的水	<0,但 $K_k+0.0503[Ca^{2+}]>0$	半腐蚀性水
250~500	锅垢多的水	>0.5	具有硬沉淀物的水	>200	起泡的水	<0,但 $K_k+0.0503[Ca^{2+}]<0$	非腐蚀性水
>500	锅垢很多的水						

2. 起泡作用

起泡作用主要是指水沸腾时产生大量气泡的作用。如果气泡不能立即破裂，就会在水面以上形成很厚的极不稳定的泡沫层。泡沫太多时将使锅炉内水的汽化作用极不均匀和水位急剧升降，致使锅炉不能正常运转。这种现象的产生是水中易溶解的钠盐、钾盐以及油脂和悬浊物受炉水的碱度作用发生皂化的结果。钠盐中，促使水起泡的物质有苛性钠和磷酸钠。苛性钠除了可使脂肪和油皂化外，还促使水中的悬浊物变为胶体状悬浊物。磷酸根与水中的钙、镁离子作用也能在炉水中形成高度分散的悬浊物。水中的胶体状悬浊物增强了气泡薄膜的稳固性，因而加剧了起泡作用。

起泡作用可用起泡系数 F 来评价，起泡系数按钠、钾的含量计算：

$$F = 62[Na^+] + 78[K^+] \tag{4-3}$$

利用式（4-3）评价的起泡程度及按其结果对水进行分类见表 4-9。

3. 腐蚀作用

水通过化学的、物理化学的或其他作用对材料的侵蚀破坏称为腐蚀作用。对金属的腐蚀与水中的溶解氧、硫化氢、游离二氧化碳、氨、氯等气体的含量，Cl^-、SO_4^{2-} 等离子浓度，pH 的大小等因素有关。另外，锰盐、硫化铁、部分有机物及油脂等，皆可作为接触剂而加强腐蚀作用。温度增高后，炉中所产生的局部电流均可促进腐蚀作用。随着蒸汽压力的加大，水对铜的危害也随之加重，往往会在蒸汽机叶片上形成腐蚀。腐蚀作用对锅炉的危害极大，它不仅能减少锅炉的使用寿命，尚有可能引发爆炸事故。

水的腐蚀可以按腐蚀系数（K_k）进行定量评价。按照水的酸碱性不同分别计算。

对于酸性水：

$$K_k = 1.008([H^+] + 3[Al^{3+}] + 2[Fe^{2+}]$$
$$+ 2[Mg^{2+}] - 2[CO_3^{2-}] - [HCO_3^-]) \tag{4-4}$$

对于碱性水：

$$K_k = 1.008(2[Mg^{2+}] - [HCO_3^-]) \tag{4-5}$$

式中　　　　　　　　　　　　　　　K_k——腐蚀系数；

$[H^+]$、$[Al^{3+}]$、$[Fe^{2+}]$、$[Mg^{2+}]$、$[CO_3^{2-}]$、$[HCO_3^-]$——离子浓度，mmol/L。

按照式（4-4）或式（4-5）计算结果评价的腐蚀程度及其分类指标见表 4-9。

为了更为全面了解对锅炉能产生不良作用的水中的物质成分，将对锅炉用水起不良影响的各种物质成分列在表 4-10 中。

对锅炉用水起不良影响的各种物质成分　　　　　　　　　表 **4-10**

物质成分	成垢作用	起泡作用	腐蚀作用	物质成分	成垢作用	起泡作用	腐蚀作用
H_2			+	$Mg(NO_3)_2$			+
CO_2		+	+	Na_2CO_3		+	
$Ca(HCO_3)_2$	+	+		Na_2SO_4		+	
$Mg(HCO_3)_2$	+			$NaCl$		+	
$CaSO_4$	+			$NaHCO_3$		+	
$MgSO_4$			+	$NaOH$		+	
$CaSiO_3$	+			$Fe_2O_3；Al_2O_3$	+		
$MgSiO_3$	+			悬浮物	+		
$CaCl_2$			+	油类		+	
$MgCl_2$			+	有机物		+	+
$Ca(NO_3)_2$			+	污水		+	+

注："+"为不良影响。

针对工业锅炉用水，根据《工业锅炉水质》GB/T 1576—2018 对锅炉补水处理和锅内水处理两种情况作出水质评价，分别控制补水和锅内水的水质。

4.3.2　工业冷却用水水质评价

工业冷却水也是工业用水的主要用途。从工艺角度考虑，工业冷却水系统分为直流冷却和循环冷却两种方式。直流冷却系统中冷却水仅仅通过换热器一次就直接排放，耗水量很大，因此目前应用广泛的是循环冷却水系统。循环冷却水系统根据生产工艺要求、水冷却方式和循环水的散热方式不同，又分为密闭式和敞开式两种。

可作为冷却用水的水源有地表水、地下水，还有海水和再生水。目前关于工业冷却水的水质标准有《工业循环冷却水处理设计规范》GB/T 50050—2017 和《城市污水再生利用工业用水水质》GB/T 19923—2024。前者针对以地表水、地下水和再生水作为补充水的新建、扩建、改建工程的循环冷却水处理设计的水质要求，后者则是规定了再生水作为直流冷却水和敞开式循环冷却水系统补充水的水质标准。

上述两个标准制定的出发点不同，前者的指标是根据补充水水质及换热设备的结构形式、材质、工况条件、污垢热阻值、腐蚀速率，并结合水处理药剂配方等因素综合确定，而后者则是侧重考虑了水中污染物的限值。因此对于再生水作为循环冷却补充水的水质评价，应综合两个标准的指标和标准，取其最严格者进行评价，这两个评价标准请参照有关文献。

4.3.3 其他工业用水水质评价

不同的工业部门对水质的要求不同。其中纺织、造纸及食品等工业对水质的要求较严。水的硬度过高，对肥皂、染料、酸、碱生产的工业不太适宜。硬水妨碍纺织品着色，并使纤维变脆，皮革不坚固，糖类不结晶。如果水中有亚硝酸盐存在，会使糖制品大量减产。水中存在过量的铁、锰盐类时，能使纸张、淀粉及糖出现色斑，影响产品质量。食品工业用水首先必须符合饮用水标准，然后还要考虑影响生产质量的其他成分。

由于工业企业的种类繁多，生产形式各异，各项生产用水很难有统一的用水水质标准。有关工业用水水质标准参见有关文献。

4.4 农田灌溉用水水质评价

灌溉用水的水质状况主要涉及水温、水的总溶解固体和溶解的盐类成分。同时，由于人类活动的影响，水的污染状况，尤其是水中所含的有毒有害物质的含量对农作物及土壤的影响也不容忽视。因此，在农业生产中，农作物生长所需的基础水量和水质保证是实现农业发展的关键。可见农业用水，尤其是农业灌溉用水（占乡镇总需水量的近70%～80%）在供水中占据十分重要的地位。农田灌溉用水水质评价成为水资源有效利用的重要内容。

4.4.1 农田灌溉水质标准

为了保护农田土壤、地下水源（防止灌溉水入渗，尤其是污灌水入渗污染地下水水源）以及保证农产品质量，使农田灌溉用水的水质符合农作物的正常生产需要，促进农业生产，保障人民身体健康，我国于2021年第三次修订并颁发了《农田灌溉水质标准》GB 5084—2021，作为农田灌溉用水水质评价的依据。

该标准控制项目指标共计36项，其中基本控制项目指标16项（见表4-11），选择性控制项目指标20项（见表4-12）。基本控制项目适用于全国以地表水、地下水和处理后的城镇污水（工业废水和医疗污水除外）、养殖业废水及以农产品为原料加工的工业废水为水源的农田灌溉用水，为必测项目；选择性控制项目由地方生态环境主管部门会同农业农村、水利等主管部门根据农田灌溉用水类型和作物种类要求选择执行，所选择的控制项目作为基本控制项目的补充指标。

农田灌溉用水水质基本控制项目限值 GB 5084—2021   表 4-11

序号	项目类别	作物种类		
		水田作物	旱地作物	蔬菜
1	五日生化需氧量（BOD$_5$）（mg/L）	60	100	40[a]，15[b]
2	化学需氧量（COD$_{Cr}$）（mg/L）	150	200	100[a]，60[b]
3	悬浮物（mg/L）	80	100	60[a]，15[b]
4	阴离子表面活性剂（mg/L）	5	8	5
5	水温（℃）	35		
6	pH	5.5～8.5		
7	全盐量（mg/L）	1000（非盐碱土地区），2000（盐碱土地区）		

续表

序号	项目类别	作物种类		
		水田作物	旱地作物	蔬菜
8	氯化物（以 Cl 计）（mg/L）	350		
9	硫化物（以 S²⁻ 计）（mg/L）	1		
10	总汞（mg/L）	0.001		
11	总镉（mg/L）	0.01		
12	总砷（mg/L）	0.05	0.1	0.05
13	铬（六价）（mg/L）	0.1		
14	总铅（mg/L）	0.2		
15	粪大肠菌群数（MPN/L）	40000	40000	20000ᵃ，10000ᵇ
16	蛔虫卵数（个/10L）	20		20ᵃ，10ᵇ

注：ᵃ 加工、烹调及去皮蔬菜。
　　ᵇ 生食类蔬菜、瓜类和草本水果。

农田灌溉用水水质选择控制项目限值　　　　表 4-12

序号	项目类别	作物种类		
		水田作物	旱地作物	蔬菜
1	氰化物（以 CN⁻ 计）（mg/L）	0.5		
2	氟化物（以 F⁻ 计）（mg/L）	2（一般地区），3（高氟区）		
3	石油类（mg/L）	5	10	1
4	挥发酚（mg/L）	1		
5	总铜（mg/L）	0.5	1	
6	总锌（mg/L）	2		
7	总镍（mg/L）	0.2		
8	硒（mg/L）	0.02		
9	硼（mg/L）	1ᵃ，2ᵇ，3ᶜ		
10	苯（mg/L）	2.5		
11	甲苯（mg/L）	0.7		
12	二甲苯（mg/L）	0.5		
13	异丙苯（mg/L）	0.25		
14	苯胺（mg/L）	0.5		
15	三氯乙醛（mg/L）	1	0.5	
16	丙烯醛（mg/L）	0.5		
17	氯苯（mg/L）	0.3		
18	1,2-二氯苯（mg/L）	1.0		
19	1,4-二氯苯（mg/L）	0.4		
20	硝基苯（mg/L）	2.0		

注：ᵃ 对硼敏感作物，如黄瓜、豆类、马铃薯、笋瓜、韭菜、洋葱、柑橘等。
　　ᵇ 对硼耐受性较强的作物，如小麦、玉米、青椒、小白菜、葱等。
　　ᶜ 对硼耐受性强的作物，如水稻、萝卜、油菜、甘蓝等。

4.4.2　农田灌溉用水水质评价

根据农田灌溉用水水质标准，灌溉用水的水温应适宜，不超过35℃。实际上，我国北方和南方不同农作物区对水温的要求也有所差别。在我国北方以10～15℃为宜，在南方水稻生长区以15～25℃为宜，过低或过高的灌溉水温对农作物生长都不利。

水中所含盐类成分也是影响农作物生长和土壤结构的重要因素。对农作物生长而言，最有害的是钠盐，尤以 $NaHCO_3$ 危害为最大，它能腐蚀农作物根部，使作物死亡，还能破坏土壤的团粒结构；其次是氯化钠，它能使土壤盐化变成盐土，使农作物不能正常生长，甚至枯萎死亡。

水中含盐分的多少和盐类成分对作物的影响受许多因素的控制，例如气候条件、土壤性质、潜水位埋深、作物种类以及灌溉方法等。

粪大肠菌群数和蛔虫卵数是细菌和传染病学方面控制的两项重要指标，特别是对蔬菜的灌溉水，这两项指标具有较严格的控制标准值，评价时要特别注意。

除根据农田灌溉标准进行逐项比对评价水质外，过去我国还采用苏联的灌溉系数（K_a）和美国的钠吸附比（A）对灌溉用水的水质进行综合评价。灌溉系数（K_a）是根据水中钠离子与氯离子、硫酸根离子的相对含量采用不同的公式计算的评价参数；钠吸附比（A）是根据水中钠离子与钙、镁离子的相对含量关系计算的评价参数。两种评价参数均反映了水中的钠盐含量相对值，但忽略了全盐的危害作用。多年来，我国在对豫东地区的主要农作物和水质状况研究基础上，提出盐度和碱度的评价方法，确定灌溉用水的盐害、碱害和综合危害。具体评价请参见有关文献。

还应注意到，由于近几年来水体的工业污染严重，灌溉水中有毒有害的微量金属等元素含量升高，利用这部分水体进行农田灌溉时，尽管不产生盐害、碱害或盐碱害，但有毒元素在农作物中的积累，已对农作物的产品质量及人体健康造成极大的危害，这种危害是潜在的、长期的。因此，在进行农田灌溉用水水质评价时，不仅要对可能造成的盐害、碱害或盐碱害进行细致的评价与说明。同时还应特别注意有毒微量元素的危害，严格控制灌溉用水的水质，保证农作物的产品质量。

第5章 水资源供需平衡分析

5.1 概　述

水资源是基础性的自然资源和战略性的经济资源，是生态与环境的控制性要素。我国人均、亩均占有水资源量少，水资源时空分布极为不均。特别是在全球气候变化和大规模经济开发双重因素的作用下，我国水资源情势正在发生新的变化。部分地区水资源开发已经远远超出水资源承载能力，引发河流断流、湖泊萎缩、湿地退化、地面沉降和海水入侵等一系列生态与环境问题。因此，水资源问题已经成为我国实现社会发展战略目标的突出瓶颈，成为可持续发展的主要制约因素。针对经济社会快速发展与资源环境矛盾日益突出的严峻形势，我国把解决水资源问题摆上重要位置，强调要从我国基本水情出发，必须实行最严格的水资源管理制度，进一步加强水资源管理。在管理理念上，不能走传统的以需定供的老路，必须加快推进供水管理向需水管理转变，对于稀缺资源，采取需求管理来实现供需平衡。通过水资源供需平衡解决日益复杂的水资源问题，是实现我国水资源可持续开发利用的重要措施。

5.1.1 水资源供需平衡分析的目的和意义

水资源供需平衡分析，是指在一定范围内（行政、经济区域或流域）不同时期的可供水量和需水量的供求关系分析。它是以国民经济和社会发展计划与国土空间规划为依据，在江河湖库流域综合规划和水资源评价的基础上，按供需原理和综合平衡原则来测算今后不同时期的可供水量和用水量，制订水资源长期供求计划和水资源开源节流的总体规划，以实现或满足一个地区可持续发展对淡水资源的需求。其目的是：一是通过可供水量和需水量的分析，弄清楚水资源总量的供需现状和存在的问题；二是通过不同时期不同部门的供需平衡分析，预测未来，了解水资源余缺的时空分布；三是针对水资源供需矛盾，采取对供需双方严格管理，从过去以需定供转变为供需平衡。

水资源供需平衡的关键在于加强需水管理，提高用水效率和效益基础上的保证供水。实施用水总量控制，及通过调整产业布局来适应当地水资源分布状况，并通过采取合理开源的用水模式，以期实现水资源的长期可持续开发利用。因此，水资源供需平衡分析是国家和地方政府制订社会经济发展计划和保护生态环境必须进行的行动，也是进行水源工程和节水工程建设，加强水资源、水质和水生态系统保护的重要依据。所以，开展此项工作，可促进水资源科学合理的开发利用，以获得最大的经济社会和环境效益，满足社会经济发展对水量和水质的日益增长需求。同时在维护水资源的自然功能，维护和改善生态环境的前提下，实现社会经济可持续发展，水资源承载力、水环境承载力相协调。

5.1.2　水资源供需平衡分析的原则

水资源供需平衡分析涉及社会、经济、环境生态等方面,不管是从可供水量还是需水量方面分析,牵涉面广且关系复杂。因此,供需平衡应遵循以下原则:

(1) 近期和远期相结合

水资源供需关系,不仅与自然条件密切相关,而且受人类活动的影响,即和社会经济发展阶段有关。同一个地区,在经济不发达阶段,水资源往往供大于求,随着经济的不断发展,特别是城市的经济发展,水资源的供需矛盾逐渐突出,则需要做好水资源合理配置和节约保护。水资源的供需必须有中长期的规划,要做到未雨绸缪,不能临渴掘井。供需平衡分析一般分为现状、中期和远期几个阶段,既把现阶段的供需情况弄清楚,又要充分分析未来的供需变化,把近期和远期结合起来。

(2) 流域和区域相结合

水资源具有按流域分布的规律,然而用水部门有明显的地区分布特点,经济或行政区域和河流流域往往是不一致的,因此,在进行水资源供需平衡分析时,要认真考虑这些因素,划好分区,把小区和大区、区域和流域结合起来。20世纪80年代以来,我国在全国范围内按流域和行政区域都做过水资源评价。在进行具体的水资源供需分析时,要和水资源评价合理衔接。在涉及上、下游分水和跨地区跨流域调水时,更要注意大、小区域的结合。

(3) 综合利用和保护相结合

水资源是具有多种用途的资源,其开发利用应做到综合考虑,尽量做到一水多用,并提高用水效率和效益。水资源又是一种易污染的流动资源,在供需分析中,对有条件的地方供水系统应多种水源联合调度,用水系统考虑各部门交叉或重复使用,排水系统注意各用水部门的排水特点和排污、排洪要求。更值得注意的是,在发挥最大经济效益而开发利用水资源的同时,应十分重视水资源的保护。例如地下水的开采要做到采补平衡,不应盲目超采;作为生活用水的水源地则不宜开发水上旅游和航运等不利于水资源保护的项目;在布置工业区时,对其排放的有毒有害物质应作妥善处理,以免污染水源。

5.1.3　水资源供需平衡分析的方法

水资源供需平衡分析必须根据一定的雨情、水情来进行分析计算,主要有两种分析方法。一种为系列法,一种为典型年法(或称代表年法)。系列法按雨情、水情的历史系列资料进行逐年的供需平衡分析计算;而典型年法仅根据雨情、水情具有代表性的几个不同年份进行分析计算,而不必逐年计算。这里必须强调,不管采用何种分析方法,所采用的基础数据(如水文系列资料、水文地质的有关参数等)的质量是至关重要的,其将直接影响到供需分析成果的合理性和实用性。

5.2　水资源供需平衡分析的典型年法

5.2.1　典型年法的涵义

典型年(又称代表年)法,是对某一范围的水资源供需关系,只进行典型年份平衡分析计算。其优点是可以克服资料不全（如系列资料难以取得）及计算工作量太大等问题。首先，根据需要来选择不同频率的若干典型年。我国规范规定：平水年频率 $P=50\%$，一般枯水年 $P=75\%$，特别枯水年 $P=90\%$（或 95%）。在进行区域水资源供需平衡分析时，北方干旱和半干旱地区一般要对 $P=50\%$ 和 $P=75\%$ 两种代表年的水资源供需进行分析，而在南方湿润地区，一般要对 $P=50\%$、$P=75\%$ 和 $P=90\%$（或 95%）三种代表年的水资源供需进行分析。实际上，选哪几种代表年，则要根据水供需的目的来确定，不必拘泥于上述的情况，如北方干旱缺水地区，若通过水资源供需分析，寻求特枯年份的水供求对策措施，则必须对 $P=90\%$（或 95%）代表年进行水供需分析。

5.2.2　计算分区和计算时段

水资源供需分析，就某一区域来说，其可供水量和需水量在地区上和时间上分布都是不均匀的。如果不考虑这些差别，在大尺度的时间和空间内进行平均计算，往往使供需矛盾不能充分暴露出来，则其计算成果不能反映实际的状况，这样的供需分析不能起到指导作用。所以，必须对分区和计算时段进行合理地确定。

1. 区域划分

分区进行水资源供需分析研究，便于弄清水资源供需平衡要素在各地区之间的差异，以便对不同地区的特点采取不同的措施和对策。另外，将大区域划分成若干个小区后，可以使计算分析得到相应的简化，便于研究工作的开展。在分区时一般应考虑以下的原则：

（1）尽量按流域、水系划分，对地下水开采区应尽量按同一水文地质单元划分，这样便于算清水账。

（2）尽量照顾行政区划的完整性。这样便于资料的收集和统计，另外，按行政区划更有利于水资源的开发利用和保护的决策和管理。

（3）尽量不打乱供水、用水、排水系统。

分区的方法应逐级划分，即把要研究的区域划分为若干个一级区，每一个一级区又划分为若干个二级区，依此类推，最后一级区称为计算单元。分区面积的大小应根据需要和实际的情况而定。分区过大，往往会掩盖供需矛盾，而分区过小，又会增加计算工作量。因此，在实际的工作中，在供需矛盾比较突出的地方，或工农业发达的地方，分区宜小。对于不同的地貌单元（如山区和平原）或不同类型的行政单元（如城镇和农村）宜划为不同的计算区。对于重要的水利枢纽所控制的范围，应专门划出进行研究。

根据《中国可持续发展水资源战略研究报告集》第 1 卷，针对我国各地水资源条件、生态环境状况与社会经济发展的差异，将我国划分为九大片，对 2030 年和 2050 年的供需平衡进行了预测分析，成果见表 5-1。

2030 年和 2050 年全国各流域片供需分析　　　　表 5-1

水平年 \ 分区 \ 项目	当地供水量（亿 m³）	调入量（亿 m³）	调出量（亿 m³）	可供水量（亿 m³）	利用量（亿 m³）	利用率（%）	需水量（亿 m³）	缺水量（亿 m³）	缺水率（%）
2030 年　全　国	6640	350	350	6990	6800	24.7	7119	129	1.8
松辽流域片	746			746	721	37.4	759	13	1.8

续表

水平年 \ 分区 \ 项目	当地供水量（亿 m³）	调入量（亿 m³）	调出量（亿 m³）	可供水量（亿 m³）	利用量（亿 m³）	利用率（%）	需水量（亿 m³）	缺水量（亿 m³）	缺水率（%）
2030 年 海滦河流域片	352	135		487	311	73.8	539	52	9.7
淮河流域片	644	130		774	600	62.4	815	41	5.1
黄河流域片	443	85	30	528	443	59.6	535	7	1.3
长江流域片	2340		320	2340	2647	27.5	2341	1	0.0
珠江流域片	1005			1005	989	21.0	1006	1	0.1
东南诸河流域片	344			344	328	16.7	345	1	0.2
西南诸河流域片	126			126	126	2.2	127	1	0.6
内陆河流域片	640			640	635	48.7	652	12	1.8
北方 5 片	2825	350	30	3175	2710	50.6	3300	125	3.8
南方 4 片	3815		320	3815	4090	18.5	3819	4	0.1
全 国	6850	450	450	7300	7050	25.6	7319	19	0.3
2050 年 松辽流域片	766			766	733	38.0	767	1	0.1
海滦河流域片	364	190		554	311	73.8	556	2	0.3
淮河流域片	673	165		838	606	63.1	839	1	0.1
黄河流域片	448	95	30	543	439	59.0	545	2	0.3
长江流域片	2428		420	2428	2833	29.5	2429	1	0.1
珠江流域片	1020			1020	1003	21.3	1021	1	0.0
东南诸河流域片	353			353	335	17.0	353	0	0.0
西南诸河流域片	144			144	144	2.5	145	1	0.0
内陆河流域片	654			654	646	49.5	664	10	1.6
北方 5 片	2905	450	30	3355	2735	51.0	3371	16	0.5
南方 4 片	3945		420	3945	4315	19.5	3948	3	0.1

注：1. 调入量和调出量含现有调水量；利用量为当地水资源利用量，不含资源化供水量；利用率为利用量和水资源总量的百分比；缺水率为缺水量除以需水量。
　　2. 资料引自《中国可持续发展水资源战略研究报告集》第1卷。

2. 计算时段的划分

区域水资源计算时段可分别采用年、季、月、旬和日，选取的时段长度要适宜，划得太大往往会掩盖供需之间的矛盾，缺水期往往是处在时间很短的几个时段里，因此只有把计算时段划分得合适，才能把供需矛盾揭露出来。但划分时段也并非越小越好，时段分得太小，许多资料无法取得，而且会增加计算分析的工作量。所以，实际工作中划分计算时段一般以能客观反映计算地区的水资源供需为准则。对精度要求不高的，计算时段也可采用以年为单位。即使是以旬或月为计算时段的分析，最后计算成果也应汇总成以年为单位的供需平衡分析。

5.2.3　典型年和水平年的确定

1. 不同频率典型年的确定

不同频率系指水文资料统计分析中的不同频率。前面已经提到，通常可选取如下几种频率，即 $P=50\%$，$P=75\%$，$P=90\%$ 或 95%，以代表不同的来水情况。

（1）典型年来水量的选择

典型年的来水需要用统计方法推求。首先根据各分区的具体情况来选择控制站，以控制站的实际来水系列进行频率计算，选择符合某一设计频率的实际典型年份，然后求出该典型年的来水总量。可以选择年天然径流系列或年降雨量系列进行频率分析计算。如北方干旱半干旱地区，降雨较少，供水主要靠径流调节，则常用年径流系列来选择典型年。南方湿润地区，降雨较多，缺水既与降雨有关，又与用水季节径流调节分配有关，故可以有多种的系列选择。在西北内陆地区，农业灌溉取决于径流调节，故多采用年径流系列来选择典型年，而在南方地区农作物一年三熟，全年都需要灌溉，降雨量对灌溉用水影响很大，故常用年降雨量系列来选择典型年。至于降雨的年内分配，一般是挑选年降雨量接近典型年的实际资料进行缩放分配。

（2）典型年来水量的分配

常采用的一种方法是按典型年的来水量进行分配，但地区内降雨、径流的时空分布受所选择典型年的支配，具有一定的偶然性。为了克服这种偶然性，通常选用频率相近的若干个实际年份进行分析计算，并从中选出对供需平衡偏于不利的情况对来水进行分配。

2. 水平年

水资源供需分析是要弄清研究区域现状和未来的几个阶段的水资源供需状况，这几个阶段的水资源供需状况与区域的国民经济和社会发展有密切关系，并应与该区域的可持续发展的总目标相协调。一般情况下，需要研究分析四个发展阶段的供需情况，即所谓的四个水平年的情况，分别为现状水平年（又称基准年，系指现状情况以该年为标准），近期水平年（基准年以后 5 年或 10 年），远景水平年（基准年以后 15 年或 20 年），远景设想水平年（基准年以后 30～50 年）。一个地区的水资源供需平衡分析究竟取几个水平年，应根据有关规定或当地具体条件以及供需分析的目的而定，一般可取前三个水平年即现状、近期、远景 3 个水平年进行分析。对于重要的区域多有远景水平年，而资料条件差的一般地区，一般只取 2 个水平年。当资料条件允许而又需要时，也应进行远景设想水平年的供需分析工作，如长江、黄河等七大流域，为配合国家中长期的社会经济可持续发展规划，原则上都要进行四种阶段的供需分析。

5.2.4　可供水量和需水量的分析计算

1. 可供水量

一个地区的可供水量来自该区的供水系统。供水系统从工程分类，包括蓄水工程、引水工程、提水工程和调水工程；按水源分类可分为地表水工程、地下水工程、污水再生回用和海水利用工程类型；按用户分类可分为城市供水、农村供水和混合供水系统。

可供水量是指不同水平年、不同保证率或不同频率条件下通过工程设施可提供的符合一定标准的水量，包括区域内的地表水、地下水、外流域的调水，污水处理回用和海水利用等。它有别于工程实际的供水量，也有别于工程最大的供水能力，不同水平年计算可供水量时，要考虑现状、近期和远景的几种发展水平的情况，是一种假设的来水条件。不同保证率或不同频率条件计算可供水量时，要考虑丰、平、枯几种不同的来水情况。保证率是指工程供水的保证程度（或破坏程度），可以通过系列调算法进行计算求得。频率一般表示来水的情况，在计算可供水量时，既要按来水系列选择代表年，也应用代表年法来计算可供水量。

可供水量和以下因素有关：

（1）来水条件。由于水文现象的随机性，将来的来水是不能预知的，因而将来的可供水量是随不同水平年的来水变化及其年内的时空变化而变化。

（2）用水条件。可供水量有别于天然水资源量，与用水条件有关。例如只有农业用户的河流引水工程，虽然可以长年引水，但非农业用水季节所引水量则没有用户，不能算为可供水量。又如河道的冲淤用水、河道的生态用水，都会直接影响到河道外的直接供水的可供水量；河道上游的用水情况也会直接影响到下游的可供水量。因此，可供水量是随用水特性及合理用水节约用水等条件不同而变化。

（3）工程条件。工程条件决定了供水系统的供水能力，现有工程参数的变化，不同的调度运行条件以及不同发展时期新增工程设施，都将决定出不同的供水能力。但供水设施的供水能力也不等于可供水量，还要从来水、用水和工程等条件统一考虑，才能确定可供水量。

（4）水质条件。可供水量是指符合一定使用水质标准的水量，不同用户有不同的用水水质标准。在供需分析中计算可供水量时要考虑水质条件，例如从多砂河流引水，高含砂量河水就不宜引用；高矿化度地下水不宜开采用于灌溉；对于城市的被污染的水、废污水在未经处理和论证时，不能算作安全可靠的可供水量。

总之，可供水量不同于天然水资源量，也不等于可利用水资源量，一般情况下，可供水量小于天然水资源量，也小于可利用水资源量。

对于可供水量，要分类、分工程、分区逐项逐时段计算，最后还要汇总成全区域的总可供水量。具体计算方法见有关文章，这里不作说明。为明确思路，下面把可供水量计算项目汇总成树枝状框图供应用参考，如图 5-1 所示。

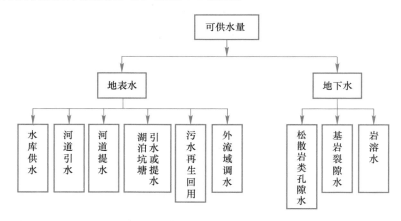

图 5-1　可供水量计算项目汇总关系图

在水资源供需平衡分析时，对重要水源的可供水量计算，如大、中型水库，河、湖引水，跨流域调水，平原区和山区集中开采水源地的地下水，则要作专门分析，写出专题报告，作为总报告的附件。

2. 典型年法中供水保证率的概念

在供水规划中，按照供水对象的不同，应规定不同的供水保证率，例如居民生活供水保证率 $p=95\%$ 以上，工业用水 $p=90\%$ 或 95%，农业用水 $p=50\%$ 或 75% 等。供水保证率的概念，是指多年供水过程中，供水得到保证的年数占总年数的百分数，常用下式计算：

$$p = \frac{m}{n+1} \times 100\%$$ (5-1)

式中　p——供水保证率；

　　　m——保证正常供水的年数；

　　　n——供水总年数。

这里应该明确保证正常供水的涵义。通常按用户性质，能满足其需水量的 $90\%\sim98\%$（即满足程度），视作正常供水。对供水总年数，通常指统计分析中的样本容量（总数），如所取降雨系列的总年数或系列法供需分析的总年数。

根据上述供水保证率的概念，又可以得出两种确定供水保证率的方法：

（1）上述的在今后多年供水过程中有保证年数占总供水年数的百分数。今后多年是一个计算系列，在这个系列中，不管哪一个年份，只要有足够的保证年数，就可以达到所需保证率。

（2）规定某一个年份（例如 2020 年这个水平年），这一年的来水可以是各种各样的，现在把某系列各年的来水都放到 2020 年这一水平年去进行供需分析，计算其供水有保证的年数占系列总年数的百分数，即为 2020 年这一水平年的供水遇到所用系列的来水时的供水保证率。

有了上述概念，水资源供需平衡分析中典型年法的供水保证率可以这样来理解和计算：从表面现象看，典型年法只进行了个别水平年的供需计算，不能统计出供水保证率。但所选择的典型年，其来水具有不同的频率，这样，其供需分析也有保证率的概念。$P=50\%$ 的来水就是指年来水总量大于或等于那一年（$P=50\%$）的年数占统计样本总年数的 50%。既然来水总量等于那一年（$P=50\%$）的能保证，则大于那一年（$P=50\%$）的一般也应该能保证，所以，在典型年法中，若 $P=50\%$ 供需能平衡，则其供水保证率为 $P=50\%$。对于 $P=95\%$ 的年份，供需分析得出不平衡，还缺水，说明其供水保证率不足 95%。但这样的结论太笼统，并不说明各用水部门供需的矛盾，实际上对生活、工业、农业供水应区别对待，例如，当总供水量不足时，仍要保证生活、工业部门的供水，但农业部门的正常供水则得不到保证。所以，在典型年法中，不要因为 $P=95\%$ 年份总供需水量不平衡，就笼统地认为生活、工业供水保证率不够。更不能按 $P=95\%$ 的年份去进行全区的供水规划，对一个区域来说，按此规划，无疑是大多数年份供大于需，必然会造成水资源的浪费。因此，应具体分析区域内哪些用水部门真正缺水及其缺水程度和影响程度，然后做出科学的分析评价及提出解决的具体措施。

3. 需水量

需水量分析是供需平衡的主要内容之一。对于地表水资源，需水量可分为河道内用水和河道外用水两大类。河道内用水包括水力发电、航运、冲淤、环境、旅游等。河道内用水一般并不耗水，但要求有一定的流量、水量和水位，其需水量应按一水多用原则进行组合计算。河道外用水包括城市用水和农业用水。城市用水又分工业用水、生活用水和生态环境用水。

（1）工业用水

1）工业用水的计算：工业用水一般指工矿企业在生产过程中，用于制造、加工、冷却、空调、净化和洗涤等方面的用水，是城市用水的一个重要的组成部分。我国各流域片的工业需水的预测见表5-2。由于工业部门内不同的行业的用水量相差很大，所以工业用水要按行业划分，利用水平衡法进行统计和计算：

工业需水预测　　　　　　　　　　　　　　　　　表5-2

项目 ＼ 水平年	流域片	松辽河	海河	淮河	黄河	长江	珠江	东南诸河	西南诸河	内陆河	平均或合计
定额 (m³/万元)	1997年	114.1	49.6	61.3	93.1	126.5	126.9	58.9	98.9	136.5	98.6
	2010年	48.0	20.0	24.5	46.0	62.0	51.0	24.0	66.0	78.0	44.4
	2030年	16.5	8.5	10.5	17.5	25.0	19.5	10.0	36.0	33.0	17.9
	2050年	8.0	5.0	6.0	8.0	13.5	11.0	6.0	21.0	18.0	9.9
年递减率 (%)	1998年~2010年	6.4	6.7	6.8	5.3	5.3	6.8	6.7	3.1	4.2	6.0
	2011年~2030年	5.2	4.2	4.1	4.7	4.4	4.7	4.3	3.0	4.2	4.4
	2031年~2050年	3.6	2.6	2.8	3.8	3.0	2.8	2.5	2.7	3.0	2.9
需水量 (亿m³)	1997年	127	67	97	59	492	194	67	4	15	1122
	2010年	146	79	119	86	717	235	81	8	27	1498
	2030年	161	103	163	119	920	278	95	18	55	9111
	2050年	164	105	168	121	962	278	93	31	77	1998
累计新增用水量 (亿m³)	2010年	19	12	23	27	225	40	14	4	12	375
	2030年	33	36	67	60	427	84	28	14	40	788
	2050年	37	38	71	62	470	84	27	27	62	876
人均量 (m³)	1997年	109	55	49	56	117	133	98	21	56	92
	2010年	114	58	55	71	152	140	107	34	87	109
	2030年	112	68	67	87	173	145	112	67	148	123
	2050年	110	67	67	85	175	141	107	109	197	125

注：资料引自《中国可持续发展水资源战略研究报告集》第1卷。

$$Q_I = Q_C + Q_D + Q_R \tag{5-2}$$

式中　Q_I——总用水量，在设备和工艺流程不变时，为一定值，m³/a；

Q_C——耗水量，工矿企业生产过程中消耗掉的水量，包括蒸发、渗漏等损失水量，以及产品带走的水量，m³/a；

Q_D——排水量，经过工矿企业使用后，向外排放的水，多指未重复利用的废污水量，m³/a；

Q_R——重复用水量，生产过程中二次以上的用水，包括循环用水量和二次以上的用水量，m³/a。

耗水量和排水量必须加以补充，二者之和称为补充水量，又称为取用水量，以 Q_{II} 记之。故总用水量 Q_I 又可表示为补充水量和重复用水量之和：

$$Q_I = Q_{II} + Q_R$$

工业用水水平一般以单位产量或产值所需的补充水量和重复利用率这两个指标来衡量，重复利用率 R 以重复利用水量 Q_R 占总用水量 Q_I 的百分数表示：

$$R = \frac{Q_R}{Q_I} \times 100\% \tag{5-3}$$

工业用水重复利用率 R 越高，表示工业用水的有效利用程度越高。

2）工业用水的预测：工业用水预测是一项比较困难的工作，涉及国民经济发展的长远规划、布局、结构和技术设备、工艺水平及节水技术等因素。工业用水的预测方法，原则上应分行业对产量、用水量、重复利用率及发展趋势进行估算，一般有以下几种方法：

① 趋势法：用历年工业用水量增长率来推算未来工业用水量，按下式进行计算：

$$S_i = S_0(1+d)^n \qquad (5\text{-}4)$$

式中　S_i——某一年所预测的工业用水量，m^3；

　　　S_0——起始年的工业用水量，m^3；

　　　d——工业用水量年平均增长率，%；

　　　n——从起始年份到预测年份所间隔的时间，a。

采用趋势法预测的关键是对工业用水平均增长率的确定是否准确合理，它与工业结构、用水水平、水源条件等有关。随着用水水平的提高，单位产值耗水量降低，重复利用率的提高，工业用水呈下降趋势。该法是一种较为简便快捷的需水预测方法，对资料的要求不高，但该方法由于所考虑的因素较少，预测结果往往与实际的偏差很大，故一般不宜单独使用，应配合其他的方法进行预测。

② 相关法：工业用水的统计参数（如单位产值耗水量、工业用水增长率等）与工业产值有一定的相关关系，可用以下两种方法进行预测：

● 建立工业用水增长率和工业产值增长率的相关关系来推求工业用水；

● 建立工业产值和万元产值用水量的相关关系来推求工业用水。

③ 分行业重复利用率提高法：对于资料比较齐全的地方，一般采用按冶金、电力、煤炭、石化、化工、机械、建筑、食品、纺织、缝纫、皮革、造纸、文教、木材等 14 个行业或部门推算工业用水量。该法采用万元产值用水量和重复利用率这两个指标来推算工业用水，用下式计算：

$$q_2 = q_1 \frac{1-\eta_2}{1-\eta_1} \qquad (5\text{-}5)$$

式中　q_1，q_2——分别为起始年和预测年的万元产值取用水量，$m^3/$万元；

　　　η_1，η_2——分别为起始年和预测年的工业用水重复利用率，%。

一个行业如果已知现有的用水重复利用率和万元产值用水，根据工业用水的水平等条件，如能提出将来可达到的用水重复利用率，便可推算出将来的工业用水量。随着生产水平发展、设备工艺的改进、更新，万元产值的总用水量会逐渐减少，故上式可修改为：

$$q_2 = (1-\alpha)^n \frac{1-\eta_2}{1-\eta_1} q_1 \qquad (5\text{-}6)$$

式中　α——考虑设备工艺改进使得万元产值的总用水量平均下降率（%）。α 值越大，则万元产值用水量越少；

　　　n——起始年与预测年相距的时间，a。

（2）生活用水

生活用水是指在城市中扣除工业用水（包括生产区的生活用水）之外所有的用水，它包括城市居民住宅用水，公共建筑用水，市政用水，环境、景观与娱乐用水，供热用水及消防用水。居民住宅用水主要指家庭中的日常生活用水，包括饮用、洗涤等室内用水及庭院绿化、洗车和其他用水；公共建筑用水包括机关、学校、医院、商店、宾馆旅店、文化娱乐场所及商贸服务行业用水；市政、环境、景观与娱乐用水包括浇洒街道与公共场所用水，绿化用水、补充河湖以保持景观和水体自净能力的用水，以及人工瀑布和喷泉用水、划船滑水（冰）与游泳等娱乐用水。上述的公共建筑用水和市政用水统称公共市政用水。随城市人口的增加、居民生活水平的提高，用水量将不断增加，我国各流域片的生活需水预测见表 5-3。但在地域间我国的人均日生活用水量差异较大，我国东南沿海经济发达地区的人均用水量一般高于西北地区。我国人均用水水平仍然较低，按全部人口计，年人均生活用水量现状仅为 43m³，预计到 2050 年将达到 70m³。城市用水要求供水的保证率不低于 95％。城市用水量一般可根据实际调查求得，其大小与城市的性质、规模、节约用水的程度等因素有关。

全国各流域片生活需水预测　　　　　　　　　　　　表 5-3

项目 ＼ 水平年 ＼ 流域片		松辽河	海河	淮河	黄河	长江	珠江	东南诸河	西南诸河	内陆河	平均或合计
城镇生活用水量定额 [L/（人·d）]	1997 年	141	182	138	130	207	326	177	212	125	189
	2010 年	155	200	155	145	215	335	190	225	135	202
	2030 年	165	220	170	160	230	345	21	240	145	218
	2050 年	175	235	185	175	245	355	230	255	155	232
城镇生活需水量（亿 m³）	1997 年	28	25	23	15	92	51	12	2	4	254
	2010 年	41	39	42	25	147	82	21	4	7	406
	2030 年	53	63	74	41	235	123	34	9	10	642
	2050 年	62	83	100	53	294	153	46	13	12	815
农村生活用水量定额 [L/（人·d）]	1997 年	91	70	68	54	88	153	104	76	64	88
	2010 年	105	85	80	65	100	165	115	90	90	101
	2030 年	115	100	100	80	110	175	130	105	105	114
	2050 年	125	120	120	100	125	195	145	120	120	131
农村生活需水量（亿 m³）	1997 年	21	22	38	14	95	57	19	5	5	275
	2010 年	22	26	42	17	104	61	19	6	6	302
	2030 年	23	26	46	20	101	60	19	7	7	309
	2050 年	24	26	45	22	101	57	18	7	8	306
人均用水量（m³）	1997 年	42	38	31	28	45	74	45	35	33	43
	2010 年	49	47	38	35	53	85	53	43	38	52
	2030 年	53	59	49	44	63	95	63	56	44	61
	2050 年	57	70	58	52	72	106	72	68	50	70

注：1. 1997 年生活需水量是从需求方面进行预测的，和 1997 年的生活用水统计略有不同。

　　2. 资料引自《中国可持续发展水资源战略研究报告集》第 1 卷。

城市生活用水量的预测常用人均生活用水量定额法推算，其计算公式为：

$$Q_{生活} = 365qm/1000 \tag{5-7}$$

式中　$Q_{生活}$——生活用水需求量，m^3/a；

　　　q——人均生活用水量定额，$L/(人·d)$；

　　　m——预测期用水人口数，人。

该方法预测的结果准确与否与人均生活用水量定额的选择有极大的关系，该指标又受到多种因素的影响，如居民居住条件、居民生活水平、给水排水及卫生设施条件、气候条件以及生活方式等，同时又与供水条件、水价等有关。因此，该指标随时空的变化而变化，确定该指标应充分考虑上述各因素，使其符合当时当地的实际情况。

（3）生态环境用水

城市生态环境用水要具体情况具体分析，有的城市地处江河之滨，其一部分生态环境用水计入河道内用水，另一部分则计入公共设施用水，有的城市远离大江大河，需要有一定的水量用于保持各河湖一定的径流量、蓄水量以使河湖景点的环境美化以及稀释冲污、湿润空气等。

（4）农业用水

广义的农业用水包括农、林、牧、副、渔业的用水，农村居民的生活用水、农村工业、企业用水等。农业用水是我国主要的用水大户，而农业灌溉用水又是农业用水的主体，其包括种植业灌溉用水、林业和牧业灌溉用水，是通过水利工程设施输送到农田、林地和牧场以满足作物需水的水量。与城市工业和生活用水相比，具有面广量大、一次性消耗的特点，而且受气候的影响较大，同时也受作物的组成和生长期的影响。农业灌溉用水的保证率要低于城市工业用水和生活用水的保证率，因此，当水资源短缺时，一般要减少农业用水以保证城市工业用水和生活用水的需要。区域水资源供需平衡分析研究所关心的是区域的农业用水现状和对未来不同水平年、不同保证率需水量的预测，因为它的大小和时空分布极大地影响到区域水资源的供需平衡。我国各流域片农业需水量预测见表5-4。

流域片农业需水量预测（中等干旱年份）　　表 5-4

项目	水平年	松辽河	海河	淮河	黄河	长江	珠江	东南诸河	西南诸河	内陆河	平均或合计
综合定额（m^3/亩）	1997 年	584	312	330	436	461	766	648	626	717	477
	2010 年	512	301	319	401	449	734	640	614	680	458
	2030 年	456	290	314	379	442	717	627	606	645	441
	2050 年	440	279	307	365	432	690	620	590	604	427
灌溉需水（亿 m^3）	1997 年	427	338	495	313	1010	482	189	70	418	3742
	2010 年	500	334	500	322	1013	487	186	76	461	3879
	2030 年	497	327	500	323	1017	490	181	77	460	3872
	2050 年	487	317	491	315	1000	475	176	77	436	3775
林、牧、渔业需水（亿 m^3）	1997 年	23	13	28	27	63	51	10	10	96	321
	2010 年	23	15	30	30	65	52	12	13	100	340
	2030 年	25	20	32	33	68	55	16	16	120	385
	2050 年	30	25	35	35	72	58	20	18	132	425

续表

项目 \ 水平年 \ 流域片	松辽河	海河	淮河	黄河	长江	珠江	东南诸河	西南诸河	内陆河	平均或合计
总需水 (亿 m³) 1997 年	450	352	523	340	1073	533	199	80	514	4064
2010 年	523	349	530	352	1078	539	198	89	561	4219
2030 年	522	347	532	356	1085	545	197	93	580	4257
2050 年	517	342	526	350	1072	533	196	95	568	4200

注：资料引自《中国可持续发展水资源战略研究报告集》第 1 卷。

1) 农业灌溉用水量的计算和预测

对一个地区而言，为进行农业灌溉用水量的计算和预测，首先需要弄清以下几个概念：

① 作物需水量：作物在全生育期或某一时段内正常生长所需的水量，它包括消耗于作物蒸腾量和株间蒸发量（合称为腾发量）。农作物需水量可以通过田间试验来确定，它是决定灌溉用水量、灌溉引水量的重要参数，也是进行地区水资源平衡分析计算的重要依据。

② 灌溉制度：指作物播种前及全生育期内进行适时适量灌水的一种制度，它包括灌水定额、灌水时间、灌水次数和灌溉定额。灌水定额为一次灌水在单位面积上的灌水量（m³/亩），灌溉定额则是全生育期内各次灌水定额之和。

③ 灌溉用水量：指灌溉面积上需要提供给作物的水量，其大小及其在年内的变化情况，与各种作物的灌溉制度、灌溉面积以及渠系水利用系数等因素有关。

以下简要介绍一种直接推算灌溉用水量的方法，表 5-5 即为我国某灌区在中旱年灌溉用水计算过程的实例。

一种作物一次田间灌水量（称净灌溉用水量）$M_净$ 可用下式求得：

$$M_净 = m\omega \tag{5-8}$$

式中　m——作物某次灌水的灌水定额，m³/亩；

　　　ω——该作物的灌溉面积，亩。

对于每一种作物，在某代表年的灌溉面积、灌溉制度确定后（表 5-5 中的（1）~（6）项），则可求出各次灌水的净灌溉水量（表 5-5 中的（7）~（11）项）。由于灌溉制度已确定各次灌水的时期，则将各相同时期的不同作物灌溉用水量相加，即可得到灌区灌溉用水量及其用水量过程线（表 5-5 中的（12）项）。

××灌区中旱年灌溉用水过程推算表（直接推算法）　　　　　表 5-5

项 目	各种作物各次灌水定额（m³/亩）					各种作物各次净灌溉用水量（10⁴m³）					全灌区净灌溉用水量（10⁴m³）	全灌区毛灌溉用水量（10⁴m³）
作物及灌溉面积(10⁴亩) \ 时间（月、旬）	双季早稻 m_1 =44.1	中稻 m_2 =12.6	一季稻 m_3 =6.3	双季稻 m_4 =37.4	旱作 m_5 =27	双季早稻	中稻	一季稻	双季稻	旱作		
（1）	（2）	（3）	（4）	（5）	（6）	（7）	（8）	（9）	（10）	（11）	（12）	（13）
4　上 中 下	80(泡)					3540					3540	5450

项目 作物及灌溉面积(10^4亩) 时间(月、旬)	各种作物各次灌水定额(m^3/亩)					各种作物各次净灌溉用水量($10^4 m^3$)					全灌区净灌溉用水量($10^4 m^3$)	全灌区毛灌溉用水量($10^4 m^3$)
	双季早稻 $m_1=44.1$	中稻 $m_2=12.6$	一季稻 $m_3=6.3$	双季晚稻 $m_4=37.4$	旱作 $m_5=27$	双季早稻	中稻	一季稻	双季稻	旱作		
(1)	(2)	(3)	(4)	(5)	(6)	(7)	(8)	(9)	(10)	(11)	(12)	(13)
5 上	20	90（泡）				880	1130				2010	3090
5 中												
5 下	73.5	100				3250	1260				4510	6940
6 上	26.7	50				1180	630				1810	2790
6 中	66.7	120	80（泡）			2950	1510	500			4960	7650
6 下	40.0	70				1770	880				2650	4070
7 上		70	60	40（泡）			880	380	1500		2760	4250
7 中			60	60	50			380	2240	1350	3970	6120
7 下				80					3000		3000	4620
8 上			100					630			630	970
8 中												
8 下				60					2240		2240	3450
9 上												
9 中												
9 下												
全年内	307	500	300	240	50	13570	6290	1890	8980	1350	32080	49400

灌溉水要经过各级渠道输送到田间，由于在渠道输水过程中的各种损失（渗漏、蒸发等），因此引水量（亦可称作毛灌溉水量）必然大于田间的净灌溉水量。通常已知净灌溉水量后，可用下式推求出毛灌溉水量 $M_{毛}$：

$$M_{毛} = \frac{M_{净}}{\eta_{水}} \tag{5-9}$$

式中　$M_{净}$——净灌溉水量，m^3；

$\eta_{水}$——灌溉水利用系数，它的大小与各级渠道的长度、沿线的土质和水文地质条件、渠道工程状况（配套、衬砌等）以及灌溉管理的水平等有关，$\eta_{水}$ 可以通过实测求得，我国目前已建灌区 $\eta_{水}$ 值一般为 0.45～0.6。

推求到各个灌区的用水量后，则各个灌区的用水量之和即为全区域的农业用水。由于不同灌区的灌溉条件各不相同，因此，农业用水量的确定须按灌区进行。

2）农业的其他用水

除了农业灌溉用水外，还包括农村居民生活用水、牲畜用水、渔业用水以及乡镇企业用水。农村人畜生活需水亦采用人（畜）均用水量定额预测方法。这些用水虽然在整个农业用水中所占的比例不大，但一般都要求保证供水。分述如下：

① 农村居民生活用水

可通过典型调查人均生活用水量定额，按下式进行估算：

$$W_{居} = 0.365 \sum n_i m_i \qquad (5\text{-}10)$$

式中　$W_{居}$——农村居民生活用水量，m^3/a；

　　　m_i——人均生活用水量定额，$L/(人 \cdot d)$；

　　　n_i——农村居民用水人数。

②牲畜用水

同理，可通过调查到或实测到的牲畜用水量定额，按下式进行估算：

$$W_{牲} = 0.365 \sum n_i m_i \qquad (5\text{-}11)$$

式中　$W_{牲}$——全部的牲畜用水量，m^3/a；

　　　n_i——各种牲畜或家禽头数或只数；

　　　m_i——各种牲畜或家禽用水量定额（调查或实测值），$L/(头 \cdot d)$。

③ 渔业用水

渔业用水指养殖水面蒸发和渗漏所消耗水的补充量，按下式估算：

$$W_{渔} = \omega \beta [\alpha E - P + S] \qquad (5\text{-}12)$$

式中　ω——养殖水面积，m^2 或 km^2；

　　　E——水面蒸发量，可通过试验求得，mm；

　　　α——蒸发器折算系数；

　　　P——年降雨量，mm；

　　　S——年渗漏量，mm；

　　　β——单位换算系数，视具体情况而定。

④ 村办企业用水

村办企业包括小型工厂、小加工作坊等，其用水量的估算与工业用水的估算方法相类似，在调查的基础上，分行业进行估算。

供需分析中的需水量分析一般要作现状调查和未来预测，在典型年法中就是要计算分析现状年和未来若干个水平年的需用水量，其中灌溉需水量还分不同的频率年。需水量分析和经济发展规划关系密切，要使分析符合实际，一是要和经济部门密切配合，二是多作调查和采用合理的预测计算方法。

关于其他用水部门需水量的确定方法，可参阅有关书籍，这里不再详述，下面仅将有关的需水量计算的项目列在框图 5-2 中，供分析计算时参考。

5.2.5　供需平衡分析和成果综合

1. 水资源供需平衡分析的分类

一个区域水资源供需分析的内容是相当丰富和复杂的，其成果的用途也各不相同，因此通常需要从不同角度进行供需平衡分析。

（1）基于不同范围的供需平衡分析

此分析包括计算单元的供需平衡分析、整个区域的供需平衡分析和流域的供需平衡分析。

计算单元（可视为一小的区域）是供需分析的基础，属于区域或流域内的一个面积最小的小区。区域往往是一个行政区域，如县、市、省，也可以是某个经济区，如京津唐地区、华北平原地区。区域又可根据情况再分为若干个亚区，如京津唐地区再分为北京、天

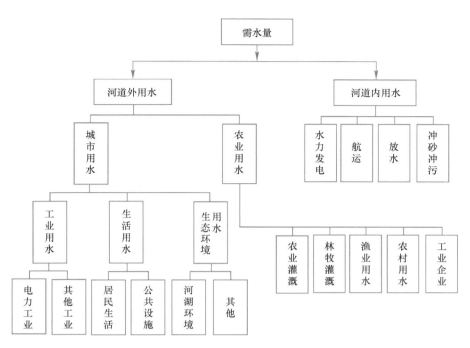

图 5-2 需水量计算项目汇总关系图

津、唐山、秦皇岛、廊坊等五个亚区。流域则属某水系的集水范围。这两种范围是互相交叉的，如一个较小的行政区，一般只是某流域的一部分，而大的区域则可能分属几个流域，至于大江大河的全流域必然包括多个省市。区域或流域的供需分析应包括若干个计算单元的供需分析的综合。

（2）基于可持续发展的供需平衡分析

此分析包括现状供需平衡分析，以及不同发展阶段（不同水平年）的供需平衡分析。

现状的供需分析仅仅是针对当前的情况，而不同发展阶段的供需分析是对未来情况的，含有展望和预测的性质，但要做好不同发展阶段（不同水平年）的供需分析，必须以现状的供需分析的成果为依据，因此，现状的供需分析是不同发展阶段供需分析的基础。

（3）基于不同深度的供需平衡分析

此分析包括不同发展阶段（不同水平年）的一次供需平衡分析，以及不同发展阶段（不同水平年）的二次供需平衡分析。

一次供需分析是初步地进行供需分析，不一定要进行供需平衡和提出规划方案。而二次供需分析则要求供需平衡分析和提出供需平衡分析的规划方案。特别是当供需不平衡时，就需要对供需双方提出相应的对策和建议，并要进一步分析论证并作出规划方案。

（4）基于用水性质的供需平衡分析

此分析包括河道外用水的供需平衡分析，以及河道内的供需平衡分析。

河道外用水为消耗性用水，河道内用水为非消耗性用水，在分析过程中应分别进行考虑或综合在一起协调考虑。

2. 计算单元的供需分析

计算单元的供需分析应包括下述几方面的内容，简要分述如下：

1）调查统计现阶段年份计算单元内各水源的实际供水量和各部门的实际用水量。许多水源工程，如水库工程、引水工程和供水水源工程，都有供水记录，可以收集整理，但有许多分散的水源工程，如农村的机井和各单位的自备井等，往往没有用水记录或记录不全，需作典型调查和分析。对实际用水项，一般城市各用水户多数有数据。但农村各用水户往往实测数据很少，也要作典型调查和分析。另外该年的水文、气象和国民经济资料也要进行收集整理。

2）进行水量平衡校核。利用该年份计算单元的入、出境水文站的径流资料，地下水位观测资料，以及降水量等资料，进行水量平衡校核，分析验证现状年供需分析各项指标和参数的合理性。水量平衡校核思路可参阅图5-3。

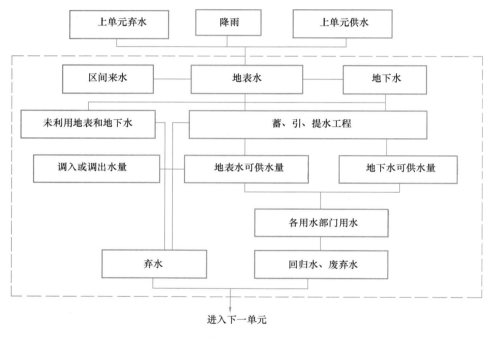

图 5-3　计算单元水量平衡分析示意图

对于某一计算单元、某一水平年、某种保证率的供需平衡计算式为：

$$\sum_{i=1}^{n_1} W_{供i} - \sum_{i=1}^{n_2} W_{需i} = \pm \Delta W \tag{5-13}$$

式中　$W_{供i}$——计算单元内的分项供水量，m^3/a；

　　　　n_1——计算单元内可供水量的分项数；

　　　　$W_{需i}$——计算单元内的分项需水量，m^3/a；

　　　　n_2——计算单元内需水量的分项数；

　　　　ΔW——余缺水量，"＋"为余，"－"为缺，m^3/a。

3）供需平衡综合分析。对现状年的实际供、用水情况和不同频率来水情况下的供需平衡状况可进行列表分析，见表 5-6、表 5-7。

现状年（××年）实际供、用水量　　　　表 5-6

年　份		年降雨量		频率 p（%）		
实 际 供 水 量			实 际 用 水 量			平衡情况
地表水	地下水	合计	城　市	农　业	合计	

现阶段水资源供需状况　　　　表 5-7

可供水量						需水量						平衡情况	
$P{=}50\%$			$P{=}75\%$			$P{=}50\%$			$P{=}75\%$			$P{=}50\%$	$P{=}75\%$
地面	地下	合计	地面	地下	合计	城市	农业	合计	城市	农业	合计		

实际使用中，表 5-6、表 5-7 可根据实际需要增加或减少项目。例如用水项目可进一步按工业、农业、生活等项进行细分，有地表水库的可列出专项进行分析。平衡情况一栏，可根据现阶段不同频率来水的条件，从可供水量和需水量对比分析中作出分析评价；也可从地下水位和水库贮水变化等方面分析其平衡状况。

计算单元之间往往存在着水力关系，对于有水力联系的计算单元进行供需分析时，应按照自上而下、先支流后干流的原则，逐个单元地进行，上单元的弃水退水或供水应传递到下单元参加供需计算，应根据具体情况进行分析。

3. 整个区域的水资源供需分析

整个区域的水资源供需分析是在计算单元供需分析的基础上进行的，应该汇总和协调所有计算单元供需分析的成果，能够全面地反映出整个区域的水资源供需分析关系和供需平衡矛盾的状况，以及该范围内供水的规模及其相应的水资源利用程度和效果。汇总和协调各计算单元供需分析的方法有典型年法和同频率法两种。

（1）典型年法：先根据全区域的雨情和水情情况，选定代表年，然后根据该代表年的来水情况，自上而下，先支流后干流逐个计算各个单元的供需情况，最后将各个单元的供需成果进行汇总，即得到整个区域的水资源供需情况。

（2）同频率法：其一般的步骤是，根据实际情况先把整个区域划分为若干个流域，每个流域根据各自的雨情、水情情况选择各自的代表年。然后采用典型年法相同的方法，逐个进行计算单元水供需分析并将同一流域的计算单元水供需分析成果相加，最后，再把各流域同频率的计算成果汇总即得到整个区域的水资源供需分析的成果。

4. 不同发展阶段（水平年）的供需分析

对今后不同发展阶段的可供水量进行分析时，要注意研究区域上游用水的变化，如上游新建水库或河道引水工程，则会减少来水量，必然造成可供水量的减少。因此，计算今后的可供水量要和水源工程的长远规划结合起来。在需水量预测分析中，则要和研究区域的社会经济的可持续发展规划配合，要加强需水管理，在提高用水效率和效益的基础上，做出切合实际的需水预测，避免需水预测量偏高，造成对供水规划和供水工程建设的误导，供需分析应该既要满足可持续发展对水的长期要求，又要做到水资源不受到破坏。

分析不同来水保证率条件下的水资源供需情况，应分别计算出余缺水量和各项水资源开发利用的指标，并作出相应的评价。在供需分析不平衡的情况下，要反馈分析实现平衡的措施、方案和计划。

供需平衡分析表列和现状年分析类似。

5.3 供需平衡的水资源系统动态模拟分析

5.3.1 水资源供需系统概念

一个区域的水资源供需系统可以看成是由来水、用水、蓄水和输水等诸子系统组成的大系统。供水水源有不同的来水、贮水系统（如地表水库和地下水库等，有本区产水和区外来水或调水），而且彼此互相联系，互相影响。用水系统由生活、工业、农业、环境等用水部门组成，输、配水系统既相对独立于以上的两个子系统又起到相互联系的作用。水资源系统可视为由既相互区别又相互制约的各个子系统组成的有机联系的整体，它既要考虑城市的用水，又要考虑工农业和航运、发电、防洪除涝和改善水环境等方面的用水。水资源供需平衡系统是一个多用途、多目标的系统，涉及社会、经济和生态环境等多项的效益，因此，仅用传统的方法来进行供需分析和管理规划，是满足不了要求的。需要应用系统分析的方法，通过多层次和整体的模拟模型和规划模型以及水资源决策支持系统，进行各个子系统和全区水资源多方案调度，以寻求解决一个区域水资源供需的最佳方案和对策。至今，开展对水资源系统分析方法的研究很多，这里仅介绍一种水资源供需平衡分析动态模拟的方法。

5.3.2 水资源系统供需平衡的动态模拟分析方法

动态模拟分析方法以水资源系统为对象，利用系统分析理论和方法，通过水资源系统供需平衡的模拟分析，对系统供用水进行优化平衡。该方法的主要内容包括以下几方面：

（1）基本资料的调查收集和分析：基本资料是模拟分析的基础，决定了成果的合理性和精度，故要求基本资料准确、完整和系列化。基本资料包括来水系列、区域内的水资源量和质、各部门用水（如城市生活用水、工业用水、农业用水等）、水资源工程资料、有关基本参数资料（如地下含水层水文地质资料、渠系渗漏、水库蒸发等）以及相关的国民经济指标的资料等。

（2）水资源系统管理调度：包括水量管理调度（如地表水库群的水调度、地表水和地下水的联合调度、水资源的配置调度等）、水量水质的控制调度等。

（3）水资源系统的管理规划：通过建立水资源系统模型来分析现状和不同水平年的各个用水部门（城市生活、工业和农业等）的供需情况（供水保证率和可能出现的缺水状况）；解决水资源供需矛盾的各种工程和非工程措施并进行定量分析，非工程措施包括调整产业布局及以节约用水提高用水效率等来适应当地的水资源状况。工程经济、社会和环境效益的分析和评价等。

与典型年法相比，水资源供需平衡动态模拟分析有以下特点。

（1）该方法不是对某一个别的典型年进行分析，而是在较长的时间系列里对一个地区的水资源供需的动态变化进行逐个时段模拟和预测，因此可以综合考虑水资源系统中各因素随时间变化及随机性而引起的供需的动态变化，例如，当最小计算时段选择为"天"，这既能反映水均衡在年际的变化又能反映出在年内的动态变化。

（2）该方法不仅可以对整个区域的水资源进行动态模拟分析，由于采用不同子区和不同水源（地表水与地下水、本地水资源和外域水资源等）之间的联合调度，能考虑它们之间的相互联系和转化，因此该方法除能够反映出时间上的动态变化，也能够反映出地域空间上的水供需的不平衡性。

（3）该方法采用系统分析方法中的模拟方法，仿真性好，能直观形象地模拟复杂的水资源供需关系和管理运行方面的功能，可以按不同调度及优化的方案进行多情景模拟，并可以对不同的供水方案的社会经济和生态环境效益进行评价分析，便于了解不同时间不同地区的供需状况以及采取对策措施所产生的效果，使得水资源在整个系统中得到合理的利用，这是典型年法不可比的。

5.3.3　模拟模型的建立、检验和运行

由于水资源系统比较复杂，考虑的方面很多，诸如水量和水质；地表水和地下水的联合调度；地表水库的联合调度；本地区和外区水资源的合理调度；各个用水部门的合理配水；污水处理及其再利用等。因此在这样庞大而又复杂的系统中有许多非线性关系和约束条件在最优化模型中无法解决，而模拟模型具有很好的仿真性能，这些问题在模型中就能得到较好的模拟运行。但模拟并不能直接回答规划中的最优解问题，而是给出必要的信息或非劣解集，可能的水供需平衡方案很多，需要决策者来选定。为了使模拟给出的结果接近最优解，往往在模拟中规划好运行方案，如整体采用模拟模型，而局部采用优化模型。也常常采用这两种方法的结合，如区域水资源供需分析中的地表水库调度采用最优化模型，使地表水得到充分的利用，然后对地表水和地下水采用模拟模型联合调度，来实现水资源的合理利用。水资源系统的模拟与分析，一般需要经过模型建立、调参与检验、运行方案的设计等几个步骤。

1. 模型的建立

建模是水资源系统模拟的前提。建模就是要把实际问题概化成一个物理模型，要按照一定的规则建立数学方程来描述有关变量间的定量关系。这一步骤包括有关变量的选择，以及确定有关变量间的数学关系。模型只是真实事件的一个近似的表达，并不是完全真实，因此，模型应尽可能地简单，所选择的变量应最能反映其特征。以一个简单的水库的调度为例，其有关变量包括水库蓄水量、工业用水量、农业用水量、水库的损失量（蒸发量和水库渗漏量）以及入库水量等，用水量平衡原理来建立各变量间的数学关系，并按一定的规则来实现水库的水调度运行，具体的数学方程如下所示：

$$W_t = W_{t-1} + WQ_t - WI_t - WA_t - WEQ_t \qquad (5\text{-}14)$$

式中　W_t，W_{t-1}——时段末、初的水库蓄水量，m^3；

WI_t，WA_t——时段内水库供给工业、农业的水量，m^3；

WEQ_t——时段内水库的蒸发、渗漏损失量，m^3；

WQ_t——时段内水库的来水量，m^3。

当然要运行这个水库调度模型，还要有水库库容—水位关系曲线，水库的工程参数和

运行规则等，且要把它放到整个水资源系统中去运行。

2. 模型的调参和检验

模拟就是利用计算机技术来实现或预演某一系统的运行情况。水资源供需平衡分析的动态模拟就是在制订各种运行方案下重现现阶段水资源供需状况和预演今后一段时期水资源供需状况。但是，按设计方案正式运行模型之前，必须对模型中有关的参数进行确定以及对模型进行检验来判定该模型的可行性和正确性。

一个数学模型通常含有称为参数的数学常数，如水文和水文地质参数等，其中有的是通过实测或试验求得的，有的则是参考外地凭经验选取的，有的则是无法根据资料来直接加以确定。因此，往往采用反求参数的方法取得，而这些参数必须用有关的历史数据来确定，这就是所谓的调参计算或称为参数估值。就是对模型实行正运算，先假定参数，算出的结果和实测结果比较，与实测资料吻合就说明所用（或假设的）参数正确。如果一次参数估值不理想，则可以对有关的参数进行调整，直至满意为止。若参数估值一直不理想，则必须考虑对模型进行修改。所以参数估值是模型建立的重要一环。

所建的模型是否正确和符合实际，要经过检验。检验的一般方法是输入与求参不同的另外一套的历史数据，运行模型并输出结果，看其与相应的实际记录数据是否吻合，若能吻合或吻合较好，反映检验的结果具有良好的一致性，说明所建模型具有可行性和正确性，模型的运行结果是可靠的。若和实际资料吻合不好，则要对模型进行修正。

模型与实际吻合好坏的标准，要作具体分析。计算值和实测值在数量上不需要也不可能要求吻合得十分精确。所选择的比较项目应既能反映系统特性又有完整的记录，例如有地下水开采地区，可选择实测的地下水位进行比较，比较时不要拘泥于个别观测井个别时段的值，根据实际情况，可选择各分区的平均值进行比较；对高离散型的有关值（如地下水有限元计算结果）可绘出地下水位等值线图进行比较。又如，对整个区域而言，可利用地面径流水文站的实测水量和流量的数据，进行水量平衡校核。该法是在水资源系统分析中用得最多的一种校核方法，可作各个方面的水量平衡校核，这里不再一一叙述。

在模型检验中，当计算结果和实际不符时，就要对模型进行修正。若发现模型对输入没有响应，比如地下水模型在不同开采的输入条件下，所计算的地下水位没有什么变化，则说明模型不能反映系统的特性，应从模型的结构是否正确，边界条件处理是否得当等方面去分析并加以相应地修正，有时则要重新建模。如果模型对输入有所响应，但是计算值偏离实测值太大，这时也可以从输入量和实际值两方面进行检查和分析或对某些敏感参数进行适当调整。总之，检验模型和修正模型是很重要也是很细致的工作。

3. 模型运行方案的设计

在模拟分析方法中，决策者希望模拟结果能尽量接近最优解，同时，还希望能得到不同方案的有关信息，如高、低指标方案，不同开源节流方案的计算结果等。所以，就要进行不同运行方案或不同情景的设计。在进行不同的方案设计时，应考虑以下几个方面：

（1）模型中所采用的水文系列，既可用一次历史系列，也可用历史资料循环系列；

（2）开源工程的不同方案和开发次序。例如，是扩大地下水源还是地表水源；是开发本区水资源还是调外区水资源；不同阶段水源工程的规模等，都要根据专题研究报告进行运行方案设计；

（3）不同用水部门的配水或不同小区的配水方案的选择；

（4）不同节流方案、不同经济发展速度和用水指标的选择。

在方案设计中要根据需要和可能，主观和客观等条件，排除一些明显不合理的方案，选择一些合理可行的方案进行运行计算。

5.3.4 水资源系统动态模拟分析成果的综合

水资源供需平衡动态模拟的计算结果应该加以分析整理，即称作成果综合。该方法能得出比典型年法更多的信息，其成果综合的内容虽有相似的地方，但要体现出系列法和动态法的特点。

1. 现状供需分析

现状年的供需分析，和典型年法一样，都是用实际供水资料和用水资料进行平衡计算的，可用列表表示。由于模拟输出的信息较多，对现状供需状况可作较详细的分析，例如各分区的情况、年内各时段的情况，以及各部门用水情况等，以便能在不同的时间和地域上对供需矛盾作出更详尽的分析。

2. 不同发展时期的供需分析

动态模拟分析计算的结果所对应的时间长度和采用的水文系列长度是一致的。对于发展计划则需要较为详尽的资料。对于宏观决策者不一定需要逐年的详细资料。所以，应根据模拟计算结果，把水资源供需平衡整理成能满足不同需要的成果。

结合现状分析，按现有的供水设施和本地水资源，进行一次今后不同时期的供需模拟计算，通常叫第一次供需平衡分析。通过这次平衡，可以暴露矛盾，发现问题，便于进一步深入分析。经过第一次平衡以后，可制订不同方案或不同情景，进行第二次供需平衡。对不同的方案，一般都要分析如下几方面的内容：

（1）若干个阶段（水平年）的可供水量和需水量的平衡情况；

（2）长时间系列逐年的水资源供需平衡情况；

（3）开源、节流措施的方案规划和定量分析；

（4）各部门的用水保证率及其他评价指标等。

5.4 水资源系统动态模拟实例分析

现以华北地区某县作为研究区为例来简要说明水资源动态模拟的过程。

5.4.1 研究区水资源系统与动态模拟方法概述

研究区的总面积为 1035.6km^2，其地貌属某河流冲积扇的一部分，为地形平坦的平原区，地下水资源丰富，为研究区主要的供水来源，研究区水资源系统的构成如图 5-4 所示，可划分为以下四个部分：

（1）来水系统：主要指当地降水、由境外进入本区的侧向地下水补给、由外区入境的地表水及再生水等；

（2）储水系统：研究区内地下水含水层及境内可拦蓄地表径流的河道和地面蓄水工程；

（3）用水系统：主要包括农业用水、工业用水、生活用水等；

（4）排水系统：主要指排泄到境外的地下水渗流和地表径流及潜水的蒸发损失。

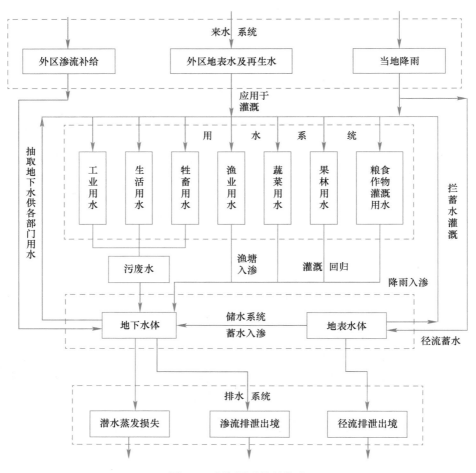

图 5-4 水资源系统的构成

为了反映研究区境内不同地区水资源动态变化的不平衡性，根据河系界线、水文地质和土壤的差异以及行政区界线等条件将研究区细分为如图 5-5 所示的七个子区，并以该七个子区作为既互相独立又互相联系的基本单元进行水资源的联合调度和平衡分析。

依照上述水资源系统的构成，建立了研究区水资源动态模拟的数学模型。该模型结构可视为若干个担负不同模拟计算任务又相互联系的模块组成，可归纳成如下几种类型：

（1）用于存储和传递各种数据和计算成果的模块（亦称数据文件库）；

（2）进行水资源系统中供需各方供水量和需水量计算的模块；

（3）用于各子区水资源联合调度计算的模块；

（4）输出各种计算成果的模块。

上述不同类型的计算模块可以通过各种指令有机地联系在一起，形成统一的动态模拟系统，来实现长时间系列水资源动态模拟计算的全过程。模拟中采用的时间长度取决于已有的降雨系列资料，根据该研究区的降雨资料，选择时间长度为 30 年，以旬（10 天）作为一般的计算时段单位，在粮食作物灌溉制度的推求中，则以天作为最小的计算时段单位。

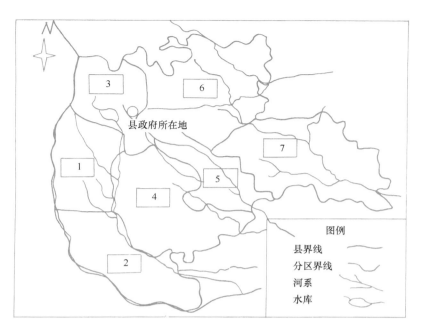

图 5-5　水资源动态模拟分析分区示意图

5.4.2　主要计算模块描述

由于该研究区几乎无地表水资源可用，地下水成为研究区的主要用水水源，因此以各子区的地下水体作为逐个时段水均衡分析的对象。实现水资源动态模拟计算的子模块主要有：

1. 确定来水量的子模块

对于地下水体而言，研究区水资源系统中主要来水项有当地降雨入渗补给、外区侧向地下水补给、河道和鱼塘蓄水的入渗及农业灌溉回归等。其中降雨入渗是主要的来水项，它与降雨系列的选择有极大的关系。研究区的一个气象站仅有 1959 年至 1988 年共 29 年实测逐日降雨资料，为了获取更长的降雨系列，根据与位于附近的另一个气象站（有 1914 年～1988 年共 75 年的降雨资料）多年平均降雨量有较好的相关性，利用线性回归将该站逐日降雨实测资料延长，获得 1951 年～1988 年共 38 年的逐日降雨系列的数据文件，从中选出 31 年的实测降雨系列作为降雨系列输入模拟模型进行各种方案的演算。

研究区各子区在某个时段内的降雨入渗补给量 I_i 按下式进行估算：

$$I_i = \beta \cdot \alpha_i \cdot P \cdot A_i$$
$$(i = 1, 2, \cdots, 7) \tag{5-15}$$

式中　P——某个时段内的降雨量，mm；由逐日降雨资料统计求出；

　　　A_i——第 i 子区的面积，km²；

　　　α_i——第 i 子区的降雨入渗补给系数，降雨入渗补给系数 α 与降雨量、土壤质地、地下水埋深等因素有关，可依据各子区的土质分布特征等来确定各子区的 α 值。α 值的确定方法参见教材有关章节；

　　　β——单位换算系数，视具体情况而定。

2. 用水预测计算的子模块

研究区用水可按粮食作物灌溉用水、工业用水、城乡居民用水、蔬菜灌溉用水、经济作物用水、农村牲畜用水和渔业用水等七个部门分别进行推求。

对于粮食作物灌溉用水，采用作物生长期根系层水量平衡原理分别对研究区的小麦、玉米和水稻三种主要作物的灌溉用水进行逐日推求，其计算公式为：

$$W_{i+1} = W_i + P_i - E_i \tag{5-16}$$

式中 W_{i+1}，W_i——分别为第 $i+1$ 日末和第 i 日末根系层的水量，mm；

  P_i，E_i——分别为第 i 日的降雨量和作物耗水量，mm。

计算中可对根系层水量规定一个适宜的上下限 W_{max} 和 W_{min}，如果 $W_{i+1} < W_{min}$，则表明作物根系层缺水，应按下式确定灌水量：

$$I_i = W_{max} - (W_i + P_i - E_i) \tag{5-17}$$

按式（5-16）、式（5-17）便可以根据各年逐日降雨数据推求出三种主要作物在 1984 年～2013 年水资源规划期间逐年生长期的灌溉定额，如图 5-6 所示。由于该方法能充分利用当地降水和土壤水，故符合节水灌溉的原则。

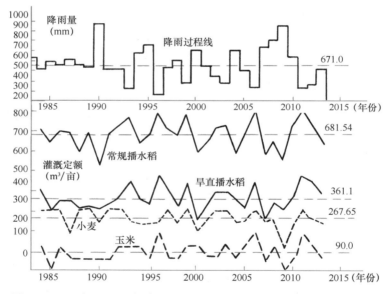

图 5-6 1984 年～2013 年降雨过程及三种主要作物的灌溉定额变化过程

工业用水采用分行业重复利用率及万元产值取水量的计算方法，并按式（5-18）、式（5-19）进行预测推求：

$$Q_2 = K \frac{1 - \eta_2}{1 - \eta_1} Q_1 \tag{5-18}$$

$$IW_2 = B_2 Q_2 \tag{5-19}$$

式中 Q_1，Q_2——分别是起始年和预测年万元产值的取用水量，m³/万元；

  η_1，η_2——分别是起始年和预测年工业用水重复利用率，计算中取 η 的平均递增率为 4%；

  K——参数，$K = (1-\alpha)^n$，其中 α 是单位产值用水的年下降率，计算中取 α 平均值为 0.65%；

B_2——预测年的工业万元产值，万元；

IW_2——预测年的工业取用水量，m^3/a。

根据上述计算公式，由已知的起始年的万元产值 Q_1 和重复利用率 η_1 便可求出任何预测年份的工业取用水量。

3. 地表水地下水联合调度子模块

该模块用于模拟计算研究区七个子区各个时段内的水量平衡，在所考虑的 $\Delta t = t_1 - t_0$ 时段内，首先求出各子区地下水体在垂向的水量交换值 $W'_i(m^3)$ 及按达西定律估算出有外边界的各子区与境外地下水在水平向的交换量 $W''_i(m^3)$，并由此求到各子区在时段末 t_1 因上述两项水量交换而引起的地下水位的变化值 $\Delta H'_i$ 和 $\Delta H''_i$ 为：

$$\Delta H'_i = \frac{W'_i}{\mu_i F_i} \tag{5-20}$$

$$\Delta H''_i = \frac{W''_i}{\mu_i F_i} \tag{5-21}$$

式中，μ_i，F_i 分别是第 i 区的给水度和面积（km^2）。由于各子区地下水位实际上存在差异，故还存在各子区之间水平向水量的相互交换，由此引起各子区水位变化值 ΔH_i 可按达西定律及水量平衡原理列出七个子区的联立方程求解得到。计算中所应用的各种参数如渗透系数、含水层厚度等均根据地质钻孔实测资料求得。这样，若已知时段初 t_0 各子区地下水位为 $H_i(t_0)$，则各子区在时段末的地下水位 $H_i(t_1)$ 应等于：

$$H_i(t_1) = H_i(t_0) + \Delta H_i + \Delta H'_i + \Delta H''_i (i = 1, 2, \cdots, 7) \tag{5-22}$$

这样经过反复递推计算，便可以求到 1984 年～2013 年间各子区在逐个时段末的地下水位值（m）。这仅是一种近似的估算，由于研究区范围内的水分运动以垂向交换为主，水平向交换十分微弱，故在长时间系列模拟中作此粗略估算是可行的。

4. 地下水动态有限元计算子模块

地表水地下水联合调度模拟可以给出各子区平均的地下水位的动态变化，但无法对此作出更详细的描述。为了能反映出研究区范围内不同地点地下水位在规划预测期内的动态变化，采用地下水二维非稳定流的数学方程进行计算，其计算原理及方法可参阅有关的资料。

应用有限单元法求解上述定解问题。研究区的渗流域共划分 229 个三角单元及 133 个结点，渗流域边界条件根据 1984 年实测的地下水位等值线图的分析，确定西北边界和东南边界分别为入流和出流边界，其余边界则按 $q=0$ 的第二类边界考虑。渗流域各单元的有关水文地质参数均由水文地质实测剖面图按插值法一一确定。在垂向上各时段的水量交换则作简化处理，与上述的动态模拟法相一致。计算结果可输出 30 年间各时段末各节点的地下水位值。

5.4.3　水资源动态模拟过程

水资源系统动态模拟中降雨系列的合理选取是一个重要问题。由于水文现象的随机性，对未来的降雨系列无法具体预测，可采用实测系列和随机系列进行演算。实测系列即认为过去的降雨系列可在未来重演，随机系列表现出降雨的随机性，但生成随机系列的水文特征值要符合实测系列的特征值。由于生成的降雨随机系列其丰枯周期的组合不足以反映最不利的情况，且计算工作量大而复杂，故在模拟计算中主要采用了 1983 年～1988 年、1958 年～1982 年共 31 年的降雨实测系列，这样也便于应用 1983 年～1988 年实测地下水位动态对模型进行验证。水资源系统动态模拟计算的全过程可用流程框图 5-7 表示。

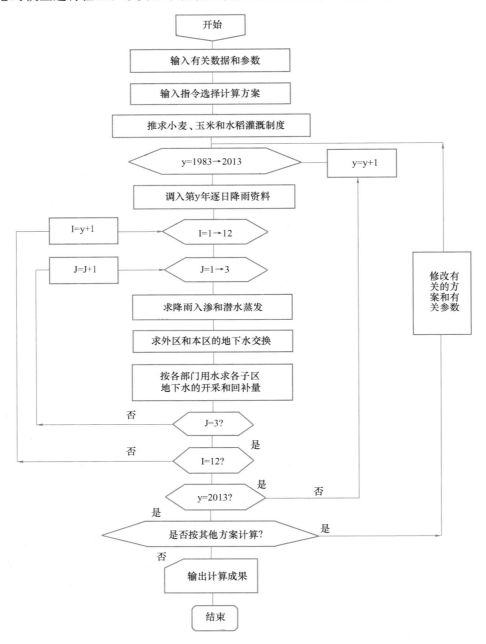

图 5-7　水资源系统动态模拟计算流程框图

水资源系统动态模拟计算可按以下的步骤进行：

（1）数据库调入有关的数据（如逐日的降雨资料、各子区的种植面积等）和有关的参数（如给水度、入渗系数、平均渗透系数、渠系利用系数等）；

（2）逐年推求粮食作物（小麦、玉米和水稻）的灌溉制度；

（3）在计算年以旬为时段计算各个分区粮食作物灌溉量、七个用水部门的用水量，并由此推求出地下水的开采量、灌溉回归入渗量及污水的生成量等；

（4）在计算年按旬计算各子区降雨入渗补给及潜水蒸发量；

（5）在计算年按旬计算外区和本区的地下水交换量；

（6）在计算年按旬进行各子区垂直方向水资源量的均衡计算；

（7）在计算年按旬进行各子区水平方向水资源量的均衡计算；

（8）在计算年按旬进行水资源量的总体均衡计算并求出旬末的各子区地下水位的变化值和水位值；

（9）若计算年份小于终止年份，则返回步骤（2）继续进行计算，若计算年份等于终止年份，则脱离循环计算，并根据指令输出计算成果或形成有关的数据文件。

为了充分合理地利用有限的水资源，联合调度的原则是工业用水和生活用水取用地下水且优先于农业用水，农业用水应充分利用当地降水、河道拦蓄水及污废水这三部分的水资源量，不足部分则抽取地下水补充。

5.4.4　水资源系统动态模拟模型的可行性验证

所建立的模型的合理性和可行性有赖于模型的验证。在水资源动态模拟过程中，1984年～1988年均是现状年份，而且所调用的降雨资料、各子区种植面积以及工业用水和生活用水都是取自研究区的实测资料。为此利用研究区 1984 年～1988 年共五年的不同地点观测井地下水位实测数据与模拟计算结果进行验证，比较结果除个别情况外，各子区地下水的计算值与实测值在验证期间的变化趋势有较好的一致性（表 5-8）。由于有限元法的计算值能显示出观测井附近结点的地下水位值，故要比动态模拟计算求到的各子区平均地下水位值更逼近实测值。验证结果说明所建立的水资源动态模拟模型及选用的参数基本上符合实际情况，具有较好的可行性和实用性。

研究区 1984 年～1988 年各子区地下水位计算值与实测值的比较　　表 5-8

水位值（m） 子区号		1	2	3	4	5	6	7
1984 年	实测值	31.30	25.03	29.48	23.21	27.76	27.65	
	计算模拟	29.64	21.74	32.36	21.25	19.97	26.04	13.31
	有限元法	30.43	24.33	30.37	23.11	27.68	26.68	
1985 年	实测值	31.27	25.97	29.37	23.66	26.91	27.38	
	计算模拟	30.06	22.21	23.01	20.73	20.31	25.94	13.11
	有限元法	30.30	24.87	30.34	22.85	27.49	26.59	
1986 年	实测值	30.77	23.46	27.79	22.39		26.02	
	计算模拟	29.96	22.15	31.27	19.52	19.84	25.41	12.00
	有限元法	29.73	24.83	29.82	22.05	26.80	26.13	

续表

水位值（m）	子区号	1	2	3	4	5	6	7
1987 年	实测值	29.35	23.60	26.61	22.55		25.49	
	计算模拟	30.54	22.83	31.16	19.54	20.45	25.80	12.13
	有限元法	29.82	25.48	30.02	22.27	26.97	26.41	
1988 年	实测值	29.30	23.85	25.46	22.95		25.50	
	计算模拟	30.56	22.91	30.57	18.63	20.07	25.52	11.03
	有限元法	29.41	25.54	29.60	21.73	26.48	26.15	
年平均下降幅度（m/a）								
	实测值	−0.40	−0.24	−0.80	−0.05		−0.43	
	计算模拟	0.18	0.23	−0.36	−0.52		−0.10	
	有限元法	−0.20	0.24	−0.15	−0.28		−0.11	

5.4.5 水资源系统动态模拟计算成果分析

模型可进行多方案的演算，在此仅从中选择两种方案的计算成果加以分析以求对研究区水资源均衡动态变化作出分析评价。

方案一：在充分满足各部门用水条件下，研究区 1984 年～2013 年的水资源的动态变化。

模拟计算可输出以下的主要计算结果：

（1）研究区主要用水部门的逐年用水量（表 5-9）；

主要用水部门的逐年用水量　单位：$10^4 m^3$　　　　　　　表 5-9

用水部门	年份	1984 起始年	1988 现状年	1990 预测年	2000 预测年	2013 预测年	1984 年～ 2013 年 平均用水	用水比例 （%）
工业用水		1967.4	2273.4	2400.0	2500.0	2617.1	2457.9	8.0
城镇居民生活用水		169.5	262.8	315.1	722.7	722.7	546.7	1.8
农村居民生活用水		662.9	866.3	972.2	1284.8	1284.8	1127.3	3.7
牲畜饮用水		646.1	702.0	730.0	875.8	875.8	799.0	2.6
渔业用水		464.5	891.5	1105.0	1105.0	1105.0	1030.3	3.4
经济作物净用水		1573.3	2022.8	2247.6	2247.6	2247.6	2168.9	7.1
蔬菜净灌溉用水		2223.5	4138.1	4514.9	4261.0	4261.0	4091.3	13.4
粮食作物净灌溉用水		27417.8	18231.1	15209.5	15246.6	15997.1	18417.8	60.1
合计		35142.9	29387.9	27494.3	28225.5	29093.0	30639.1	100

注：仅列出其中 5 年的资料。

（2）各子区水资源供需平衡及地下水位 30 年间逐年的变化过程（表5-10）；

研究区内各子区水资源平衡分析　　　　　　　　　　　　　　　表 5-10

项　目 ＼ 子区编号	1	2	3	4	5	6	7
种植面积（亩）	117815	125992	79754	239689	130012	216146	230718
比例数	10.33％	11.05％	7.00％	21.02％	11.40％	18.96％	20.24％
工业用水（$10^4 m^3/a$）	42.69	117.29	1188.67	130.07	79.22	622.65	277.30
比例数	1.74％	4.77％	48.36％	5.29％	3.23％	25.33％	11.28％
生活用水（$10^4 m^3/a$）	124.48	140.33	423.20	218.74	141.21	374.98	251.06
比例数	7.44％	8.38％	25.28％	13.07％	8.43％	22.40％	15.0％
1984 年地下水位（m）	29.64	21.74	32.36	21.25	19.97	26.04	13.31
2013 年地下水位（m）	22.41	21.71	12.61	−1.23	4.08	9.14	−18.2
水位变化值（m）	−7.23	−0.03	−19.75	−22.48	−15.89	−16.9	−31.51
平均盈亏量（$10^4 m^3$）	−277.5	−1.36	−690.1	−1102	−492.2	−919.7	−1448

（3）全研究区水资源的均衡计算结果（表 5-11）。

研究区水资源逐年的均衡变化　　单位：$10^4 m^3$　　　　　　表 5-11

年份 ＼ 项目	入渗量	开采量	蒸发量	外区来水项	本区排水项	均衡值
1985	30526.5	30764.3	0.0	568.6	446.7	−115.9
1990	41210.4	29203.2	130.25	568.6	446.7	11998.9
1995	33718.5	27870.9	20.1	568.6	446.7	5949.3
2000	32303.6	29929.5	0.0	570.1	447.9	2496.3
2005	25821.7	36022.8	0.0	568.6	466.7	−10079.1
2010	29390.4	31009.7	40.1	568.6	466.7	−1537.4
平均	27567.0	32862.8	8.26	569.0	447.0	−5182.2

注：仅列出每相隔 5 年的计算值。

按 30 年平均计，研究区地下水体的垂向补给加水平向净补给共约 $2.77×10^8 m^3/a$，但研究区地下水的年平均开采量已达 $3.29×10^8 m^3/a$，年平均亏损量约 $0.52×10^8 m^3/a$，30 年间水资源亏损年份计有 22 年，占 73.33％。表 5-10 则反映了由于各子区经济发展的不平衡等原因而引起水资源盈亏和地下水位动态变化的不平衡性。可以看出，由于第 4、6 和 7 子区种植业面积比例大则灌溉用水较多，故这三区水资源亏损较严重，地下水位下降幅度也相应较大。而第 3 子区是研究区工厂企业及城镇人口的密集区，工业用水和生活用水分别占全县总用水量的 48.36％和 25.28％，故该区水资源亏损及地下水位下降也较严重。30 年间研究区平均地下水位下降幅度达 17.16m，平均每年下降 0.57m。表 5-11 则反映了全研究区各项水资源量的均衡值。

方案二：条件同方案一，但假定每年汛期可从研究区内的河流引进 $1000×10^4 m^3$ 的河道弃水存储于第 3 子区原已干涸的一个水库用以回补地下水。

在该条件下模拟计算表明，由于能开源引进一定数量的河道弃水，研究区各子区地下水都能得到不同程度的回补，30年全境地下水位平均可回升3.2m，其中第3子区收益最大，回升达12.13m，这对该区水资源供需矛盾有很大的缓解作用。

以上两个方案计算结果说明，研究区未来水资源将面临紧缺局面，制订相应对策势在必行，应从开源和节流两个方面寻求出路。根据研究区实际情况，由于开源方案在近期难以实现，故节流仍是缓解研究区水资源紧缺的可行的战略措施。除城镇工业用水和生活用水继续厉行节约措施外，农业节水也具有相当可观的潜力。研究区种植业用水占总用水的80%左右，如考虑农业节水，将小麦和玉米的平均灌溉定额从原模拟计算求到的267.65m³/亩和96m³/亩分别减少到210m³/亩和80m³/亩，则研究区每年可节水达2800×10⁴m³，若再加上其他的节水措施，则研究区水资源供需矛盾可望得到进一步缓解。

20世纪80年代初，该研究区也曾开展过一次水资源状况的调研和评价工作，其评价方法采用"典型频率年法"可以对被评价的整个区域在不同典型年份的水资源供需平衡作出分析，但不能考虑长时间内不同降雨系列及区域内不同用水部门由于经济发展而导致用水变化等因素引起的水资源逐年动态变化过程，也无法揭示水资源供需矛盾在地域上的不平衡性。本例采用长时间系列地表水和地下水联合调度动态模拟的方法，并借助于数学模拟及计算机技术，对该研究区境内1984年～2013年的水资源动态变化进行预测分析，该方法可在较长的时间系列中不仅考虑研究区地表水和地下水，主水资源和客水资源的相互联系和转化，而且考虑区域内不同用水部门用水及各地区用水之间的合理调度以及由于各种制约条件发生变化而引起的水资源供需的动态变化，并可以预测水资源供需矛盾的发展趋势、揭示供需矛盾在地域上的不平衡性。因此，该方法可以弥补"典型频率年法"的不足，以求对研究区水资源动态变化作出更科学的预测和分析。模型可作为水资源动态预测的一种基本工具，可根据实际情况的变更、资料的积累及在研究工作深入的基础上加以不断完善，并可进行重复演算，长期为研究区水资源规划和管理服务。

第6章 地表水取水工程

取水工程是水资源利用与保护的重要组成部分。取水位置与取水构筑物形式选择的合理性，直接影响水源地的正常运行和可持续利用。选择不当，会造成供水量保证程度降低，供水水源工程运行效率低下，或过量取用引起水源枯竭。地表水体可分为江河、湖泊、水库和海洋。河流径流作为地表水资源的重要组成部分，在水资源利用中占据重要地位，其取水工程建设受到广泛关注。因此，本章将重点阐述河流的取水工程。此内容对于湖泊、水库取水具有重要的参考价值。以下将就水源特征、影响取水的因素及取水位置的选择、取水构筑物的类型、结构及设计和计算原则等方面给予讨论。

6.1 地表水资源供水特征与水源地选择

6.1.1 地表水源的供水特征

地表水资源在供水中占据十分重要的地位。地表水作为供水水源，其特点主要表现为：

（1）水量较充沛，分布较广泛，总溶解固体含量较低，硬度一般较小。因此，很多城市及工业企业常常利用地表水作为供水水源；

（2）时空分布不均，受季节影响大；

（3）保护能力差，容易受污染；

（4）泥砂和悬浮物含量较高，常需经过净化处理后才能使用；

（5）取水条件及取水构筑物一般比较复杂。

6.1.2 水源地选择原则

（1）水源选择前，必须进行水源的勘察

我国某些地区，特别是江河的上游和山区河流地区，其径流量变化较大，洪枯水位差值达几十米，流量相差上万倍。因此，为了保证取水工程建成后有充足的水量，必须先对水源进行详细勘察和可靠性综合评价，避免造成工程失误。对于河流水资源，应确定可利用的水资源量，避免与工农业用水及环境用水发生矛盾；兴建水库作为水源时，应对水库的汇水面积进行勘察，确定水库的蓄水量。

（2）水源的选用应通过技术经济比较后综合考虑确定

水源选择必须在对各种水源进行全面分析研究，掌握其基本特征的基础上，综合考虑各方面因素，并经过技术经济比较后确定。

水源应符合下列要求：

1）水体功能区划所规定的取水地段；

2）可取水量充沛可靠；

3）原水水质符合国家有关现行标准；

4）与农业、水利综合利用；

5）取水、输水、净水设施安全经济和维护方便；

6）具有施工条件。

全国大部分地表水都已划定功能区划及水质目标，因此水体功能区划是水源选择的主要依据。水源水量可靠和水质符合要求是水源选择的首要条件。水量除满足当前的生产、生活需要外，还应考虑未来发展对水量的需求。考虑水资源的不可替代和充分利用，饮用水源、景观娱乐用水、农业用水以及各工业企业用水对水质的要求都不相同，《地表水环境质量标准》GB 3838—2002 按照地表水环境功能分类和保护目标，规定了水环境质量应控制的项目及限值。作为生活饮用水的水源应符合《生活饮用水卫生标准》GB 5749—2022 中关于水源的水质卫生要求。

随着国民经济的发展，用水量逐年上升，不少地区和城市，特别是水资源缺乏的北方干旱地区，生活用水与工业用水，工业用水与农业用水，工农业用水与生态环境用水的矛盾日益突出。也有一些地区由于水源的污染，加剧了水资源紧缺的矛盾。由于水资源的缺乏或污染，出现了不少跨区域跨流域的引水、供水工程。因此，对水资源的选用要统一规划、合理分配、优水优用、综合利用。此外，选择水源时，还需考虑基建投资、运行费用以及施工条件和施工方法，例如施工期间是否影响航行，陆上交通是否方便等。

（3）采用地表水作为城市供水水源时，其设计枯水流量的保证率，应根据城市规模和工业大用水户的重要性选定，一般可采用 90%～97%。镇供水水源的设计枯水量保证率，可根据具体情况适当降低。

用地表水作为工业企业供水水源时，其设计枯水流量的保证率，应视工业企业性质及用水特点，按各有关部门的规定执行。

（4）地下水与地表水联合使用

如果一个地区和城市具有地表和地下两种水源，可以对不同的用户，根据其需水要求，分别采用地下水和地表水作为各自的水源；也可以对各种用户的水源采用两种水源交替使用，在河流枯水期地表水取水困难和洪水期河水泥砂含量高难以使用时，改用抽取地下水作为供水水源。国内外的实践证明，这种地下水和地表水联合使用的供水方式不仅可以同时发挥各种水源的供水能力，而且能够降低整个给水系统的投资，提高供水系统的安全可靠性。

（5）确定水源、取水地点和取水量等，应取得水资源管理、卫生防疫、航运等有关部门的书面同意。对生活饮用水源的卫生防护，应符合有关现行标准、规范的规定，并应积极取得环保等有关部门的支持配合。

6.2 影响地表水取水的主要因素及取水位置的选择

6.2.1 影响地表水取水的主要因素

河流的径流变化、泥砂运动、河床演变、冰冻情况、水质、河床地质与地形等一系列因素对于取水构筑物的正常工作及其取水的安全可靠性有着决定性的影响；另一方面，取水构筑物的建立可能引起河流自然状况的变化，反过来又影响取水构筑物的工作状况。因此，全面综合地考虑地表水取水的影响因素，对于选择取水构筑物位置，确定取水构筑物形式、结构，以及取水构筑物的施工和运行管理，都具有重要意义。

1. 取水河段的径流特征

取水河段的径流特征值（水位、流量、流速等）是确定取水构筑物设置位置、构筑物形式及结构尺寸的主要依据。

由于影响河流径流的因素很多，如气候、地质、地形及流域面积、形状等，上述径流特征具有随机性。在设计取水构筑物时，应收集以下取水河段的径流特征值资料：

（1）河流历年的最小流量和最低水位；

（2）河流历年的最大流量和最高水位；

（3）河流历年的月平均流量、月平均水位以及年平均流量和年平均水位；

（4）河流历年春秋两季流冰期的最大、最小流量和最高、最低水位；

（5）其他情况下，如潮汐、形成冰坝冰塞时的最高水位及相应流量；

（6）上述相应情况下河流的最大、最小和平均水流速度及其在河流中的分布情况。

应根据河道径流的长期观测资料，应用河流水文计算方法，确定河流在一定保证率下的各种径流特征值，为取水构筑物的设计提供依据。

取水构筑物的设计最高水位应按百年一遇频率确定，设计枯水位的保证率应根据水源情况和供水重要性选定，一般可采用 90%～99%。

2. 河流的泥砂运动及河床演变

为了取得较好的水质，防止泥砂、漂浮物等对取水构筑物及管道形成危害，在选择取水构筑物位置时，必须了解取水河段泥砂运动状态和分布规律。此外，取水构筑物的设置与河床演变有着密切的关系，如果不了解河床演变的规律及河床变迁的趋势，往往会造成取水口和渠道的严重淤积，或河道变迁造成取水脱流，甚至导致取水工程报废。因此，泥砂运动和河床演变是影响地表水取水的重要因素。

（1）泥砂运动

河流泥砂是指在河流中运动的以及组成河床的泥砂，所有在河流中运动及静止的粗细泥砂、大小石砾都称为河流泥砂。随水流运动的泥砂也称为固体径流，它是重要的水文现象之一。

根据泥砂在水中的运动状态，可将泥砂分为床砂、推移质及悬移质三类。

床砂是组成河床表面的静止泥砂。

推移质泥砂粒径较大，其沉降速度比水流的垂向脉动速度大得多，因此不能悬浮在水中，只能沿河床滑动、滚动及跳动前进，其运动范围在床面附近 2～3 倍粒径的区域。推移质运动具有明显的间歇性，运动时是推移质，静止时为床砂。这类泥砂通常只占河流总挟砂量的 5%～10%，但对河床演变却具有重要作用。

悬移质粒径较小，其沉降速度比水流的垂向脉动速度小，在紊动扩散作用下可以悬浮在水中，被水流挟带前进，远离床面，其运动速度与水流基本一致，维持泥砂悬浮的能量来自水流的紊动动能。这类泥砂在冲积平原江河中约占总挟砂量的 90%～95%。

河流中的泥砂从水面到河床是连续的，在靠近河床附近，各种泥砂在不断地交换，同一组粒径的泥砂在不同的河段或同一河段的不同时间可能静止在床面成为床砂，也可能进行推移运动，还可呈悬浮状态随水流下移。决定泥砂运动状态的因素除泥砂粒径外，还与水流速度有关。

对于推移质运动，与取水最为密切的是泥砂的起动。在一定的水流作用下，静止的泥砂开始由静止状态转变为运动状态，叫作"起动"，这时的水流速度称为起动流速。

根据泥砂颗粒的受力平衡方程以及实验资料，可建立起动流速的半经验公式。由于对各力学因素的考虑和处理方法不同，因此得出了不同形式的计算公式。

沙莫夫（Г. И. Шамов）公式未考虑粘结力的影响，因此仅适用于直径 $d \geqslant 0.2$mm 的粘结力较小的较粗颗粒。由于形式简单，因此在解决粗砂河流的泥砂问题时应用较多。其计算公式如下：

$$V_c = 1.14 \sqrt{\frac{\rho_s - \rho}{\rho} g d} \left(\frac{h}{d}\right)^{\frac{1}{6}} \tag{6-1}$$

式中　V_c——起动流速，m/s；

　　　h——水深，m；

　　　g——重力加速度，一般取 9.806m/s^2；

　　　d——泥砂颗粒的粒径，m；

　　　ρ_s——泥砂的密度，kg/m^3；

　　　ρ——水的密度，kg/m^3。

张瑞瑾公式考虑了粘结力的因素，故对粗、细砂均适用：

$$V_c = \left(\frac{h}{d}\right)^{0.14} \left(17.6 \frac{\rho_s - \rho}{\rho} d + 6.05 \frac{10 + h}{d^{0.72}} \times 10^{-7}\right)^{\frac{1}{2}} \tag{6-2}$$

式中符号意义同前。

张红武公式考虑了水温对泥砂起动也有一定的影响，引入了运动黏度 ν，适用于 $d \leqslant 0.15$mm 的细砂：

$$V_c = 3.5 \left(\frac{\rho_s - \rho}{\rho} g\right)^{\frac{2}{9}} \frac{\nu^{\frac{5}{9}}}{\sqrt{d}} h^{\frac{1}{6}} \tag{6-3}$$

此外，还有一些计算泥砂起动流速的公式，也都属于半理论、半经验的范畴。由于泥砂起动的野外观测资料很难获取，因此哪个公式更符合天然河流，迄今难以定论。从这些公式可以看出，起动流速与水深及泥砂粒径有密切关系。研究表明：粒径在某个值时起动流速最小；粒径大于该值时，重力作用占主导地位，故粒径越大，起动流速越大；粒径小于该值时，粘结力占主导地位，故粒径越小，起动流速越大。随着水深的增加，最小起动流速时的泥砂粒径略有增加。采用不同的公式以及在不同条件下得到的最小起动流速对应的粒径大小存在差异，有些公式计算的泥砂起动流速最小值出现在粒径为 0.2mm 甚至大于 0.3mm 时，但同天然河流的情况不同，天然河流中代表粒径 D 约为 0.15mm 的床砂最容易起动。

泥砂的起动意味着河床冲刷的开始，即起动流速是河床不受冲刷的最大流速，因此在河渠设计中应使设计流速小于起动流速。

当水流速度逐渐减小到泥砂的起动流速时，河床上运动着的泥砂并不静止下来。当流速继续减到某个数值时，泥砂才停止运动。这时的水流平均流速称为泥砂的止动流速。由于泥砂止动时不需要克服重力、河床的摩擦力及粘结力，因此止动流速一般小于起动流速；砂粒越细，二者相差越大。泥砂的起动流速一般为止动流速的 1.2～1.4 倍。当采用自流管或虹吸管取水时，为避免水中的泥砂在管中沉积，设计流速应不低于不淤流速。不同颗粒的不淤流速可以参照其相应颗粒的止动流速。

对于悬移质运动，与取水最为密切的是含砂量沿水深的分布和水流的挟砂能力。单位体积河水挟带泥砂的质量称为含砂量，以"kg/m³"表示。为了取得含砂量较少的水，需要了解河流中含砂量的分布情况。

由于河流中各处水流脉动强度不同，因此河中含砂量的分布亦不均匀。一般情况下，靠近河床底部含砂量大，越靠近水面含砂量越小。泥砂的粒径则是靠河底较大，越靠近水面越小。

泥砂在水流横断面上的分布亦不均匀。一般泥砂沿断面横向分布比沿水深的变化小，在横向分布上，河心的含砂量略高于两侧。

（2）河床演变

自然界的河流都挟带一定数量的泥砂。由于河流的径流情况和水力条件随时间和空间不断地变化，因此河流的挟砂能力也在不断变化，在各个时期和河流的不同地点产生冲刷和淤积，从而引起河床形状的变化，即引起河床演变。这种河床外形的变化往往对取水构筑物的正常运行有着重要的影响。

河床演变是水流和河床相互作用的结果。河流中水流的运动包括纵向水流运动和环流运动。水流在重力作用下不断向下游流动，表现为河水的纵向运动。同时，由于受到惯性离心力、机械摩擦力等作用，河水中还产生各种各样的环流运动。纵向水流和环流交织在一起，沿着流程变化，并不断与河床接触、作用；在水流与河床相互作用的同时，伴随着泥砂的运动，使河床发生冲刷和淤积，河床形态发生变化。

不同的水流运动对泥砂运动与河床变形的作用是不同的。纵向水流使河床沿纵深方向发生变化。天然河床的纵断面总是有深有浅，因而沿着流程，自由水面的纵坡降不断地发生变化，引起纵向流速的改变；而流速的变化直接影响水流的挟砂能力。当水面坡降变小时，河床的冲刷减少甚至发生淤积；水面坡降增大时，淤积减少甚至发生冲刷。

河道中的环流运动是环绕一定的旋转轴往复进行的水流运动，它不是由河床纵坡降的总趋势决定的，而是由纵坡降以外的其他因素促成的。环流对于泥砂运动和河床演变有重要的影响。如图 6-1（a）所示，当水流在河道的弯段上作曲线运动时，由于离心力的作用，水面发生倾斜，凹岸水面高于凸岸水面，产生横向水面坡降，使得凹岸水流下降，凸岸水流上升，形成横向环流。在横向环流的作用下，表面水流流向凹岸，底层水流流向凸岸。由于水面含砂量小，河底含砂量大，流向凹岸的表层水流挟带的砂量小于流向凸岸的底层水流挟带的砂量，因此产生横向输砂不平衡，其结果是凹岸受到冲刷成为深槽，而凸岸产生淤积形成边滩。当河床中存在心滩时，水流流经心滩的现象与弯段相似，会形成两个方向相反的横向环流，促使心滩向上增长，如图 6-1（b）所示。水流中常包含各种形态的环流运动，其中横坡降引起的横向环流是河床冲刷和淤积的主要原因之一。天然河床在平面上呈现的直、曲及广、狭状况常常使水流产生横坡降和横向环流，引起横向输砂不平衡，从而导致河道的横向变形。

影响河床演变的主要因素有：

1）河段的来水量及其变化：来水量变化使水力条件改变，影响水流挟砂能力。

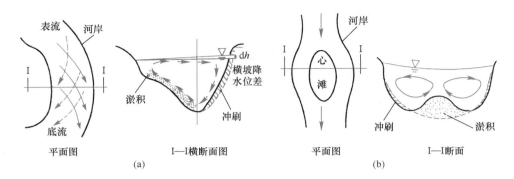

图 6-1 横向环流
(a) 弯道横坡降及横向环流；(b) 由于心滩形成的双向环流

2) 河段的来砂量、来砂组成及其变化：来砂量大，泥砂颗粒大，则易产生河床淤积；来砂量少，泥砂颗粒细，则易产生河床冲刷。

3) 河段的水面坡降：水面坡降影响水流挟砂能力。水面坡降小，将减少河床的冲刷或使河床发生淤积；水面坡降增大，将减少淤积或使河床发生冲刷。

4) 河床地质情况：河床地质情况不同，河床抵抗冲刷的能力也不同。疏松的土质河床容易冲刷变形，坚硬的岩石河床不易冲刷变形。

此外，水土保持和水工建筑物的修建也会影响河床的冲淤变形。

河床演变一般表现为：

1) 纵向变形

在纵向上（即在主流运行的方向上）由于输砂不平衡发生冲刷或淤积而引起的河床沿纵深方向的变化称为纵向变形。这种演变可以出现在较长或较短的河段中，在某一河段发生淤积而在另一河段发生冲刷。如果在河流上建立水利枢纽，就会引起显著的河床变形，在枢纽上游，水流流速减小，引起淤积；在枢纽下游则发生冲刷。

2) 横向变形

横向变形是河床在与主流向垂直的方向上的变化，表现为河岸的冲刷或淤积，使河床平面位置发生摆动。河流横向变化是由横向输砂不平衡引起的，造成横向输砂不平衡的主要原因是横向环流，其中最常见的是弯曲河段的横向环流。这种变形又和地质情况有关，因而比较复杂。

3) 单向变形

单向变形是指在长时间内河床缓慢地朝一个方向冲刷或淤积，不出现冲淤交错。如黄河下游多年来一直不断淤积，抬高成为"悬河"。

4) 往复变形

往复变形是指河道周期性往复发展的演变现象。例如，洪水期河床冲刷，枯水期河床淤积，冲、淤交替进行。

以上各种变形现象一般总是错综复杂地交织在一起，发生纵向变形的同时往往发生横向变形，发生单向变形的同时，往往发生往复变形。

由于河道内水流、砂流和地质组成等因素的组合极其复杂，因此冲积平原河流的河床演变在不同河流和同一河流的不同河段上各具不同的特征。按照河流在平面上的河床形态和演变特征，可将河段分为四种类型。

1）顺直型河段

顺直型河段在平面上基本保持顺直或略有弯曲，两岸有犬牙交错的边滩，边滩对面是深槽，两深槽之间为过渡段，该段河底较高，常成为浅滩。在洪水时，边滩被淹没，水流比较顺直，而在低水位时河床仍然是弯曲的。在沿程纵剖面上，河床呈波折起伏的形状，深槽与浅滩相间，但浅滩、深槽水深差别不大。这种河段的平面形态如图 6-2(a) 所示。

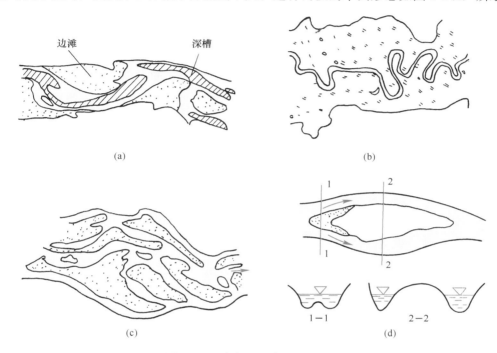

图 6-2　四种类型河道的平面形态

(a) 顺直型河道；(b) 弯曲型河道；(c) 游荡型河道；(d) 汊道型河道

顺直型河段的演变表现为纵向和横向的变形。在纵向上出现枯水期与洪水期内河底的重复性变形：枯水季节水位较低，浅滩处水面坡降较大，深槽处的水面坡降则因下一个浅滩的壅水作用而较小，因此在浅滩发生冲刷并把冲刷下来的泥砂移至下一个深槽淤积；洪水期水位较高，水面坡降沿程变化不大，但深槽流速比浅滩大，因此深槽发生冲刷并把泥砂从深槽搬运到下一个浅滩上淤积，从而出现浅滩和深槽冲淤交替的现象。

同时，在平面上，微弯的水流会对边滩和两岸产生冲刷。在水流作用下，边滩如同大砂丘一样，迎水坡不断被冲刷，背水坡不断淤积，整个边滩逐渐向下游移动。随着边滩的下移，包括边滩、深槽、浅滩在内的整个河势慢慢地向下游平行移动。掌握其变化规律对取水构筑物位置的选择具有重要的意义。

2）弯曲型河段

这种类型的河段河道蜿蜒曲折，由一系列弯曲段和直段连接而成。直段较短，称为过渡段；弯曲段凹岸为深槽，凸岸为边滩，河床横断面近似于不对称的抛物线，顶点靠近凹岸。图 6-2(b) 为典型的弯曲型河段的平面形态。

由于弯曲型河段的弯顶处为深槽，两弯段之间的过渡段为浅滩，因而在河床纵剖面上表现为一系列的波折起伏,浅滩与深槽相间。和顺直型河段一样,枯水期在浅滩发生冲刷,深槽出现淤积;在洪水期则在深槽发生冲刷,浅滩出现淤积,呈现冲淤交替的现象。与顺直型河段不同的是,浅滩和深槽的水深相差较大。

弯曲河段上产生的横向环流使凹岸冲刷而凸岸淤积,致使弯段不断发展,河段在平面上不断变形,引起显著的河床横向变迁。

3) 游荡型河段

游荡型的河段内河汊众多,洲滩星罗棋布,水流散乱。在这种河段上,洪水期内河岸坍塌迅速,河道的平面变形剧烈,河床不能维持较稳定的形状,主槽位置迁移不定。河底会产生心滩,心滩有时又淤高成为只有洪水期才被淹没的泥砂堆积体——江心洲,使河道分割成许多河汊,新的河汊不断形成并发展,老的河汊则不断淤积与消亡,使河床的演变具有不规则性,因此河道呈游荡性质。图 6-2(c) 所示为游荡型河段的平面形态。游荡型河段的演变具有独特之处,表现为演变的强度大、变形速度快以及形成广阔的河漫滩。

河床演变的影响因素之一是河床地质的组成。我国黄河下游河南省境内的河段是一个典型的游荡型河段。因为河底和河滩都是由黄土细砂组成,可动性极大,所以每年枯水期与汛期河床断面和主槽位置均有很大的变动。

4) 汊道型河段

在较大的河流中常常有汊道型河段,在其江心存在江心洲。河道被江心洲隔开,分为若干河汊,称为汊道。我国长江下游、松花江下游都有这种河道。典型的汊道型河床形态如图 6-2(d) 所示。

汊道型河道的演变过程表现为河岸的坍塌和淤积、江心洲的迁移及汊道的兴衰。汊道往往具有微弯的外形,在环流作用下,处于凹岸一边的河岸不断坍塌后退,泥砂被带到对岸的江心洲的边缘或尾部回流区,导致江心洲淤积与延伸。江心洲的头部由于受到水流的顶冲和环流作用常常崩坍后退,而尾部则在螺旋流(两个成对而方向相反的螺旋流)作用下,不断淤积延伸,致使江心洲逐渐向下游迁移。同时由于分流比与分砂比的变化,江心洲也可以形成横向摆动,但是比纵向的移动慢一些。这些变化反过来又影响汊道河床的冲淤变化。在上游水位条件不变的情况下,弯曲的汊道由于流线曲折,长度较大,水流阻力增大,以致分流比减小;又由于进口处的环流形态使进口的泥砂增多,因而汊道趋向于衰减。而直的汊道则趋向于发展。往往由于一次大的洪水,河道的变形比较强烈,老的江心洲萎缩,新的江心洲或新的分汊形势产生,进入新的演变过程。

可见,泥砂运动和河床演变对于取水位置的选择具有重要的影响。为了取得较好的水质,防止泥砂对取水构筑物及取水管道形成危害,并避免河道变迁造成取水脱流,必须了解河段泥砂运动状态和分布规律,观测和推断河床演变的规律和可能出现的不利因素。

3. 河床与岸坡的岩性和稳定性

从江河中取水的构筑物有的建在岸边,有的延伸到河床中,因此,河床与岸坡稳定性对取水构筑物的位置选择有重要的影响。

此外,河床和岸坡的稳定性是影响河床演变的重要因素。河床的地质条件不同,其抵御水流冲刷的能力不同,因而受水流侵蚀影响所发生的变形程度也不同,坚硬的岩石河床不易被冲刷,而平原上的河道,其河床边界由具有可动性的黏土、壤土或细砂组成,因此抗冲刷能力差,由水流侵蚀所引起的河床变形较为显著。

因此，对于不稳定的河段，一方面河流水力冲刷会引起河岸崩塌，导致取水构筑物倾覆和沿岸滑坡，尤其河床土质疏松的地区常常会发生大面积的河岸崩塌；另一方面，还可能出现河道淤塞、堵塞取水口等现象。因此，取水构筑物的位置应选在河岸稳定、岩石露头、未风化的基岩上或地质条件较好的河床处。必须防止选在不稳定的岸坡，如崩塌和滑坡的河岸，一般也不能建在淤泥、流砂层和岩溶的地区，如因地区条件限制无法避免时，要采取可靠的工程措施。另外，在地震区，还要按照防震要求进行设计。

选择取水构筑物位置时，应对取水河床的岩性和稳定性进行水文地质和工程地质勘察，并进行详细研究分析，慎重对待。

4. 江河中的泥砂和漂浮物

江河中的泥砂和漂浮物对取水工程的安全和水质有很大影响。特别是我国西北和西南地区，在泥砂及水草较多的江河上，常常由于泥砂和水草堵塞取水构筑物，严重影响取水，甚至造成停水事故。因此，在设计取水构筑物时，不仅要了解江河的最高、最低和平均含砂量、泥砂颗粒的组成及分布规律，而且必须了解漂浮物的种类、数量和分布，以便采取有效的防砂防草措施。

一般河水中的漂浮物，如树枝、木块、水草、芦苇等以每年汛期为最多。南方江河秋冬季节尚有青苔。漂浮物不仅漂浮于水面，而且分布在水中。据黄河某水电站的坝前观测，当河流在垂线上的平均流速小于 $1.0 \sim 1.2 \mathrm{m/s}$ 时，水草大部分沿河底运动，当流速小于 $0.5 \sim 0.8 \mathrm{m/s}$ 时，则沉于河底。

5. 河流的冰冻情况

河流的冰冻分为秋季流冰期、封冻期和春季流冰期。

北方地区冬季，当温度降至 $0℃$ 以下时，河水开始结冰。河流的冰情受河流水文条件的影响。若河流流速较小（如小于 $0.4 \sim 0.5 \mathrm{m/s}$），河面很快形成冰盖；若流速较大（如大于 $0.4 \sim 0.5 \mathrm{m/s}$），河面不能很快形成冰盖。由于水流的紊动作用，整个河水受到过度冷却，水中出现细小的冰晶，冰晶在热交换条件良好的情况下极易结成海绵状的冰屑、冰絮，即水内冰。越接近水面水内冰越多。冰晶也极易附着在河底的砂粒或其他固体物上聚集成块，形成底冰。悬浮在水中的冰屑、冰絮，称为浮冰。这些随水漂流的冰屑、冰絮、漂浮起来的底冰以及由它们聚集成的冰块统称为流冰——冬季流冰。流冰易在水流缓慢的河湾和浅滩处堆积，随着河面冰块数量增多，冰块不断聚集和冻结，最后形成冰盖，河流冻结。有的河段流速特别大，不能形成冰盖，即产生冰穴。在这种河段下游水内冰较多，有时水内冰会在冰盖下形成冰塞，上游流冰在解冻较迟的河段聚集冻结形成冰坝（冰塞），致使河水猛烈上涨，威胁取水构筑物的安全。

春季当气温上升到 $0℃$ 以上时，由于土壤升温较快和有雨雪水流入，岸边冰盖首先融化。随着水位上涨，河心冰盖破裂、解体而成冰块，随水流漂动，称为春季流冰。春季流冰冰块较大，流速较快，具有很大的冲击力，对河床中取水构筑物的稳定性有较大影响。

河流冰冻过程对取水构筑物的正常运行有很大的影响。冬季流冰期，悬浮在水中的冰晶及初冰极易附着在取水口的格栅上，增加水头损失，严重时甚至堵塞取水口，造成取水中断，故需考虑防冰措施。河流在封冻期能形成较厚的冰盖层，由于温度的变化，冰盖膨胀所产生的巨大压力易使取水构筑物遭到破坏。冰盖的厚度在河段中的分布并不均匀，此外，冰盖会随河水下降而塌陷，设计取水构筑物时，应视具体情况确定取水口的位置。春季流冰期冰块较大，流速较大，冰块的冲击、挤压作用往往较强，对河床中取水构筑物的影响很大；有时冰块堆积在取水口附近，可能堵塞取水口。

为了正确地考虑取水工程设施情况，研究冰冻过程对河流正常情况的影响，需了解下列冰情资料：

1）每年冬季流冰期出现和持续的时间，水内冰、底冰的组成、大小、粘结性、上浮速度及其在河流中的分布，流冰期气温及河水温度变化情况；

2）每年河流的封冻时间、封冻情况、冰层厚度及其在河段上的分布情况；

3）每年春季流冰期出现和延续的时间，流冰在河流中的分布运动情况，最大冰块面积、厚度及运动情况；

4）其他特殊冰情。

6. 河道中水工构筑物及天然障碍物

河道中修建的各种水工构筑物和存在的天然障碍物，会引起河流水力条件的变化，可能导致河床沉积、冲刷、变形，并影响水质，因此，在选择取水口位置时，应避开水工构筑物和天然障碍物的影响范围，否则应采取必要的措施。所以在选择取水构筑物位置时，必须对已有的水工构筑物和天然障碍物进行研究，通过实地调查估计河床形态的发展趋势，同时也要分析拟建构筑物将对河道水流及河床产生的影响。

6.2.2 地表水取水位置的选择

在开发利用河水资源时，取水地点（即取水构筑物位置）的选择是否恰当，直接影响取水的水质、水量、安全可靠性及工程的投资、施工、管理等。因此应根据取水河段的水文、地形、地质及卫生防护、河流规划和综合利用等条件全面分析，综合考虑。地表水取水构筑物位置的选择，应根据下列基本要求，通过技术经济比较确定：

（1）取水点应设在具有稳定河床、靠近主流和有足够水深的地段。

取水河段的形态特征和岸形条件是选择取水口位置的重要因素。取水口位置应选在河床比较稳定、含砂量不太高的河段，并能适应河床的演变。不同类型河段适宜的取水位置如下：

1）顺直型河段

取水点应选在主流靠近岸边、河床稳定、水深较大、流速较快的地段，通常也就是河流较窄处。在取水口处的水深一般要求不小于 $2.5 \sim 3.0 \mathrm{m}$。

2）弯曲型河段

如前所述，弯曲河道的凹岸在横向环流的作用下，岸陡水深，泥沙不易淤积，水质较好，且主流靠近河岸，因此凹岸是较好的取水地段。但取水点应避开凹岸主流的顶冲点（即主流最初靠近凹岸的部位），一般可设在顶冲点下游 $15 \sim 20 \mathrm{m}$、冰水分层的河段。因为凹岸容易受冲刷，所以需要一定的护岸工程。

为了减少护岸工程量，也可以将取水口设在凹岸顶冲点的上游处。具体如何选择，应根据取水构筑物规模和河岸地质情况确定。

3）游荡型河段

在游荡型河段设置取水构筑物，特别是固定式取水构筑物比较困难，应结合河床、地形、地质特点，将取水口布置在主流线密集的河段上；必要时需改变取水构筑物的形式或进行河道整治以保证取水河段的稳定性。

　　4）有边滩、沙洲的河段

　　在这样的河段上取水，应注意了解边滩和沙洲形成的原因、移动的趋势和速度，不宜将取水点设在可移动的边滩、沙洲的下游附近，以免被泥砂堵塞。一般应将取水点设在上游距沙洲 500m 以上处。

　　5）有支流汇入的顺直型河段

　　在有支流汇入的河段上，由于干流、支流涨水的幅度和先后次序不同，容易在汇入口附近形成"堆积锥"，因此取水口应离开支流入口处上下游有足够的距离，如图 6-3 所示。一般取水口多设在汇入口干流的上游河段上。

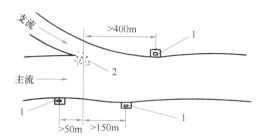

图 6-3　有支流汇入的河流取水口布置
1—取水口；2—堆积锥

　　（2）取水点应尽量设在水质较好的地段。

　　为了取得较好的水质，取水点的选择应注意以下几点：

　　1）生活污水和生产废水的排放常常是河流污染的主要原因，因此供生活用水的取水构筑物应设在城市和工业企业的上游，距离污水排放口上游 150m 以上或下游 1000m 以上，并应建立卫生防护地带。如岸边有污水排放，水质不好，则应伸入江心水质较好处取水。

　　2）取水点应避开河流中的回流区和死水区，以减少水中泥砂、漂浮物进入和堵塞取水口。

　　3）在沿海地区受潮汐影响的河流上设置取水构筑物时，应考虑海水对河水水质的影响。

　　（3）取水点应设在具有良好的工程地质条件的地段，并有较好的地形及施工条件。

　　取水构筑物应尽量设在地质构造稳定、承载力高的地基上，这是构筑物安全稳定的基础。断层、流砂层滑坡、风化严重的岩层、岩溶发育地段及有地震影响地区的陡坡或山脚下，不宜建取水构筑物。此外，取水口应考虑选在对施工有利的地段，不仅要交通运输方便，有足够的施工场地，而且要有较少的土石方量和水下工程量。因为水下施工不仅困难，而且费用高，所以应充分利用地形，尽量减少水下施工量，以节省投资、缩短工期。

　　（4）取水点应尽量靠近主要用水区。

　　取水点的位置应尽可能与工农业布局和城市规划相适应，并全面考虑整个给水系统的合理布置。在保证安全取水的前提下，尽可能靠近主要用水地区，以缩短输水管线的长度，减少输水的基建投资和运行费用。此外，应尽量减少穿越河流、铁路等障碍物。

　　（5）取水点应避免人工构筑物和天然障碍物的影响。

　　河流上常见的人工构筑物有桥梁、丁坝、码头、拦河闸坝等。天然障碍物有凸出河岸的陡崖和石嘴等。它们的存在常常改变河道的水流状态，引起河流变化，并可能使河床产生沉积、冲刷和变形，或者形成死水区。因此选择取水口位置时，应对此加以分析，尽量避免各种不利因素。

　　1）桥梁

　　由于桥墩束缩了水流过水断面，使河道中桥梁上游的水位壅高，流速减慢，容易形成泥砂淤积；在桥墩下游，由于水流通过桥墩时流速增大，使桥墩下游附近形成冲刷区；再往下，水流恢复了原来流速，又形成淤积区。所以一般规定取水点应选在桥墩上游 0.5～1.0km 或桥墩下游 1.0km 以外的地段。

2）丁坝

丁坝是常见的河道整治构筑物，它的存在使河流主流偏向对岸，在丁坝附近则形成淤积区。因此，取水口应设在丁坝同岸的上游或对岸，位置选择如图 6-4 所示。当取水口与丁坝同岸时，取水口应设在丁坝上游，与丁坝前浅滩起点相隔一定距离（岸边式取水口不小于 150～200m，河床式可小些）。当取水口设在丁坝对岸时，必须有护岸设施。在丁坝同岸的下游不宜设取水口。

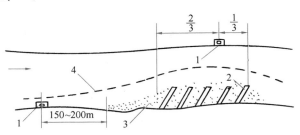

图 6-4　有丁坝河道上取水口的位置
1—取水口；2—丁坝；3—泥砂淤积区；4—主流

3）码头

凸出河岸的码头如同丁坝一样，会阻滞水流，引起淤积；同时码头附近卫生条件较差，水质易受污染。因此，应将取水口设在距码头边缘至少 100m 处，并应征求航运部门的意见。

4）拦河闸坝

闸坝上游流速减缓，泥砂易于淤积，当取水口设在上游时，应选在闸坝附近、距坝底防渗铺砌起点约 100～200m 处。当取水口设在闸坝下游时，由于水量、水位和水质都受到闸坝调节的影响，并且当闸坝泄洪或排砂时，下游可能产生冲刷和泥砂涌入，因此取水口不宜与闸坝靠得太近，应设在其影响范围以外。

5）陡崖、石嘴

凸出河岸的陡崖、石嘴对河流的影响类似于丁坝，在其上下游附近易出现泥砂沉积区，因此在此区内不宜设置取水口。

（6）取水点应尽可能不受泥砂、漂浮物、冰凌、冰絮、支流和咸潮等影响。

取水口应设在不受冰凌直接冲击的河段，并应使冰凌能顺畅地顺流而下。在冰冻严重的地区，取水口应选在急流、冰穴、冰洞及支流入口的上游河段。对于有流冰的河道，应避免将取水口设在流冰易于堆积的浅滩、沙洲、回流区和桥孔的上游附近。在流冰较多的河流中取水，取水口宜设在冰水分层的河段，从冰层下取水。

冰水分层的河段当取水量大，河水含砂量高，主河道游荡，冰情严重时，可设置两个取水口。

在沿海地区的内河水系取水，应避免咸潮影响。当在咸潮河段取水时，应根据咸潮特点，采用避咸蓄淡水库取水或在咸潮影响范围以外的上游河段取水，经技术经济比较确定。

（7）取水点的位置应与河流的综合利用相适应，不妨碍航运和排洪，并符合河道、湖泊、水库整治规划的要求。

选择取水地点时，应注意河流的综合利用，如航运、灌溉、排灌等。同时，还应了解在取水点的上下游附近近期内拟建的各种水工构筑物（堤坝、丁坝及码头等）和整治河道的规划以及对取水构筑物可能产生的影响。

6.3　地表水取水构筑形式及设计原则

6.3.1　地表水取水构筑物形式

地表水取水构筑物的形式首先取决于地表水体的类型，其次取决于各类水体的取水条件。河流取水构筑物具有普遍性和代表性，因此重点论述河流（包括山区浅水河流）取水构筑物。蓄水库、湖泊、海水取水构筑物多数情况都是根据不同水体条件，从最基本的河流取水构筑物类型演变而来的。

地表水取水构筑物的形式应适应特定的河流水文、地形及地质条件，同时应考虑取水构筑物的施工条件和技术要求。由于水源自然条件和用户对取水的要求各不相同，因此地表水取水构筑物有多种不同的形式。

地表水取水构筑物按构造形式可分为固定式取水构筑物、活动式取水构筑物和山区浅水河流取水构筑物三大类，每一类又有多种形式，各自具有不同的特点和适用条件。

1. 固定式取水构筑物

固定式取水构筑物按照取水点的位置，可分为岸边式、河床式和斗槽式；按照结构类型，可分为合建式和分建式；河床式取水构筑物按照进水管的形式，可分为自流管式、虹吸管式、水泵直接吸水式、桥墩式；按照取水泵类型及泵房的结构特点，可分为干式、湿式泵房和淹没式、非淹没式泵房；按照斗槽的类型，可分为顺流式、逆流式、侧坝进水逆流式和双向式。

2. 活动式取水构筑物

活动式取水构筑物可分为缆车式和浮船式。缆车式按坡道种类可分为斜坡式和斜桥式。浮船式按水泵安装位置可分为上承式和下承式；按接头连接方式可分为阶梯式连接和摇臂式连接。

3. 山区浅水河流取水构筑物

山区浅水河流取水构筑物包括底栏栅式和低坝式。低坝式可分为固定低坝式和活动低坝式（橡胶坝、浮体闸等）。

地表水取水构筑物的分类如图 6-5 所示。

6.3.2　取水构筑物形式的选择

取水构筑物形式的选择，应根据取水量和水质要求，结合河床地形及地质、河床冲淤、水深及水位变幅、泥砂及漂浮物、冰情和航运等因素，并充分考虑施工条件和施工方法，在保证安全可靠的前提下，通过技术经济比较确定。

河道主流近岸，河床稳定，泥砂、漂浮物、冰凌较严重的河段常采用岸边式取水构筑

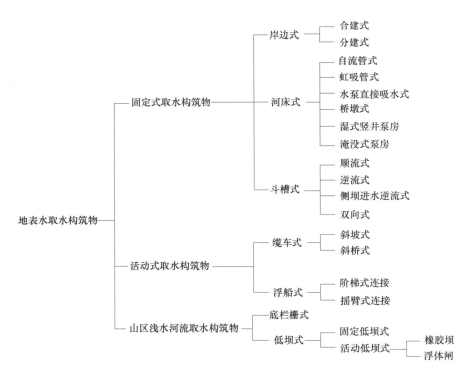

图 6-5　地表水取水构筑物的分类

物，具有管理操作方便，取水安全可靠，对河流水力条件影响小等优点。主流远离取水河岸，但河床稳定、河岸平坦、岸边水深不能满足取水要求或岸边水质较差时，可采用取水头部伸入河中的河床式取水构筑物。我国中南、西南地区水位变幅大，为了确保枯、洪水期安全取水并取得较好的水质，常采用竖井式泵房。西北地区常采用斗槽式取水构筑物，以克服泥砂和潜冰对取水的威胁；在高浊度河流中取水，可根据砂峰特点，经技术经济论证采用避砂蓄清水库或采取其他避砂措施。当要求施工周期短和建设固定式取水构筑物有困难时，在河流水位涨落速度小于 2.0m/h、水流不急的情况下，可考虑采用活动式取水构筑物。我国中南、西南地区采用活动式取水构筑物的较多，可适应水位涨落，节省基建投资。在山区浅水河床上采用低坝式或底栏栅式取水构筑物较多。

取水构筑物在河床上的布置及其形状的选择，应考虑取水工程建成后，是否因水流情况的改变而影响河床的稳定性。若选择不当，会破坏河床的稳定性和影响取水安全。例如某厂在一河流的支流上建造一座分建式岸边取水构筑物，其岸边式进水室稍微凸入河槽，压缩了水流断面，流速增大，造成对面河岸的冲刷，后不得不增做护岸措施。另有某市取水构筑物，采用自流管引水，自流管伸入河道约 80m，当时为了方便清理，在管道上设置了几座高出水面的检查井。建成后，产生丁坝作用，影响主流，洪水后在自流管下游形成大片沙滩，使取水头部遭遇淤积的危险。上述问题应引起注意和重视。必要时，应通过水工模型试验验证。

随着我国供水事业的发展，在各类河流、湖泊和水库兴建了许多不同规模、不同类型的地表水取水工程，如合建和分建岸边式、合建和分建河床式、低坝取水式、竖井取水式、双向斗槽取水式、浮船或缆车活动取水式构筑物等。

（1）在游荡型河道上取水

在游荡型河道上取水要比在稳定河道上取水难得多。游荡型河段河床经常变迁不定，必须充分掌握河床变迁规律，分析变迁原因，顺乎自然规律选定取水点，修建取水工程，应慎重采取人工导流措施。内蒙古包头兴建规模为 $12m^3/s$ 的取水工程，采用了两座桥墩式取水构筑物。

（2）在水位变幅大的河道上取水

我国西南地区如四川很多河流水位变幅都在 30m 以上，在这样的河道上取水，当供水量不太大时，可以采用浮船式取水构筑物。因活动式取水构筑物安全可靠性较差，操作管理不便，可以采用湿式竖井泵房取水，不仅泵房面积小，而且操作较为方便。

（3）在含砂量大及冬季有潜冰的河道上取水

黄河是举世闻名、世界仅有的高含砂量河流。为了减少泥砂的进入，兰州市水厂采用了斗槽式取水构筑物，该斗槽的特点是在其上、下游均设进水口，夏季运行时由上游斗槽口进水，可减少泥砂进入；冬季运行期间，水由下游斗槽口进入，斗槽内约 99% 面积被封冰，冰厚达 40~50mm，河水在冰盖下流入泵房进水室，槽内无冰凌现象。上游进水口设有闸门，当斗槽内所积泥砂较多时，可提闸冲砂。

6.3.3　地表水取水构筑物设计的一般原则

在地表水取水构筑物的设计中，应遵循以下原则：

（1）从江河取水的大型取水构筑物，在下列情况下应在设计前进行水工模型试验。

1）当大型取水构筑物的取水量占河道最枯流量的比例较大时；

2）由于河道及水文条件复杂，需采取复杂的河道整治措施时；

3）设置壅水构筑物的情况复杂时；

4）拟建的取水构筑物对河道会产生影响，需采取相应的有效措施时。

（2）城市供水水源的设计枯水流量保证率一般可采用 90%~97%；设计枯水位的保证率一般可采用 90%~99%。

（3）取水构筑物应根据水源情况，采取防止下列情况发生的相应保护措施：

1）漂浮物、泥砂、冰凌、冰絮和水生生物的阻塞；

2）洪水冲刷、淤积、冰冻层挤压和雷击的破坏；

3）冰块、木筏和船只的撞击。

（4）江河取水构筑物的防洪标准不应低于城市防洪标准，其设计洪水重现期不得低于100 年。水库取水构筑物的防洪标准应与水库大坝等主要建筑物的防洪标准相同，并应采用设计和校核两级标准。

（5）取水构筑物的冲刷深度应通过调查与计算确定，并应考虑汛期高含砂水流对河床的局部冲刷和"揭底"问题。大型重要工程应进行水工模型试验。

（6）在通航河道上，应根据航运部门的要求在取水构筑物处设置标识。

（7）在黄河下游淤积河段设置的取水构筑物，应预留设计使用年限内的总淤积高度，并考虑淤积引起的水位变化。

（8）在黄河河道上设置取水与水工构筑物时，应征得有关部门的同意。

6.4　固定式取水构筑物

在河流水资源开发利用中，习惯上把不经过筑坝拦蓄河水、在岸边或河床上直接修建的固定的取水设施称为固定式取水构筑物，这是相对于活动式取水构筑物而言的。事实上，后面将要介绍的山区浅水河流中的取水构筑物也都是固定不动的，不过这些构筑物都是在拦蓄河水的条件下取水的，故习惯上不将它们包括在固定式取水构筑物中。

固定式取水构筑物是各种类型的地表水取水构筑物中应用最广泛的一种，具有取水安全可靠、维修管理方便、适应范围较广等优点。其主要缺点是当河水水位变化较大时，构筑物的高度需相应地增加，因而工程投资较高，水下工程量较大，施工期长，扩建困难。因此设计固定式取水构筑物时，应考虑发展的需要。

固定式取水构筑物按取水点的位置和特点，可分为岸边式、河床式及斗槽式。不同的构筑物形式，适用于不同的取水量和水质要求、不同的河床地形及地质条件，以及不同的河床变化、水深及水位变幅、冰冻及航运情况、施工条件、施工方法、投资及设备供应等情况。

以下将介绍固定式取水构筑物的基本形式和主要构造，详细结构尺寸及设计参数可参见《室外给水设计标准》GB 50013—2018 及有关设计手册。

6.4.1　固定式取水构筑物的基本形式

固定式取水构筑物包括取水设施和泵房两部分，取水设施将河流中的水引入吸水间，泵房作为给水系统的一级提升泵房，通过水泵将水提升进入输水管线，送至给水处理厂或用户。取水设施和泵房都建在岸边，直接从岸边取水的固定式取水构筑物，称为岸边式取水构筑物。在河心设置进水孔，从河心取水的构筑物，称为河床式取水构筑物。

岸边式取水构筑物由集水井和泵房两部分组成，其基本构造如图 6-6 所示。图中四种形式构筑物的结构特点将在后面加以介绍。

集水井是岸边式取水构筑物的取水设施，一般由进水室、格网和吸水室三部分组成，集水井顶部设操作平台，安装格栅、格网、闸门等设备的起吊装置。进水室前壁设有进水孔，孔上设有格栅及闸门槽，格栅用来拦截水中粗大的漂浮物及鱼类等。进水室和吸水室用纵向隔墙分开，在分隔墙上可以设置平板格网，用以拦截水中细小的漂浮物。当采用旋转格网时，应在进水室和吸水室之间设置格网室。水流经过装有格栅的进水孔进入集水井的进水室，再经过格网进入吸水室，然后由水泵抽走。

河床式取水构筑物，其取水设施包括取水头部、进水管和集水井，其基本结构如图 6-7 所示。河水经取水头部上带有格栅的进水孔，沿进水管流入集水井的进水室，然后经格网进入集水井的吸水室，最后由水泵抽走。河床式取水构筑物的集水井构造与岸边式取水构筑物的集水井基本相同，其差别只是岸边式取水构筑物集水井的进水室前壁不设进水孔或只设高水位进水孔，代之以进水管。河床式取水构筑物的特点是集水井和泵房建在河岸上，可不受水流冲击和冰凌撞击，也不影响河道水流。当河床变迁之后，进水管可相应地伸长或缩短，冬季保温、防冻条件比岸边式好。但取水头部和进水管经常淹没在水下，清洗和检修不方便。

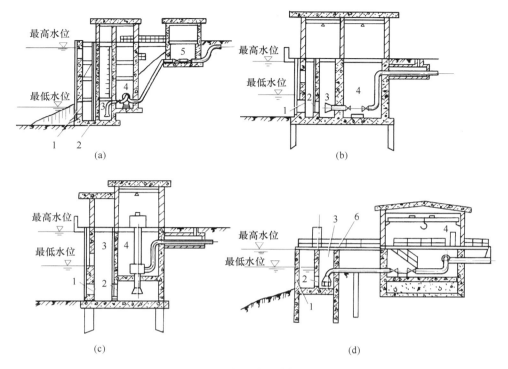

图 6-6　岸边式取水构筑物

（a）底板呈阶梯布置；（b）底板呈水平布置（采用卧式泵）；（c）底板呈水平布置（采用立式泵）；（d）分建式

1—进水孔；2—格网；3—集水井；4—泵房；5—阀门井；6—引桥

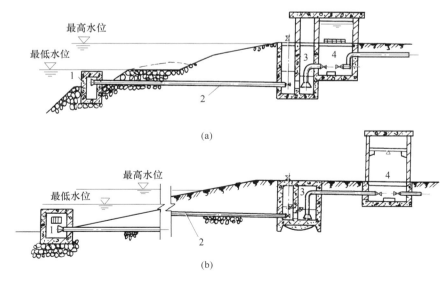

图 6-7　河床式取水构筑物

（a）合建式；（b）分建式

1—取水头部；2—进水管；3—集水井；4—泵房

145

岸边式取水构筑物适用于河岸较陡，主流靠近河岸，岸边有一定的取水深度，水位变化幅度不太大，水质及地质条件较好的情况。当河岸较平缓，主流离岸较远、岸边缺乏必要的取水深度或水质不好时，宜采用河床式取水构筑物。

当河流含砂量大、冰凌严重时，宜在岸边式取水构筑物取水处的河流岸边用堤坝围成斗槽，利用斗槽中流速较小、水中泥砂易于沉淀、潜冰易于上浮的特点，减少进入取水口的泥砂和冰凌，从而进一步改善水质。这种取水构筑物称为斗槽式取水构筑物。斗槽式取水构筑物由进水斗槽和岸边式取水构筑物组成。

1. 岸边式取水构筑物的形式

按照集水井和泵房的相对位置，岸边式取水构筑物可分为合建式和分建式两类。

（1）合建式岸边取水构筑物

合建式岸边取水构筑物将集水井和泵房合建在一起，如图 6-6(a)、图 6-6(b)、图 6-6(c) 所示。其特点是布置紧凑，总建筑面积小，吸水管路短，运行安全，维护方便；但土建结构复杂，施工较困难。适用于河岸坡度较陡、岸边水流较深且地质条件较好、水位变幅和流速较大的河流。在取水量大、安全性要求较高时，多采用此种形式。

合建式取水构筑物根据具体情况，可布置成三种形式。图 6-6(a) 所示的构筑物，集水井与泵房底板呈阶梯布置。当具有岩石基础或其他较好的地质条件时，这样布置可利用水泵吸水高度，减小泵房深度，利于施工和减少投资。但此时泵房需设真空泵，而且启动时间较长。在地基条件较差、不宜按阶梯形布置或安全性要求较高、取水量较大时，应将集水井与泵房底板布置在同一高程上，如图 6-6(b)所示。底板水平布置可避免产生不均匀沉降，水泵可自灌式启动；但由于泵房较深，造价较大，且通风防潮条件较差，操作管理不便。为了缩小泵房面积，降低基建投资，在河道水位较低、泵房深度较大时，可采用立式泵（或轴流泵）取水。也可将吸水间设在泵房的下面，如图 6-6(c)所示。这种布置可将电气设备置于泵房的上层，操作方便，通风条件好，但检修条件差。

（2）分建式岸边取水构筑物

当河岸处地质条件较差，如水下施工有困难等因素导致集水井与泵房不宜合建，或建造合建式取水构筑物对河道断面及航道影响较大时，宜采用分建式岸边取水构筑物，如图 6-6(d) 所示。由于将集水井和泵房分开建造，泵房可离开岸边，建于地质条件较好处，因此可使土建结构简单，易于施工；但吸水管较长，增加了水头损失，维护管理不太方便，运行安全性较差。

2. 河床式取水构筑物的形式

与岸边式取水构筑物一样，河床式取水构筑物的集水井和泵房可以合建，也可以分建。图 6-7(a) 为合建的河床式取水构筑物，图 6-7(b) 为分建的河床式取水构筑物。

无论是合建或分建的河床式取水构筑物，按照进水管的形式，又可以分为自流管式、虹吸管式、水泵直接吸水式、桥墩式；按照取水泵房的结构和特点，可分为湿式竖井泵房和淹没式泵房。

（1）自流管式

河水进入取水头部后经自流管靠重力流入集水井，这种取水构筑物称为自流管式取水构筑物。图 6-7 和图 6-8 所示均为自流管式取水构筑物。这种形式由于自流管淹没在水中，河水靠重力自流，工作较为可靠。但敷设自流管的土方量较大，故宜在自流管埋深不大或

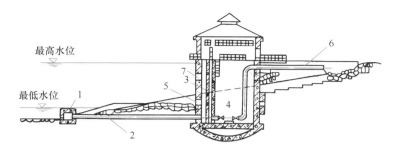

图 6-8 自流管式取水构筑物

1—取水头部；2—自流管；3—集水井；4—泵房；5—进水孔；6—出水管；7—高位进水孔

河岸可以开挖时采用。

在水位变幅较大、洪水期历时较长、水中含砂量较高的河流取水时，集水井中常沉积大量的泥砂，不易清除，影响取水水质，因此可在集水井进水室前壁上开设高位进水孔，如图 6-8 所示。在非洪水期，利用自流管取得河心水质较好的水，而在洪水期则利用高位进水孔取得上层含砂量较少的水。这种形式比单独采用自流管进水安全、可靠。也可以通过设置高位自流管实现分层取水，参见图 6-11 中的高位自流管。

为防止自流管内泥砂淤积，自流管末端可设阀门，以便冲洗，特别是对于间歇取水的中小型水厂更为重要。

（2）虹吸管式

河水进入取水头部后经虹吸管流入集水井的取水构筑物称为虹吸管式取水构筑物。当河滩宽阔、河岸高、自流管埋深很大或河岸为坚硬岩石以及管道需穿越防洪堤时，宜采用虹吸管式取水构筑物。虹吸管顶端可在设计最低水位以上 4～6m，故可大大减少水下施工工作量和土石方量，缩短工期，节约投资。但是虹吸管必须保证严密、不漏气，因此对管材及施工质量要求较高。另外，由于需要设一套真空管路系统和设备，当虹吸管管径较大、管路较长时，形成虹吸需要较长的时间，运行不方便。由此可见，虹吸管式取水构筑物工作的可靠性比自流管式差。

（3）水泵直接吸水式

在取水量小、河中漂浮物较少、水位变幅不大时，可不设集水井，利用水泵吸水管直接伸入河中取水，如图 6-9 所示。这种形式的构筑物利用了水泵的吸水高度，使泵房的埋深减小，且不设集水井，因此施工简单，造价低，可在中小型取水工程中采用。但要求施工质量高，不允许吸水管漏气；在河流泥砂颗粒粒径较大时，水泵叶轮磨损较快；且由于没有集水井和格网，漂浮物易堵塞取水头部和水泵。可在取水头部设置滤网，或者在吸水口周围设置拦污设施，如栅条、铁丝网等，如图 6-9 所示，但不能妨碍航运。

（4）桥墩式

在取水量较大、水流流速大（>3m/s）但水深较小、岸坡较缓、岸边不宜建泵房、河道内含砂量较高、水位变幅较大、河床地质条件较好等个别情况下，将整个取水构筑物建在江心，在集水井进水室的井壁上开设进水孔，从江心取水，构筑物与河岸之间架设引桥，如图6-10所示。这种形式的构筑物由于缩小了水流断面，易造成附近河床冲刷，故基础埋设较深，施工复杂，造价高，维护管理不便，且影响航运。

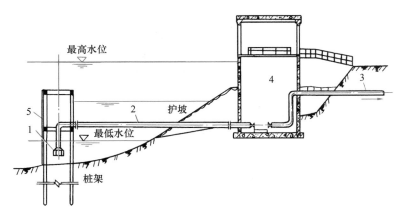

图 6-9　直接吸水式取水构筑物

1—取水头；2—吸水管；3—出水管；4—泵房；5—栅条

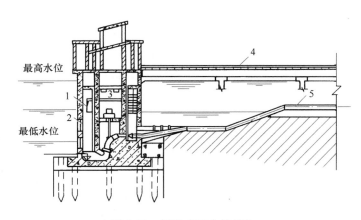

图 6-10　桥墩式取水构筑物

1—集水井；2—进水孔；3—泵房；4—引桥；5—出水管

（5）湿式竖井泵房

湿式竖井泵房的泵房下部为集水井，上部（洪水位以上）为电机操作室，采用防砂深井泵取水，如图 6-11 所示。

这种形式的泵房适用于水位变幅大于 10m，尤其是骤涨骤落（水位变幅大于 2m/h）、水流流速较大的情况，在我国西南地区采用较多。这种泵房取水的特点是采用深井泵，泵房面积小，对集水井防渗、抗浮的要求低，可降低基建成本；电机和操作室的通风及防潮条件较好，运行管理方便。但是水泵检修时需要吊装全部泵管，拆卸安装工作量较大。

（6）淹没式泵房

集水井、泵房位于常年洪水位以下，洪水

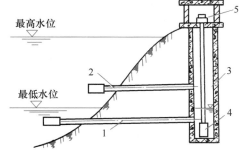

图 6-11　湿式竖井泵房

1—低位自流管；2—高位自流管；3—集水井；

4—深井泵；5—水泵电机

期处于淹没状态，称为淹没式取水泵房，如图 6-12 所示。这种形式适用于在河岸地基较稳定、水位变幅较大、洪水期历时较短、长时期为枯水期水位、含砂量较少的河流取水，如长江中上游地区。其特点是泵房高度小，土石方量小，构筑物所受浮力小，结构简单，造价较低；但泵房的通风和采光条件差，泵房潮湿，对电机运行不利，且噪声大，操作管理及设备检修、运输不方便，结构防渗要求高，洪水期格栅难以起吊、冲洗。

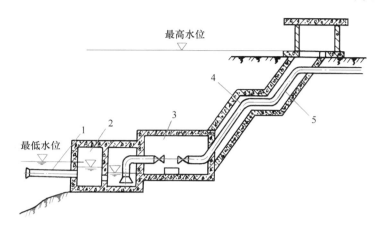

图 6-12　淹没式泵房
1—自流管；2—集水井；3—泵房；4—交通廊道；5—出水管

3. 斗槽的形式

斗槽的类型按其水流补给的方向可分为顺流式斗槽、逆流式斗槽、侧坝进水逆流式斗槽和双向式斗槽，如图 6-13 所示。

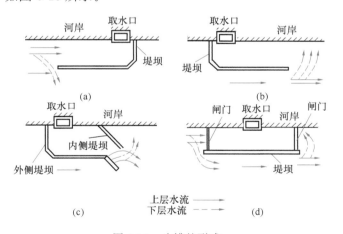

图 6-13　斗槽的形式
（a）顺流式斗槽；（b）逆流式斗槽；（c）侧坝进水逆流式斗槽；（d）双向式斗槽

（1）顺流式斗槽

斗槽中水流方向与河流流向基本一致，称为顺流式斗槽，如图 6-13（a）所示。由于斗槽中流速小于河水的流速，当河水正面流入斗槽时，其动能迅速转化为位能，在斗槽进口处形成壅水和横向环流，使大量的表层水进入斗槽，大部分悬移质泥砂由于流速减小而下沉，河底推移质泥砂随底层水流出斗槽，故进入斗槽的泥砂较少，但潜冰较多。因此，顺流式斗槽适用于含砂量较高但冰凌不严重的河流。

（2）逆流式斗槽

逆流式斗槽中水流方向与河流流向相反，如图 6-13（b）所示。当水流顺着堤坝流过时，由于水流的惯性，在斗槽进水口处产生抽吸作用，使斗槽进口处水位低于河流水位，于是河流的底层水大量进入斗槽，故能防止漂浮物及冰凌进入槽内，并能使进入斗槽中的泥砂下沉、潜冰上浮。这种形式的斗槽适用于冰凌情况严重、含砂量较少的河流。

（3）侧坝进水逆流式斗槽

在逆流式斗槽渠道的进口端建两个斜向的堤坝，伸向河心，如图 6-13（c）所示。斜向外侧堤坝能被洪水淹没，内侧堤坝不能被洪水淹没。当有洪水时，洪水流过外侧堤坝，在斗槽内产生顺时针方向旋转的环流，将淤积于斗槽内的泥砂带出槽外，另一部分河水顺着斗槽流向取水构筑物。这种形式的斗槽适用于含砂量较高的河流。

（4）双向式斗槽

双向式斗槽是顺流式和逆流式的组合，兼有二者的特点，如图 6-13（d）所示。当汛期河水含砂量大时，可打开上游端闸门，利用顺流式斗槽进水；当冬春季冰凌严重时可打开下游端闸门，利用逆流式斗槽进水。这种形式的斗槽适用于冰凌严重且泥砂含量高的河流。

按照斗槽伸入河岸的程度，可分为以下几种：

1）斗槽全部设置在河床内。适用于河岸较陡或主流离岸较远以及岸边水深不足的河流。图 6-13 所示为此种形式。

2）斗槽全部设置在河岸内，如图 6-14（a）所示。这种形式适用于河岸平缓、河床宽度不大、主流近岸或岸边水深较大的河流。

3）斗槽部分伸入河床，如图 6-14（b）所示。其适用特点和水流条件介于上述二者之间。

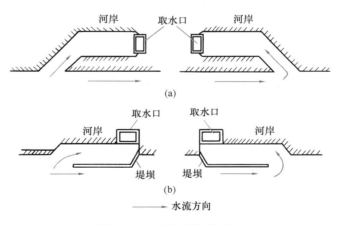

图 6-14 斗槽与河岸的位置

（a）全部设置在河岸内的斗槽；（b）部分伸入河床的斗槽

斗槽工作室的大小，应根据在河流最低水位时能保证取水构筑物正常工作、使潜冰上浮、泥砂沉淀、水流在槽中有足够的停留时间及清洗方便等要求进行设计。

6.4.2　固定式取水构筑物主要构造及设计原则

在固定式取水构筑物中，一般包括集水井和泵房（对于岸边式取水构筑物和河床式取水构筑物），以及取水头部和进水管（对于河床式取水构筑物）等。下面分别对这几部分做简要介绍。

1. 集水井

集水井由进水室、吸水室和二者之间的格网组成，上部设置平台，进水室前壁设置进水口（进水口上设置格栅）或连接自流管/虹吸管。

（1）集水井平台

取水构筑物集水井平台上应设置便于操作的闸阀启闭设备和格栅、格网起吊设备；必要时还应设清除泥砂的设施。集水井有半淹没式和非淹没式两种。非淹没式集水井在最高洪水位时仍露出水面，操作管理方便，在漂浮物多的洪水期可以及时清洗格网，供水较安全，因此采用较多。这种集水井的平台上缘应高于设计最高水位 0.5m。

（2）进水室

根据运行的安全性以及检修、清洗、排泥等要求，进水室通常用隔墙分成可独立工作的若干分格，其分格数目应按水泵的台数和容量大小以及格网的类型确定，一般不少于两格。大型取水工程可采用一台泵一个分格，小型取水工程可采用数台泵一个分格。

进水室的平面尺寸应根据进水孔、格网和闸板的尺寸及安装、检修和清洗等要求确定，同时应保证进水均匀、平稳。

（3）进水孔

一般进水室每一分格布置一个进水孔。进水孔一般做成矩形，其面积及高宽比应尽量符合格栅和闸门的标准设计尺寸。

位于江河上的取水构筑物，最底层进水孔下缘距河床的高度，应根据河流的水文和泥砂特性以及河床稳定程度等因素确定，并遵守下列规定：

1) 侧面进水孔不得小于 0.5m，当水深较浅、水质较清、河床稳定、取水量不大时，其高度可减至 0.3m；

2) 顶面进水孔不得小于 1.0m。

取水构筑物淹没进水孔上缘在设计最低水位下的深度，应根据河流的水文、冰情和漂浮物等因素通过水力计算确定，并应分别遵守下列规定：

1) 顶面进水时，不得小于 0.5m；

2) 侧面进水时，不得小于 0.3m；

3) 虹吸进水时，不宜小于 1.0m，当水体封冻时，可减至 0.5m。

上述数据在水体封冻情况下应从冰层下缘算起，湖泊、水库、海边或大江河边的取水构筑物，还应考虑风浪的影响。

当孔口高度受河流最低水位和进水室底板标高限制时，可将孔口宽度加大，也可并列布置两个或两个以上进水孔。

当河水水位变幅大于 6m 时，可采用两层或三层进水孔，以便在洪水时能取得表层含泥砂较少的水。下层进水孔的上缘一般应在设计最低水位以下 0.3m，下缘高于河底 0.5m 以上；上层进水孔的上缘一般在设计洪水位以下 1.0～1.25m。

位于湖泊或水库边的取水构筑物宜分层取水，最底层进水孔下缘距水体底部的高度，应根据水体底部泥砂沉积和变迁情况等因素确定，不宜小于 1.0m，当水深较浅、水质较清，且取水量不大时，其高度可减至 0.5m。

（4）格栅

取水构筑物的进水孔及取水头部都应设置格栅，用来拦截水中粗大的漂浮物及鱼类等。格栅由金属框架和栅条组成，框架的外形应与进水孔形状一致。格栅一般按可拆卸设计，并考虑有人工或机械清除的措施。栅条断面形状有矩形、扁圆形和圆形等多种。图 6-15 为格栅标准图，图中 B、B_1、H、H_1 根据设计要求按 90S503 格栅标准设计的规格确定。

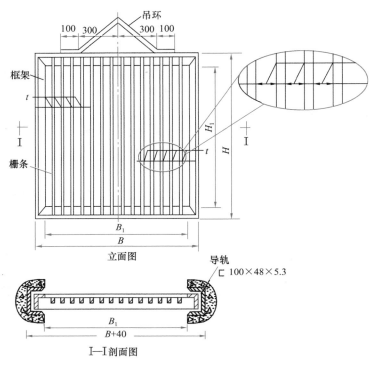

图 6-15　格栅

格栅的面积可按下式计算：

$$F_1 = \frac{Q}{v_1 K_1 K_2}$$
(6-4)

式中　F_1——格栅面积，m^2；

　　　Q——设计流量，m^3/s；

　　　K_1——栅条的堵塞系数，采用 0.75；

　　　K_2——栅条的面积减小系数；

　　　v_1——过栅流速，m/s。

进水孔的过栅流速是主要设计参数，如流速过大，易带进泥砂、杂草和冰凌；流速过小，会增加造价，因此过栅流速应根据水中漂浮物数量、有无冰絮、取水地点的水流速度、取水量大小、检查和清理格栅是否方便等因素确定，可参考下列数据：

1）岸边式取水构筑物，有冰絮时为 0.2～0.6m/s；无冰絮时为 0.4～1.0m/s；

2）河床式取水构筑物，有冰絮时为 0.1～0.3m/s；无冰絮时为 0.2～0.6m/s。

如取水地点的水流速度大，漂浮物少，取水规模大，则可采用较大的过栅流速。

栅条面积减小系数 K_2 可用下式计算：

$$K_2 = \frac{t}{t+s}$$

式中　t——栅条净间距，mm，视河中漂浮物情况而定；

　　　s——栅条宽度或直径，mm，一般为 10mm。

栅条净间距应根据取水量大小、冰絮和漂浮物等情况确定，小型取水构筑物一般为 30～50mm，大、中型取水构筑物一般为 80～120mm。当江河中冰絮或漂浮物较多时，栅条净间距宜取较大值。必要时应采取清除栅前积泥、漂浮物和防止冰絮阻塞的措施。

在有冰冻的河流上取水时，为防止进水孔格栅堵塞，可采取下列措施：

① 降低进水孔流速

减小进水孔的流速，使其在 0.05～0.1m/s 的范围内，可以减少带入进水孔的潜冰量。但减小流速势必会加大进水孔的面积，因此在实际应用中受到限制。

② 加热格栅

利用电、蒸汽或热水加热格栅，以防冰冻。电加热格栅是将格栅的栅条当作电阻，通电后使栅条发热；蒸汽或热水加热格栅是将蒸汽或热水通入空心栅条中，再从栅条上小孔喷出，使栅条得到加热。加热格栅的方法比较有效，因此应用较广。

③ 利用废热水

当有洁净的工厂废热水（如电厂排水）时，可将其引至进水孔前，简易有效。

④ 其他

其他方法有机械清除、反冲洗、在进水孔上游设挡冰木排等。

（5）格网

格网设在进水室和吸水室之间，用以拦截水中细小的漂浮物。格网有平板格网和旋转格网两种形式，应根据水中漂浮物数量、每台水泵的出水量等因素加以选择。通常，当每台泵出水量小于 1.5m³/s 时，采用平板格网；出水量大于 3.0m³/s 时，采用旋转格网；出水量在 1.5～3.0m³/s 时，两种格网均可采用。

1）平板格网

平板格网直接设在进水室和吸水室的隔墙上，隔墙上安装有专门放置格网的导轨。平板格网由框架和金属网构成，框架用槽钢或角钢制成，金属网用铜丝、镀锌钢丝或不锈钢丝等耐腐蚀材料制成，导轨用槽钢或钢轨制成。

平板格网一般设一层金属网。当格网面积较大时，需设两层金属网。其中一层为工作网，起拦截水中漂浮物的作用，网眼尺寸一般为（5mm×5mm）～（10mm×10mm），网丝直径为 1～2mm；另一层是支撑网，用以增加工作网的强度，网眼尺寸为 25mm×25mm，金属丝直径为 2～3mm。图 6-16 为平板格网标准图，图中 B、B_1、H、H_1 根据设计要求按 90S503 格网标准设计的规格确定。

格网堵塞时需及时冲洗，以免格网前后水位差过大，使网破裂，因此应设压力冲洗水管，水压为 0.25～0.3MPa。为保证取水的安全性，一般平行设置两道平板格网，其中一

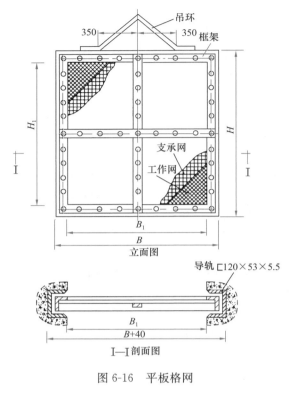

图 6-16 平板格网

道作为备用。当格网工作一段时间后需要提起清洗时，先将备用的格网放下，然后将工作的格网吊起到操作平台上进行冲洗，冲洗废水经排水槽排往河道下游。

平板格网的面积可按下式计算：

$$F_2 = \frac{Q}{v_2 \varepsilon K_1 K_2} \qquad (6-5)$$

式中 F_2——平板格网的面积，$\mathrm{m^2}$；

Q——设计流量，$\mathrm{m^3/s}$；

v_2——过网流速，一般采用 0.3～0.5m/s；

ε——水流收缩系数，一般采用 0.64～0.8；

K_1——格网堵塞后面积减小系数，一般为 0.5；

K_2——因网丝引起的面积减小系数。

K_2 的计算公式为：

$$K_2 = \frac{t^2}{(t+d)^2}$$

式中 t——网眼边长，一般为 5～10mm；

d——网丝直径，一般为 1～2mm。

平板格网的水头损失一般采用 0.10～0.20m。

平板格网具有构造简单、不单独占用面积、可缩小集水井的尺寸等优点，在中小水量、漂浮物不多时采用较广。但平板格网冲洗麻烦、网眼尺寸不能太小，因而不能拦截较细小的漂浮物。

2）旋转格网

当采用旋转格网时，应在进水室和吸水室之间设置格网室。

旋转格网是绕在上下两个旋转轮上、由电机带动的连续网板。网板包括金属框架和金属网。网眼尺寸视水中漂浮物数量和大小而定，一般为（4mm×4mm）～（10mm×10mm）；网丝直径为 0.8～1.0mm。由于旋转格网是连续清洗的，因此其转动速度也应根据河中漂浮物的多少决定，一般采用 2.6～6.0m/min。旋转格网采用压力水通过穿孔管或喷嘴冲洗，冲洗后的废水沿排水槽排走。

旋转格网的布置有直流进水、网内进水和网外进水三种方式，如图 6-17 所示。

直流进水方式如图 6-17(a) 所示，水力条件较好，格网上水流分配均匀，水经过两次过滤，水质较好，和其余两种布置方式相比，占地面积较小；但格网工作面积利用率低，网上未冲净的污物有可能被带入吸水室。

网外进水方式如图 6-17(b) 所示，格网面积利用率高，可增大设计水量，水质良好，网上未冲净的污物不会带入吸水室，污物拦截在网外，容易清洗和检查；但由于水流方向与网面平行，故水力条件较差，格网负荷不均匀，占地面积较大。

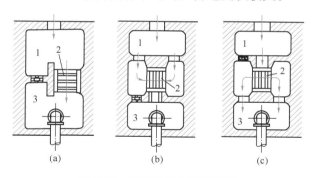

图 6-17　旋转格网布置平面图

（a）直流进水；（b）网外进水；（c）网内进水

→水流方向

1—进水室；2—旋转格网；3—吸水室

网内进水方式如图 6-17（c）所示，其优缺点与网外进水方式基本相同，只是污物被截留在网内，不易清除和检查，故采用较少。

旋转格网所需面积按下式计算：

$$F_3 = \frac{Q}{v_3 \varepsilon K_1 K_2} \tag{6-6}$$

式中　F_3——水面以下的格网面积，m^2；

　　　v_3——过网流速，一般采用 0.7～1.0m/s，不大于 1.0m/s；

　　　K_1——格网阻塞和框架引起的面积减小系数，取 0.56；

其余符号意义同前。

格网在最低水位下的深度可按下式计算：

网外或网内两侧进水时：

$$H = \frac{F_3}{2B} - R \tag{6-7}$$

直流进水时：

$$H = \frac{F_3}{B} - R \tag{6-8}$$

式中　H——格网在水下部分的深度，即下部旋转轴至水面的距离，m；

　　　R——格网下部弯曲半径，目前使用的标准滤网 $R=0.73$m；

　　　B——格网宽度，目前通用的设计宽度有 1.5m、2.0m、3.0m 三种规格；

　　　F_3——旋转格网的面积，m^2。

格网最低点宜高于进水室底板 0.4～0.5m，其间不得设置挡板。

旋转格网的水头损失为 0.15～0.30m。旋转格网构造较复杂，占地大，但冲洗较方便，拦污效果好，可以拦截较细小的杂质，故适宜在水中漂浮物较多、取水量较大时采用。

（6）集水井的排泥和冲洗

进水室和吸水室中的水流速度较小，当河水中含泥砂较多时，集水井中会沉积泥砂，因此需设排泥、冲洗装置以便及时清理排除。在大型取水构筑物中可设排污泵，在小型取水构筑物中或泥砂淤积情况不严重时，可采用射流泵。为了冲动底部沉积的泥砂，大型取水构筑物可在池底设 4～6 个高压喷嘴，小型的可用水龙带冲洗，当水泵抽水时，泥砂即可被水流带走。

2. 取水泵房

取水泵房又称一级泵房或水源泵房，可与集水井、出水闸门井合建或分建。由于河流水位经常变化，所以取水泵房常常建得较深，以保证枯水位时水泵能吸水，而洪水位时不被淹没。

(1) 取水泵房的平面形状

泵房平面有圆形、矩形、椭圆形等。矩形泵房便于布置水泵及管路，常用于水泵台数较多（4 台以上）、泵房深度小于 10m 的情况。圆形泵房受力条件较好，便于沉井施工，当水位变幅较大、泵房较深时，比矩形泵房更经济，因此当深度大于 10m 时，常采用圆形泵房，但水泵台数宜小于 4 台。

(2) 取水泵房的平面布置

泵房中取水泵的台数不宜过多，一般采用 3～4 台（包括备用泵）。台数过多将增大泵房面积，增加土建造价，台数过少又不易调度。当供水量变化较大时，可考虑大小泵搭配，以利调节。

泵房内除水泵机组外，还有变配电、控制、供暖通风、起重、排水等附属设备。

在满足操作、检修要求的基础上，水泵机组、管路及附属设备的布置应尽量紧凑，以缩小泵房面积。可采取以下布置方式：卧式水泵机组采用顺转、倒转双行排列，进出水管直进直出，可参考图 6-27(b) 的平面布置；一台水泵的进出水管加套管穿越另一台水泵的基础；大中型泵房水泵压水管上的单向阀和转换阀布置在泵房外的阀门井内；尽量采用小尺寸管件；将真空泵、配电设备等安装在不同高度的平台上等。

泵房布置应考虑远期发展，可适当增大水泵机组和墙壁的净距，留出小泵换大泵或另行增加水泵所需的位置。

(3) 取水泵房高程布置

修建在堤外的岸边式取水泵房受到江河、湖泊高水位的影响，进口地坪的设计标高或淹没式进水室的顶层操作平台高程，由百年一遇的设计最高水位确定，并分别满足下列要求：

1) 当泵房在渠道边时，为设计最高水位加 0.5m；

2) 当泵房在江河边时，为设计最高水位加浪高再加 0.5m，必要时还应增设防止浪爬高的措施；

3) 当泵房在湖泊、水库或海边时，为设计最高水位加浪高再加 0.5m，并应设防止浪爬高的措施。

泵房建于堤内时，由于受河道堤岸的保护，进口地坪高程可不按高水位设计。

3. 取水头部

取水头部是河床式取水构筑物的组成部分之一，具有多种形式。

(1) 取水头部设计的一般要求

1) 取水头部应设在稳定河床的主流深槽处，有足够的取水深度；

2）取水头部的形状对取水水质及河道水流有较大的影响，因此应选择合理的外形和较小的体积，避免对周围水流产生大的扰动，同时防止取水头部受冲刷，甚至被冲走；

3）任何形式的取水头部均不同程度地使河道水流发生变化，引起局部冲刷，因此应在可能的冲刷范围内抛石加固，并将取水头部的基础埋在冲刷深度以下；

4）取水构筑物的取水头部宜分设两个或分成两格。为保证取水安全，相邻的取水头部应有较大的间距，一般沿水流方向的间距应不小于头部最大尺寸的 3 倍。如有条件，应在高程上和深入河床的距离上彼此错开；

5）取水头部应防止冰块堵塞和冲击，并防止船只、木筏碰撞。

（2）取水头部的形式和构造

取水头部可分为固定式取水头部和活动式取水头部。固定式取水头部有管式取水头部、蘑菇式取水头部、鱼形罩式取水头部、箱式取水头部、桥墩式取水头部、桩架式取水头部及斜板式取水头部等。

1）管式取水头部

管式取水头部是一个设有格栅的金属喇叭管，安装在虹吸管、自流管或水泵吸水管上。这种取水头部构造简单、造价低、施工方便，适用于江河水质较好、洪水期浊度不大、水位变幅较小的中小型取水构筑物。当河流中漂浮物较多时，易堵塞格栅，因此宜采用较小的进水流速，并应设反冲或清洗设施。

喇叭口可以布置成顺水流式、水平式、垂直向上式和垂直向下式，如图 6-18 所示。顺水流式用于泥砂和漂浮物较多的河流；水平式一般用于水深较小和纵坡降较小的河流；垂直向上式一般用于河岸较陡、水深较大且无冰凌、漂浮物较少、推移质较多的河流；垂直向下式则用于小型取水构筑物的泵房直接取水。

2）蘑菇式取水头部

蘑菇式取水头部是一个垂直向上的喇叭管，上面加一金属帽盖，如图 6-19 所示。水流由帽盖底部格栅曲折流入喇叭管，因此带入的泥砂及漂浮物比管式取水头部少，但施工安装较麻烦。为便于装卸和检修，帽盖可做成装配式。这种形式的取水头部适用于中小型取水构筑物，因蘑菇头较高，所以要求在枯水期仍有 1.0m 以上的水深。

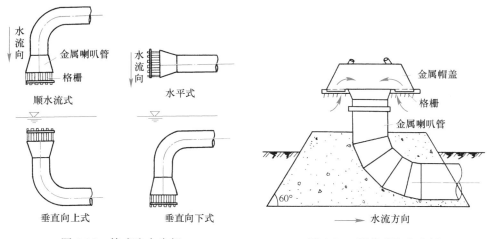

图 6-18 管式取水头部

图 6-19 蘑菇式取水头部

3）鱼形罩式取水头部

鱼形罩式取水头部由钢板卷焊而成的圆筒和两端的圆锥体构成，圆筒表面和背水的圆锥体表面上开设圆形进水孔，如图 6-20 所示。孔眼的进水流速比河水流速小，以防漂浮物堵塞。鱼形罩式取水头部外形圆滑，水流阻力小，漂浮物难以附着在罩上，加上进水孔流速小，因此适用于水泵直接吸水的中小型取水构筑物，鱼形罩可焊在吸水管上，或安装在吸水管的喇叭口外。为减少杂草堵塞，需设冲洗和清理设施。

4）箱式取水头部

箱式取水头部由钢筋混凝土箱和设在箱内的金属管组成，箱的侧面或顶部开设进水口，进水口上设格栅，如图 6-21 所示。箱体为预制箱体，可整体下沉或分段拼装。箱的平面为矩形、圆形或菱形等。主流方向可能变动的河流常采用圆形。菱形的锥角宜取 60°~90°，这样水力条件较好；矩形取水头部的水力条件稍差。因菱形箱式取水头部可采用分段预制、水下拼装的方法，施工和设备安装较方便，故在我国中南地区含砂量较小的河流上采用较多。

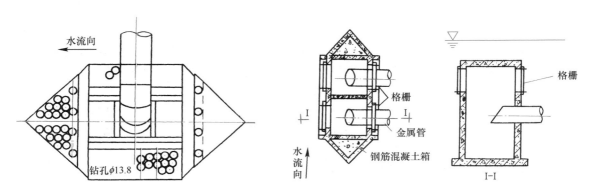

图 6-20　鱼形罩式取水头部　　　　　图 6-21　箱式取水头部

箱式取水头部适用于水深较小、含砂量小、冬季潜冰较多的河流。取水头部的长轴应尽可能和洪水期水流方向一致，以减少对水流的阻力，避免引起河床冲刷。

5）桥墩式取水头部

桥墩式取水头部有淹没式和半淹没式两种，这种形式的取水头部适用于中小型的取水构筑物和水深较小、船只通航不频繁的河流。因取水头部的基础深入河床，产生局部冲刷，使泥砂不易淤积，故可取得较好的水质，保持一定的取水深度，但对周围河床须采取防护措施。取水头部长轴应尽量与洪水期水流方向一致，以免水流阻力过大。

图 6-22 所示为淹没桥墩式取水头部。淹没桥墩式取水头部具有带格栅的喇叭口，与进水管焊接后整体吊装，在水下浇灌混凝土，头部高度较小，稳定性较好，构造简单。半淹没桥墩式取水头部采用钢模沉井施工，在低水位时露出、洪水位时淹没。头部上设有上、下两层进水孔，高水位时由上层进水孔取得含砂量较小的水。

6）桩架式取水头部

桩架式取水头部如图 6-23 所示，用钢筋混凝土桩或木桩打入河底，支承取水头和管道；桩架四周可设置格栅，以拦截漂浮物。取水头部附近河床用抛石护底，防止冲刷。这种形式的取水头部适用于流速较小、水位变化不大、有足够水深、河床可打桩且无流冰的河流，在长江下游以及中小型取水构筑物中应用较多。

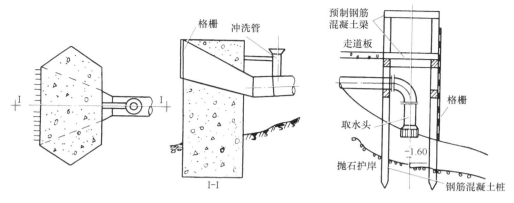

图 6-22　淹没桥墩式取水头部　　　　图 6-23　桩架式取水头部

7）斜板式取水头部

在取水头部上设置斜板，如图 6-24 所示。河水经过斜板时，粗颗粒泥砂即沉淀在斜板上，并滑落至河底，被河水带走，从而减轻管道内粗砂淤积和水泵磨损，有利于取水构筑物的运行。

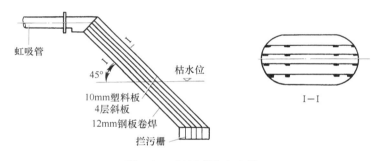

图 6-24　斜板式取水头部

斜板常采用上向流式，斜板间距为 100～200mm，间距太小易被杂草堵塞，太大则使斜板长度增加。该形式适用于含砂量大、粗颗粒泥砂占一定数量、枯水期仍有较大水深和较大流速的河段，在我国西南地区采用较多，对从山区河流取水的小型工程也较适用。

8）活动式取水头部

活动式取水头部由浮筒、取水头和联络管组成，一个浮筒带两个取水头，联络管一端与取水头相连，另一端接入钢制的叉形三通，三通焊接在自流管进口的喇叭口上，如图 6-25 所示。浮筒带着取水头部随河流水位涨落而升降，因此在主流深槽、凸岸、浅滩、浅水等条件下始终可以取得含砂量较少的水。为减少漂浮物和杂草进入，取水头部可设计成鱼形罩式。为保证枯水期取水，取水头下缘距河底至少 0.5m 以上。这种形式适用于枯水期水深较小、洪水期底部含砂量较大的山区河流，在中、小取水量（100～1400m³/h）时采用。

（3）取水头部进水孔的设计

进水孔的位置和方向应根据水流中含泥砂、漂浮物及冰凌等情况确定，多朝向下游或与水流方向垂直。漂浮物和泥砂较少的河流，可在取水头部下游侧开进水孔；有漂浮物或流冰的河流,应在侧面设进水孔,以免水面漩涡吸入漂浮物;河床为易冲刷的介质、含砂量大且竖向分布不均匀的河流,当漂浮物或流冰少时,可在取水头部的顶部设进水孔;一般不宜在迎水面设进水孔。

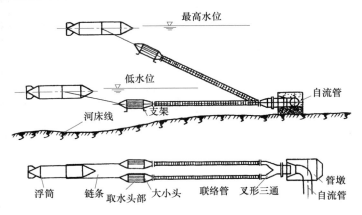

图 6-25　活动式取水头部

最低层进水孔下缘距河床的高度,应根据河流的水文和泥砂特征以及河床稳定程度等因素确定,一般不得小于下列规定值:

1)侧面进水孔不得小于 0.5m,当水深较浅、水质较清、河床稳定、取水量不大时,其高度可减至 0.3m;

2)顶面进水孔不得小于 1.0m。

淹没进水孔上缘在设计最低水位下的深度,应根据河流的水文、冰情和漂浮物等因素通过水力计算确定,并应分别遵守下列规定:

1)顶面进水时,不得小于 0.5m;

2)侧面进水时,不得小于 0.3m。

虹吸管进水和水泵直接吸水时,为避免吸入空气,在最低水位时的淹没深度一般不宜小于 1.0m。水体封冻或取水量少时,可适当降低管端的淹没深度至 0.5m。上述数据在封冻情况下应从冰层下缘算起。进水口淹没水深不足时,会形成漩涡,带进大量空气和漂浮物,使取水量大大减少。另外,在通航区应注意船舶通过时引起波浪的影响以及满足船舶航行的要求。

进水孔处需设格栅,过栅流速及栅条净距等与集水井中进水格栅相同。

4. 进水管

(1)进水管设计的一般要求

1)为了提高进水的安全性和便于清洗、检修,进水管一般不少于两根。当一根停止工作时,其余管道的通过流量应满足事故用水要求,即 70% 的设计水量。

2)进水管的管径根据最低水位通过水力计算确定。管内流速应不低于泥砂的不淤流速,即不小于 0.6m/s;同时应不超过经济流速,以免水头损失过大,增加集水井和泵房的深度。进水管设计流速一般采用 1.0~1.5m/s,水量大、含砂量大、进水管短时,可采用较大值。当一条管冲洗或检修时,管中流速允许达到 1.5~2.0m/s。

3)进水管内易产生淤积,应考虑采取冲洗措施,冲洗流速采用 1.5~2.0m/s。

（2）进水管的形式

进水管有自流管和虹吸管两种。

1）自流管

自流管一般采用钢管、铸铁管或钢筋混凝土管。钢管应有防腐措施，铸铁管内应有水泥砂浆衬涂。大型取水工程如条件允许，可采用钢筋混凝土暗渠。

自流管管顶应在河床冲刷深度以下 0.25～0.3m。对于不易冲刷的河床，管顶最小埋深应在河床以下 0.5m。另外，考虑放空检修时管道不致因减少质量而上浮，其埋设深度必须满足抗浮要求。

2）虹吸管

虹吸管宜采用钢管，以保证密封不漏气。埋在地下部分的管道也可用铸铁管。虹吸管应有能迅速形成真空的抽气系统，且每条管线设单独的抽真空系统，以免相互影响。抽真空多采用真空泵。

虹吸管的进水端在设计最低水位下的淹没深度应不小于 1.0m，出水端应伸入集水井最低动水位以下 1.0m，以防止吸入空气而影响虹吸管正常工作。虹吸管应向集水井方向上升，其坡度一般为 0.001～0.005。虹吸高度可采用 4.0～6.0m，最大不超过 7.0m。应考虑水中挟气和水温等对真空度的影响。

（3）进水管的冲洗

管中流速较小或管长期停用以及漂浮物进入等原因可能使进水管产生泥砂淤积和漂浮物堵塞，因此需进行冲洗。进水管的冲洗有正向冲洗和反向冲洗两种方式。

正向冲洗指冲洗时管内水流方向与正常运行时的水流方向一致。冲洗方法为：

1）在河流水位较高时，先关闭进水管末端闸门，将进水室的水抽出至最低水位，然后迅速打开闸门，利用较大的水位差进行冲洗；

2）关闭另外几根进水管，使全部水量通过需要冲洗的管道，使该管流量增加、流速加大来进行冲洗。

正向冲洗法泥砂不易冲走，效果较差。

反向冲洗指管内水流方向与正常运行时方向相反，即泥砂流向河床。冲洗方法为：

1）将进水室的一个分格充水至最大高度，然后迅速打开进水管上的闸门，利用进水室与河流形成的较大水位差进行冲洗。此法宜在河流水位较低时进行；

2）将进水管与压力输水管或冲洗水泵连接进行冲洗。这种方法水量充足、压力高，使用灵活，效果较好。

对于虹吸管，也可以利用破坏虹吸的方法进行冲洗。

6.5　活动式取水构筑物

当修建固定式取水构筑物有困难时，可采用活动式取水构筑物。

在水流不稳定，河势复杂的河流上取水，修建固定式取水构筑物往往需要进行耗资巨大的河道整治工程，对于中小型水厂建设常带来困难。当某些河流水深不足时，修建取水口会影响航运。有时修建固定式取水口水下工程量大，施工困难，投资较高，而当地施工条件及资金不允许。以上情况下都可以采用活动式取水构筑物取水。

此外，当河水水位变幅较大而取水量较小时；当供水要求紧迫，要求施工周期短，建设固定式取水构筑物赶不及需要时；当水文资料不全、河岸不稳定时；当建设临时性的供水水源时，也都可以考虑采用活动式取水构筑物。

活动式取水构筑物主要有缆车式和浮船式两种，它们具有水下工程量小、施工方便、工程投资少、适应性强、灵活性大等优点，能适应水位的变化；但操作管理较复杂，需经常随河水水位的变化将缆车或浮船移位以及更换输水斜管的接头，供水安全性差，特别在水流湍急、河水涨落速度大的河流上设置活动式取水构筑物，尤需慎重。因此，建设活动式取水构筑物的河流应水流不急，且水位涨落速度小于2.0m/h。

建设活动式取水构筑物要求河床比较稳定，岸坡有适宜的倾角，河流漂浮物少、无冰凌，且取水构筑物不易受漂木、浮筏、船只撞击，河段顺直，靠近主流。

据调查，我国已建缆车取水规模达到10余万立方米每天，水位变幅为20～30m；已建单船取水能力最大达$30×10^4 m^3/d$，水位变幅为20～38m，联络管直径最大达1200mm。目前，浮船多用于湖泊、水库取水，缆车多用于河流取水。由于活动式取水构筑物本身特点，目前设计采用已日趋减少。

6.5.1 缆车式取水构筑物

缆车式取水构筑物是建造于岸坡上截取河流表层水的取水构筑物，由缆车、缆车轨道、输水斜管和牵引设备等组成，如图6-26所示。其特点是缆车随着江河水位的涨落，通过牵引设备沿岸坡轨道上下移动，因此受风浪的影响较小。

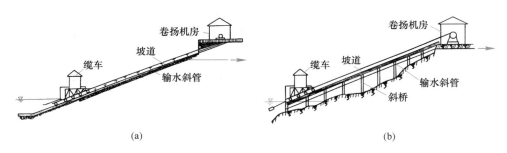

图 6-26 缆车式取水构筑物
（a）斜坡式；（b）斜桥式

缆车式取水构筑物适用于河流水位变幅为10～35m、涨落速度小于2m/h的情况，其位置宜选择在河岸岸坡稳定、地质条件好、岸坡倾角为10°～28°的地段，如果河岸太陡，所需牵引设备过大，移车较困难；如果河岸太缓，则吸水管架太长，容易发生事故。

1. 缆车式取水构筑物的构造及设计要求

（1）缆车

缆车是用于安装水泵机组的车辆。

1）缆车的结构

缆车的上部为钢木混合的车厢，用来布置水泵机组，下部为型钢组成的空间桁架结构的车架，在主桁架的下节点处装有2对至6对滚轮，可沿坡道移动。车厢的净高在无起吊设备时，采用2.5～3.0m；当设备重0.5t以上、设置手动吊车时，采用4.0～4.5m。小

型缆车的面积约为 $10\sim20m^2$，大、中型缆车为 $20\sim40m^2$。

2）设备选择与布置

每部缆车上可设 2 台或 3 台水泵，一用一备或两用一备，每台泵有单独吸水管。选用的水泵要求吸水高度不小于 4m，且 $Q\text{-}H$ 特性曲线较陡。也可以根据水位更换叶轮，以适应水位的变化。

缆车上水泵机组的布置除满足布置紧凑、操作检修方便外，还应特别注意缆车的稳定和振动问题。

根据水泵类型、泵轴旋转方向及缆车构造可将水泵机组布置成不同的形式，如图 6-27 所示。图 6-27（a）为水泵平行布置，适用于中、小型缆车，桁架受力好，运转时振动小。图 6-27（b）为水泵垂直布置，适用于大、中型缆车，布置较紧凑，缆车接近正方形；其中一台水泵反转，缆车稳定性较好。图 6-27（b）的布置为阶梯形布置，缆车重心降低，可以增加稳定性。

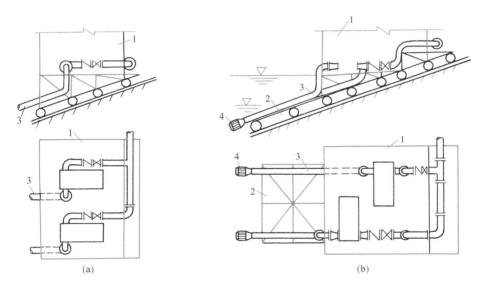

| (a) | (b) |

图 6-27　缆车水泵机组的布置

（a）水泵平行布置；（b）水泵垂直布置

1—缆车；2—尾车；3—吸水管；4—吸水头

（2）坡道

坡道上设有供缆车升降的轨道，以及输水斜管、安全挂钩座、电缆沟、接管平台及人行道等。坡道的面宽应根据缆车宽度及上述坡道设施布置确定。坡道上的轨距由吸水管直径确定，当吸水管直径为 $300\sim500mm$ 时，轨距一般为 $2.5\sim4.0m$；当吸水管直径小于 300mm 时，轨距为 $1.5\sim2.5m$。缆车轨道一般用 P_{24}、P_{36}、P_{43} 钢轨，基础采用钢筋混凝土轨枕或轨道梁及条石轨枕。

缆车轨道的坡面宜与原岸坡相接近，轨道的水下部分应避免挖槽。坡道有斜坡式和斜桥式两种。当岸坡地质条件较好、倾角适宜时，可利用天然地形做成斜坡式（图 6-26a），在河岸上直接浇筑钢筋混凝土基础，基础顶面高出原河岸 0.5m 左右。这种形式工程量小，活动接头拆装较方便，但轨道上易积泥。当坡面有泥砂淤积时，应考虑冲砂设施，常在尾车上设置冲砂管及喷嘴，在岸上设置冲洗水泵或利用缆车水泵出水压力进行冲洗的设施。

当岸坡较陡或河岸地质条件较差时，可做成斜桥式钢筋混凝土坡道。一般整个坡道用一个坡度，坡道顶面高出地面约 0.5m，以防积泥。图 6-26（b）为斜桥式坡道的缆车取水构筑物。这种形式的坡道其坡度不受地形条件限制，吸水管可直接装在缆车两侧，但结构复杂、工程量大、造价高，活动接头拆装不方便。

当岸坡不规则时，也可采用斜桥式和斜坡式相结合的取水构筑物，以减少工程量，防止泥砂淤积。

缆车轨道上端标高应为最高水位、浪高、吸水喇叭口到缆车层高度之和再加 1.5m 安全高度；下端标高应为最低水位减去保证吸水的 1.5m 安全高度。

（3）输水斜管及活动接头

输水斜管沿斜坡或斜桥敷设，通常一部缆车设一条输水斜管；管径较大、接头连接不便时，可改用输水能力相同的两条小管。输水斜管一般采用铸铁管，当管径大于 500mm 时，宜采用焊接钢管。

斜管上每隔一定距离设置一个正三通或斜三通叉管，以便与水泵压水管相连。叉管的高差主要取决于水泵吸水高度和水位涨落速度。叉管的布置宜先在每年持续时间最长的低水位处放置一根，然后根据水位的涨落速度向上、向下布置。最高和最低的叉管位置均应高于最高和最低水位时的缆车底板。当采用两部缆车、两根输水管时，叉管布置应错开。

在水泵压水管与叉管的连接处需设置活动接头，以适应缆车在一定范围内的移动。活动接头有以下几种：

1）橡皮软管柔性接头

图 6-28（a）所示为橡皮软管柔性接头，管径一般小于 300mm。这种接头构造简单、拆装方便、灵活性大，可弥补制造、安装误差，缆车振动对接头影响小。但承受压力低，使用年限较短，一般只能用 2～3 年。

2）球形万向接头

图 6-28（b）所示为球形万向接头，用铸钢或铸铁制成，管径一般不大于 600mm。这种接头组合方便、转动灵活，最大转角为 11°～22°，但制造复杂，拆装麻烦。

3）套筒活动接头

图 6-28（c）所示为套筒活动接头，由一至三个旋转套筒组成，使之可在一至三个方向旋转，以满足拆换接头、对准螺栓孔眼的需要。这种接头各种管径都能使用，拆装方便，寿命较长。

4）曲臂式活动接头

曲臂式活动接头由三个竖向套筒及两根联络短管组成，如图 6-28（d）所示。在联络短管中间点设托轮，可沿已定的弯曲轨道移动，因而可在较大幅度内移车，当坡道坡度较小或水位涨落速度较大时，可大大减少换接头的次数。但它需要较大的回转面积，增加了缆车的面积和质量。

缆车出水管与输水斜管的连接方法应用较多的主要有橡胶软管和曲臂式活动接头两种。小直径橡胶软管拆换一次接头约需半小时。曲臂式活动接头能适应水平、垂直方向移动，可减少拆换次数，增加供水的连续性。如某厂的缆车式取水构筑物采用直径为

500mm 曲臂式活动接头，每换一次接头，缆车可在坡道上单向行走 14.6m，适应水位变化 2.2m，缆车在洪水期拆换次数仅为 2～3 次，工作安全可靠。

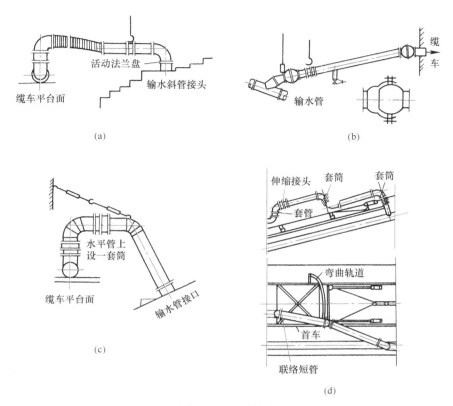

图 6-28　活动接头

（a）橡皮软管柔性接头；（b）球形万向接头；（c）套筒活动接头；（d）曲臂式活动接头

（4）牵引设备及安全设施

缆车取水多采用电动滚筒式卷扬机作为牵引设备，每部缆车设一台卷扬机。卷扬机房设在最高水位以上，正对缆车轨道。

缆车应设安全可靠的制动装置。卷扬机上应有电磁和手动制动器。缆车上广泛采用钢杆安全挂钩和钢丝绳套挂钩等安全装置。

2. 缆车的稳定

缆车结构的关键问题是车架的振动与变形，故缆车应有足够的稳定性和刚度。车架的稳定性和刚度除应通过缆车结构工作状态验算，保证不产生共振现象外，还应通过机组、管道的布置及基座设计来实现。机组、管道等的布置应考虑缆车的平衡，如采取设备对称布置，使机组重心与缆车轴线重合；将机组直接布置在桁架上，使机组重心放在两个桁架之间；缆车在竖向上布置成阶梯式以降低重心，保持缆车平衡，防止车架振动，增加其稳定性。机组基座的设计，应考虑减少机组对缆车的振动，每台机组均宜设在同一基座上。

6.5.2　浮船式取水构筑物

浮船式取水构筑物由浮船、锚固设备、联络管及输水斜管等部分组成，如图 6-29 所示,其适用条件为河流水位变幅在 10~40m 或更大,水位变化速度不大于 2m/h。水泵出水管与输水斜管可采用阶梯式连接或摇臂式连接。为适应水位涨落、缩短联络管长度,一般选择较陡的岸形。采用阶梯式连接时岸坡约为 20°~30°;采用摇臂式连接时岸坡可达 40°~45°。现行国家标准《泵站设计标准》GB/T 50265—2022 对浮船式取水位置作了以下规定:(1)河岸稳定,水流平稳,河面宽阔且枯水期水深不小于 1.0m;(2)避开顶冲、急流、大回流和大风浪区以及支流交汇处,且与主航道保持一定距离;(3)漂浮物少且不易受漂木浮筏或船只的撞击;(4)附近有可利用作检修场地的平坦河岸。

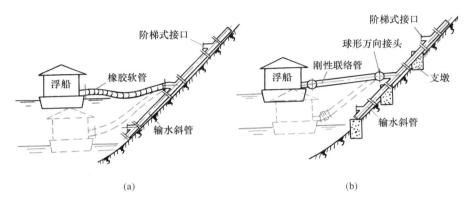

图 6-29　阶梯式连接的浮船式取水构筑物
(a)柔性联络管连接;(b)刚性联络管连接

浮船式取水构筑物的特点是无水下工程、投资省、工期短,有较高的适应性,但船体受风浪影响大,操作管理不便,安全性差。

1. 浮船式取水构筑物的构造及设计要求

(1)浮船

1)浮船的构造

浮船材料有钢、钢筋混凝土或钢丝网水泥等,因钢船较贵且存在腐蚀问题,故较少采用。钢筋混凝土船自重较大,船体重心低,稳定性好,易于浇筑,抗撞击性强,因此使用较普遍。

浮船一般采用平底形式,包括泵房间和船首尾两部分。泵房间内布置水泵、电机、配电设备和工作室,船首尾设置绞盘、导缆钳、系缆桩等设备,两侧为走道。

浮船的尺寸应根据设备及管路布置、操作及检修要求、浮船的稳定性等因素确定。浮船的平面为矩形,长宽比一般为 3:1,吃水深度为 0.6~1.0m,船体深度为 1.2~1.5m,船宽一般为 8.0m 左右,干舷采用 0.6~1.2m,浮船首尾甲板长度一般均不小于 2.0~3.0m。

2)设备的选择与布置

宜选择 Q-H 曲线较陡的水泵,其最高效率应选在取水历时最长的取水水位,并保证在最低水位也能满足所需水量和扬程。在水位涨落幅度大的地区,可使用两种叶轮,以提高运行效率。水泵吸水管管径小于 200~300mm 时用底阀,管径较大时用真空泵引水。吸水喇叭口上一般可采用圆形拦污格栅罩,并考虑定时冲洗。喇叭口的淹没深度应考虑风浪的影响,距河底的高度不小于吸水管直径的 1.5 倍。吸水管向水泵的上升坡度宜为 1%。

浮船上设备的布置需保证船体的平衡与稳定。

水泵机组应通过公用底座将质量传到甲板梁上，不允许直接放在甲板上。水泵一般采用单排布置，有纵向布置和横向布置两种，如图 6-30 所示。纵向布置较适用于大泵，如 SH 型泵，管线转弯较少，操作管理方便，水力条件较好，但水泵台数不宜过多，以免增加船体长度。此时，水泵机组的中心应稍偏于吸水管一侧，使压水管一侧有较宽的工作通道。机组横向布置较紧凑，船体宽大，稳定性好，多用于单级单吸卧式离心泵，如 IS 泵的布置，缺点是管路复杂，操作不便，水力条件差。

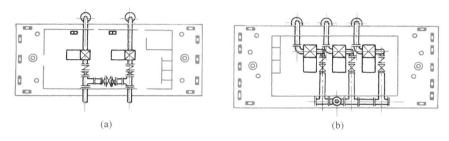

图 6-30 浮船上设备布置图
（a）纵向布置；（b）横向布置

水泵可以布置在甲板上（上承式），也可以安装在船体骨架上（下承式），如图 6-31 所示。上承式设备安装和操作方便，船体结构简单，通风条件较好，适用于各种船体，采用较多；但船体重心高，稳定性较差，振动较大。下承式的水泵一般采用立式泵，交通方便，重心低，稳定性好，振动小；但对船体结构要求高，适用于钢结构的船体。

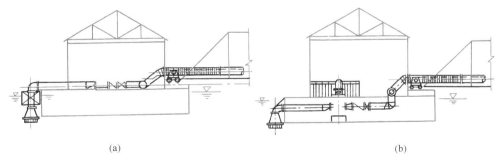

图 6-31 浮船的竖向布置
（a）上承式浮船布置；（b）下承式浮船布置

（2）水泵出水管与输水斜管的连接管

浮船总出水管与岸坡固定输水斜管之间的连接管段称为联络管，管的两端可采用胶管接头、球形接头、套筒接头等连接，以适应浮船随河流水位涨落及风浪作用产生的水平移位、竖向移位、水平摆动及颠簸等情况。常用的连接方式有阶梯式和摇臂式。

1）阶梯式连接

阶梯式连接因连接方式不同，可分为柔性联络管连接和刚性联络管连接，如图 6-29 所示。

① 柔性联络管连接

图 6-29（a）所示为柔性阶梯式联络管连接，采用两端带有法兰接口的橡胶软管作为

联络管，适用于小型给水，管径一般小于 300mm，管长为 6~12m。由于橡胶管具有一定的柔性，可适应浮船在一定范围内的移动。当水位变化较大时，需更换接头，使橡胶管对准相应的叉管。橡胶软管使用灵活，接口方便，但承压较低，寿命较短。

② 刚性联络管连接

图 6-29（b）所示为刚性阶梯式联络管连接，采用两端各设一个球形万向接头的焊接钢管作为联络管，管径一般在 350mm 以下，管长为 5~12m。钢管承压高，使用年限长，球形万向接头转动灵活，因此刚性连接可在岸坡较陡和水位变化较大时采用。但球形接头加工复杂，质量大，起吊和移船困难，因而限制了它的使用。

阶梯式活动连接结构简单、施工方便、造价低。但由于受联络管长度和球形接头转角的限制，在水位涨落超过一定范围时，需要移船和换接头，尤其在洪水期，移船频繁，操作管理麻烦，并需短期停水，供水安全性差，仅适用于小型或临时给水，不适用于在水位瞬时变化较大的河流取水。

2）摇臂式连接

摇臂式连接采用两端带有活动接头的焊接钢管作为联络管，采用的活动接头可以为球形接头、套筒接头和铠装法兰橡胶管接头，因此，摇臂联络管有球形接头摇臂管、套筒接头摇臂管、钢桁架摇臂管三种形式。在岸边高于中常水位处设置摇臂管支墩，以支承连接输水干管与摇臂管的活动接头，水位涨落时浮船以该点为轴心随水位变化移动；联络管的另一端支承在浮船的钢架支承平台上。同样，受球形接头转角的限制，球形接头摇臂管不能适应大的江河水位涨落幅度，因此实际应用较广泛的是套筒接头摇臂管和钢桁架摇臂管。

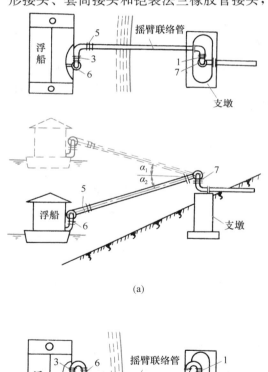

为适应浮船垂直、水平和摇摆运动，套筒接头摇臂管的活动部件需 5 个至 7 个套筒。带有 5 个套筒的摇臂管称单摇臂联络管，如图 6-32（a）所示。带有 7 个套筒的摇臂管称双摇臂联络管，如图 6-32（b）所示。图中套筒 1~4 的作用是水位涨落时可使浮船灵活起落；套筒 5 可使船体绕摇臂管轴线转动，以适应浮船的摇摆，在水流湍急的河段非常有用；套筒 6~7 可使浮船水平移位，使浮船能靠近岸边，免受洪水主流或浮筏、漂木的冲击。

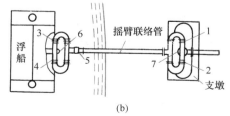

图 6-32　套筒接头摇臂管连接的浮船取水构筑物
（a）单摇臂联络管连接；（b）双摇臂联络管连接

单摇臂联络管由于联络管偏心，致使两端套筒接头受到较大的扭力，接头易因填料磨损而漏水，从而降低接头转动的灵活性与严密性，故只适宜在水压较低、水量较小时采用。双摇臂联络管接头处受力较均匀，增加了接头转动的灵活性与严密性，故能适应较高的水压和较大的水量。

目前套筒接头摇臂管的最大直径已达 1200mm，联络管跨度可达 28m，适应水位变化可达 38m。这种形式的连接适用于水位涨落幅度大、岸坡较陡的河流，由于不需拆换接头，供水安全性好，管理方便，因此使用较为普遍。

钢桁架摇臂管如图 6-33 所示，刚性联络管两端用铠装法兰橡胶管连接，钢桁架一端固定在中高水位的支墩或框架上，另一端固定于浮船的支座上，两端设滚轮支座，支座上有轨道和一定的调节距离，能适应浮船的位移和颠簸。

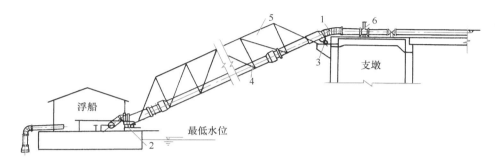

图 6-33　钢桁架式铠装法兰橡胶管连接的浮船取水构筑物
1—铠装法兰橡胶管；2—船端滚轮铰接支座；3—岸端滚轮支座；4—联络管；5—钢桁架；6—双口排气阀

这种连接适用于江面宽阔、水位涨落幅度大的河流，在长江中游采用较多。随着大口径铠装法兰橡胶管的生产和管道耐压力的提高，该种取水构筑物已作为永久性取水的一种形式。和套筒接头摇臂式连接相比，其操作更方便，运行更安全；但结构较复杂，且对航运有一定影响。

我国中南地区某厂采用钢桁架摇臂管活动连接，每条取水浮船上设两组钢桁架，每组钢桁架上敷设有两根 $DN600mm$ 的联络管，每条船取水能力达 $18×10^4 m^3/d$。

（3）输水斜管

输水斜管一般沿岸坡敷设。岸坡变化大且有泥砂淤积时，可隔一定距离设支墩，将管道固定在支墩上。输水斜管上端设排气阀，在适当部位设止回阀。

采用阶梯式连接时，输水斜管上每隔一定距离需设置叉管。当河水水位涨落速度快、河岸坡度陡、联络管短、拆换接头需要较长时间、接头有效转角大等情况下，叉管的间距应较大；反之则较小。根据重庆市的经验，叉管高差在洪水期、平水期和枯水期分别为 1.0m、1.0～2.0m 和 2.0～3.0m。通常应先在常年低水位处布置第一个叉管，然后按高差布置其余叉管。当有两条以上输水斜管时，叉管位置应错开。叉管接头处的法兰盘孔可做成椭圆孔，便于拆装。

采用摇臂式连接且水泵扬程小于 25m 时，输水斜管上可不设止回阀。

2. 浮船的稳定

为保证浮船取水构筑物安全运行，浮船设计应满足平衡与稳定性要求。

影响平衡与稳定的因素有：各设备的重力、水流的冲击力、进出水管内的动水压力、风浪等，设计时应综合考虑。为了保证运行安全，浮船应在正常运转、风浪作用、移船、设备装运等各种情况下均能保持平衡与稳定。

首先应通过水泵、电机和进出水管道布置来保持浮船平衡，并通过计算验证。当浮船设备安装完毕，可根据船只倾斜及吃水情况，采用固定重物舱底压载平衡；浮船在运行中，也可根据具体条件采用移动压载或液压载平衡。浮船的稳定性应通过验算确定。浮船要有足够的稳定性，以保证在风浪中或起吊联络管时能安全运行。在移船和风浪作用时，要求浮船的最大横向倾角不超过 $7°\sim8°$。根据浮船经常摇摆和倾斜的特点，所有管道和附件应焊接或用螺栓固定在船体上。

3. 浮船的锚固

浮船采用锚、缆索、撑杆等加以固定，称为锚固。锚固可使浮船在风浪等外力作用下仍能平衡安全地停泊在取水位置，进行正常生产；同时可以借助锚固设备较方便地移动浮船的位置。锚固方式有以下三种：

（1）岸边系留加支撑杆

浮船用系留缆索和支撑杆固定在岸边，如图 6-34（a）所示。支撑杆可以防止浮船因风浪作用向岸边移动，避免联络管受压，但不便于浮船向江心移位。这种方式适宜在岸坡较陡、河水较深、水面较窄、航运频繁以及河床抛锚无抓力的河段使用。

（2）船首尾抛锚与岸边系留结合

浮船用锚和系留缆索固定，如图 6-34（b）所示。这种方式锚固更可靠，同时便于浮船向江心或岸边移动，适用于河岸较陡、河面较宽、流速较大、航运较少的河段。

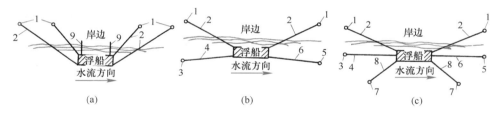

图 6-34　浮船的锚固

（a）岸边系留加撑杆；（b）船首尾抛锚与岸边系留结合；（c）船首尾抛锚，增设外开锚，并与岸边系留结合

1—岸上固定系缆桩；2—系留缆索；3—首锚；4—首锚链；5—尾锚；6—尾锚链；7—角锚；8—角锚链；9—支撑杆

（3）船首尾抛锚，增设外开锚，并与岸边系留结合

在水流湍急、风浪较大、河面较宽、停泊位置距岸较远的河段，为了将浮船牢固可靠地锚固在停泊位置，在船首尾抛锚与岸边系留结合的基础上再增设外开锚，如图 6-34（c）所示。此时浮船的移位操作较灵活安全，但布置形式较复杂。

6.5.3　活动式取水构筑物的数量

决定活动式取水构筑物数量的因素很多，如供水规模、供水要求、接头形式、有无调节池、船体是否需进船坞修理等，但主要取决于供水规模、联络管的接头形式及有无调节水池。因此，活动式取水构筑物的个数，应根据上述因素，综合考虑确定。

对于浮船式取水构筑物，在采用阶梯式活动连接时，因洪水期间接头拆换频繁，拆换时迫使取水中断，一般设计成一座取水构筑物再加调节池。随着活动接头的改进，摇臂式联络管的采用，特别是浮船取水中钢桁架摇臂联络管的实践成功，使拆换接头次数大为减少，甚至不需拆换，供水连续性大大提高，故有的工程仅设一座取水构筑物。

由于受到缆车牵引力、接头材料等因素的影响（如橡胶管直径为 800～900mm），活动式取水构筑物的数量受到供水规模的限制，每部缆车的取水流量一般应小于 $10 \times 10^4 \mathrm{m}^3/\mathrm{d}$，供水量大时，可用两部缆车交替使用。因此，应根据具体情况，在供水安全的前提下确定取水构筑物的数量。

6.6　山区浅水河流取水构筑物

6.6.1　山区浅水河流的特性、利用特点及取水方式

1. 山区浅水河流的特性

（1）山区浅水河流多属河流的上游段，河床坡降大、河狭流急。河床多为粗颗粒的卵石、砾石或基岩，稳定性较好。

（2）河流径流量变化及水位变幅很大。雨后水位猛涨、流量猛增，但历时很短。枯水期的径流量和水位均较小，甚至出现多股细流和局部地表断流现象。洪、枯水期径流量之比常达数十倍、数百倍甚至更大。

（3）河水的水质变化十分剧烈。枯水期和一般平水季节水质清澈，含泥砂量较小。降雨时，流域内大量地表风化物质被冲入河流，使河水水质骤然变浑浊，含砂量增加，漂浮物增多，底层水流中含有大量推移质，有时可携带直径 1m 以上的大滚石，很容易破坏河中的构筑物。

2. 山区浅水河流的利用特点及取水方式

鉴于上述特性，山区浅水河流河水资源的开发利用有如下特点：

（1）取水量常常占河水枯水径流量的很大比例，有的高达 70%～80%。

（2）山区浅水河流的枯水期水层浅薄，有的河流只有几十厘米水深，往往不能满足一般取水构筑物吸水深度的要求，因此需要在天然河道中修筑低坝抬高水位、增加水深，或者采用底部进水等方式。

（3）在山区浅水河流的开发利用中，既要考虑河水中推移质的顺利排除，不致大量堆积，又要考虑取水构筑物不被大颗粒推移质损坏。

适合于山区浅水河流的取水构筑物形式有：低坝取水、底栏栅取水、渗渠取水以及开渠引水等。下面仅对低坝和底栏栅取水构筑物的基本构造作扼要的介绍。

6.6.2　低坝式取水构筑物

当山区河流枯水期流量较小，取水量为枯水期流量的 30%～50% 或取水深度不足时，在不通航、不放筏、推移质不多的情况下，可在河流上修筑低坝以抬高水位和拦截足够的水量。低坝位置应选择在稳定河段上。坝的设置不应影响原河床的稳定性。取水口宜布置在坝前河床凹岸处。当无天然稳定的凹岸时，可通过修建弧型引水渠形成类似的水流条件。

低坝式取水构筑物有固定式低坝和活动式低坝两种形式。

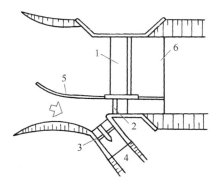

图 6-35 固定式低坝
1—溢流坝（低坝）；2—冲砂闸；3—进水闸；
4—引水渠；5—导流堤；6—护坦

1. 固定式低坝

固定式低坝取水构筑物通常由拦河低坝、冲砂闸、进水闸或取水泵房等部分组成，其布置如图 6-35 所示。

固定式低坝用混凝土或浆砌块石做成溢流坝形式，坝高应满足取水深度的要求，通常为 1～2m。溢流坝同时也应满足泄洪要求，因此坝顶应有足够的泄水宽度。低坝的长度应根据河道比降、洪水流量、河床地质以及河道平面形态等因素，综合研究确定。如其长度受到限制或上游不允许壅水过高时，可采用带有闸门的溢流坝或拦河闸，以增大泄水能力，降低上游壅水位。

进水闸一般位于坝的侧面。进水闸轴线和河道轴线的夹角称为引水角，其大小应视引水比、泥砂来量和颗粒组成而定，当引水比和泥砂来量均较小、颗粒组成较细时，可采用较大的引水角。在多砂河流上引水角不宜超过 45°。新建灌溉工程一般采用 30°～40°，以减少进砂量。

由于筑低坝抬高了上游水位，水流速度变小，坝前常发生泥砂淤积，威胁取水安全。为此在靠近取水口进水闸处设置冲砂闸，并根据河道情况，修建导流整治设施，其作用是利用上下游的水位差，将坝上游沉积的泥砂排至下游，以保证取水构筑物附近不淤积。冲砂闸布置在坝端与进水闸相邻，其作用是冲砂和稳定主槽。据统计，运行良好的冲砂闸总宽约为取水工程总宽的 1/10～1/3。当河流水质常年清澈时，可不设冲砂闸。

为了防止河床受冲刷，保证坝基安全稳定，一般在溢流坝、冲砂闸下游一定范围内需采用混凝土或块石铺砌护坦，护坦上设消力墩、齿槛等消能设施；筑坝时应清除河床中的砂卵石，使坝身直接建在不透水的基岩上，防止水流从上游坝下向下游渗透。如果砂卵石太厚难以清除，则需在坝上游的河床内用黏土或混凝土做防渗铺盖。黏土铺盖上面需设置厚 30～50cm 的砌石层加以保护。

低坝式取水构筑物的进水闸和冲砂闸的流量可按宽顶堰计算。

2. 活动式低坝

活动式低坝枯水期能挡水和抬高上游的水位，洪水期可以开启，减少上游淹没的面积，并能冲走坝前沉积的泥砂，因此采用较多；但维护管理较复杂。近些年来被广泛采用的活动坝有橡胶坝、浮体闸等。

（1）橡胶坝

橡胶坝用表面塑以橡胶的合成纤维（锦纶、维纶等）制成袋形或片状，锚固在闸底板和闸墙上。土建部分包括闸底板、闸墙、上下游护坡、上游防渗铺盖、下游防冲刷护坦及消能设施等。

橡胶坝制成封闭的袋形结构，用以挡水，称为袋形橡胶坝，如图 6-36 所示。袋内充有一定压力的水或气体，以保证一定的形状，承受上游的水压。当需要泄水时，放出一部分水或气体，使坝袋塌落。

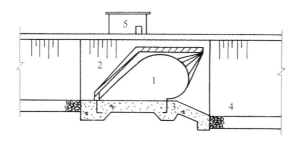

图 6-36 袋形橡胶坝

1—橡胶坝袋；2—闸墙；3—闸底板；4—消力池；5—充（排）水（气）泵房

　　制成片状的橡胶坝称为片形橡胶坝，又称橡胶片闸，如图 6-37 所示。坝的下端锚固于底板上，上端锚固于活动横梁上。活动横梁由支柱及导向杆支承（图 6-37a），也可以由卷扬机或手动绞车通过钢丝绳固定其位置（图 6-37b）。当活动横梁将橡胶片拉起到最高位置时起挡水作用，活动横梁在其他位置时则可泄水。

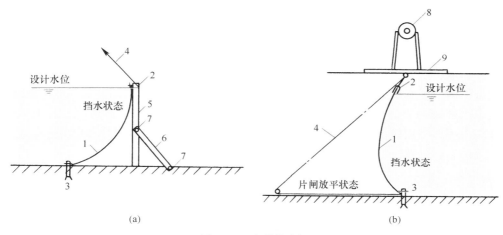

图 6-37 片形橡胶坝

1—胶布片；2—活动横梁；3—锚固螺栓；4—钢丝绳；5—立柱；6—导向杆；7—轴；8—手动绞车；9—工作平台

　　橡胶坝坝体质量轻，施工安装方便，工期短，投资省，止水效果好，操作灵活简便，可根据需要随时调节坝高，抗震性能好。但其坚固性及耐久性差，易损坏，寿命短。

　　（2）浮体闸

　　浮体闸由一块可以转动的主闸板、上下两块可以折叠的副闸板组成，闸板间及闸板与闸底板、闸墙间用铰连起来，再用橡胶等止水设施封闭，形成一个可以折叠的封闭体，如图 6-38 所示。当闸腔内充水时，浮力和水平推力对后铰产生的升闸力矩远大于闸板的自重和其他外力对后铰产生的阻碍升闸的力矩，因此主闸板便绕后铰旋转上升，并带动副闸板同时上升，起挡水作用。当闸腔内水排出，腔内水位下降，主闸板所受浮力和水压力减少，上、下副闸板受到上游水压力的作用而绕中铰折叠，带动主闸板同时塌落，便可泄水。当闸体卧伏在河床上时，可恢复上下游的航运和放木筏等交通。当调节闸腔内水位的高低时，可以将活动闸板稳定在某个所需的中间位置，从而使河水有计划地经闸顶排泄一定的流量，以达到调节用水的目的。

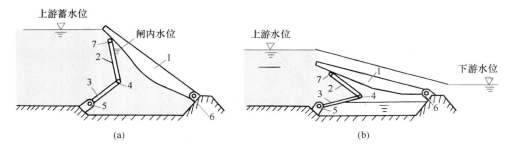

图 6-38　浮体闸

（a）充水升闸；（b）排水降闸

1—主闸板；2—上副闸板；3—下副闸板；4—中铰；5—前铰；6—后铰；7—顶铰

浮体闸不需要启闭机等设施，只需一套充排水系统，投资少，管理方便，使用年限比橡胶坝长，适用于推移质较少的山区河流取水。

6.6.3　底栏栅式取水构筑物

1. 底栏栅式取水构筑物的构造

在河床较窄、水深较小、河床纵坡降较大（一般要求坡降在 1/50～1/20）、大粒径推移质较多、取水百分比较大的山区河流取水，宜采用底栏栅式取水构筑物。这种构筑物通过坝顶带栏栅的引水廊道取水，由拦河低坝、底栏栅、引水廊道、沉砂池及取水泵房等组成，其取水部分的布置如图 6-39 所示。底栏栅取水在新疆、山西、陕西、云南、贵州、四川及湖南等地使用较多，取水流量已达 35m³/s。据统计，用于灌溉和电力系统已达 70 余座，其中新疆已建近 50 座。

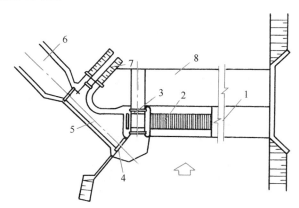

图 6-39　底栏栅式取水口

1—溢流坝（低坝）；2—底栏栅；3—冲砂室；4—进水闸；5—第二冲砂室；6—沉砂池；7—排砂渠；8—防洪护坦

拦河低坝的作用是抬高水位，坝与水流方向垂直，坝身一般用混凝土或浆砌块石筑成。在拦河低坝的一段筑有引水廊道，廊道顶盖有栏栅。栏栅用于拦截水流中大颗粒推移质及树枝、冰凌等漂浮物，引水廊道则汇集流进栏栅的水并引至岸边引水渠或沉砂池。栏栅堰顶一般高于河床 0.5m，如需抬高水位，可建 1.2～2.5m 高的壅水坝。在河流水力坡降大、推移质泥砂多、河坡变缓处的上游，栏栅的堰顶可高出河床 1.0～1.5m。河水流经坝顶时，一部分通过栏栅流入引水廊道，其余河水经坝顶溢流，并随水带走漂浮物及大粒径的推移质。为了在枯水期及一般平水季节使水流全部从底栏栅上通过，坝身的其他部分可高于栏栅坝段 0.3～0.5m。

沉砂池的作用是去除粒径大于 0.25mm 的泥砂。设置沉砂池可以截留进入廊道的小颗粒推移质，避免集水井淤积，改善水泵运行条件。

进水闸用于在栏栅及引水廊道检修时或冬季河水较清时进水。当取水量较大、推移质较多时，可在底栏栅一侧设冲砂室，用以排泄坝上游沉积的泥砂。

拦河低坝的位置应选择在河床稳定、纵坡大、水流集中和山洪影响较小的河段，一般放在主河槽或枯水河槽处，切断河床部分的宽度大致与主河槽一致，主河槽必须稳定，否则需在上游修建导流整治构筑物。

坝后淤积是底栏栅式取水构筑物存在的普遍问题，故坝址应尽可能选在河床纵坡较陡的河段，以增大廊道、沉砂池的水力排砂能力，加强排砂、冲砂效果。必要时还可考虑将下游河床适当缩窄，使水流集中下泄，以增加坝下游的输砂能力。

为了防止冲刷，应在坝的下游用浆砌块石、混凝土等砌筑陡坡、护坦及消能设施。若河床有透水性好的砂卵石时，应清基或进行防渗的"铺盖"处理。

2. 底栏栅的设计和计算

为便于栅条装卸更换，宜将栏栅分块组装，并采取措施防止栅条卡塞。底栏栅一般用扁钢、圆钢、铸铁、型钢等制成，栅条横断面以梯形为好，不易堵塞和卡石，其进水侧宽度为 15～20mm，背水侧宽度为 10～15mm，栅条厚度为 40～50mm。栅条净距应根据河流泥砂粒径和数量、廊道排砂能力、取水比的大小等因素确定，一般为 10～15mm。底栏栅纵向、横向都要有足够的强度和刚度，在有大滚石的地区，可设上下两层栏栅，上层多采用工字钢或铁轨，间距较大，用以承受大滚石等推移质。为减轻大块石对底栏栅表面的撞击，避免底栏栅坝面上沉积泥砂，底栏栅表面沿上下游方向应敷设 0.1～0.2 的坡度，坡向下游。此时，由于水流以倾斜方向流入廊道，在惯性作用下形成横向环流，与纵向主流相互作用形成螺旋水流，可以增大廊道的输砂能力。

（1）栏栅进水量计算

栏栅的进水量按引水廊道呈无压状态考虑，可用孔口自由出流公式计算。

1）集取河流部分水量时

$$Q = 4.43 K_1 \mu K_2 bL \sqrt{h} \tag{6-9}$$

式中　　Q——设计取水量，即栏栅进水量，m^3/s；

　　　　K_1——堵塞系数，0.35～1.0；

　　　　μ——栏栅孔口流量系数，当栅条表面坡度 i 为 0.1～0.2 时，$\mu = \mu_0 - 0.15i$；

　　　　μ_0——$i=1$ 时的流量系数，当栅条厚度与净距之比大于 4 时，$\mu_0 = 0.60～0.65$，小于 4 时，$\mu_0 = 0.48～0.50$；

　　　　K_2——栏栅面积减小系数，

$$K_2 = \frac{t}{t+s}$$

　　　　t——栅条净距，mm；

　　　　s——栅条宽度，mm；

b——栏栅水平投影宽度，一般采用 $0.6 \sim 2.0 \mathrm{m}$；

L——栏栅长度，通常等于引水廊道长度，m；

h——栏栅上的平均水深，m；

$$h = 0.8 \frac{h_{\mathrm{kp1}} - h_{\mathrm{kp2}}}{2}$$

h_{kp1}，h_{kp2}——栏栅前、后的临界水深，m；

$$h_{\mathrm{kp1}} = 0.47 \sqrt[3]{q_1^2}$$

$$h_{\mathrm{kp2}} = 0.47 \sqrt[3]{q_2^2}$$

q_1，q_2——栏栅上、下游单位长度的流量，$\mathrm{m^3/(s \cdot m)}$。

2）集取河流全部水量时

$$q = 2.66 K_1 (\mu K_2 b)^{\frac{3}{2}} \tag{6-10}$$

式中 q——单位长度栏栅的流量，$\mathrm{m^3/(s \cdot m)}$；

其余符号意义同前。

栏栅顶流量进入廊道的情况如图 6-40 所示。

（2）栏栅宽度计算

水流沿栏栅进入廊道时，由于受水流惯性作用的影响，栏栅宽度 b 不能全部起作用，仅有部分宽度进水，如图 6-41 所示。故栏栅坡度越大，有效工作宽度越小，进水量减少也越多。考虑上述因素，栏栅有效宽度计算公式如下：

$$b_{\mathrm{x}} = b + c - (\tan\alpha - \tan\beta) 2 h_{\mathrm{kp1}} \cos^2\beta \tag{6-11}$$

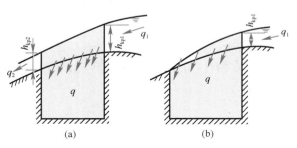

图 6-40　栅顶入流情况

（a）部分流入；（b）全部流入

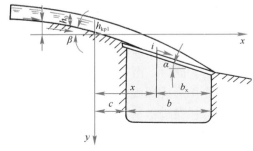

图 6-41　栏栅有效宽度计算图

式中 c——垂直坐标轴与廊道壁的水平间距，m；

α——栏栅与水平轴 x 轴间的夹角，$^\circ$；

β——栏栅前河床与水平轴 x 轴间的夹角，$^\circ$。

第7章　地下水取水工程

基于地下水所具有的独特的埋藏条件，地下水源地、取水构筑物类型和出水量，直接影响地下水取水工程的合理布设和正常运行，造成供水能力不足、供水保证率低、取水工程利用效率降低，直接或间接诱发地质灾害与环境问题。为此，本章在论述地下水选择的基础上，系统介绍地下水取水构筑物类型、使用条件、结构与技术参数、出水量计算方法和模型，取水工程施工与使用等内容。

7.1　地下水水源地选择与取水构筑物类型

7.1.1　地下水水源地选择

地下水水源地的选择，对于大中型集中供水，关键是确定取水地段的位置与范围；对于小型分散供水，则是确定水井的井位。它关系到建设投资，也关系到是否能保证水源地长期的经济和安全运转，以及避免产生各种不良的环境地质问题。

1. 集中式供水水源地的选择

选择时，既要充分考虑能否满足长期持续稳定开采的需水要求，也要考虑它的地质环境和利用条件。

（1）水源地的水文地质条件

水源地应选在含水层透水性强、厚度大、层数多、分布面积广的地段上，如：冲洪积扇中、上游的砂砾石带和轴部；河流的冲积阶地和高漫滩；冲积平原的古河床；裂隙或岩溶发育、厚度较大的层状或似层状基岩含水层；规模较大的含水断裂构造及其他脉状基岩含水带。

为保证水源地的长期持续开采，水源地尽量采用稳定型或调节型开采动态。取水地段应有良好的汇水条件以增加其补给量。可以最大限度拦截、汇集区域地下径流，或接近地下水的集中补给、排泄区。如：区域性阻水界面的迎水一侧；基岩蓄水构造的背斜倾没端、浅埋向斜的核部；松散岩层分布区的沿河岸边地段；岩溶地区和地下水主径流带、毗邻排泄区上游的汇水地段等。

（2）水源地的地质环境

新建水源地应远离原有的取水点或排水点，减少相互干扰。

为保证地下水的水质，水源地应选在远离城市或工矿排污区的上游；远离已污染（或天然水质不良）的地表水体或含水层的地段；避开易于使水井淤塞、涌砂或水质长期混浊的沉砂层和岩溶充填带；在滨海地区，应考虑海水入侵对水质的不良影响；为减少垂向污水入渗的可能性，最好选在含水层上部有稳定隔水层分布的地段。

此外，水源地应选在不易引发地面沉降、塌陷、地裂等有害地质作用的地段。

（3）水源地的经济、安全性和扩建前景

在满足水量、水质要求的前提下，为节省建设投资，水源地应靠近用户、少占耕地；

为降低取水成本，应选在地下水浅埋或自流地段；河谷水源地要考虑水井的淹没问题，按照防洪标准采取防洪措施；人工开挖的大口井取水工程，要考虑井壁的稳固性。注意对已建取水工程安全稳定性的影响，考虑在开采条件下由于地下水位波动对于建（构）筑物的影响。当有多个水源地方案可供比较时，未来扩大开采的前景条件，也是必须考虑的因素之一。

2. 小型分散式水源地的选择

以上集中式供水水源地的选择原则，对基岩山区裂隙水小型水源地的选择也是适合的。但在基岩山区，由于地下水分布极不均匀，水井布置主要取决于强含水裂隙带及强岩溶发育带的分布位置；此外，布井地段的地下水水位埋深及上游有无较大的汇水补给面积，也是必须考虑的条件。

7.1.2 地下水取水构筑物的类型和适用条件

正确设计取水构筑物，对最大限度截取补给量、提高出水量、改善水质、降低工程造价影响很大。地下水取水构筑物有管井、大口井、辐射井、复合井和水平渗渠等类型，其适用条件各异。其中管井最为常见，对含水层的适应能力强，施工机械化程度高，用于开采深层地下水，井深一般在300m以内，最深可达1000m以上；大口井广泛用于集取含水层厚度20m以内的潜水或承压水。辐射井由集水井和若干向外铺设的水平辐射型集水管组成，主要用于集取含水层厚度较薄的浅层地下水，它比大口井效率高，但施工难度大。复合井是大口井与管井的组合，即上部为大口井，下部为管井，它常常用于同时集取上部孔隙潜水和下部厚层基岩高水位的承压水。在一些需水量不大的小城镇和不连续供水的铁路给水站中被较多地应用。渗渠主要用于地下水埋深小于2m的浅层地下水，或集取季节性河流河床下的地下水，在我国东北、西北地区应用较多。

我国地域辽阔，水资源状况和施工条件各异，取水构筑物的选择必须因地制宜。在一些严重缺水的地区，为解决水源问题，创造了很多特殊而有效的开采、集取地下水的方法，如岩溶山地规模巨大的探采结合的取水斜井等。

7.2 管　　井

7.2.1 管井构造与井群系统

1. 管井构造

管井俗称机井，是地下水取水构筑物中应用最广的一种，适用于任何岩性与地层结构，按其过滤器是否贯穿整个含水层，分为完整井与非完整井（图7-1a、b）。管井通常由井室、井壁管、过滤器及沉淀管构成（图7-2a、b），但在抽取稳定基岩中的地下水时，也可不安装井壁管和过滤器。

井室位于最上部，用来保护井口，安装设备，进行维护管理。井管为了保护井壁不受冲刷，防止不稳定岩层塌落，隔绝水质不良的含水层。过滤器置于含水层中，它的两端与井管连接，是井管的进水部分，同时对含水层起保护作用。沉淀管位于井管的最下端，用于沉积涌入井口的砂粒。

（1）井室

井室的主要作用是安装水泵，并维护其正常运行。井室的构造应满足室内设备的正常运行要求，为此井室应有一定的采光、供暖、通风、防水、防潮设施。井口要用优质黏土或水泥等不透水材料封闭，一般不少于 3m，并应高出地面 0.3～0.5m，以防止井室内积水流入井内。水泵的选择应满足供水时的流量与扬程要求，即根据出水量、静水位、动水位和井径、井深等因素来决定。管井中常用的水泵有深井泵、潜水泵和卧式水泵。深井泵流量大，不受地下水位埋深的限制；潜水泵结构简单，运转平稳、无噪声，在小流量、地下水埋深较大的管井中广泛应用；卧式水泵受其吸水高度的限制，用于地下水位埋深不大时。

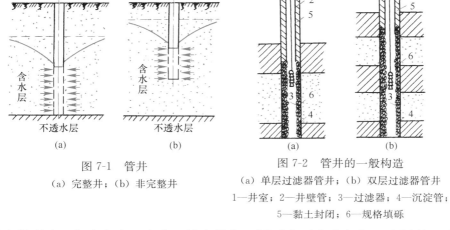

图 7-1　管井
（a）完整井；（b）非完整井

图 7-2　管井的一般构造
（a）单层过滤器管井；（b）双层过滤器管井
1—井室；2—井壁管；3—过滤器；4—沉淀管；
5—黏土封闭；6—规格填砾

井室的形式，很大程度上取决于抽水设备，同时也要考虑气候、水源的卫生条件等。深井泵站的井室一般采用地上式，潜水泵和卧式水泵多为地下式。

1）深井泵房

深井泵由泵体、装有传动轴的扬水管和电机组成。泵座和电机安装在井室内，根据不同的条件和要求，深井泵房可以建成地面式、地下或半地下式。大流量深井泵房通常采用地上式（图 7-3a），其维护管理、防水、防潮、采光、通风等条件较好。地下式深井泵房（图 7-3b）便于城镇、厂区规划，防寒条件好。

2）深井潜水泵房

深井潜水泵浸没在动水位以下，井室内只安装闸门等附属设备，井室实际类似于阀门井，如图 7-4 所示。由于潜水泵具有结构简单、使用方便、运转平稳、无噪声等优点，在小流量、地下水埋深较大的管井中被广泛采用。

3）卧式水泵房

采用卧式水泵房的管井，其井室可以与泵房分建或合建。分建的井室类似阀门井，合建井室则与深井泵房相似。由于卧式水泵受其扬程的限制，常用于地下水动水位较高的情况，而且其井室大多设于地下。

4）其他类型的井室

对于地下水位很高的管井，若可采用自流井或虹吸方式取水时，由于无需在井口设抽水装置，井室大多做成地下式，其结构与一般阀门井相似。

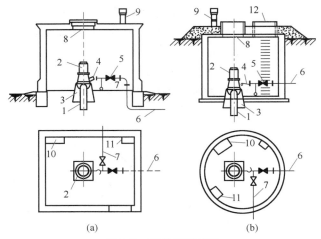

图 7-3 深井泵房布置

（a）地面式深井泵房；（b）地下式深井泵房

1—井管；2—水泵机组；3—水泵基础；4—止回阀；5—阀门；6—压水管；7—排水管；
8—安装孔；9—通风孔；10—控制柜；11—排水坑；12—入口

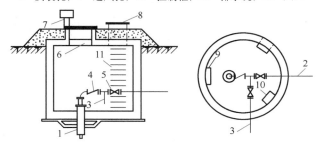

图 7-4 深井潜水泵房

1—井管；2—压水管；3—排水管；4—单向阀；5—阀门；6—安装孔；7—通风孔；
8—入口；9—控制柜；10—排水坑；11—攀梯

装备空压机的管井，井室与泵站分建。井室设有气水分离器。出水通常直接流入清水池，故井室与一般深井泵站大体相同。

（2）井管

井管也称井壁管，要求有足够的强度，不弯曲、光滑圆整，便于安装水泵和井的清洗维修，由于长期埋置地下，故需有较强的抗蚀性。井管可用钢、铸铁、钢筋混凝土、石棉水泥、塑料等材料制成。钢管一段不受井深限制，铸铁和钢筋混凝土管的应用深度一般不能大于 150～200m。

井管的直径应按水泵类型、吸水管外形尺寸等确定，其内径一般应大于水泵下部最大外径 100mm。井管的构造分异径井管和同径井管两类，视施工方法、地层岩石和稳定程度而言。异径井管适用于深度大、岩性结构复杂（如上部为松散沉积物，下部为基岩）、井壁岩石不稳定的地层。同径井管适用于井浅、岩性构造简单的地层。地层结构稳定的基岩，有时不设井管。

（3）过滤器

1）过滤器的作用、组成与类型

过滤器的作用是保持水井取得最大出水量，延长使用年限。如选择不当，常造成水井大量涌砂，或因地下水的腐蚀结垢作用而淤塞，有时大量涌砂还会导致地面塌陷，所以它是管井构造中的核心。对此，要求过滤器具有较大的孔隙度和一定的直径，足够的强度和抗蚀性，并且成本低廉，能保持含水层的稳定性。

过滤器类型有骨架过滤器、缠丝过滤器和填砾过滤器等，由过滤骨架和过滤层组成。骨架起支撑作用，在井壁稳定的基岩井中，也可直接用作过滤器。过滤层起过滤作用。

过滤骨架分管型和钢筋型两种。管型按其上孔眼的特征又分为圆孔及长条（缝隙）型两种（图 7-5a、b），它可用钢、铸铁、水泥、塑料等加工而成。钢筋骨架由竖向钢筋和支撑环焊接而成，用料省、易加工、孔隙率大，但抗压强度和抗蚀性低，不宜在深度大于200m 以上的管井中使用。过滤骨架孔眼的大小、排列、间距，与管材强度、含水层的孔隙率及其粒径有关，使过滤器周围形成天然反滤层。

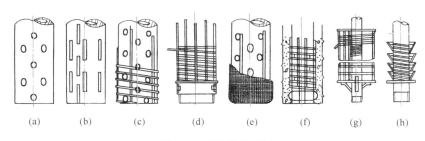

图 7-5　过滤器类型图

(a) 圆孔；(b) 缝隙；(c) 缠丝；(d) 钢筋骨架；(e) 包网；(f) 填砾；(g) 笼状；(h) 筐状

过滤层分布于骨架外，有缠丝和滤网及砾石充填层等种类，它和不同骨架组成各种类型的过滤器。

① 缠丝过滤器（图 7-5c、d）效果好，制作简单、耐用，适用于颗粒较粗的岩石与各种基岩。缠丝过滤器缝隙尺寸与含水层不均匀系数有关。当含水层不均匀系数 $\eta_1 \leqslant 2$ 时（$\eta_1 = d_{60}/d_{10}$），缝隙尺寸 $(1.25 \sim 1.5) d_{50}$（mm）；含水层不均匀系数 $\eta_1 > 2$ 时，缝隙尺寸 $(1.5 \sim 2.0) d_{50}$。滤网过滤器（图 7-5e）阻力大、易堵塞腐蚀，逐渐被填砾过滤器取代。

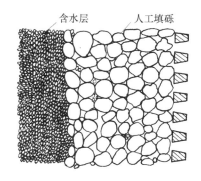

图 7-6　过滤器周围的人工反滤层（填砾）

② 填砾过滤器（图 7-5f）是可以用各种过滤器为骨架，用填与含水层颗粒组成一定级配关系的砾石层，以人工反滤层（图 7-6）加大井管外围的渗透性能，其过滤器骨架的进水孔尺寸应等于所填砾石的平均粒径，它适用于各种砂、砾、卵石含水层，是最好的一种过滤器。为了克服人工填砾在施工中的困难，有一种将砾石和骨架组合在一起的笼状砾石过滤器和筐状砾石过滤器（图 7-5g、h），用于井径较大的浅井。此外，还一种贴砾过滤器，用胶结材料将规定级配的石英砂粘结在穿孔骨架上制成，具良好的透水、滤水性，对解决粉、细颗粒的涌砂和深井填砾不匀效果较好。填砾过滤器的滤料规格和缠丝间隙的确定涉及几种情况。当砂土类含水层的 η_1 小于 10 时，填砾过滤

器的滤料规格宜采用下式计算：

$$D_{50} = (6 \sim 8)d_{50}$$

当碎石土类含水层的 d_{20} 小于 2mm 时，填砾过滤器的滤料规格宜采用下式计算：

$$D_{50} = (6 \sim 8)d_{20}$$

当碎石土类含水层的 d_{20} 大于或等于 2mm 时，应充填粒径 10～20mm 的滤料。

填砾过滤器滤料的 η_2（η_2 为填砾过滤器滤料的不均匀系数，即 $\eta_2 = D_{60}/D_{10}$）值应小于或等于 2。

填砾过滤器的缠丝间隙和非缠丝过滤器的孔隙尺寸可采用 D_{10}。

D_{50}、D_{10} 分别为填砾、颗粒级配曲线上过筛质量累积百分比为 50% 和 10% 的颗粒直径。d_{50}、d_{20} 分别为含水层颗粒级配曲线上过筛质量累积百分比为 50% 和 20% 的颗粒直径。

填砾过滤器的滤料厚度，粗砂以上含水层应为 75mm，中砂、细砂和粉砂含水层应为 100mm。

双层填砾过滤器的外层填砾规格，可按上述方法确定，内层填砾的直径一般为外层填砾直径的 4～6 倍。双层填砾层的厚度：内层为 30～50mm，外层为 100mm。

过滤器类型的选择，对于松散含水层，主要取决于含水层颗粒大小及分选程度；对于基岩含水层（带），既要考虑基岩的稳固程度，又要考虑裂隙、孔隙中疏松充填物的粒度和分选性。过滤器制作材料，主要考虑其强度和抗蚀性。

2）过滤器的直径、长度及安装部位

过滤器的直径影响井的出水量，是管井设计的关键。考虑水源地开采井的井径一般为 300～600mm，在透水性较好的承压含水层中可用 $Q \sim r_w$ 的线性比值关系校核；在无压含水层中 $Q \sim r_w$ 用式（7-1）进行校核计算。

$$\frac{Q_2}{Q_1} = \frac{\sqrt{r_2}}{r_1} - 0.021\left(\frac{r_2}{r_1} - 1\right) \tag{7-1}$$

式中　Q_2、Q_1——分别为大井和小井的出水量，m^3/d；

　　　r_2、r_1——分别为大井和小井的半径，m。

因此设计中还要考虑所选抽水设备类型、规格对井径的要求，即安装水泵的井段的井管内径，应比水泵铭牌上标定的井管内径最少应大 50mm。

对于松散含水层中的管井，为保持含水层的稳定性，防止破坏天然反滤层，还应根据井的取水量，对过滤器外径作允许入井流速的复核：

$$D \geqslant Q/(\pi Lvn) \tag{7-2}$$

式中　D——过滤器外径（包括填砾厚度），m；

　　　Q——设计出水量，m^3/s；

　　　L——过滤器工作部分长度，m；

　　　n——过滤器进水表面有效孔隙度（一般按过滤管进水表面孔隙率 50% 考虑），%；

　　　v——允许入井流速（与含水层渗透系数有关，可按有关规范查表或计算求得），m/s。

过滤器的长度是根据预计出水量、含水层性质和厚度、水位降及其他技术因素确定的，关系到地下水资源的有效开发。根据井内测试，管井中 70%～80% 的出水量是从过滤器上部进入的，尤其是靠近水泵吸水口部位，而下部进水很少。含水层厚度越大、透水性越好、井径越小，其出水量的不均匀分布越明显。有试验资料表明，过滤器的适用长度不宜超过30m，对此近年来在一些厚度很大的含水层中，常采用多井分段开采法，以提高开发利用率。

过滤器的安装部位直接影响管井的出水量。因此应安装在动水位以下主要含水层含水性最强的进水段。对均质的潜水含水层，应安装在含水层底部 1/3～1/2 的厚度内。在厚度较大的含水层中，可将过滤管与井壁管间隔排列，分段设置。对多层承压含水层，可将过滤器安装在含水性最强的含水段。可获得较好的出水效果。

在开采井抽水时，由于地下水从含水层通过反滤层和过滤器进入井内时会产生损失，使得井内和外壁的水位出现差值，这种水位差称为水跃值。水跃值越大，说明反滤层和过滤器对水的阻力越大，也反映了成井质量不佳。水跃值根据阿勃拉莫夫潜水井水跃值经验计算公式（7-3）计算。

$$\Delta S = \alpha \sqrt{\frac{QS}{\pi KDL}} \tag{7-3}$$

式中　ΔS——水跃值，m；

　　　Q——井的抽水量，m^3/d；

　　　S——抽水时井中的水位降深，m；

　　　K——渗透系数，m/d；

　　　D——过滤器的直径，m；

　　　L——过滤器的有效长度，m；

　　　α——与过滤器结构有关的系数。完整井包网和填砾过滤器取 0.15～0.25；条孔和缠丝过滤器取 0.06～0.08。非完整井根据不完整程度适当增加。

（4）沉砂管

沉砂管的作用是防止沉砂堵塞过滤器，其直径与过滤器一致，长度通常为 2～10m，可按井深确定。

2. 管井的井群系统及其合理布局

（1）管井的井群系统

在规模较大的地下水取水工程中，均采用井群系统，按取水方法和集水方式，可分为：

1）自流井井群：适用于静水位高出地表，呈自流状态的承压含水层。它只需用管道直接引水至清水池，经加压即可送入给水管网。

2）虹吸式井群：用虹吸管将各井中的水引入集水井，再由泵站送入清水池或管网，如图 7-7 所示。因受虹吸高度的限制，只适用于静水位接近地表的含水层。它不需要对每个取水井安装抽水设备，改造价低、管理方便。但由于虹吸管的负压工作条件，为防止管外空气的渗入和减少管内水中溶解气体的析出量，要求施工中保证整个管路的严密性，和增加虹吸管的埋深，其深度应根据虹吸管的水头损失、地下水的静水位和最大水位降等来确定。为利于排除积气，要求地面平坦、坡度小于 1%。

3）卧式泵取水井群：适宜于井内最低的动水位距地面不深（6～8m）的情况。当井距不大时，可直接用吸水管或总连接管和各井相连吸水，具虹吸式井群特点，如图 7-8（a）所示；当井距较大或单井出水量较大时，应在每个井安装卧式水泵，如图 7-8（b）所示。

4）深井泵取水井群：当地下水位埋深超过 10～12m 时，采用深井泵取水井群。深井泵取水井群能抽取埋深较大的地下水，故应用广泛。取水系统如图 7-9 所示。

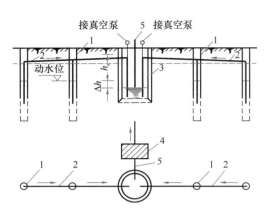

图 7-7 虹吸式井群

1—管井；2—吸水管；3—集水井；
4—泵站；5—水泵吸水管

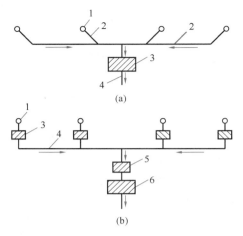

图 7-8 卧式泵取水井群

1—管井；2—吸水管；3—泵站；
4—压水管；5—集水井；6—二级泵站

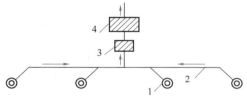

图 7-9 深井泵取水井群

1—设有深井泵管井；2—压水管；
3—集水井；4—二级泵站

（2）井群的合理布局

1）水井的平面布局

水井的平面布局视开采量的组成，地下水的径流条件及含水层的均匀程度而定，在径流条件良好的地区，地下水的开采量以径流量为主要组成，水井布局以充分拦截地下径流为主，并视主径流带过水断面的宽窄和地下径流的多寡，垂直其径流方向布置一至数个并排。若水源地靠近补给边界，应沿边界走向并垂直地下水的补给方向布置井群。在地下径流滞缓的平原区，其开采量以含水层的调节资源或垂向入渗补给为主，故宜用网络状或梅花形、圆形的布局形式。在导水性、贮水性极不均匀的基岩含水层中，水井的平面布局主要受控于含水层富水带的分布，不应再拘于规则的布局形式。

2）水井的垂向布局

水井的垂向布局是对平面布局的一种补充，目的是更有效地开发地下水资源。对于厚度小于 30m 的疏松含水层和大多数基岩含水层，一般用完整井取水最合理，不存在垂向布局问题。对于巨厚的多层含水层组而言，若采用水井立体布局的分层取水方式，不仅有利于充分开采地下水资源，并在目前上层含水层普遍因污染水质恶化的情况下，可保护下层含水层的优质地下水免遭污染，有利于实行分层供水、量质而用。对于厚度很大的单层含水层，由于水井抽水对含水层的影响深度有限，滤水管的有效长度一般仅 30m，因此当岩石颗粒较粗（中砂以上），透水性强、补给条件又好时，可谨慎地采用非完整井组的分段取水方式，井组一般由 2～3 口井组成，呈直线或三角形布置，井间水平距离 5～10m，相邻滤水管垂向间距一般为 10～20m，可视岩石颗粒粗细而定。对于补给条件较差的水源地，采用分段取水需慎重，否则会加大含水层的水位降，加剧区域地下水位的下降速度，引发环境地质问题。

3）水井的井数和井距

水井（或井组）的数量与井距，应在满足需水量要求的前提下，本着技术、经济、安全三原则来确定。井数主要取决于允许开采量（或设计总需水量）、井间距和单井出水量的大小。井间距取决于井间干扰强度，一般要求井间水量减少系数不超过 20％～25％。水井的井数可用式（7-4）计算。

$$n = \frac{Q}{(1-\sum\alpha_i)Q_i} + n_0 \tag{7-4}$$

式中　n——设计井数；

　　　n_0——备用井数，按设计总出水量的 10％～20％，并不得少于 1 眼；

　　　Q——水源地的设计总取水量，$\mathrm{m^3/d}$；

　　　Q_i——单井设计出水量，$\mathrm{m^3/d}$，为保证安全，取其中最小的设计井出水量；

　　　$\sum\alpha_i$——单井的最大出水量减少系数。

其中单井设计出水量 Q_i 不应超过过滤器的进水能力，即：

$$Q = n\pi D L v_g \tag{7-5}$$

式中　Q——过滤器的最大进水能力，$\mathrm{m^3/s}$；

　　　D——过滤器外径，m；

　　　L——过滤器的有效长度，m，按实际长度的 85％计；

　　　n——过滤器进水面层的有效孔隙度（一般按 50％考虑），％；

　　　v_g——通过过滤器进水的最大允许流速，m/s；一般不超过 0.03m/s，当地下水具有腐蚀性和容易结垢时按 0.01～0.015m/s 计。

对于补给条件较差的无限含水层，影响半径随水位降深而变化，因此干扰井的间距可根据单井设计时修正后的影响半径调整。修正方法为：

$$R\lg\frac{R}{r} = \frac{SR_0}{S_0}\lg\frac{R_0}{r_0} \tag{7-6}$$

式中　R、R_0——分别为设计井的影响半径和试验所得影响半径，m；

　　　S、S_0——分别为设计降深和试验时的最大降深，m；

　　　r、r_0——分别为设计井和试验井的半径，m。

集中式供水水井的数量和井间距的确定，一般首先根据水源地的水文地质条件、井群的平面布局形式、需水量大小及允许水位降等已给定的条件，拟定数个不同开采方案；然后选用适宜的公式，计算每一个布局方案的水井总出水量及其水位降深；最后通过技术经济比较，选取出水量和水位降均满足设计要求，井数少、井间干扰强度符合要求，建设投资和开采成本最低的方案。

7.2.2　管井和井群的出水量计算

出水量计算是管井设计的重要环节。它是在查明地下水资源的基础上，结合开采方案和允许开采量评价进行的，以确定井的类型、结构、井数、井距、井群布局，以及供水设备的选择。出水量计算的方法，有理论公式和经验公式：理论公式是建立在理想化模型基础上的解析公式，精度较差，一般用于初步设计；经验公式是以相似性现场抽水试验为依据，可用作施工图的编制。出水量计算的内容，有管井和干扰井群两类。对于大中型集中式水源工程，其井群系统中井间存在互相干扰作用。而分散式水源工程，因井数少可采用较大井距的小型水源工程而言，不存在井间的互相干扰，可直接用各井的出水量之和，评价总的开采量。

1. 管井出水量计算的理论公式

理论公式有稳定井流和非稳定井流两大类，分别以裘布依完整井稳定井流理论和泰斯完整井非稳定井流理论为基础，结合管井不同的工作状态演化而成。两者的根本区别在于公式中是否含有时间变量 t，使两者在出水量计算中具有不同的作用和不同的应用条件。

(1)完整井稳定井流出水量计算

如图 7-10 和图 7-11 所示，若以势函数 $(\varphi_R - \varphi_{rw})$ 表示稳定井流公式中内外边界的水头，其一般式可表示为：

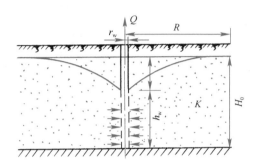
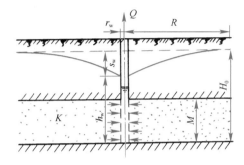

图 7-10　稳定流潜水含水层完整井计算简图　　图 7-11　稳定流承压含水层完整井计算简图

$$\varphi_R - \varphi_{rw} = \frac{Q}{2\pi} \ln \frac{R}{r_w} \tag{7-7}$$

式中　Q——井的出水量，$\mathrm{m^3/d}$；

　　　R——影响半径，m；

　　　r_w——井的半径，m；

　　　φ_R——外边界 R 处的势函数。潜水，$\varphi_R = \frac{1}{2} K H_0^2$；承压水，$\varphi_R = KMH_0$；

　　　φ_{rw}——内边界(井壁)r_w 处的势函数。潜水，$\varphi_{rw} = \frac{1}{2} K h_w^2$；承压水，$\varphi_{rw} = KMh_w$；

　　　K——含水层的渗透系数，m/d；

　　　M——承压水含水层厚度，m；

　　　H_0——含水层的天然水位，m；

　　　h_w——r_w 处含水层的动水位，m。

若参数 K、$M(H_0)$、h_w 已确定时，稳定井流计算可以解决的实际问题有：

1) 在给定允许水位降 $s_w = (H_0 - h_w)$ 的条件下，计算水井的出水量。

$$Q = 2\pi(\varphi_R - \varphi_{rw}) \bigg/ \ln \frac{R}{r_w} \tag{7-8}$$

2) 选择水井的出水量，预测水井的水位降深 s_w。以承压水含水层为例，计算公式如下

$$s_w = H_0 - h_w = \frac{Q}{2\pi KM} \ln \frac{R}{r_w} \tag{7-9}$$

3) 稳定井流公式由于不含时间变量 t，主要用于稳定或调节平衡开采动态水源工程的

管井出水量计算。

（2）完整井非稳定井流出水量计算

如图 7-12 和图 7-13 所示，若以水头函数 $U_{(r,t)}$ 表示非稳定井流公式任一点任一时刻的水头，其一般式可表示为：

$$U_{(r,t)}=\frac{Q}{4\pi K}w\,(u)\qquad(7\text{-}10)$$

式中　$U_{(r,t)}$——渗流场内 t 时刻距水井任意点 r 处的水头函数。潜水，$U=\frac{1}{2}(H_0^2-h^2)$；

承压水，$U=M(H_0-h)$。计算出水量时 $r=r_w$；

　　$w\,(u)$——井函数。$u=\frac{\mu r^2}{4Tt}$（潜水含水层）；$u=\frac{\mu^* r^2}{4Tt}$（承压含水层）；

　　μ——潜水为重力给水度；承压水为弹性给水度，以 μ^* 表示；

　　T——含水层导水系数，m^2/d；

　　t——时间，d；

　　r——计算点到井的距离，m；

　　h——r 处的动水位，m；

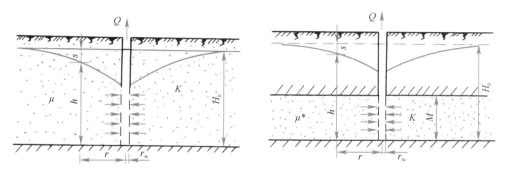

图 7-12　非稳定流潜水含水层完整井计算简图　图 7-13　非稳定流承压含水层完整井计算简图

其他符号意义同前。

当 T、μ 等参数已确定时，非稳定井流理论刻画了水井出水量 Q、水位降 s 及时间 t 三变量之间的函数关系。只需给出其中两个变量的规律，即可对另一变量的变化规律作出预测。对此，分别以 s、Q、t 三变量的表达式，来探讨它在工程实际中的意义。为便于讨论，均以承压水为例：

1）给定 Q、t 求 s

$$s_{(r,t)}=\frac{Q}{4\pi T}w\left(\frac{\mu^* r^2}{4Tt}\right)\qquad(7\text{-}11)$$

表示在定流量 Q 的取水过程中，渗流场内任意点 r 的水位降 s 是时间 t 的函数。它可以预测非稳定开采动态水井不同期限内的水位变化规律，是否满足允许水位降的要求；也可在地质环境脆弱的地区，按不同取水强度，研究开采区地下水降落漏斗形成与扩展过程，预测地质环境的变化。

2）给定 s、t 求 Q

$$Q=4\pi Ts\Big/w\left(\frac{\mu^* r^2}{4Tt}\right)\qquad(7\text{-}12)$$

表示定降深 s 取水时，出水量 Q 是时间 t 的函数。据此可预测在允许水位降条件下，水井出水量衰减变化情况，并可根据非稳定开采动态水井的服务年限，选择合理的开采量。

详细讨论请参见有关教材与手册。

2. 管井出水量计算理论公式的选择

管井的工作条件和地下水井流运动十分复杂。例如：管井的开采动态及地下水的井流运动有稳定型与非稳定型；地下水类型有无压水与承压水；含水层的结构有均质与非均质、等厚与非等厚；地下水的补给条件有垂向面状补给与侧向径流补给，面状补给又有面状入渗与越流补给，径流补给的边界供水条件与几何形态也各异；管井的结构有完整井与非完整井等。因此理论公式种类繁多，掌握井流基本方程，及在此基础上构造的各种理论公式的原理和应用条件，对正确选择计算公式，合理概化地下水井流运动和管井的工作条件具有重要意义。

下面对井流公式的构造方法与表达形式作一简要概括，以提供公式选择的原则与思路。

1) 裘布依公式和泰斯公式奠定了出水量计算的理论基础，它刻画了完整井条件下地下水井流运动的基本状态。稳定井流与非稳定井流、承压井流与无压井流，构造了理论公式的基本要素。

2) 在解决径流补给的各种侧向边界问题时，理论公式运用镜像法和水流叠加原理(见地下水动力学)，构造了不同供水条件和不同几何形态的边界的井流公式。为便于对比，经归纳简化，在裘布依公式和泰斯公式的基础上，分别以边界类型条件系数 R_Δ 和 R_r 表示，这样考虑不同侧向径流补给的井流公式的一般式可表示为：

稳定井流 $\qquad\qquad Q=2\pi(\varphi_R-\varphi_{rw})/R_\Delta$ （7-13）

非稳定井流 $\qquad\qquad Q=4\pi KU/R_r$ （7-14）

式中 R_Δ、R_r——分别为稳定井流、非稳定井流的侧向边界类型条件系数；

其他符号意义同前。

各种理想化模型的边界类型条件系数见表 7-1。表中所列各式均非其解析解的原型，而是简化后的近似表达式。

模型的边界类型与参数   表 7-1

边界类型	图 示	R_Δ $Q=2\pi(\varphi_R-\varphi_{rw})/R_\Delta$	R_r $Q=4\pi KU/R_r$
直线隔水		$\ln\dfrac{R^2}{2br_w}$	$2\ln\dfrac{1.12at}{r_w b}$
直线透水		$\ln\dfrac{2b}{r_w}$	$2\ln\dfrac{2b}{r_w}$
直交隔水		$\ln\dfrac{R^4}{8r_w b_1 b_2\sqrt{b_1^2+b_2^2}}$	$2\ln\dfrac{(2.25at)^2}{8r_w b_1 b_2\sqrt{b_1^2+b_2^2}}$

边界类型	图　示	R_Δ	R_r
		$Q=2\pi\,(\varphi_R-\varphi_{rw})\,/R_\Delta$	$Q=4\pi KU/R_r$
直交透水	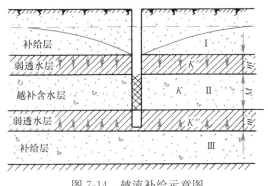	$\ln\dfrac{2b_1b_2}{r_w\ \sqrt{b_1^2+b_2^2}}$	$2\ln\dfrac{2b_1b_2}{r_w\ \sqrt{b_1^2+b_2^2}}$
直交隔水透水		$\ln\dfrac{2b_2\ \sqrt{b_1^2+b_2^2}}{r_wb_1}$	$2\ln\dfrac{2b_2\ \sqrt{b_1^2+b_2^2}}{r_wb_1}$
平行隔水		$\ln\left(\dfrac{b}{\pi r_w}+\dfrac{\pi R}{2D}\right)$	$\dfrac{7.1\sqrt{at}}{b}+2\ln\dfrac{0.16D}{r_w\sin\,(\pi b/D)}$
平行透水		$\ln\left(\dfrac{2D}{\pi r_w}\sin\dfrac{\pi b}{D}\right)$	$2\ln\left(\dfrac{2D}{\pi r_w}\sin\dfrac{\pi b}{D}\right)$
平行隔水透水		$\ln\left(\dfrac{4D}{\pi r_w}\cot\dfrac{\pi b}{D}\right)$	$2\ln\left(\dfrac{4D}{\pi r_w}\cot\dfrac{\pi b}{D}\right)$

上述式中 $a=T/S$ 为承压含水层压力传导系数，或 $a=KH/\mu$，潜水含水层的水位传导系数；S 为释水系数或弹性给水度（承压水头下降 1m 时，从单位面积含水层中释放的弹性水量）；H 为潜水水位。

值得注意的是，边界问题在出水量计算中极其重要。解析解的严格定解条件与实际问题往往相距甚远，工程实际中很少存在上述理想化的边界类型。因此，按理论公式对实际问题的刻画能力，运用等效近似原则，合理概化边界条件，缩小理论公式与实际问题的差距，满足理论公式近似计算的要求，显得特别关键。概化时，必须以区域水均衡为依据，结合相关参数的优化处理，力求从水文地质条件的整体来概化边界条件。

3）当含水层是越流系统时，其越流补给如图 7-14 所示。

理论公式的建立是以面状越流补给进入含水层后呈平面径向流的假设条件为前提的。目前理论公式只能刻画定水头的越流问题，在公式中是以越流因素项 B 表示，在不考虑相邻弱透水层本身的弹性释水时，井流公式可表示为：

图 7-14　越流补给示意图

稳定井流

$$Q=2\pi(\varphi_R-\varphi_{rw})\Big/K_0\left(\dfrac{r_w}{B}\right) \tag{7-15a}$$

非稳定井流 $$Q=4\pi KU\Big/w\Big(u,\frac{r}{B}\Big)$$ （7-15b）

式中　　B——越流因素项，$B=\sqrt{\dfrac{Tm'}{K'}}$。其中 K' 为相邻弱透水层的渗透系数，m/d；m' 为

弱透水层的厚度，m；

K_0——零阶二类修正贝塞尔函数；

$w\Big(u,\dfrac{r}{B}\Big)$——不考虑相邻弱透水层弹性释水时越流系统井函数；

r——计算点至抽水井的距离，m。

4) 当管井为非完整井结构时，其水流状态与完整井有所不同，即在井的附近存在局部的空间流区，但从整体上看仍属平面径向流运动，因此在解决非完整井问题时，理论公式仍然采用与完整井相似的研究方法，最常见的有分段法和镜像法。

分段法：在平面上如图 7-15 所示。空间流区主要分布在非完整井周围约含水层有效厚度 1.5～4.75 倍范围内。在此范围以外，逐渐恢复为平面径向流。根据水流连续性原则，可以利用两区之间的分界面 r_c 将水流在平面上分段，分别以三维流区与二维流区来表示同一口井的流量。根据这一分析，一口非完整井的流量，可以用一假想半径为 r_c 的完整井公式进行计算，然后乘以阻力修正系数。

在剖面上如图 7-16 所示。流网研究表明，过滤器上下两段的流线分别向中部弯曲，在过滤器有效长度的中部，流线弯曲逐渐变缓，与中心线 N—N 近似重合，流面几乎是水平面，其上水头的法向导数为零，呈隔水性质，可作为剖面分段法的理论依据。将一口非完整井分成两段研究，上段为坐落在具隔水性质的水平流面上的假想的完整井，下段为与水平流面直接接触的非完整井，而非完整井的流量为上下两段流量之和。

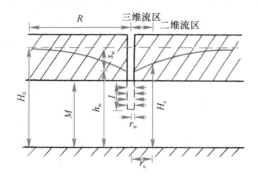
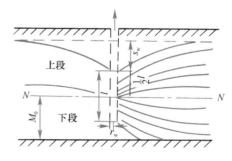

图 7-15　非完整井平面分段法概图　　　　图 7-16　非完整井剖面分段法概图

镜像法：当过滤器位于隔水顶板附近，或直接与隔水顶板接触，可视其与隔水边界附近的完整井类似，可将过滤器视为无数空间汇点组成的空间汇线，通过无限次汇线映像求解受隔水顶板影响的各种非完整井的理论公式。

上述用分段法、镜像法建立的各种非完整井理论公式，可参见有关地下水动力学教材或工程手册。这些理论公式均有严格的适用范围，选择时应考虑非完整井的进水条件，过滤器在含水层中的安装部位、安装长度以及含水层厚度等要素。

5) 对于非均质含水层，由于理论公式的构成是以均质含水层为前提，因此出水量计

算时，一般根据含水层的特点，以厚度 H（或 M）或面积 A 的加权平均值法表示各项参数。如以渗透系数 K 为例，其计算方法为：

$$K_{cp} = \frac{\sum\limits_{i=1}^{n} H_i(M_i) \cdot K_i}{\sum\limits_{i=1}^{n} H_i(M_i)} \tag{7-16}$$

$$或\ K_{cp} = \frac{\sum\limits_{i=1}^{n} A_i \cdot K_i}{\sum\limits_{i=1}^{n} A_i} \tag{7-17}$$

计算出水量时，除了应正确地选择公式外，科学地确定各项水文地质参数及合理概化边界补给类型是两个至关重要的环节。

渗透系数 K 值对出水量影响极大，所选择的渗透系数必须符合实际情况，同时应基于现场抽水试验来确定。要求抽水试验的位置应具有代表性，试验要满足有关规范的技术要求，应以观测孔水位计算渗透系数 K 值，避免井损和井附近三维流带对水位值的干扰。

影响半径 R 值是稳定井流公式中的重要参数。研究表明，若确定影响半径 R 值的误差高出 2～3 倍，则出水量误差可达 30％～60％。若取 R 的偏低值，其对计算的出水量造成的误差远比取偏高值要大。计算影响半径 R 值的方法很多，实践表明，用抽水试验的实践资料进行外推较符合实际，即以多观测孔的 3 个以上水位降的稳定流抽水试验。取得 s_1，s_2，s_3 和相应的 Q_1，Q_2，Q_3 资料，建立 R 与 s 或 R 与 Q 的统计关系，进行外推计算：

$$R = \alpha s^{\frac{1}{m}} \tag{7-18}$$

或

$$R = \alpha Q^{\frac{1}{m}} \tag{7-19}$$

式中　α，m——方程参数，根据稳定流抽水试验资料求得。

合理概化边界条件是又一重要环节，对于大型供水工程尤为重要。它包括边界类型及其几何形状两个内容。理论公式对边界条件的刻画能力有很大局限性，计算时要求按照公式的表达形式，将边界概化为具有无限补给能力的定水头补给边界（即供水边界）、隔水边界和无限延伸的含水层等三种确定性边界类型及规则的几何形状。但实际情况是，边界的补给能力是依管井的开采量而言的，是有限的。随着开采量的不断增加，一些供水边界因供水能力有限而转化为地下水位持续下降的变水头边界，此时地下水运动由稳定流转化为非稳定流。见表 7-1，当存在无限补给能力的供水边界时，非稳定井流与稳定井流具有同解，表明定水头供水边界是地下水稳定运动的保证，是选择稳定井流公式的依据。此外，自然界含水层的边界形状又是极不规则的，对比计算表明，简化供水边界的形状会带来较大的误差，而简化隔水边界的形状则对出水量计算结果影响不大。

由此可见，边界条件概化的重点，是正确判断开采条件下是否存在与开采量相适应的定水头供水边界及对边界形状的简化。一般情况下，供水边界主要存在于与含水层具有密切水力联系的地表水体，一些强含水层也可成为弱含水层的定水头供水边界，此外强烈的越流补给也可构成定水头供水边界。但是，一切定水头供水边界的划分，均应立足于开采条件下的区域水均衡条件的论证，这样才能保证大型供水工程出水量计算的可靠性。供水边界几何形状的概化，应从水文地质条件的整体出发，运用等效性原则，按理论公式的表达形式合理简化。

3. 出水量计算的经验公式

鉴于理论公式存在的理想化问题，在工程实践中常利用现场抽水试验，建立出水量 Q 与水位降 s_w 之间的关系式，进行出水量（或水位降）计算，故称为 Q-s_w 曲线法。它的优点在于可以避免理论公式计算中遇到的种种困难，诸如边界、非均质水文地质参数等问题，因此比较符合实际情况。

实践中常见的 Q-s_w 曲线，有直线形、抛物线形、幂函数形及半对数形等 4 种，见表 7-2。

井的出水量 Q 和水位降落值 s_w 曲线线形　　　　表 7-2

线形	经验公式	Q-s_w 曲线	转化后的公式	转化后的曲线
直线形	$Q=qs_w$			
抛物线形	$s_w=aQ+bQ^2$		$s_0=a+bQ$ $s_0=s_w/Q$	
幂函数形	$Q=a\sqrt[b]{s_w}$		$\lg Q=\lg a+\dfrac{1}{b}\lg s_w$	
半对数形	$Q=a+b\lg s_w$		$Q=a+b\lg s_w$	

（1）直线形方程

直线形方程的形式见式（7-20）。

$$Q=qs_w \tag{7-20}$$

直线形主要出现在承压含水层或水位降很小的厚层无压含水层地区。单位出水量 q 为通过坐标原点的 Q-s_w 直线斜率，可以用下式计算：

$$q=\frac{\sum Qs_w}{\sum s_w^2} \tag{7-21}$$

（2）抛物线形方程

$$s_w=aQ+bQ^2 \tag{7-22}$$

式中　a，b——待定系数。

将式（7-22）两端除以 Q，并令 $s_0=\dfrac{s_w}{Q}$，则

$$s_0=a+bQ$$

这样，s_0-Q 曲线为一直线。a 为直线在 s_0 轴上的截距，b 为直线的斜率，可用图解法或最小二乘法求得待定系数 a 和 b。如用最小二乘法：

$$b=\frac{N\sum s_w-\sum s_0\sum Q}{N\sum Q^2-(\sum Q)^2}$$

$$a=\frac{\sum s_0-b\sum Q}{N}$$

式中　N——抽水试验的水位降次数。

抛物线形曲线常见于补给条件好、含水层厚、出水量较大的地区。

（3）幂函数形方程

$$Q=a\sqrt[b]{s_w} \tag{7-23}$$

将上式两端取对数，得：

$$\lg Q=\lg a+\frac{1}{b}\lg s_w \tag{7-24}$$

故 $\lg Q$-$\lg s_w$ 呈一直线。$\lg a$ 为直线在纵轴上的截距，$\dfrac{1}{b}$ 为斜率，因而可用图解法或最小二乘法求出待定系数 a 和 b。其最小二乘法可按下式计算：

$$b=\frac{\sum(\lg s_w)^2-(\sum\lg s_w)^2}{N\sum(\lg s_w\cdot\lg Q)-\sum\lg s_w\sum\lg Q} \tag{7-24a}$$

$$\lg a=\frac{\sum\lg Q-\dfrac{1}{b}\sum\lg s_w}{N} \tag{7-24b}$$

符号意义同上。

幂函数型曲线常见于渗透性较好、厚度较大，但补给较差的含水层。

（4）半对数型方程

$$Q=a+b\lg s_w \tag{7-25}$$

式（7-25）在 $\lg s_w$-Q 坐标系中为一直线。a 为直线在纵轴上的截距，b 为斜率，可用图解法或最小二乘法求得。如用最小二乘法，可按下式计算：

$$b=\frac{N\sum(Q\lg s_w)-\sum Q\sum\lg s_w}{N\sum(\lg s_w)^2-(\sum\lg s_w)^2} \tag{7-25a}$$

$$a=\frac{\sum Q-b\sum\lg s_w}{N} \tag{7-25b}$$

半对数曲线常见于靠近隔水边界，或含水层规模小、补给差的地区。

选用半经验公式的计算方法如下：

1）在抽水试验的基础上，绘制 Q-s_w 曲线；

2）通过转换坐标，判断 Q-s_w 曲线类型；

3）用图解法或最小二乘法求待定系数 a 和 b，建立 Q-s_w 曲线方程；

4）根据给定的水位降或出水量，求解 Q 或 s_w。

应用经验公式应注意的事项：

1）必须以三个或三个以上水位降的稳定流抽水试验绘制 Q-s_w 曲线。

2）应确保抽水试验资料 Q 与 s_w 的代表性和唯一性。对此，试验地段的选择要求试验井的构造与试验的技术条件应符合未来管井的生产条件，试验的时间应选择在旱季；同时，应尽可能延长试验的延续时间，使抽水试验的成果反映边界的补给条件，并保证每个水位降的试验符合稳定流条件。

3）抽水试验应力争大降深，以减少出水量计算的外推范围。一般外推范围不应超过抽水试验最大降深的 2～3 倍。

4. 井群的互阻干扰计算

在抽水影响范围内，当两个以上水井同时开采时，必定产生互相干扰，导致水位的更大下降和出水量减少。生产实践中，井群开采都是在互阻条件下进行的，一般认为只要其干扰程度不超过 25%～30% 均为合理的。井群系统的互阻程度和井的间距、布置方式、开采量以及含水层的岩性、厚度、地下水资源量与补给条件有关。井群互阻计算的目的，在于优化互阻条件下的井距、井数及其开采量，为合理布置井群，进行技术经济对比提供依据。

井群互阻计算的方法有理论公式和经验公式。理论公式由于难以完整地反映各种影响，且水文地质参数不易确定，计算精度较差，使用上存在局限性。经验公式直接以现场抽水试验为依据，比较符合实际情况。因此，除一些简单情况采用理论公式进行初步计算外，一般多采用经验公式计算。实践中，小型水源工程井数少，常采用较大井距以减少互阻干扰，一般不作此类计算。

（1）应用理论公式的互阻干扰计算

由于井群布置的方式各异，加上水文地质条件不一，井群互阻干扰计算的理论公式很多，下面仅对以水位叠加原理为基础的理论公式作一简介。

1）承压含水层完整井井群计算

假设在承压含水层中有 n 口任意排列的完整井干扰抽水。各井的抽水量 Q_j（$j=1,2,\cdots,n$）为常量。对于位于（x_i，y_i）处的观测孔 i 而言，由各井抽水引起的总降深为 s'_i；第 j 口井单独抽水时在观测孔 i 中引起的降深为 s_{ij}。当抽水前的初始水头和边界水头为常数时，根据水位叠加原理，观测孔 i 的总降深 s'_i 如下式所示。

$$s'_i = \sum_{j=1}^{n} s_{ij} \tag{7-26}$$

对于承压水的稳定井流运动，观测孔 i 处的互阻干扰总降深 s'_i 可表示为：

$$s'_i = \sum_{j=1}^{n} \frac{Q_j}{2\pi KM} \ln \frac{R_j}{r_{ij}} \tag{7-27}$$

式中　Q_j——第 j 口井的出水量；

R_j——第 j 口井的影响半径；

r_{ij}——观测孔 i 至水井 j 的距离。

工程实践中，一般无专门观测孔，即 $j=i$，相应地以 s'_i 代表各水井的总降深。如图 7-17 所示，有 n 口任意排列的互阻水井，对其中的 1 号井的干扰总降低 s'_1 可表示为：

$$s'_1 = \sum_{j=1}^{n} \frac{Q_j}{2\pi KM} \ln \frac{R_j}{r_{1j}} \tag{7-28}$$

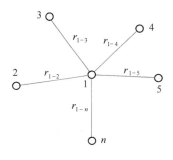

图 7-17　任意布置的井群系统

展开上式，得：

$$s'_1 = \frac{1}{2.73KM}\left(Q_1 \cdot \lg\frac{R_1}{r_w} + Q_2 \cdot \lg\frac{R_2}{r_{1-2}} + Q_3 \cdot \lg\frac{R_3}{r_{1-3}} + \cdots + Q_n \cdot \lg\frac{R_n}{r_{1-n}}\right) \quad (7\text{-}29)$$

式中　Q_1，Q_2，$\cdots$，Q_n——各井出水量，m^3/d；

　r_{1-2}，r_{1-3}，$\cdots$，r_{1-n}——2，3，$\cdots$，n 号井至 1 号井的距离，m；

　R_1，R_2，$\cdots$，R_n——各井的影响半径，m；

　r_w，K，M 等符号意义同前。

同理，对其他各井也可写出类似的方程，这样可得到由 n 个方程组成的线性方程组。只要给定各井的设计水位降或出水量，就可以求出各井在互阻干扰下的出水量或水位降深值。

2）无压含水层完整井井群计算

当图 7-17 所示的井群位于潜水含水层中，同理，可用水位叠加原理，在裴布依无压水公式的基础上，对 $H_2 - h_2$ 进行叠加，写出展开式：

$$H^2 - h_1^2 = \frac{1}{1.37K}\left(Q_1 \cdot \lg\frac{R_1}{r_w} + Q_2 \cdot \lg\frac{R_2}{r_{1-2}} + Q_3 \cdot \lg\frac{R_3}{r_{1-3}} + \cdots + Q_n \cdot \lg\frac{R_n}{r_{1-n}}\right) \quad (7\text{-}30)$$

式中　h_1——干扰抽水时 1 号井的动水位；

其他符号意义同前。

同理，可以按上式形成 n 口井的线性方程组，对各井的出水量和动水位进行互阻计算。

利用式（7-29）和式（7-30）计算时，如果任意井至计算井的距离大于影响半径，不参与计算。

（2）经验公式（水位削减法）井群互相干扰计算

经验公式计算方法，是指通过现场抽水试验取得相邻水井的水位影响值（削减值），求得井的出水量减少系数，以概括井群互阻影响中的各种复杂因素，实现井群互阻计算，称水位削减法。如上述，能否做到试验条件与设计开采条件相一致是应用该法的基本前提，包括：试验井口布置、间距，井的类型、构造、尺寸及其工作条件等。因此，经验公式的应用，受试验条件、含水介质的非均质性与各向异性特征，以及井群的涌水量 $Q\text{-}s$（水位降）曲线特征等诸多因素制约，故一般用于相邻井的单独和互阻抽水的 $Q\text{-}s$ 曲线均为直线关系，且斜率（指单位涌水量 q）不变的简单情况。鉴于上述原因，下面介绍一种适用性较强、较简单的半经验水位削减法。

该法根据现场稳定流抽水试验，取得相邻水井的水位削减值，利用稳定井流理论的涌水量 Q 与水位降 s 的关系，进行互阻条件下的井群出水量计算。

干扰条件下每口井的出水量 Q_{kj} 为：

承压水
$$Q_{kj} = Q_i\frac{s_{ki} \cdot \Sigma t'_i}{s_{ki}} \quad (7\text{-}31)$$

潜水
$$Q_{ki} = Q_i\frac{(2H - s_{ki} + \Sigma t'_i)(s_{ki} - \Sigma t'_i)}{(2H - s_{ki})s_{ki}} \quad (7\text{-}32)$$

式中 s_{ki} 为设计开采降深，Q_i 为非干扰条件下设计降深时第 i 口井的出水量，$\Sigma t'_i$ 为井群中其他各井对该井的有效影响值（削减值）之和，H 为潜水含水层厚度。其中 Q_i、$\Sigma t'_i$ 和 t_i 分别由下式确定。

承压水
$$Q_i = Q_0 \frac{s_{ki}}{s_0} \tag{7-33}$$

潜水
$$Q_i = Q_0 \frac{(2H - s_{ki}) \, s_{ki}}{(2H - s_0) \, s_0} \tag{7-34}$$

式中 s_0 和 Q_0 分别为抽水时的水位降和流量。

$$\sum t'_i = \frac{s_{ki} \cdot \sum t_i}{s_{ki} + \sum t_i} \tag{7-35}$$

承压水
$$t_i = t_0 \frac{Q_i}{Q_0} \tag{7-36}$$

潜水
$$t_i = H - \sqrt{H^2 - \frac{Q_i}{Q_0} (2H - t_0) \, t_0} \tag{7-37}$$

式中 t_0 为抽水实测水位削减值。

具体计算步骤如下：

1）检查所选公式是否可靠。根据现场抽水资料，计算各井干扰条件下的开采量 Q_{ki}，并与抽水时实测干扰流量进行对比，检验是否满足精度要求。若潜水含水层厚度较大，且水位降较小时，在理论上 $Q\text{-}s$ 关系接近直线关系，可以按承压水公式计算。

2）计算设计降深 s_{ki} 时，各井在非干扰条件下的单井出水量 Q_i。

3）根据抽水试验的实测水位削减值 t_0，计算设计降深流量 Q_i 条件下，各井之间的水位削减值 t_i。

4）计算各井的有效影响值（水位削减值）$\sum t'_i$。

5）计算干扰时各井的开采量 Q_{ki}。

7.2.3 管井施工

管井施工建造一般包括凿井、井管安装、填砾、管外封闭、洗井等过程，最后进行抽水试验。

1. 凿井

凿井的方法主要有冲击钻进和回转钻进。冲击钻进主要依靠钻头对地层的冲击作用钻凿井孔。效率低、速度慢，但机具设备简单、轻便。回转钻进依靠钻头旋转对地层的加削、挤压、研磨破碎作用来钻凿井孔。根据泥浆流动方向或钻头类型，又可分为一般回转（正循环）钻进、反循环钻进和岩心回转钻进。正、反循环的回转钻进的共同特点是：泥浆循环护壁去屑、适用于各种岩层。不同的是：正循环钻进（图 7-18a）是用吸泥泵将泥浆由沉淀池沿钻杆腹腔从钻头压入工作面上，在与岩屑混合后沿井壁和钻杆的环状空间上升至地面泥浆池内。反循环（图 7-18b）则反之，泥浆由沉淀池沿井壁和钻杆的环状间隙流入井底，泥浆的回流依靠吸泥泵的真空作用，从钻头吸入沿钻杆腹腔上升

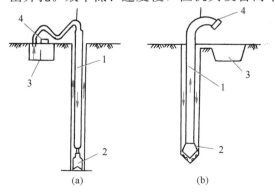

图 7-18 回转钻进原理

(a) 正循环钻进法；(b) 反循环钻进法

1—钻杆；2—钻头；3—沉淀池；4—吸泥泵

流入沉淀池去屑。因此，反循环的钻进深度有限，一般只有 100m 左右。

岩心回转钻进是用岩心钻头，只将沿井壁的岩石粉碎，保留中间部分，因此效率较高，并能将岩心取到地面，供考察地层构造用岩心回转法适用于钻凿坚硬岩层。

凿井方法的选择对降低管井造价、加快凿井进度、保证管井质量都有很大影响。在实际工作中，应结合具体情况，选择适宜的凿井方法。

2. 井管安装、填砾、管外封闭

井管安装、填砾和管外封闭应在井孔凿成后及时进行，尤其是非套管施工的井孔，以防井孔坍塌。井管安装必须保证质量，如井管偏斜和弯曲都将影响填砾质量和抽水设备的安装及正常运行。填砾的规格和方法可能影响管井的正常运行。填砾首先要保证砾石的质量，应以坚实、圆滑砾石为主，并应按设计要求的粒径进行筛选和冲洗。填砾时，要随时测量砾面高度，防止堵塞。井管外封闭一般用黏土球，球径为 25mm，用优质黏土制成。要求湿度（或含水率）要适宜，下沉时黏土球不化解。填砾规格和方法及不良含水层的封闭、井口封闭等质量的优劣，都可能影响管井的水量和水质。

3. 洗井和抽水试验

洗井是要消除凿井过程中井孔及周围含水层中的泥浆和井壁上的泥浆壁，同时还要冲洗出含水层中部分细小颗粒，使其周围水层形成天然反滤层。洗井必须在上述工序之后立即进行，以防泥浆壁硬化，给洗井带来困难。洗井的方法有活塞洗井、压缩空气洗井和联合洗井等多种方法。活塞洗井法是用安装在钻杆上带有活门的活塞，在井壁管内上、下拉动，使过滤器周围形成反复冲洗的水流，以破坏泥浆壁并清除含水层中残留泥浆的细小颗粒。活塞洗井效果好，较彻底。压缩空气洗井效率高，但对于细粉砂地层不宜采用。联合洗井是将两种方法联合运用，洗井效果较好。当出水变清，井水含砂在 1/50000（粗砂地层）～1/20000（细砂地层）以下时，即可结束洗井工作（《管井技术规范》GB 50296—2014 对井水含砂量的要求 1/200000 以下）。

抽水试验是管井建造的最后阶段，目的在于测定井的出水量，了解出水量与水位降深值的关系，为选择、安装抽水设备提供依据，同时取水样进行分析，以评价井水的水质。抽水试验的最大出水量一般应达到或超过设计出水量。抽水试验的水位降次数一般为三次，每次都应保持一定的水位降值与出水量稳定延续时间。抽水过程中应在现场及时进行资料的整理分析工作，如绘制 $Q\text{-}s_w$ 关系曲线、水位和出水量与时间过程曲线、水位恢复曲线等，以便发现问题及时处理。

4. 管井的验收

管井竣工后，应由使用、施工和设计单位根据设计图纸及验收规范共同验收，检验井深、井径、水位、水量、水质和有关施工文件。作为饮用水水源的管井，应经当地的卫生防疫部门对水质检验合格后，方可投产使用。

管井验收时，施工单位应提交下列资料：

1）管井施工说明书；

2）管井使用说明书；

3）钻进中的岩样。

上述资料是水井管理的重要依据，使用单位必须将此作为管井的技术档案妥善保存，以便分析、研究管井运行中存在的问题。

5. 管井的使用

管井使用的合理与否，将影响其使用年限。生产实践表明，很多管井由于使用不当，出现水量衰减、漏砂，甚至早期报废。管井使用应注意下列问题：

1）抽水设备的出水量应小于管井的出水能力；

2）建立管井使用卡制度；

3）严格执行必要的管井、机泵的操作规程和维修制度；

4）管井周围应按卫生防护要求保持良好的卫生环境和进行绿化，防止污染。

6. 管井出水量减少的原因及恢复和增加出水量的措施

1）管井出水量减少的原因和恢复措施

在管井使用过程中，往往会有出水量减少现象。其原因有管井本身和水源两个方面。

属于管井本身原因，除抽水设备故障外，大多因含水层填塞造成，一般与过滤器或填砾有关。在采取具体消除故障措施之前，应掌握有关管井构造、施工、运行资料和抽水试验、水质分析报告等，然后对造成堵塞的原因进行分析、判断，根据不同情况采取不同措施，如：更换过滤器、修补封闭漏砂部位、清除过滤器表面的泥砂、洗井等。

属于水源方面的原因很多也很复杂，如长期超量开采引起区域性地下水位下降，或境内矿山涌水及新建水源地的干扰等。对此，应从区域水文地质条件分析研究入手，开展地下水水位和开采量的长期动态观测，查明地下水位下降漏斗空间分布的形态、规模及其发展规律、速度、原因。在此基础上采取相关的措施，如：调整管井布局，变集中开采为分散开采；调整开采量，关停部分漏斗中心区的管井；开展矿山防治水工作，研究矿坑排水的综合利用；协调并限制新水源地的建设与开发；寻找、开发新水源；加强地下水动态的监测工作，实行水资源的联合调度和科学管理。

2）增加管井出水量的措施

真空井法：是将管井全部或部分密闭，进行负压状态下的管井抽水，达到增加出水量的目的。

爆破法：适用于基岩井。通常将炸药和雷管封置于专用的爆破器内，吊入井中预定位置起爆，以增强基岩含水层的透水性。

酸处理法：适用于可溶岩地区，以扩大串通可溶岩的裂隙和溶洞，增加出水量。

7.3 大 口 井

1. 大口井的构造

大口井因其井径大而得名。是开采浅层地下水最合适的取水构筑物类型，不仅进水断面大，并具有构造简单、取材容易、使用年限长及容积大能兼起调蓄水量作用等优点，但也受到施工困难和基建费用高等条件的限制。我国大口井的直径一般为4~8m，井深一般在12m以内，很少超过20m。大口井大多采用非完整井形式，虽然施工条件较困难，但可以从井筒和井底同时进水，以扩大进水面积，而且当井筒进水孔被堵后，仍可保证一定的进水量。

大口井的构造，一般如图7-19所示，主要由井室、井筒及进水部分组成。

（1）井室

井室构造主要取决于地下水位的埋深和抽水设备的类型。当地下水埋深大，采用卧式水泵取水时，井室一般为半地下式，如图 7-19 所示。当抽水动水位距地面不深或采用深井泵时，则井室一般建成地面式。当井内不安装抽水设备，则不设井室，而建井口，井台高出地面 0.5m，并在井口周围修建宽 1.5m 的排水坡，必要时应设井盖，在井盖上设通风管。

（2）井筒

井筒包括井中水面以上和水面以下两部分，用钢筋混凝土、砖、石条等砌成。井筒的作用是加固井壁、防止井壁坍塌及隔离水质不良的含水层。井筒的直径应根据水量计算、允许流速校核及安装抽水设备的要求确定。井筒的外形通常为圆筒形，易于保证垂直下沉，且省材、受力条件好、利于进水。但其下沉摩擦阻力大，为此深度较大时常采用变断面结构的阶梯状圆形井筒，如图 7-20 所示。采用沉井法施工的大口井，在井筒最下端设钢筋混凝土刃脚的外缘应凸出井筒 5~10cm，以切削土层，便于下沉。为防止井筒下沉时受障碍物破坏，刃脚高度不小于 1.2m。

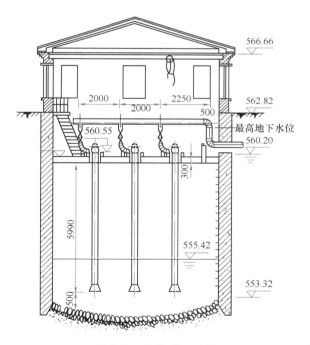

图 7-19　半埋式大口井

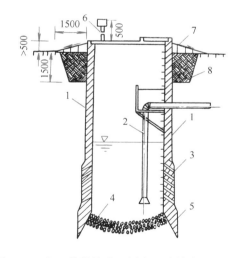

图 7-20　大口井的构造（图中尺寸单位：mm）
1—井筒；2—吸水管；3—井壁透水孔；4—井底反滤层；
5—刃脚；6—通风管；7—排水坡；8—黏土层

（3）进水部分

进水部分包括井壁进水孔（或透水井壁）和井底反滤层。

1）井壁进水孔

常用的井壁进水孔有水平孔、斜形孔两种，如图 7-21 所示。水平孔施工较容易，采用较多。壁孔一般为 100~200mm 直径的圆孔或（150~200）mm×250mm 的矩形孔，交

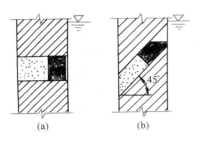

图 7-21　大口井井壁进水孔形式

(a) 水平孔；(b) 斜形孔

错排列于井壁，其孔隙率在 15% 左右。为保持含水层的渗透性，孔内装填一定级配的滤料层，孔的两侧设置不锈钢丝网，以防滤料漏失。斜形孔多为圆形，孔倾斜度不超过 45°，孔外侧设有格网。斜形孔滤料稳定，易装填、更换，是一种较好的进水孔形式。

孔径为 $100\sim200$mm，进水孔中的滤料可分为两层填充，每层为半井壁厚度。与含水层相邻一层的滤料粒径，可按下式确定：

$$D \leqslant (7 \sim 8)d_i$$

式中　D——与含水层相邻一层滤料的粒径，mm；

　　　d_i——含水层颗粒的计算粒径。

细砂和粉砂，$d_i = d_{40}$；中砂，$d_i = d_{30}$；粗砂，$d_i = d_{20}$。

相邻滤层粒径比一般为 $2\sim4$。

2) 透水井壁

透水井壁由无砂混凝土制成。有砌块构成或整体浇制等形式，每隔 $1\sim2$m 设一道钢筋混凝土圈梁，以加强井壁强度。其结构简单、制作方便、造价低，但在细粉砂地层和含铁地下水中易堵塞。

3) 井底反滤层

由于井壁进水孔易堵塞，多数大口井主要依靠井底进水，因此井底反滤层的质量极重要。一般铺设三层，每层厚 $200\sim300$mm。当含水层为粉砂、细砂层时，可适当增加层数；当含水层为均匀性较好的砾石、卵石层时，则可不必铺设反滤层。井底反滤层滤料级配与井壁进水孔相同，如铺设厚度不均匀或滤料不合规格，都可导致堵塞和翻砂，使出水量下降。

2. 大口井的施工

大口井的施工方法有开挖和沉井法两种。

开挖施工法是在开挖的基槽中，进行井筒的砌筑或浇筑及铺设反滤层。此法可以就地取材，便于井底反滤层施工，可在井壁外围填反滤层，改善进水条件。但施工土方量大，排水费用高，适用于建造直径和井深小的大口井，或地质条件不宜采用沉井法施工的大口井。

沉井施工法是在井位处先开挖基坑，然后在基坑上浇筑带有刃脚的井筒。待井筒达到一定强度后，即可在井筒内挖土，利用井筒自重切土下沉。其优点是：可利用抓斗或水力机械进行水下施工，能节省排水费用，施工安全，对含水层扰动程度轻，对周围建筑物影响小。但也存在排除故障困难，反滤层质量不容易保证等缺点。

3. 大口井的出水量计算

(1) 理论公式

大口井因受施工深度的限制，较多地采用非完整井，因此井底进水或井底和井壁同时进水是大口井有别于管井的主要特点。大口井出水量计算的理论公式就是按这一特点，根据井流理论，以典型模式解析公式的求解条件，在对含水层、井的结构、进水方式及其水流状态进行简化后建立的。其精度取决于计算公式的数学模型与实际是否一致或接近。计算时，应按大口井的类型（完整井、非完整井）、进水方式（井底进水、井壁进水、井底和井壁同时进水)、含水层水力状态 (无压、承压) 和厚度等, 选择相应的理论公式。

1) 井底进水大口井出水量计算

大口井出水量计算如图 7-22 (a)、(b) 所示。

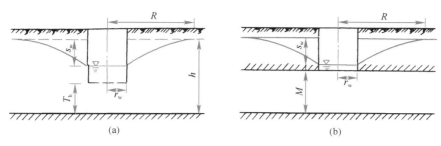

图 7-22　井底进水的大口井计算简图
(a) 潜水含水层；(b) 承压含水层

鉴于井底进水时承压含水层和潜水含水层的水流状态基本相似, 可以近似地用同一典型模式的理论公式表示:

①含水层很薄 (承压含水层 $M<2r_w$；潜水含水层 $T_h<2r_w$)。

承压含水层

$$Q=\cfrac{2\pi \cdot K \cdot s_w \cdot r_w}{\cfrac{\pi}{2}+2\arcsin \cfrac{r_w}{M+\sqrt{M^2+r_w^2}}+1.185\cfrac{r_w}{M}\lg \cfrac{R}{4M}} \qquad (7-38)$$

潜水含水层

$$Q=\cfrac{2\pi \cdot K \cdot s_w \cdot r_w}{\cfrac{\pi}{2}+2\arcsin \cfrac{r_w}{T_h+\sqrt{T_h^2+r_w^2}}+1.185\cfrac{r_w}{T_h}\lg \cfrac{R}{4H}} \qquad (7-39)$$

②含水层较薄 (承压含水层 $2r_w<M\leqslant 8r_w$；潜水含水层 $2r_w<T_h\leqslant 8r_w$)。

承压含水层

$$Q=\cfrac{2\pi \cdot K \cdot s_w \cdot r_w}{\cfrac{\pi}{2}+\cfrac{r_w}{M}\left(1+1.185\lg \cfrac{R}{4M}\right)} \qquad (7-40)$$

潜水含水层

$$Q=\cfrac{2\pi \cdot K \cdot s_w \cdot r_w}{\cfrac{\pi}{2}+\cfrac{r_w}{T_h}\left(1+1.185\lg \cfrac{R}{4H}\right)} \qquad (7-41)$$

③含水层较厚 (承压含水层 $M>8r_w$；潜水含水层 $T_h>8r_w$)。

承压含水层和潜水含水层

$$Q=4K \cdot s_w \cdot r_w \qquad (7-42)$$

式中　Q——大口井出水量, m^3/d；

K——渗透系数, m/d；

s_w——出水量 Q 时井内的水位降, m；

r_w——大口井的半径, m；

R——影响半径, m；

M——承压含水层厚度, m；

H——潜水含水层厚度, m；

T_h——潜水含水层大口井井底至不透水底板的垂直高度, m。

2) 井壁进水、井底和井壁同时进水的出水量计算

井壁进水的大口井, 可按管井出水量的计算方法选择公式。井底和井壁同时进水的大

口井,其出水量计算常近似地认为井的出水量,是由含水层中的井底进水量和井壁进水量的总和构成。

(2) 经验公式

经验公式是一种以实验为依据,对完整井公式进行含水层有效厚度(有效带深度)H_a(M_a)和水流阻力增大系数 β 的修正,使其适用于非完整井近似计算的要求。计算时,将经过有效带深度修正的完整井公式乘以阻力修正系数 β。

含水层有效厚度和有效带的修正:根据现场短过滤器抽水试验,获得有效带深度 H_a 和水位降深 s_w 及过滤进水长度 l 之间的关系:

$$s_w=0.2(s_w+l) \qquad H_a=1.3(s_w+l)$$
$$s_w=0.3(s_w+l) \qquad H_a=1.5(s_w+l)$$
$$s_w=0.5(s_w+l) \qquad H_a=1.7(s_w+l)$$
$$s_w=0.8(s_w+l) \qquad H_a=1.85(s_w+l)$$
$$s_w=1.0(s_w+l) \qquad H_a=2.0(s_w+l)$$

如图 7-23(a)、(b)所示,潜水含水层的有效带影响深度 H_a,即为潜水含水层的有效厚度。而承压含水层的有效厚度 $M_a=H_a-h_p$(h_p 为承压含水层隔水顶板以上的压力水头值)。此外,考虑有效带的动水位 $h_a=H_a-s_w$。

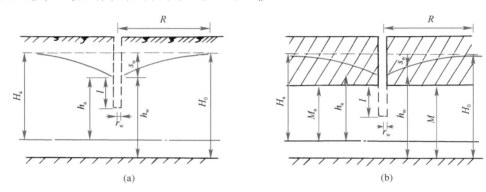

图 7-23 非完整井有效带深度示意图
(a) 潜水含水层;(b) 承压含水层

地下水阻力修正:通过室内小尺寸渗流槽试验,获得不同进水条件下的阻力修正系数 β。

1) 井壁进水

潜水

$$\beta=\sqrt{\frac{l}{h_a}}\cdot\sqrt[4]{\frac{2h_a-l}{h_a}} \tag{7-43}$$

承压水

$$\beta=\sqrt{\frac{l}{M_a}}\cdot\sqrt[4]{\frac{2M_a-l}{M_a}} \tag{7-44}$$

2) 井壁井底同时进水

潜水

$$\beta=\sqrt{\frac{l+0.5r_w}{h_a}}\cdot\sqrt[4]{\frac{2h_a-l}{h_a}} \tag{7-45}$$

承压水

$$\beta=\sqrt{\frac{l+0.5r_w}{M_a}}\cdot\sqrt[4]{\frac{2M_a-l}{M_a}} \tag{7-46}$$

经过含水层有效厚度和地下水阻力系数修正后的半经验公式可应用于水量计算。将以井壁井底同时进水的潜水非完整大口井为例，其具体的表示形式如下：

$$Q=1.366\frac{H_a^2-h_a^2}{\lg\dfrac{R}{r_w}}\cdot\beta \tag{7-47}$$

$$\beta=\sqrt{\frac{l+0.5r_w}{h_a}}\cdot\sqrt[4]{\frac{2h_a-l}{h_a}}$$

此外，生产中也常根据相似生产井的实际出水量或勘探孔的抽水试验资料，进行相似性类比外推计算等。其方法与管井相同。

4. 大口井进水允许流速校核

为保持滤料层和含水层的稳定，防止涌砂现象的发生，在确定大口井尺寸、进水部分构造和完成出水量计算之后，应校核大口井的进水流速，其井壁和井底进水流速都应小于允许流速。井壁进水孔（水平孔）的允许流速和管井过滤器的允许流速相同。对于重力滤料（斜形孔、井底反滤层）其允许流速，可查阅有关工程手册。

5. 大口井的设计要点

大口井的设计步骤和管井类似。但还应注意以下问题：

（1）大口井应选在地下水补给丰富、含水层透水性良好、埋藏浅的地段。开采河床地下水的大口井，除考虑水文地质条件外，应选在稳定的河漫滩或一级冲积阶地上。

（2）适当增加井径是增加水井出水量的途径之一。同时，在相同的出水量条件下，采取较大的直径，也可减小水位降，降低取水电耗，降低进水流速，延长使用年限。

（3）由于大口井的井深不大，地下水位的变化对井的出水量和抽水设备的正常运行有很大影响。对于开采河床地下水的大口井，因河水位变幅大，更应注意这一情况。为此在大口井的出水量和确定水泵安装高度时，均应以枯水期最低设计水位为准，抽水试验也以在枯水期进行为宜。此外，还应注意到地下水位区域性下降的可能性以及由此引起的影响。

7.4　复合井

复合井是由非完整式大口井和井底下设管井过滤器组成。它是一个由大口井和管井组成的分层或分段取水系统（图 7-24）。复合井适用于地下水较高、厚度较大的含水层，能充分利用含水层的厚度，增加井的出水量。模型试验表明，当含水层厚度大于大口井半径 3～6 倍，或含水层透水性较差时，采用复合井出水量增加显著。

为了减少大口井与管井间的干扰，充分发挥复合井的效率，过滤器直径不宜过大，一般以 200～300mm 为宜，过滤器的有效长度应比管井的稍大。过滤器不宜超过三根。

复合井的出水量计算，一般均采用大口井和管井两者单独工作条件下的出水量之和，并乘以干扰系数。其计算公式

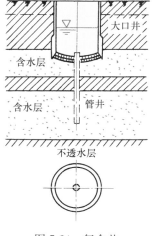

图 7-24　复合井

一般表示为:

$$Q=\alpha(Q_1+Q_2) \tag{7-48}$$

式中　Q——复合井出水量,$\mathrm{m^3/d}$;

Q_1,Q_2——同一条件下大口井、管井单独工作时的出水量,$\mathrm{m^3/d}$;

α——互阻系数。

α 值与过滤器的根数、完整程度及其管径有关。计算时,根据不同条件选择相应的等值计算公式,评估可参考有关文献资料。

7.5　辐　射　井

辐射井是由大口径的集水井与若干沿井壁向外呈辐射状铺设的集水管(辐射管)组合而成。由于扩大了进水面积,其单井出水量为各类地下水取水构筑物之首。高产的辐射井口产水量可达 10 万 $\mathrm{m^3}$ 以上。因此,也可作为旧井改造和增大出水量的措施。

辐射井也是一种适应较强的取水构筑物。一般不能用大口井开采的、厚度较薄的含水层,以及不能用渗渠开采的厚度薄、埋深大的含水层,均可用辐射井开采。辐射井对开发位于咸水上部的淡水透镜体也比其他取水构筑物更为适宜。辐射井还具有管理集中、占地省、便于卫生防护等优点。

辐射井的施工难度较高,施工质量和施工技术水平直接影响出水量的大小。

1. 辐射井的形式

辐射井分集水井井底和辐射管同时进水与集水井井底封闭仅辐射管进水两种形式,其辐射管的铺设方式有单层和多层两种。图 7-25 所示为集水井井底封闭的单层辐射管的辐射井。集水井井底与辐射管同时进水的辐射井,适用于厚度较大的含水层。

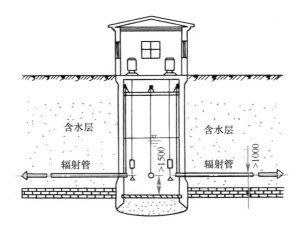

图 7-25　井底封闭单层辐射管的辐射井(图中尺寸单位:mm)

2. 辐射井的构造与施工

(1) 集水井

集水井的作用是汇集辐射管的来水和安装抽水设备等,对于不封底的集水井还兼有取水井的作用。我国一般采用不封底集水井,以扩大井的出水量。集水井的直径一般不应小于 3m。集水井都采用圆形钢筋混凝土井筒,沉井施工。

（2）辐射管

辐射管的配置分单层或多层,每层 4～12 根,层间距 1～3m,根据含水层厚度和补给条件而定。辐射管采用直径 70～150mm 的厚钢管,以便于直接顶管施工。辐射管的进水孔有条形孔和圆形孔,其缝宽和孔径应按含水层颗粒组成确定,孔隙率一般为 15%～20%。管长一般在 30m 以内。辐射管尽量布置在集水井的底部,一般距井底 1m 左右,以保证在大水位降条件下取得最大的出水量。

3. 辐射井的出水量计算

辐射井因其结构、形状和进水条件复杂,故现有计算公式只能作为估算出水量时的参考。常用的方法有如下几种。

（1）"大井"法

"大井"法是根据等效原则,假设在同一含水层中有一半径为 r_w 的等效大井,其出水量与计算的辐射井相等。这样,可以利用已有的稳定井流的公式对假设的理想大井进行出水量近似计算。这种假设的依据源于辐射井产生的人工渗流场具有统一的降落漏斗,与一般水井相似,计算时,为了满足等效原则,应根据辐射管的进水条件,为理想大井构造一个具有等效作用引用半径 r_w。构造 r_w 的方法很多,常见的有:

1）根据辐射器的长度 L 和根数 n

$$r_w = 0.25^{\frac{1}{n}} \cdot L \tag{7-49}$$

当 $n=1$ 时,$r_w=0.25L$,即"大井"的等效引用 r_w,此时仅与辐射管长度 L 有关。

2）根据辐射管分布范围所固定的面积 A

$$r_w = \sqrt{\frac{A}{\pi}} \tag{7-50}$$

即认为辐射管的分布范围与"大井"面积相等时,具有等效的出流效果。它适用于辐射管长度有限且配置较密的情况。

计算时,将上述方法确定的等效大井引用半径 r_w,代入相应的稳定井流公式即可。以位于薄层承压含水层中,集水井为完整井或井底封闭的辐射井为例,其出水量计算的公式可表示为:

$$Q = \frac{2.73K \cdot M \cdot s_w}{\lg \frac{R}{r_w}} \tag{7-51}$$

$$r_w = 0.25^{\frac{1}{n}} \cdot L \tag{7-49}$$

或

$$r_w = \sqrt{\frac{A}{\pi}} \tag{7-50}$$

式中　Q——辐射井出水量,m^3/d;

K——渗透系数,m/d;

M——承压含水层厚度,m;

s_w——等效大井的水位降值,m;

R——影响半径,m;

r_w——等效大井的引用半径,m;

  L——辐射管长度，m；

  n——辐射管根数；

  A——辐射管分布范围圈定的面积，m^2。

（2）辐射管互阻系数法

该法是根据辐射管的工作状况，确定单根辐射管的出水量计算公式，然后按辐射管的根数，以互阻系数近似表达辐射管间的干扰，组成整个辐射井的出水量计算公式。

以位于薄层潜水含水层中，集水井为完整井或井底封闭的辐射井为例，其出水量计算公式可写成：

$$Q = q \cdot n \cdot \alpha \qquad (7-52)$$

$$q = \frac{1.36K(H^2 - h_w^2)}{\lg \dfrac{R}{0.75L}} \qquad (7-53)$$

当 $T_h > h_w$ 时

$$q = \frac{1.36K(H^2 - h_w^2)}{\lg \dfrac{R}{0.256L}} \qquad (7-54)$$

$$\alpha = \frac{1.609}{n^{0.6864}} \qquad (7-55)$$

式中 q——单根辐射管出水量，m^3/d；

  α——辐射管间互阻系数；

  H——潜水含水层厚度，m；

  h_w——集水井外壁动水位至含水层底板高，m；

  T_h——辐射管轴线至含水层底板高，m；

其余符号意义同前。

7.6 渗 渠

1. 渗渠的形式

渗渠分集水管和集水廊道两种形式，同时也有完整式和非完整式之分。集水廊道由于造价高，很少采用。由于是水平铺设在含水层中，也称水平式取水构筑物。受施工条件的限制，其埋深很少超过 10m。

渗渠的优点是：既可截取浅层地下水，也可集取河床地下水或地表渗水。渗渠水经过地层的渗滤作用，悬浮物和细菌含量少，硬度和矿化度低，兼有地表水与地下水的优点，渗渠可以满足北方山区季节性河段全年取水的要求。其缺点是：施工条件复杂、造价高、易淤塞，常有早期报废的现象，应用受到限制。

2. 渗渠的构造

渗渠通常由水平集水管、集水井、检查井和泵站组成，如图 7-26 所示。

集水管一般为穿孔钢筋混凝土管，水量较小时可用穿孔混凝土管、陶土管、铸铁管；也可用带缝隙的干砌块石或装配式钢筋混凝土暗渠。集水管管径应根据水力计算确定。管上进水孔有圆孔和条孔两种，交错排列于渠的上 1/2～2/3 部分。孔眼净距要满足结构强度要求，孔隙率一般不应超过 15%。

集水管外需铺设人工反滤层。反滤层的层数、厚度和滤料粒径计算，与大口井井底反滤层相同。最内层填料粒径应比进水孔略大，各层厚度可取 200～300mm。

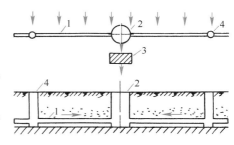

图 7-26　渗渠的构造
1—集水管；2—泵站；3—集水井；4—检查井

渗渠的渗流允许速度，可参照管井的渗流允许流速。

为便于检修、清通，集水管端部、转角、变径处以及每 50～150m 均应设检查井。

3. 渗渠出水量计算

渗渠为水平式取水构筑物，其出水量计算方法与水井不同。其特点是：流向渗渠的地下水运动属于剖面的平面流动。渗渠大多构筑在靠近地表的潜水含水层中；对同时集取地表水的渗渠，其出水量还与地表水体的水文条件有关。

（1）截取地下水的渗渠

1）潜水含水层中完整式渗渠的出水量计算，如图 7-27 所示，其表达式为：

$$Q = \frac{K \cdot L(H^2 - h_w^2)}{R} \tag{7-56}$$

式中　Q——渗渠出水量，m^3/d；

　　　K——渗透系数，m/d；

　　　L——渗透长度，m；

　　　H——含水层厚度，m；

　　　h_w——渗渠内水位距含水层底板高度，m；

　　　R——影响带宽度，m。

当渗渠长度 $L < 50m$ 时，渗渠两端辐射流对出水量影响的比例增大，此时也可根据等效原则采用管井计算中的"大井"法，并按渗渠长度构造"大井"的等效引用半径 r_w，其计算公式可写成：

$$Q = \frac{1.36K(H^2 - h_w^2)}{\lg \dfrac{R}{T_w}} \tag{7-57}$$

$$T_w = 0.25L \tag{7-58}$$

2）潜水含水层中非完整式渗渠的出水量计算，如图 7-28 所示。

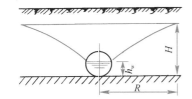

图 7-27　潜水含水层完整式渗渠计算简图

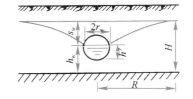

图 7-28　潜水含水层非完整式渗渠计算简图

一般采用非完整阻力系数 β 修正渠底含水层的进水量，其计算公式表示为：

$$Q = \frac{K \cdot L(H^2 - h_w^2)}{R} \cdot \beta \qquad (7\text{-}59)$$

$$\beta = \sqrt{\frac{h' + 0.5 r_w}{h_w}} \cdot \sqrt{\frac{2h_w - h'}{h_w}} \qquad (7\text{-}60)$$

式中 β——阻力修正系数；

h'——渗渠内水深，m；

r_w——渗渠引用半径，m；

其余符号意义同前。

式（7-6）适用于渠底和含水层底板距离不大（$h_w \leqslant s_w$）时。若应用于厚度较大的含水层，应在阻力修正的基础上，对含水层厚度 H 进行渗渠有效影响深度的修正。根据公式，其最大影响深度的含水层有效厚度 $H = 2.0(s_w + h')$。

（2）同时集取河床和岸边地下水的完整式渗渠的出水量计算。

此类渗渠一般平行河流铺设，其出水量为河床地下水和岸边地下水之和（图 7-29）。其表达式如下：

$$Q = \frac{KL}{2l}(H_1^2 - h_w^2) + \frac{KL}{2R}(H_2^2 - h_w^2) \quad (7\text{-}61)$$

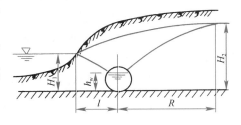

图 7-29 河滩下渗渠计算简图

式中 H_1——河水距含水层底板高度，m；

H_2——岸边地下水位距含水层底板高度，m；

l——渗渠中心至河流水边线的距离，m；

其余符号意义同前。

4. 渗渠的水力计算

渗渠的水力计算包括确定管径、管内流速、水深和管底坡度等。其计算方法与重力流排水管相同。计算时，应按枯水期水位校核最小流速，根据洪水期水位校核管径。

集水管内流速一般采用 0.5～0.8m/s，管底最小坡度小于 0.2%，管内充满度可视具体情况而定，管渠内径或矩边不小于 600mm。

5. 渗滤设计要点

（1）渗滤位置选择

1）选在水流较急，有一定冲刷能力的直线或凹岸非淤积河段，并尽可能靠近主流；

2）选在含水层较厚、颗粒较粗、不含淤泥等不透水夹层；

3）选在河水清澈、水位变化小、河床稳定的河段。

（2）渗渠平面布置

1）平行河流布置

如图 7-30（a）所示，可同时集取河床和岸边的地下水，且施工检修方便、不易淤塞、水量稳定。渗渠和河流水边线的距离，视含水层颗粒粗细而定，一般不宜小于 20～25m。

2）垂直河流布置

如图 7-30（b）所示，当岸边地下水补给差，冲积层薄，河流枯水期流量小，河流主流摆动不定时，可采用此种布置，以最大限度截取河床潜流水。其施工检修困难，出水量小、水量和水质受河流影响变化大，易淤塞。

3）平行和垂直河流组合布置

如图 7-30（c）所示，其最大优点是出水量大。设计时，垂直河流段应短于平行河流段，两者的夹角不宜小于 120°，以免相互干扰。截取地下水的渠段，应尽可能垂直地下水流向。

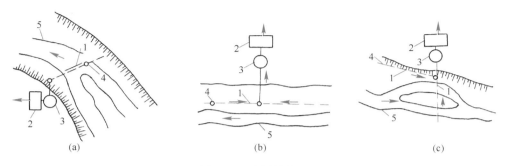

图 7-30　渗渠的布置

（a）平行于河流布置的渗渠；（b）垂直于河流布置的渗渠；（c）集取河床地下水渗渠

1—集水管；2—集水井；3—泵站；4—检查井；5—河流

不论采用哪种布置方式，都应通过经济技术比较，因地制宜地确定。

（3）渗渠出水量衰减问题

这是设计中必须充分考虑的问题，以免造价昂贵的渗渠早期报废。

1）渗渠的淤塞

设计中除了重视河段的选择和合理布置渗渠外，还应控制取水量，降低水流渗透速度，提高反滤层的施工技术水平和施工要求。

2）水源

设计时应全面掌握有关水文及水文地质资料，对开发地区的水资源状况及河床变迁趋势等影响水源的问题有正确的评价。足够的估计和相应的措施。如将渗渠的开发纳入区域地表水和地下水综合利用规划之中，整治所在河道，稳定河床或改善其水力状况等。

第8章 节水理论与技术

8.1 节水内涵与现状分析

8.1.1 概述

水资源短缺是我国社会经济可持续发展的主要问题之一。总体上我国用水方式较为粗放，水资源利用效率较低，供需矛盾较为突出。我国农业用水约占全国用水总量的 60% 以上，部分地区高达 90%；喷、微灌面积占耕地灌溉面积的比例仅为 13.68%，与发达国家相比差距较大；农田灌溉水有效利用系数 0.57，远低于 0.7～0.8 的世界先进水平。万元工业增加值用水量为世界先进水平的 2～3 倍。由于各种条件的制约，城市生活用水水平较低。受经济发展和水资源占有量的限制，人均用水水平地域性差异显著。即使经济发达的大型城市，人均用水量远低于发达国家的一般城市生活用水水平；由于节水观念淡薄、节水措施与政策落实不到位，城市生活用水浪费问题突出。由此，节水和提高用水效率成为缓解水资源供需矛盾的根本途径。

根据《中国 21 世纪议程——中国 21 世纪人口、环境与发展白皮书》，我国 21 世纪水资源保护与可持续利用的总体目标是："积极开发利用水资源和实行全面节约用水，以缓解目前存在的城市和农村严重缺水危机，使水资源的开发利用获得最大的经济、社会和环境效益，满足社会、经济发展对水量和水质日益增长的需求。同时在维护水资源的水文、生物和化学等方面的自然功能以及维护和改善生态环境的前提下，合理充分地利用水资源，使得经济建设与水资源保护同步发展。"解决水资源短缺、缓解水资源供需矛盾的重要途径的唯一出路是在农业、工业、城市生活等方面全方位节约利用水资源，发挥有限水资源的最大效益和潜力。

8.1.2 节约用水的涵义

人类社会在面临严重的水危机，寻求解决水资源短缺的途径中，十分重视节约用水的作用与意义，试图合理全面地定义"节约用水"的基本内涵。

"节约用水"（Water Conservation）的英文字面意义，具有"水资源保护、守恒与节约"含义。20 世纪 70～80 年代，美国内务部、水资源委员会、土木工程师协会从不同角度给予解释与说明。美国内务部（1978 年）将节约用水定义为：有效利用水资源，供水设施与供水系统布局合理，减少需水量；1979 年又提出：减少水的使用量，减少水的浪费与损失，增加水的重复利用和回用。美国水资源委员会（1978）认为：节约用水是减少需水量，调整需水时间，改善供水系统管理水平，增加可利用水量。1983 年美国政府对于节约用水的内涵重新给予说明："减少需水量，提高水的使用效率并减少水的损失和浪费，为了合理用水改进土地管理技术，增加可供水量。"

我国对于"节约用水"的内涵具有多种不同的解释。具有代表性的是《城市与工业节约用水理论》对"节约用水"内涵的定义：在合理的生产力布局与生产组织前提下，为最佳实现一定的社会经济目标和社会经济的可持续发展，通过采用多种措施，对有限的水资源进行合理分配与可持续利用（其中也包括节省用水量）。

对于"节约用水"或"合理用水"的解释与定义的合理评述并不是一件容易的事情。长期以来，之所以存在对"节约用水"或"合理用水"概念和内涵不同的阐述和定义，关键在于所强调"节约用水"的角度、实现"节约用水"的前提、所要达到的目标以及采取的具体措施等诸方面的认识与理解不同。根据对已有的"节约用水"内涵的说明与定义的理解与分析，认为"节约用水"重要的是要强调如何有效利用有限的水资源，实现区域水资源的平衡。其前提是基于地域性经济、技术和社会的发展状况。毫无疑问，如果不考虑地域性的经济与生产力的发展程度，脱离技术发展水平，很难采取经济有效的措施，以保证"节约用水"的实施。"节约用水"或"合理用水"的关键在于根据有关的水资源保护法律法规，通过广泛的宣传教育，提高全民的节水意识。引入多种节水技术与措施、采用有效的节水器具与设备，降低生产或生活过程中水资源的利用量，达到环境、生态、经济效益的一致与可持续发展的目标。

综合起来，"节约用水"（Water Conservation）可定义为：基于经济、社会、环境与技术发展水平，通过管理、技术与经济手段，降低水资源消耗和损失，防止用水浪费，提高用水效率，优化用水结构，合理增加水可利用量，实现水资源的有效利用，达到环境、生态、经济效益的一致与可持续发展。

节水不同于简单的消极的少用水，是依赖科学技术进步，通过降低单位目标的耗水量，实施水资源的高效利用。节水效益的对比应限定在相同用水对象，仅以经济效益来反映不同用水对象水消耗的价值，目前还不能全面准确地反映问题实质。不同的产业，对于相同的用水量其经济效益具有巨大的差别，如工业用水的经济效益显著高于农业，工业挤占部分农业用水是现阶段国民经济发展的必然现象，属于产业结构调整。同样，为了提高经济效益，近年来积极开展农业产业结构调整，用水效益显著提高。

需要关注的是，随着人口的急剧增长和城市化、工业化及农业灌溉对水资源需求的日益增长，水资源供需矛盾日趋尖锐。为了解决这一矛盾，达到水资源可持续利用，需要节水政策、节水意识、节水技术三个环节密切配合；农业节水、工业节水、城市节水三个方面多管齐下，以便达到逐步走向节水型社会的前景目标。

节水型社会注重使有限的水资源发挥更大的社会经济效益，创造更良好的物质财富和良好的生态效益，即以最小的人力、物力、资金投入以及最少水量来满足人类的生活、社会经济的发展和生态环境的保护。节水政策包括多个方面，其中制订科学合理的水价和建立水资源价格体系是节水政策的核心内容。

总之，节约用水、合理用水是节约供水的基本措施。建立合理的、有利于节水的收费制度，引导居民节约用水、科学用水。提倡生活用水一水多用，积极采用分质供水，改进用水设备。不断推进工业节水技术改造，改革落后的工艺与设备，采用循环用水与污水再生回用技术措施，建立节水型工业，提高工业用水重复利用率。推广现代化的农业灌溉方法，建立完善的节水灌溉制度。逐步走向节水型社会，是解决21世纪水资源短缺的一项长期战略措施。

8.1.3 节约用水的法律法规

自 20 世纪 60 年代后期，我国部分城市开展节水工作，建立健全的节水法律法规体系，逐步将节约用水纳入法治化轨道。

1973 年原国家建设委员会发布了关于加强节约城市用水的意见。

1979 年 9 月第五届全国人民代表大会常务委员会第 11 次会议通过的《中华人民共和国环境保护法（试行）》中规定"严格管理和节约工业用水、农业用水和生活用水，合理开采地下水，防止水源枯竭和地面沉降"。

1980 年原国家城市建设总局发布了"城市供水工作暂行规定"，明确供水部门在节约用水中的职责。

1981 年国务院批转了京津地区用水紧急会议纪要。

1984 年，根据全国第一次城市节水会议精神，国务院发布了"关于大力开展城市节约用水的通知"对城市节约用水的管理体制和职责做出具体规定。各省、市、自治区和许多城市均相继颁布了有关城市节约用水管理办法和城市地下水资源管理办法。

1988 年 7 月 1 日实施的《中华人民共和国水法》明确规定"国家实行计划用水，厉行节约用水。各级人民政府应当加强对节约用水的管理，各单位应当采用节约用水的先进技术，降低水的消耗量，提高水的重复利用率"。

1988 年，经国务院批准，建设部发布"城市节约用水管理规定"。这是我国城市建设领域内的一项重要的行政法规。

1990 年 7 月的全国第二次城市节约用水会议，将节约用水作为基本国策。1995 年，召开第三次全国城市节约用水会议。

1998 年，建设部颁布"中国城市节水 2010 年技术进步发展规划"。

2005 年，国家发展改革委、科技部会同水利部、建设部和农业部组织制订了《中国节水技术政策大纲》，指导节水技术的开发与推广应用，推动节水技术进步；提高用水效率和效益。

2019 年 4 月 15 日国家发改委、水利部印发并实施《国家节水行动方案》，要求节水优先，强化水资源承载能力刚性约束，实行水资源消耗总量和强度双控；增强全社会节水意识，大力推动节水制度、政策、技术、机制创新，加快推进用水方式由粗放向节约集约转变，提高用水效率。提出 2020 年、2022 年和 2035 年节水目标，重点行动，机制体制改革和保障措施。

诚然，建立节水型的国家与社会成为高效利用水资源的重要保障。关键是要把节水作为一项国策，把节水意识与社会经济可持续发展密切结合起来。推动水资源的市场化，大力提倡污水资源化，加大农业、工业和生活等方面的节水科技投入，积极完善节水理论，推广行之有效的节水技术与措施。

8.1.4 节约用水现状

节约用水作为解决水资源短缺，保证国民经济可持续发展的重要举措，长期以来受到各国的广泛关注，在节约用水的法律法规建设、节水理论与技术研究、节水设备的研发方面，各国都做了大量的工作，取得了重要的成果。尤其世界上的发达国家，国民经济在不断发展，生活水平在不断提高，而用水总量却逐年下降，基本保持零增长的态势。美国从

20 世纪 80 年代开始，总用水量及人均用水量均呈逐年减少的趋势。年总用水量 80 年代为 $6100 \times 10^8 m^3$，1990 年为 $5640 \times 10^8 m^3$，2010 年减少到 $4906 \times 10^8 m^3$；年人均用水量从 $2600 m^3$ 减至 $1567 m^3$。工业用水量由年人均的 $500 m^3$ 增至 $912 m^3$（其中火电用水 $710 m^3$）。20 世纪 60 年代以来，经济发展最快的日本，工业用水量于 70 年代末，农业用水于 80 年代初，分别达到零增长和负增长。

我国的工业、农业和生活用水量之间的比例具有典型的发展中国家的特性：农业用水所占的比例较大。随着工业生产的迅速发展和生活水平的不断提高，工业和生活用水量增长较快。由于长期以来，传统的粗放型用水体系，水的利用效率极低，造成大量宝贵的水资源损失与浪费。多年来，为了改变传统的用水结构和用水系统，根据我国的实际情况，在节约用水技术发展方面做了大量的理论研究、技术示范与推广，取得了一定的成就，为全面实施节约用水奠定了良好的基础。

我国的工业用水主要集中在火电、化工、造纸、钢铁、纺织、石化、农副食品加工等 7 个高耗水行业，其取水量约占工业总取水量的 73.5%。经过多年的节水努力，工业用水方面有了长足的进步。1997 年我国工业万元产值已由 1988 年的 $260 m^3$ 下降至 $90 \sim 100 m^3$，2012 年万元产值用水量降至 $71 m^3$。2016 年，全国万元工业增加值用水量为 $51 m^3$，全国工业用水重复利用率为 88.3%，相当于发达国家 21 世纪初的水平。根据 2022 年《中国水资源公报》，2022 年万元工业增加值（当年价）用水量为 $24.1 m^3$，取得长足进步。

应该注意到，我国的工业和城市生活用水的节约用水水平无论从规模上或深度上与发达国家相比仍具有巨大的差异。此外，我国的生活用水节水水平极低，基本无任何具有一定规模的节水措施。因此，我国在工业、生活用水的节水潜力具有巨大的空间。比如，炼油厂单程冷却加工 1t 原油需用水 $30 m^3$，如采用循环水冷却，用水量降到原来的 1/24。美国制造工业的水重复利用次数，1954 年为 1.8 次，1985 年为 8.63 次，2000 年达到 17.08 次。

随着世界性水资源、能源的日趋紧张，不仅极大地关注工业和生活节约用水，采用节水、节能的节约灌溉成为国际灌溉技术发展的总趋势。目前，世界发达国家的微喷灌溉技术应用十分广泛，甚至有逐步代替田间渠道灌溉系统的趋势。例如，美国早在 20 世纪 20 年代就已应用管道输水技术，目前微喷灌溉面积约占总灌溉面积的 56%。日本已有 30% 的农田实现了地下管道排灌，且灌溉的自动化、半自动化给水控制设备较完善。以色列、英国、瑞典有 90% 以上的灌溉土地实现管道化。罗马尼亚、保加利亚的管道输水灌溉技术发展较快。

根据国际灌排委员会 2012 年统计数据，全世界微喷灌溉面积达到 $5303 \times 10^4 hm^2$ 以上，其中美国以 $1399 \times 10^4 hm^2$ 微喷灌面积居世界首位；以色列、芬兰等国微喷灌已实现了总灌溉面积的 90% 以上，见表 8-1。

世界部分国家的微喷灌情况　　　　　　　　　　　　　　表 8-1

序号	国家	总灌溉面积（$10^6 hm^2$）	喷灌面积（hm^2）	微灌面积（hm^2）	微喷灌总面积（hm^2）	微喷灌总面积占总灌溉面积的比例（%）
1	美国	24.7	12348178.14	1639676.11	13987854.25	56.6
2	中国	60.35	3025440	2115680	5141120	8.5
3	俄罗斯	4.5	2500000	47000	2547000	56.6
4	巴西	4.45	2413008	327866	2740874	61.6
5	西班牙	3.47	782508	1658317	2440825	70.3
6	意大利	2.67	981163	570568	1551731	58.1

续表

序号	国家	总灌溉面积 （10⁶ hm²）	喷灌面积 （hm²）	微灌面积 （hm²）	微喷灌总面积 （hm²）	微喷灌总面积 占总灌溉面积 的比例（%）
7	法国	2.9	1379800	103300	1483100	51.1
8	以色列	0.231	60000	170000	230000	99.6
9	德国	0.54	525000	5000	530000	98.1
10	芬兰	0.07	60000	10000	70000	100

我国在农业灌溉方面做了大量的工作，主要是增加农田灌溉面积，改善农业生产条件。我国耕地面积约为 $1.3 \times 10^8 \text{hm}^2$。据统计，2015 年，全国有效灌溉面积达到 $0.66 \times 10^8 \text{hm}^2$，占耕地总面积的 50.77%；2020 年全国有效灌溉面积达 $0.69 \times 10^8 \text{hm}^2$，占耕地总面积的 53.08%，与 20 世纪 50 年代相比净增有效灌溉面积 $0.55 \times 10^8 \text{hm}^2$。灌溉面积的增加，为我国粮食产量的大幅提高创造了条件。问题是灌溉面积的增加，伴随灌溉水量的增加与提高，水资源的压力将增大。由此，农业节水灌溉成为节约水资源的重要措施而受到关注。近十几年来，先进的适合我国国情的节水灌溉技术与措施逐步得到研究、示范、推广与应用，不断促进农业节水发展。2015 年底全国节水灌溉面积达到 $3107 \times 10^4 \text{hm}^2$，占全国有效灌溉面积的 47%，其中各种节水灌溉工程面积为：渠道防渗输水灌溉面积 $893 \times 10^4 \text{hm}^2$，占节水灌溉工程面积的 28.74%；低压管道输水灌溉面积 $893 \times 10^4 \text{hm}^2$，占节水灌溉工程面积的 28.74%；喷灌、微灌工程面积 $900 \times 10^4 \text{hm}^2$，占节水灌溉工程面积的 28.97%。2020 年全国节水灌溉面积达到 $3780 \times 10^4 \text{hm}^2$，占全国有效灌溉面积的 68.72%，与 2015 年相比提高了 21.72%；其中喷灌、微灌和管道输水灌溉工程面积 $2333 \times 10^4 \text{hm}^2$，占节水灌溉工程面积的 61.73%，与 2015 年相比增加了 $540 \times 10^4 \text{hm}^2$。

尽管我国在农业节约用水方面已有长足的进步，但与先进国家相比仍具有巨大的差异，表现在节水灌溉面积所占总灌溉面积的比例偏低，粮食作物的水分生产效率不高。据统计分析，全国平均渠系利用系数 0.4～0.6，灌区田间水利用系数 0.6～0.7，灌水利用系数 0.5 左右，粮食作物的水分生产率 4.5～7.5kg/(mm·hm²)。世界上作物水分生产率最高的国家是以色列，1992 年为 19.95kg/(mm·hm²)。我国农业灌溉用水量定额偏大，灌溉技术比较落后，渠系利用系数偏低，水资源浪费严重。据估计，把农业灌溉用水减少 1/10，就可以满足全世界的家庭用水增加一倍。假如 $2470 \times 10^8 \text{m}^3$ 的水损失中有 $1330 \times 10^8 \text{m}^3$ 的水通过节水措施得到充分利用（灌溉水利用系数达到 0.7），则在不改变现有灌溉用水总量的情况下，可增加灌溉面积 $6000 \times 10^4 \text{hm}^2$，每年可多产粮食 4000 多亿 kg，相当于 12 亿人口一年的口粮。可见，大力发展节水灌溉，既节水节能，又增产创收，是我国农业经济可持续发展最有效的一种措施。

总之，缓解水资源供需矛盾的唯一出路就是在农业、工业、城市和生活等各方面全方位节约利用水资源，发挥有限水资源的最大效益和潜力，在发展经济的同时逐步减少水资源的用量。

8.2 城 市 节 水

8.2.1 城市用水量定额

1. 城市用水量组成

城市用水量包括综合生活用水、工业企业生产用水与工作人员生活用水、消防用水和浇洒道路和绿地用水等。其中综合生活用水包括居民生活用水和公共建筑用水。

居民生活用水量和综合生活用水量与当地国民经济和社会发展相适应,同时受水资源充沛程度和给水工程发展条件的限制。工业企业生产用水量与生产工艺密切相关。工业企业内工作人员的生活用水量,包括淋浴用水量,取决于车间工作条件和卫生特征等。消防用水量根据城市人口规模、建筑物耐火等级、火灾持续时间等因素综合考虑。浇洒道路和绿地用水量,决定于城市路面、绿化品种与面积、气候及土壤等条件。

2. 城市用水量定额

城市用水量定额是在一定期限内、一定约束条件下、在一定的范围内以一定核算单元所规定的用水水量限额(数额)。根据城市用水量的组成划分,主要有工业用水量定额、居民生活用水量定额、综合生活用水量定额(包括公共建筑用水量定额)、浇洒道路和绿地用水量定额等。

在城市用水量中,工业用水往往占有很大的比例,因此,我国对工业用水量定额研究较多。在工业企业范围内制定的工业用水量定额称为企业用水量定额,其中以企业实际用水情况及统计资料为基础制定的定额,称为企业用水基础定额;根据相应的用水基础定额,考虑相应条件下水的供需关系与计划节水要求制定的定额,称为企业用水计划定额。在行业范围内,以同类企业用水基础定额为基础统一制订的工业用水量定额称为行业用水量定额。由于企业用水基础定额和行业用水量定额是一种绝对的经济效益指标,因此它们是衡量地区、工业行业与企业用水(节水)水平的主要考核指标,是进行工业用水(节水)情况横向、纵向比较的统一尺度。

从城市用水量定额的概念和分类中不难看出,城市用水量定额具有以下明显特点:

首先,城市用水量定额具有时效性。用水量定额将社会发展、企业生产过程、居民生活水平与用水过程有机结合起来加以研究。随着社会进步、经济繁荣、生产工艺的改进,或居民生活条件的改善,用水水平也将相应变化,原有的用水量定额可能已不再适应于新的社会生产和生活实际,此时要及时地进行修订。

其次,城市用水量定额受国家政策、居民生活水平、企业或行业中当前及历史生产技术和用水方式,特别是水资源状况等条件限制。国家政策与社会经济发展水平相适应,如节能减排是我国全面贯彻的国策,该政策是在改革开放 30 年后的经济发展基础上推行的,期间一些高耗能、高耗水的企业和落后的生产工艺将被淘汰,相应的用水量定额也应作必需的修订。居民生活用水量定额在气候等客观条件一定的情况下,与居民的经济收入、生活习惯、室内卫生设备和室外给水管网普及率等密切相关,随着居民生活水平的提高日常用水量需求显著增加。生产单位产品用水量常受生产工艺和设备、产品结构、生产规模和条件、用水管理、操作条件等各种因素的影响,导致不同的用水量。水资源状况是影响用水量定额的重要因素,对于水资源缺乏的地区,应合理制定居民综合生活用水量定额,限制高耗水企业发展,大力推行现有企业的节水工艺与设备改造,加大水的循环利用率和污水回用率。

再次,城市用水量定额针对不同用水对象而制订。范围不仅包括居民综合生活用水、消防用水、浇洒道路和绿地用水、企业用水、行业用水等特定对象的用水量定额,而且还表明不同地区、不同企业、不同行业可能具有相异的用水量定额。

最后,用水量定额的核算单元因城市用水量组成类别而异,城市居民生活、公共建筑,多以单位用水人口计。工业用水量定额核算单元比较复杂,根据企业或行业特点,可以是单位最终合格产品、中间产品或初级产品，也可以是单位原材料加工量、产值、设备工作量或容量等。浇洒道路和绿地用水量，以城市道路、绿化面积而定。

城市用水量定额不仅可直观地反映考核对象的用水（节水）水平，而且可为城市制订供水或节水规划提供可靠依据。分析研究用水量定额有利于准确预测城市用水量，有利于促进节水指标体系的进一步完善，有利于节水行政、经济管理决策及节水政策的落实。

3. 用水量定额的制订和修订

（1）用水量定额制订的原则

合理地制定城市用水量定额，是实现城市用水、节水科学管理的基础。在方法手段方面，它是一种标准化工作。既要正确反映当前生产、生活与用水量的关系，又要指导今后一段时期的生产、生活用水。因此，用水量定额要充分体现科学性、先进性、法规性和经济合理性。

所谓科学性，就是要以科学的态度取得准确的技术资料，并应用现代科学知识和技术进行数据处理，充分认识到水在使用中的特殊性，以使用水量定额能够合理、科学地反映企业或行业生产过程或城市生活中的用水水平。

所谓先进性，是使用水量定额体现当前和保持今后一定时期内用水（节水）的先进水平，并注意其技术和实施的可行性。只有先进才能鞭策各企业或用户不断强化用水管理，采用先进的节水技术，逐步降低用水量；只有确实可行，才能便于用水量定额的贯彻实施，使用水量定额目标管理落在实处。

所谓法规性，表现为标准是经有关方面协调一致，经主管部门批准，以特定形式发布并必须严格遵守的一种准则或依据。

所谓经济合理性，是指除涉及安全、卫生和环境保护以及国防尖端技术等直接关系大众人身安全、健康和国家整体利益外，用水量定额一般应以讲求最佳社会经济效益为目标。对于国家行业标准，要体现最大的社会经济总体效益。对于企业标准，除主要考虑企业的经济效益外，也应考虑社会的全局利益。

（2）用水量定额制订的程序

用水量定额的制订是进行用水标准化的过程，是城市用水、节水管理的重要工作。由于城市用水行业繁多，情况各异。

首先，必须从适应目前我国用水与节水管理的体制和需要出发，实行以统一领导、分级管理为原则的定额制订和管理体系，充分发挥主管部门和分管部门的作用。

其次，要培训专门的业务人员，以科学的态度进行详细的调查、搜集资料工作。围绕定额制订的有关问题，了解、熟悉各方面的情况，掌握第一手材料。主要资料包括，城市规划（包括水资源规划）、取水供水与居民用水习惯；现行的关于用水方面的标准、规程、规范和有关技术文件，如国家、部委等国家行业标准和一些相关的地方标准，以及国家关于能源管理、计算、考核的标准与政策等；原有和现行的用水量定额标准，同时要调查和了解其他地方的经验和做法，调查一些重点用水单位近几年来生产及用水方面的情况，以及工艺与设备改造计划；需实际测定的资料，如企业水平衡测试工作等。

再次，在制订用水量定额的统一性技术文件指导下，在用户或产品的水量及产量统计，实测和计算的基础上，按照某一计算公式或以某一种方法（如经验法、统计分析法、类比法、技术测定法和理论计算法等）来制订用户或产品的用水量定额。同时要分析各种因素，如用水条件、重复用水水平、用水工艺和用水设备，以及生产、管理、外部环境因素等对定额水平的影响，判断定额水平的发展趋势，评价用水量定额的先进性水平。

最后，节水管理部门会同各用水主管部门对所制订的用水量定额进行审查后，报经济管理部门和技术标准监督部门审批。审批后的用水量定额具有法律效力，成为各级用水管理部门必须执行的用水量定额标准。

（3）用水量定额的修订

用水量定额制定完成后，作为今后一段时期内用水、节水的执行标准。但是，随着水资源情况的变化、国家政策的落实、居民生活条件的改善、生产技术水平和用水水平的变化等，原有的定额水平已经不适应新的生产和用水情况，或者某些产品项目的定额尚有不尽完善的地方，所以用水量定额需进行定期修订。定期修订的年限一般以 3 年为宜。另外，用水量定额执行过程中，用水单位采用了新的较先进的节水工艺或设备，或进行某项节水技术改造措施后，用水水平有了较大的改变，使原有的定额不再能反映实际情况，此时也应及时进行用水量定额的修订。

8.2.2 城市节水指标体系

节水指标是用水量定额的一种表现形式，因为指标往往是标志和标量的统一。城市用水类别较多，而用水过程中涉及工业生产过程、近郊农业生产过程、居民生活、公共建筑及道路、绿化浇洒等。在取水和排水过程中涉及城市水资源和环境保护问题。在用水与排水系统运行中，涉及节水管理和经济性问题等。因此，理论上城市节水指标项数应涵盖上述各种因素，但这样的城市节水指标体系将十分复杂，往往需要用多种节水指标组成指标体系进行用水（节水）评价。

为了简化问题，增强节水指标的可操作性，一般将城市节水指标归纳为总体指标和分体指标两个层面。其中总体指标又分为两类共 12 项，前 6 项为水量指标，后 6 项为率度指标（图 8-1），宏观考核城市节约用水工作。分体指标以具体的用水对象和管理类别为基础划分，分成工业节水类、城市农业节水类、生活节水类、环境保护类、节水管理类和节水经济类六类，每一类中也可分为水量指标和率度指标（表 8-2），分别从不同的侧面考核城市节约用水工作。本节将重点介绍城市节水总体指标，分体指标详见有关章节。

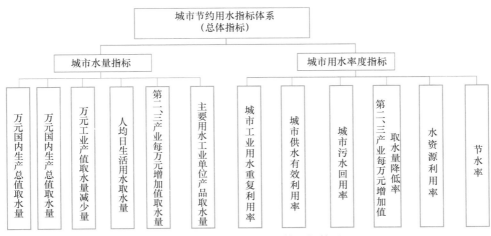

图 8-1　城市节约用水总体指标体系

城市节约用水分体指标体系   表 8-2

分体指标	指标类别	序号	指 标 名 称	单 位
工业节水类指标	水量指标	1	万元工业产值取水量	m³/万元
		2	工业用水量定额	
	率度指标	3	工业用水循环利用率	%
		4	新水利用系数	
		5	水的损耗率	%
		6	循环比	
		7	回用率	%
		8	重复利用率	%
		9	比差率	%
城市农业节水类指标	水量指标	1	万元农业产值取水量减少量	m³/单位产品
	率度指标	2	节水灌溉率	
生活节水类指标	水量指标	1	城市人均日生活用水取水量	L/（人·d）
	率度指标	2	生活用水复用指数	
环境保护类指标	率度指标	1	水资源污染率	%
		2	城市污水处理率	%
		3	城市污水处理达标率	%
节水管理类指标	率度指标	1	节水率	%
		2	漏损率	%
		3	节水器具普及率	%
		4	计划用水实施率	%
		5	产品用水量定额管理率	%
		6	节水体制健全率	%
节水经济类指标	水量指标	1	万元国民生产总值（GNP）取水量	m³/万元
		2	万元国内生产总值（GDP）取水量	m³/万元
		3	万元工业产值增加值取水量	m³/万元
		4	万元农业产值增加值取水量	m³/万元
		5	第二、三产业每万元增加值取水量	m³/万元
	率度指标	6	城市取水相对经济年增长指数	
		7	城市用水相对经济年增长指数	
		8	自来水价格成本比	
		9	污水处理成本降低率	%

1. 城市水量指标

（1）万元国内生产总值取水量

万元国内生产总值取水量是指产生每万元国内生产总值所取用的新水量。它是综合反映在一定的经济实力下城市的宏观用水水平的指标。计算公式为：

$$V_{GNP} = \frac{V_{ct}}{C_{GNP}} \tag{8-1}$$

式中　V_{GNP}——万元国内生产总值取水量，m³/万元；

　　　V_{ct}——报告期取水总量，m³；

　　　C_{GNP}——报告期国内生产总值，万元。

该指标报告期一般为一年。该指标淡化了城市经济结构的影响，适用于城市间的横向对比。

（2）万元国内生产总值取水量

万元国内生产总值取水量是指产生每万元国内生产总值所取用的新水量。它也是综合反映在一定的经济实力下城市的宏观用水水平的指标。计算公式为：

$$V_{GDP}=\frac{V_{ct}}{C_{GDP}}\tag{8-2}$$

式中　V_{GDP}——万元国内生产总值取水量，$m^3/$万元；

　　　V_{ct}——报告期取水总量，m^3；

　　　C_{GDP}——报告期国内（一般为一年）生产总值，万元。

该指标淡化了城市经济结构的影响，多用于城市间的横向比较。

（3）万元工业产值取水量减少量

万元工业产值取水量减少量是指基期与报告期万元工业产值取水量的差值。计算公式为：

$$V_P=V_b-V_r\tag{8-3}$$

式中　V_P——万元工业产值取水量减少量，$m^3/$万元；

　　　V_b——基期万元工业产值取水量，$m^3/$万元；

　　　V_r——报告期万元工业产值取水量，$m^3/$万元。

该指标克服了"万元工业产值取水量"受产品结构、产业结构、产品价格、产品加工深度等因素影响的缺点，淡化了城市工业内部行业结构等因素的影响，适用于城市间、行业间的横向对比，但它不反映城市、行业的节水水平。

（4）人均日生活用水取水量

城市人均日生活用水取水量是每一用水人口,平均每天的生活用水量。计算公式为：

$$V_L=\frac{V_{lt}}{NT}\times1000\tag{8-4}$$

式中　V_L——人均日生活用水取水量，L/（人·d）；

　　　V_{lt}——报告期生活用水总量，m^3；

　　　N——报告期用水人数，人；

　　　T——报告期日历天数，d。

人均日生活用水取水量从一个侧面反映城市居民生活水平及卫生、环境质量。但并不是越高越好，它要与城市水资源状况、经济发展、城市居民生活水平、居住条件、卫生条件和社会环境条件等相适应，因此不同城市应有不同的合理生活用水标准。目前我国城市居民生活用水的许多方面还存在着浪费现象，因此单纯以城市人均日生活用水取水量考查，还不能正确地反映城市用水或节水水平。

（5）第二、三产业每万元增加值取水量

第二产业是指除农业外的工业、建筑业，第三产业是指除农业、工业、建筑业外的其他各产业。显然第二、三产业是城市经济的主体。第二、三产业每万元增加值取水量是指在报告期内，城市行政区划取水总量与该行政区第二、三产业增加值之和的比值。计算公式为：

$$V_A=\frac{V_{ct}}{C_a}\tag{8-5}$$

式中 V_A——第二、三产业每万元增加值取水量，m^3/万元；

V_{ct}——报告期市区取水总量，m^3；

C_a——报告期市区第二、三产业增加值之和，万元。

该指标综合反映城市的用水效率，是评价城市用水效率的重要指标。提高用水效率是节约用水的一个重要方面，因此它也是城市节约用水的重要指标。

(6) 主要用水工业单位产品取水量

工业用水在城市用水中占绝大部分，用水量较大的工业具有代表性。因此，一般以用水量大的部分主要工业产品的单位产品取水量作为城市水量指标中的专项指标。主要用水工业单位产品取水量是指在一定的计量时间（年）内主要工业单位产品的取水量，计算公式为：

$$V_m = \frac{V_{it}}{P_m}$$ (8-6)

式中 V_m——主要用水工业单位产品取水量，m^3/单位产品；

V_{it}——主要用水工业取水总量，m^3；

P_m——主要用水工业年产品总量，产品量。

该指标可用于本市自身纵向的对比，也可用于同类城市之间的比较。

2. 城市用水率度指标

(1) 城市工业用水重复利用率

城市工业用水重复利用率是指工业重复用水量（指工业企业内部生产及生活用水中，循环利用的水量和直接或经过处理后回用水量的总和）与工业总用水量（新水量与重复用水量之和）之比。计算公式为：

$$R_r = \frac{V_{ur}}{V_{ut}} \times 100\%$$ (8-7)

式中 R_r——城市工业用水重复利用率，%；

V_{ur}——工业重复用水量，m^3；

V_{ut}——工业总用水量，m^3。

城市用水中工业用水占主导地位，因此城市工业用水重复利用率是从宏观上评价城市用水水平及节水水平的重要指标。由于火力发电业、矿业及盐业的用水特殊性，为了便于城市间的横向对比，在计算城市工业用水重复利用率时一般不包括这三个工业部门。

(2) 城市供水有效利用率

城市供水有效利用率是指报告期内城市用水户的总取水量（有效供水量）与城市净水厂或配水厂（包括工业自备水源）供水总量的比值。计算公式为：

$$R_e = \frac{V_{ct}}{V_{st}} \times 100\%$$ (8-8)

式中 R_e——城市供水有效利用率，%；

V_{ct}——报告期城市用水户的取水总量，m^3；

V_{st}——报告期供水总量，m^3。

由净水厂（或配水厂）供出的总水量与用户实际接收到的总水量在数量上往往存在差额，其大小因城市供水管网的长短和管网的新旧程度而异。据全国 500 个城市供水企业调查，我国供水平均漏失率约为 9.79%，漏失率超过 8% 的城市占 62.28%。与发达国家相比，我国单位管长单位时间的漏水量高达 2.77m³/(h·km)，是瑞典的 11.54 倍、德国的 8.15 倍、美国的 2.77 倍、泰国的 1.2 倍。查明漏损原因，及时采取防治措施，有效地降低漏失率，提高供水有效利用率，是城市供水行业的重要工作，也是城市节水工作的重要内容。

（3）城市污水回用率

城市污水回用，可有效地缓解城市，特别是工业生产等对新鲜水的依赖，并能极大地减轻城市污水和工业废水对环境的污染，具有开源节流和控制污染的双重功效，可获得显著的经济效益、社会效益和环境效益。

城市污水回用率是评价城市污水再生回用的重要指标，它是指报告期内，城市污水回收利用总量与城市污水总量之比。计算公式为：

$$R_w = \frac{V_{wcy}}{V_{wt}} \times 100\% \tag{8-9}$$

式中　R_w——城市污水回用率，%；

　　　V_{wcy}——报告期城市污水回收利用总量，m³；

　　　V_{wt}——报告期同一城市的城市污水总量，m³。

由于资金与技术等原因，目前城市污水回用率还很低。随着城市节约用水工作的深入开展，国家节能减排政策的进一步落实，高效廉价污水处理及回用技术的开发应用，城市污水回用率必将逐步提高。

（4）第二、三产业每万元增加值取水量降低率

第二、三产业每万元增加值取水量降低率是指基期与报告期第二、三产业每万元增加值取水量的差值与基期第二、三产业每万元增加值取水量之比。计算公式为：

$$R_d = \left(1 - \frac{V_{Ar}}{V_{Ab}}\right) \times 100\% \tag{8-10}$$

式中　R_d——第二、三产业每万元增加值取水量降低率，%；

　　　V_{Ar}——报告期第二、三产业每万元增加值取水量，m³；

　　　V_{Ab}——基期第二、三产业每万元增加值取水量，m³。

该指标与"第二、三产业每万元增加值取水量"指标不同的是，它排除了城市间产业结构不同的影响，具有城市间的可比性。通过该指标能清楚地表明城市节约用水、计划用水的开展程度，也可以从宏观上评价国家节约用水与计划用水的执行情况。

（5）水资源利用率

水资源利用率是指现状 $P=75\%$ 保证率下的城市供水量与城市水资源总量之比。计算公式为：

$$R_u = \frac{V_{pt}}{V_{rt}} \times 100\% \tag{8-11}$$

式中　R_u——水资源利用率，%；

　　　V_{pt}——现状 $P=75\%$ 保证率下的城市供水量，m³；

　　　V_{rt}——城市水资源总量，m³。

城市水资源总量是指城市可利用的淡水资源量，包括地表水和地下水，广义上还应包括海水和可再生利用水。

城市水资源有其自身的特征，如系统性、有限性、脆弱性、可恢复性和可再生性等，并具有其独特的运动规律。开发和利用水资源时，如果忽视这些特征或违背其运动规律，必将影响到城市水资源的持续利用，从而阻碍城市水经济的发展。水资源利用率正是反映城市水资源合理开发和利用程度的指标。由于城市水资源总量制约着城市的用水总量，对城市产业结构也会有很大的影响，因此一方面要保持一定的水资源利用率，做到合理开发和使用；另一方面必须加强节约用水的力度，建立节水型城市，力求保持水的供需平衡。

（6）节水率

节水率是指报告期内城市节约用水总量与城市取水总量之比。计算公式为：

$$R_{c}=\frac{V_{et}}{V_{ct}}\times100\%$$ (8-12)

式中　R_c——节水率，%；

　　　V_{et}——报告期内城市实际节约的总水量，m^3；

　　　V_{ct}——报告期内城市取水总量，m^3。

该指标不受计划的影响，直接与节水量相关，最直接地体现城市节约用水工作的成效，反映城市节约用水水平的指标。

8.2.3　城市节水水平评判

城市节水水平评判是衡量用水对象节约用水程度与水平的主要手段，评判结果不仅可考查用水对象自身所处的节水水平，而且通过群体或者区域比对，可明确不同用水对象节水工作的优劣，行业内部的节水水平评判，还可指明企业生产工艺与设备在同行业中的先进性水平，明确影响产品市场竞争的技术与管理差异。从全社会角度看，开展城市节水水平评判对合理制订用水量定额，促进城市节水工作具有重要意义。

1. 节水水平评判的原则

城市节约用水的效果除直观地表现为用水量的节约之外，还表现为其产生的直接经济效益、可计量的外部间接效益以及许多难以估量的外部间接效益。

所谓直接经济效益是指由于用水量的节约引起相应供水设施投资及运行管理费用的减少（扣除对应的节水设施的投资及运行管理费用），以及因减少这笔资金的占用而产生的直接经济效益；可计量的外部间接效益，主要是指因节水而增加的社会纯收入，以及由减少排水量而节省的相应排水系统和其他市政设施投资与运行管理费用；难以估量的外部间接效益，主要表现为由于减少排水量、减少污染、改善环境而避免的各种损失（包括因水质恶化而产生的水处理费用和生产损失等），以及所产生的环境效益与生态效益。

由此可见，衡量城市节约用水的水平应充分体现水资源的可持续利用思想，考查用水对象的节水量（率）以及与此密切相关的经济效益、社会效益和环境生态效益。

2. 节水水平评判方法

城市节水水平评判就是通过对特定用水对象的用水状况、排水情况、环境与生态影响、管理水平、经济效益等方面的考查，了解其用水（节水）程度，或者通过区域、行业比对，确定其所处的先进性水平的过程。因此，评价指标选取与评价指标体系的建立是首先进行的工作。

事实上，节水量（率）与经济效益、社会效益和环境生态效益是相关联的，因此可根据节水考核对象的情况选取适当的、一定数量的节水指标进行节水水平评判。为了充分体现水资源的可持续利用思想,选取节水指标时一方面要注重能够反映该城市水资源供需平衡的指标;另一方面要注重城市用水效率的指标。通过进一步分析筛选甚至补充节水指标,建立节水评价指标体系。因为主要节水考核指标可以在一定程度上反映考核对象节水水平的基本情况,但为了克服其局限性,往往需以其他节水考核指标(主要或次要节水考核指标)予以补充,从而构成一个较完整的、可互相印证的、强针对性的节水考核指标体系。

建立节水评判指标体系后,要结合不同的评判方法量化或者计算指标值,然后比对考核对象是否达到这些标准的指标值,从而实现节水水平评判。具体评判方法有目标考核法、指标比较法、模型评判法等。

目标考核法就是合理选择评判指标后,将这些指标作为评判考核的依据,然后根据评判的任务与目标规定这些指标的量化值。将考核对象相应指标的量化值与各项指标的标准值相比较,凡符合标准值要求的,可以得到相应的分值。将所有的量化指标得分进行汇总后,便是该评判对象的最终得分。

指标比较法是对各节水指标进行分析计算,而后利用一定方法对指标的评判标准值进行标定,再利用这些标定的指标标准值去计算对象的得分,然后通过最后得分确定节水水平。指标的标定方法是对考核对象或者参考样本的指标量化值进行统计处理,从而确定这些指标值的中等或者以上的先进的水平值。评判方法有单一指标评判法和综合评判法两种。单一指标评判模型为:

$$R_i = \frac{V_i}{V_{si}} \times 100\%$$ (8-13)

式中　R_i——考核指标 i 的得分;

　　　V_i——考核指标 i 的量化值;

　　　V_{si}——标定的考核指标 i 的标准值。

综合评判法主要是考虑考核指标较多时,需要给出一个综合评判结果时采用。由于不同的考核指标可能具有相异的重要程度,因而应给出相应的权重。综合评判模型为:

$$R_T = \sum_{i=1}^{n} R_i W_i$$ (8-14)

式中　R_T——指标体系中 n 个考核指标的综合得分;

　　　R_i——考核指标 i 的单指标得分;

　　　W_i——考核指标 i 的权重。

模型评判法是综合考虑节水指标间的相互关系,分析城市水资源分布、用水条件、环境生态、用水(节水)效率、经济效益等基础上,建立评价指标值与相关节水指标的数学方程,从而形成一种综合的数学模拟形式。通过这种数学模型可以方便地计算出城市或者企业的节水综合指标值,但由于这种综合指标的评判标准值难以确定,往往采用相对比较法进行评判。

需指出的是,由于城市用水系统错综复杂、影响因素繁多,节水指标自身的性质、特点与运用条件的复杂性,用水系统节水水平评判至今尚无系统深入的研究成果。建立合理的节水评判指标体系、创立适用的评价方法、构建科学的评价模型仍然是今后城市节水工作者研究的热点。

8.2.4　城市节水措施

城市用水量包括综合生活用水（包括居民生活用水和公共建筑用水）、工业企业生产用水与工作人员生活用水、消防用水和浇洒道路和绿地用水等。因此，城市节水措施应从以上各个环节落实。工业企业生产用水占城市总用水量比例较大，节水潜力巨大，涉及内容较多，其节水措施拟单独论述（详见本章第8.3节），本节主要论述城市工业用水以外的其他用水（也有书称之为城市生活用水）系统的节水措施，主要有：

1. 加强宣传教育，提高全民节水意识

城市居民是城市生活用水的主体。健全城市节水宣传长效机制，加强节水宣传和教育，开展节水意识的正面引导，是提高全民节水意识的重要基础。通过宣传教育，要使居民认识到水作为一种资源并非"取之不尽，用之不竭"，要使人们对未来水资源严重短缺所产生后果的严重性有充分的估计。同时，要教育人们充分认识水的商品属性，为利用经济杠杆促进节水效果奠定基础。

2. 合理调整水价，运用经济杠杆推动节水工作

发挥经济杠杆作用的核心是建立合理的水费体制，包括水费类别、标准计量方式和征收办法等。长期以来，我国将城市供水作为社会福利事业，水价普遍偏低。过低的水价使供水部门没有自我发展的能力，影响了城市供水设施的建设和发展，供水设施的老化逐年加大了水的漏失量，激化了水的供需矛盾。同时，失真的水价背离了水资源商品的价值规律，使用水者失去了节水的动力。合理地调整水价有助于调整产业结构、促进水资源的合理分配，有利于节水型企业和城市的形成，并可有效地抑制用水多、污染重、效益差企业的发展。推行完善"阶梯式水价"和"水表出户，分户计量"的水费体制，充分发挥价格机制在水资源节约、用水需求调节方面的作用，抑制不合理的用水需求，是推动城市生活节水的有益尝试。

合理地调整水价不仅可强化居民的生活节水意识，而且有助于抑制不必要和不合理的用水，从而有效地控制用水总量的增长。同时，提高水价以后增加的收入可用于开发新水源、供水系统的完善和节水设施的建设，使用水和节水逐步走上良性循环的道路。

3. 推广使用节水器具和设备

推广使用节水器具和设备是生活用水节水的有效途径，要继续抓好节水器具和设备的推广普及工作。新建建筑内必须安装节水型用水器具和设备，并逐步更换现有建筑内费水严重的用水器具和设备。同时，要不断研究和开发新型节水器具。

随着城市的发展，城市道路与公共绿地面积将有大幅度的增长，浇洒绿化用水量也将随之不断提高，这方面的节水工作也要引起足够的重视。要选用节水型浇洒灌溉设备，并在保证城市绿化效果的前提下，尽量选择用水量较少的绿化用草和树木。全面推行再生水灌溉、道路浇洒、洗车等。此外，城市消防部门也要加强消防节水的研究工作，积极参与城市规划工作，合理布局消防对象、提高建筑物的耐火等级，力争减少消防用水量。

4. 制定用水量定额，实行用水计划管理

制定城市用水量定额是实行科学合理用水的基础。强化计划用水与定额管理制度实施，制订完整的城市用水量定额体系，据此逐步实行对居民生活用水和公共建筑用水的用

水计划管理。将用水量定额与水价调整相联系，取消"包费制"的用水计量收费方式，做到分户装表，计量收费，并以用水量定额为基础，逐步采用累进加价的收费方式，以起到鼓励先进，鞭策后进的作用，促进我国城市节水工作从行政管理向科学管理转变。

5. 保护城市供水水源，实现城市水资源综合利用

城市供水水源的有效保护是实现城市可持续发展的重要基础，同时也是城市节水工作的重要内容，但它不同于一般意义的节水，而是从保证水源的水量与水质角度实现节水的目的。城市供水水源保护包括水量保护与水质保护两个方面。水量保护就是要合理开发利用城市水资源，以防止出现地下水水位持续下降、地表水和地下水衰竭的严重问题。水质保护就是要有效地防止水源污染，以避免造成水资源的水质性减少，引起城市供水量的严重不足，或使城市供水的水处理成本显著增加的严重后果。

处理后的城市污水是城市可再生利用的稳定水源，利用它可极大地缓解城市对原水的依赖。处理达标的水通常可直接作为工业用水使用，或者作为地下水回灌水源加以利用。采用中水技术，将浴室和厨房使用后的水处理后经专用管道系统用于冲洗厕所和浇洒绿地等也是实现污水再利用的有效方式。有条件的地区要开展雨水利用工作，收集的雨水可用于小区浇洒绿化、生活杂用水等。

8.3　工　业　节　水

8.3.1　用水分类与用水量

1. 工业用水水量分类

工业用水按用水对象分为生产用水和生活用水两大类。按用水方式划分，工业用水的水量可分为用水量（总用水量）、循环水量、回用水量、重复利用水量、耗水量、排水量、取水量（或新水量）、漏失水量、补充水量九种，见表 8-3，单位通常为体积单位（m^3），考查的时段较短时，也可用流量单位表示，如"m^3/s""m^3/h"或"m^3/d"等。

工业用水量分类及定义　　　　　　　　　　　　　　　　　表 8-3

序号	用水量分类名称	符号	定　义	备　注
1	用水量	Q_t	一定期间内某用水系统所需的用水（总）水量	包括补充水量与重复利用水量
2	循环水量	Q_{cy}	一定期间内某用水系统中循环用于同一用水过程的水量	亦称循环利用水量
3	回用水量	Q_s	一定期间内被用过的水经适当处理后再用于系统内部或外部其他用水过程的水量	包括第一次使用后被循序利用的水量（串用水量）
4	重复利用水量	Q_r	同一用水系统中的循环水量与回用水量	亦称重复水量
5	耗水量	Q_c	一定期间内某工业用水系统在生产过程中，由蒸发、吹散、直接进入产品、污泥等带走所消耗的水量	
6	排水量	Q_d	一定期间内某用水系统排放出系统之外的水量	包括生产与生活排水量

序号	用水量分类名称	符号	定　　义	备　　注
7	取水量	Q_f	一定期间内某用水系统利用的新鲜水量	亦称新水量
8	漏失水量	Q_l	包括漏失在内的全部未计量水量	
9	补充水量	Q_w	一定期间内用水系统取得的新水量与来自系统外的回用水量	

2. 各种水量间的关系

工业用水量是工业用水系统在一定时段内用水过程中发生的水量。从上述各种用水量定义可见，它们之间存在着必然的联系，同一用水系统各水量之间关系如图 8-2 所示。

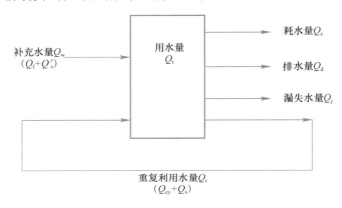

图 8-2　工业用水水量关系图

（1）总用水量（Q_t）等于补充水量（Q_w）与重复利用水量（Q_r）之和，补充水量包括取水量（Q_f）和系统外的回用水量（Q_s'）。即

$$Q_t = Q_w + Q_r \tag{8-15}$$

或

$$Q_t = Q_f + Q_s' + Q_r \tag{8-16}$$

其中 Q_s' 表示系统外的回用水量。从水量平衡角度考虑，总用水量也等于耗水量（Q_c）、排水量（Q_d）、漏失水量（Q_l）与重复利用水量（Q_r）之和。即

$$Q_t = Q_c + Q_d + Q_l + Q_r \tag{8-17}$$

（2）重复利用水量等于同一用水系统中的循环水量（Q_{cy}）与回用水量（Q_s）之和。即

$$Q_r = Q_{cy} + Q_s \tag{8-18}$$

（3）取水量等于耗水量、排水量、漏失水量之和减去系统外的回用水量。即

$$Q_f = Q_c + Q_d + Q_l - Q_s' \tag{8-19}$$

当系统无回用水时，取水量等于耗水量、排水量、漏失水量之和。即

$$Q_f = Q_c + Q_d + Q_l \tag{8-20}$$

3. 企业水平衡测试

企业水平衡测试是以企业为考察对象，对用水单元和用水系统的水量进行系统测试、统计、分析，从而得出水量平衡关系的过程，它是对企业用水进行科学管理的有效方法。通过水平衡测试能够全面了解企业用水现状，如管网分布情况，各类用水设备、设施、仪

器、仪表分布及运转状态，用水总量和各用水单元之间的定量关系；在健全企业用水三级计算仪表的基础上，对获取的准确实测数据进行分析，评价有关用水的技术经济指标，分析找出水量平衡关系和合理用水程度。对管网和设施的泄漏点采取相应的措施，通过挖掘用水潜力达到加强用水管理，提高合理用水水平的目的。

企业水平衡测试的程序一般分为准备阶段、实测阶段、汇总阶段和分析阶段，具体步骤如图 8-3 所示。在测试准备阶段首先要制订企业水平衡测试方案，查清测试系统中各用水环节、用水工艺、用水设备及监测仪表的基础情况，绘制包括企业层次、车间或用水系统层次、重要装置或设备（用水量大或新水量大）层次的用水流程图。提取企业用水档案，并整理和编制能够全面反映企业用水情况的各种记录和统计空白表单。

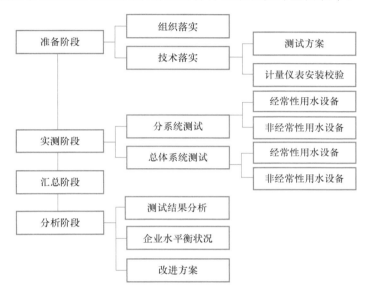

图 8-3　企业水平衡测试程序框图

实测阶段主要测定水源取水和企业内部各用水单元。水源取水测试主要是测试水源的日取水量、水压、水温和水质参数等。企业内部测试首先划分用水单元为水平衡测试的子系统，针对其生产运行时间，每次连续测试 48～72h，每 24h 记录一次，共取 3～4 次测试数据。主要测试水量类型见表 8-3，测试水质为主要用水点和排水点的水质，水温主要测定循环水进出口及对水温有要求的串联水的控制点。

汇总阶段是将测试的成果填写用水单元平衡测试表和统计表，以及企业年用水情况表（近 3～5 年）。绘制企业层次，车间或用水系统层次及重要装置和设备的水平衡方框图，清楚地反映出各单元内各水量（水质、水温）之间的关系。

分析阶段根据水平衡框图进行企业水平衡计算，确定企业水平衡测试的各项指标值，计算误差根据不同行业和不同生产规模控制。为保证水平衡计算的准确性，要开展企业水平衡测试后评估。重点复查计量仪器安装是否齐全完好，运行是否无误，同时考查水平衡测试过程各步骤是否完成无误，必要时进行有误单元的重复测试。最后根据企业水平衡测试结果，提出改进和完善企业日常计量精度和统计制度，分析测算相关节水改造项目及节水效益和成本，从取水、用水、排水等环节进一步挖掘企业节水潜力的具体措施。

8.3.2 工业节水指标体系

城市工业用水量是城市用水量的重要组成部分。由于工业用水占城市用水的绝大部分，因此工业节水是城市节水的重要内容。相应地，工业节水指标体系是城市节水指标体系的重要组成部分，只是从工业节水的侧面考核城市节约用水的工作。因此其指标体系的建立、考核指标体系的形成，以及节水水平评判等基本原理具有城市节水指标体系的共性。但是，工业节水指标以具体的工业用水系统的用水过程为对象，从微观上考查用水与节水过程，其节水指标体系又具有特殊性。

工业节水指标体系由水量指标和用水率度指标组成。广义地讲，上述各种用水量不仅是城市与工业用水（节水）的基础统计数据项目，也可视为节水指标。但由于许多率度指标由这些水量指标求得，为避免重复，工业节水的水量指标一般由万元工业产值取水量、工业用水量定额两种指标组成；用水率度指标包括工业用水循环利用率、新水利用系数、水的损耗率、循环比、回用率、重复利用率、比差率七种指标（详见表8-2）。

1. 工业节水水量指标

（1）万元工业产值取水量

万元工业产值取水量是指报告期内工业取水量与工业产值之比。计算公式为：

$$V_v = \frac{V_f}{C} \tag{8-21}$$

式中　V_v——万元工业产值取水量，m^3/万元；

　　　V_f——报告期内同一范围的工业取水量，m^3；

　　　C——相应的工业产值，万元。

该指标反映水资源投入与产出的关系，是一项绝对的综合经济效果的水量指标，它反映了工业用水的宏观水平。可针对工业企业、工业行业的节水水平评价，同时可从宏观上评价城市、国家等大范围的节水水平，可作为城市尤其是同行业工业企业之间用水（节水）水平的粗略比较。但万元工业产值取水量受产品结构、产业结构、产品价格、工业产值计算、产品加工深度等因素的影响很大，作为横向比较的指标时应注意其限制条件。

（2）工业用水量定额

工业用水量定额，特别是企业用水基础定额和行业用水量定额是一种绝对的经济效果指标，因此它是衡量企业内部、地区、工业行业与企业用水（节水）水平的主要考核指标，是进行工业用水（节水）水平横向、纵向比较的统一尺度，其可比性、指导性强。

目前我国企业用水量定额主要限于工业企业内部。制订具有高对比性和指导性的行业用水量定额，需要有良好的节水工作基础、足够大的样本容量，而且影响因素多、工作情况复杂、工作量较大、工作周期较长，因此是今后工业节水管理的努力方向。

2. 工业用水率度指标

（1）工业用水循环利用率

工业用水循环利用率（R_{cy}）是指一定期间循环水系统中循环水量（Q_{cy}）所占比例。其计算公式为：

$$R_{cy} = \frac{Q_{cy}}{Q_{cy} + Q_f} \times 100\% \tag{8-22}$$

上式中 Q_f 表示循环系统中的新水量。工业用水循环利用率反映循环水系统中水被循环利用的效率,但它的大小受总用水量的影响很大,加之不同工业行业因用水性质不同导致可循环利用的程度不同,因此该指标并不能完全反映同类工业企业,尤其是不同类型工业企业的用水(节水)水平。

(2)新水利用系数

新水利用系数(K_f)是指用水系统新水量(Q_f)与排水量(Q_d)之差与新水量的比值。计算公式为:

$$K_f = \frac{Q_f - Q_d}{Q_f}$$ (8-23)

新水利用系数反映了用水系统中可以通过压缩排水量的方式提高新水利用程度。

(3)水的损耗率

水的损耗率(R_l)是指循环水系统中耗水量(Q_c)与漏失水量(Q_l)所占比例。计算公式为:

$$R_l = \frac{Q_c + Q_l}{Q_{cy} + Q_f} \times 100\%$$ (8-24)

(4)循环比

循环比(P_{cy})是指用水系统总用水量(Q_t)与新水量(Q_f)的比值,反映了新水的循环利用次数。计算公式为:

$$P_{cy} = \frac{Q_t}{Q_f}$$ (8-25)

(5)回用率

回用率(R_s)是指用水系统中循环水量(Q_{cy})为零时系统内部回用水量(Q_{s1})所占比例。计算公式为:

$$R_s = \frac{Q_{s1}}{Q_{s1} + Q_f} \times 100\%$$ (8-26)

(6)重复利用率

重复利用率(R_r)是指重复利用水量(Q_r)占用水系统中总用水量的比例。反映同时具有循环用水与回用水的用水系统中水的有效程度。计算公式为:

$$R_r = \frac{Q_r}{Q_t} \times 100\%$$ (8-27)

由于 $Q_t = Q_r + Q_w$,$Q_r = Q_{cy} + Q_{s1}$,则上式变为:

$$R_r = \frac{Q_r}{Q_r + Q_w} \times 100\%$$ (8-28)

$$R_r = \frac{Q_{cy} + Q_{s1}}{Q_{cy} + Q_{s1} + Q_w} \times 100\%$$ (8-29)

当无系统外部回用水时,$Q_w = Q_f$,于是有:

$$R_r = \frac{Q_r}{Q_r + Q_f} \times 100\% = \frac{Q_{cy} + Q_{s1}}{Q_{cy} + Q_{s1} + Q_f} \times 100\%$$ (8-30)

(7)比差率

比差率(R_v)是指城市工业的实际取水量(V_f')与该城市工业的对比取水量(V_f'')之比。计算公式为:

$$R_v = \frac{V_f'}{V_f''} \tag{8-31}$$

其中城市工业的对比取水量是在进行比较的范围内按各工业行业平均万元工业产值取水量计算的工业平均取水量，即：

$$V_f'' = \sum_{i=1}^{n} C_i V_{fi} \tag{8-32}$$

式中　V_{fi}——比较范围内第 i 个工业行业的平均万元工业产值取水量，$m^3/$万元；

C_i——城市第 i 个工业行业的产值，万元；

n——比较范围内的工业行业数。

R_v 值大于 1 时，说明该城市的实际万元工业产值取水量高于比较范围内的万元工业产值取水量的平均水平，其节水水平低于相应范围内的平均节水水平。该指标消除了城市间不同工业结构对万元工业产值取水量的影响，克服了万元工业产值取水量指标这方面的缺点，是进行城市间横向比较的工业节水指标。

8.3.3　工业节水措施

工业用水占城市用水量的绝大多数，供水量的不足往往制约着产品的结构、影响到企业的发展。解决这些问题的有效途径是"开源节流"。在目前我国城市水资源严重短缺的形势下，解决好"节流"，即有效地开展工业节水工作，不仅能够保证企业正常的生产、生活用水，而且可缓解企业对增加新水资源的依赖，并能有效地减少工业废水的排放量，减轻废水对环境的污染，因此它是维持城市可持续发展的重要途径。

自 20 世纪 80 年代以来，我国已大力推行城市节约用水工作，各城市以工业企业节水为重点，制定了与生产过程用水紧密联系的一系列节水措施，并在实践中逐步形成了一定的经验。但在工业产品种类繁多，用水过程较为复杂，生产技术落后，设备陈旧的情况下，节水效果会受到一定影响。因此，有效的工业节水措施应以改进生产工艺为基础，以强化节水技术为手段，以落实行政法制管理为保证。具体节水措施有以下几方面的内容。

1. 调整产品结构，改进生产工艺，建立节水型工业

生产过程所需的用水量是由产品和生产工艺决定的。耗水量较大产品在立项时应充分论证与当地水资源及可供水量的协调关系。对已建的项目要根据可供水量调整结构。但是，单靠调整产品结构达到节约用水的目的往往是被动的，从经济效益方面考虑，这种措施有时是难以实现的，而且产品结构往往与区域性资源优势相联系，实现大幅经济转型要靠合理的政策和严格的制度加以保证。

相对而言，企业内部改进生产工艺，利用先进的生产工艺降低生产用水是较易被企业接受的节水措施。但生产工艺的改进往往会导致原材料、操作、设备等方面的较大变动，牵涉面较大，因此必须结合原、辅材料的供应、产品的数量和质量的影响、成本以及设备等方面统筹考虑。此外，还必须有强大的技术和资金的支持。目前较常见的工艺改进有：生产主要过程中少用水或无水生产工艺技术、顺流洗涤改为逆流洗涤工艺技术、直接冷却改为间接冷却技术、水冷却改为非水冷却等。

不论是调整产业结构，还是改进生产工艺，其目标是建立节水型工业，这也是我国推行节能减排政策的重要措施。对此，我国在政策保障、行政审批、技术开发、技术引进、

资金保证等方面均有十分有益的探索。

2. 强化节水技术，开发节水设备，努力降低节水设施投资

先进的节水技术往往是进行产品结构调整、生产工艺改进的前提，而先进的节水技术常通过生产工艺，并借助一些辅助系统得以体现。

循环系统是提高水的重复利用率的必备装置，借助循环系统可将使用过的水经适当处理后重新用于同一生产用水过程。如循环冷却水系统，大部分间接冷却水使用后除水温升高外，较少受到污染，一般不需较复杂的净化处理，经冷却后即可重新使用。由于水的循环重复使用，有效地减少了新水量或补充水量，达到了高效的节水目的。

回用水系统是将使用后的排水经处理达到生产过程的水质要求后，再用于生产过程的系统。根据回用水的来源可将其分为系统内回用水和系统外回用水。系统内回用水的使用，不仅满足了用水系统的部分供水量，而且减少了工业废水的排放量，减轻了废水对周围环境的污染程度。系统外回用水的使用，可减轻企业对新鲜水的依赖，不仅实现节水，而且可节省水费的开支。

循序用水系统是一水多用的系统。它基于生产工艺各环节具有不同的用水水质标准，因而可利用某些环节的排水作为另一些环节的供水原理形成的节水技术。该系统可极大地提高水的利用率。

此外，海水淡化技术可将海水的水盐分离、淡化水作为工业新水量直接供给用水系统。海水代用技术可用海水代替淡水用于冷却系统、除尘、火力发电厂除灰系统、海产品洗涤，以及纺织、印染工厂的煮炼、漂白、染色、漂洗等生产工艺用水等。由于海水的利用，减轻了对城市淡水资源的依赖，从"开源"的途径实现了"节流"。

上述工业用水系统和辅助用水系统实现节水，都需要选用适当的专用先进设备和器具。因此要不断地研制和开发新的配套节水设备。同时，要实现节水设备的经济化，使配套的节水系统产生良好的经济效益，只有这样才能调动企业的节水积极性，推动工业节水的管理工作。

3. 加强企业用水行政管理，实现节水的法治化

有效的节水管理是实现工业节水目标的根本保证。要设立专门的、代表政府行政的节水管理机构，并建立必要的用水管理制度，以便用水（节水）考核和进行必要的奖惩。要制定切合实际的用水量定额和其他行之有效的节水考核指标体系，努力实现用水（节水）的科学化管理。

节水工作与企业的切身利益密切相关。为提高节水效率，企业往往需投入大量的资金配套节水设施和改进生产工艺。在目前我国水价严重失真的情况下，企业对节水工作不可避免地普遍存在着消极的态度。因此加强节水的法治教育，制定适宜的法律条文，并严格执法程序，不仅可以克服节水行政管理存在的某些局限性，而且可使行政管理有法可依，真正做到依法行政。只有这样才能推动工业节水事业的健康发展，实现城市的可持续发展战略。

4. 提高工业生产规模，发挥规模经济效应

由于地区经济和资源的差异，目前我国还存在着大量规模较小的企业，这些企业工艺技术与管理落后、生产效率低下、能耗较高、污染严重。在用水（节水）方面，不同行业中单位产品取水量或万元产值取水量先进与落后的指标值相差数倍。主要原因是由于小企

业的经济实力限制了其产品结构调整、工艺节水改革的实现，从而无法进入节水指标先进的行列。

在政策的鼓励和引导下，企业通过自身改革、联合或重组等形式形成规模生产，以规模效应促进工业企业节水目标的实现已势在必行。这样不仅可有效地实现企业资源的合理配置，而且可为生产过程的优化创造良好的条件，从而实现低耗（包括耗水、耗能及原料等）高效的生产，提高企业的市场竞争力。

8.4 农业节水

我国是农业大国，农业生产与农业经济是国家稳定的重要保证。多年来，随着我国粮食及农业经济作物的单位面积产量大幅提高，水资源量与农业生产的快速发展很不协调。由于新增灌溉面积需要增加用水，改善提高现有灌溉面积的灌溉条件和保证率也需要增加用水，加之林果用水、畜牧用水、养殖用水增加，水资源短缺已成为制约农业生产与农业经济可持续发展的重要因素，农业可持续发展正面临严重的水危机。

显然，建立高效节水农业，采用各种措施，推广与改进现代节水灌溉技术，提高农业用水效益，降低径流损耗，推广有利农田节水技术的政策，调动农民节水的积极性，实行用水总量控制，对于克服农业用水水危机具有重要意义。

节水型农业是一项综合性很强的社会经济系统工程，是以农业节水、高效高产为中心，以提高农业用水效益为目的，确保水资源良性循环、农业持续发展为条件的农业。节水型农业的建立是从根本上解决农业发展过程中水资源的制约，实现水资源良性循环的重要保证。

8.4.1 农业节水的发展阶段

长期以来，传统粗放的灌溉方式造成了水资源的极大浪费，50％的水在输送途中渗漏，到了农田又有大量的水未被农作物吸收，或蒸发损失或渗漏而浪费在田间。因此，推广应用节水灌溉技术引起了高度重视，并已取得一定成效。

节水灌溉技术主要采用喷灌、滴灌、管道灌溉、U形槽混凝土渠道等工程措施。据估计，与传统的地面灌溉相比，采用高效节水技术可省水 30％～50％。如灌溉渠道防渗衬砌，渠系水的利用率达 80％以上，U 形槽混凝土渠道水利用率可达 97％～98％，可节水 15％～30％，还可减少渠道的占地面积。由此可见，节水灌溉是建设节水型农业的关键。

节水灌溉是指充分利用灌溉水资源，提高水的利用效率，达到农作物高产高效而采取的技术措施和农业高效用水模式，目的是提高水的利用率和水分生产率。节水灌溉的内涵包括水资源的合理开发利用，输配水系统的节水、田间灌溉过程的节水、用水管理的节水以及农艺节水增产技术措施等方面，是由水资源、工程、农业、管理等环节的节水技术措施组成的一个综合技术体系。运用这一技术体系，将提高灌溉水资源的整体利用率，增加单位面积或总面积农作物的产量，以促进农业的持续发展。

节水灌溉作为一种农业技术措施，可以追溯到遥远的古代。随着社会的进步，灌溉事业在世界各国迅速发展，特别是近100多年间，灌溉事业的发展对世界农业增产和稳产发挥了重要的作用。在 1996 年的罗马粮食安全首脑会议上，联合国粮农组织提出今后粮食的 2/3 要靠灌溉农业，发展农业灌溉是新的绿色革命的一项重要内容。

节水灌溉的实质是要充分满足作物生长期的需水要求，按照传统经验或做无需水量试验要求的灌溉水量和灌水定额（一次灌水的水量）进行灌溉。就全球的节水灌溉而言，农业灌溉理论及技术模式经历不同的发展阶段和过程，农业节水理论与技术体系在不断的完善与充实。农业灌溉经历了充分灌溉和非充分灌溉、调亏灌溉、局部灌溉的理论与技术的发展过程。

充分灌溉理论及相应技术模式的发展，可概括为三个阶段：19 世纪初至 19 世纪 80 年代，是充分灌溉理论及技术的萌芽阶段，在这个阶段，采用简单的筒测法和田测法确定灌水过程的灌溉定额和灌水总量，美、英、法、日、俄等国都有此时期的观测资料；19 世纪末至第二次世界大战前，是充分灌溉理论与技术模式形成与逐步完善的时期，此时期的灌溉理论研究主要是以作物需水量为主的灌溉理论基础试验研究，包括有效降雨量和地下水利用量测定，开始用水量平衡的理论进行灌区用水的分析。20 世纪 50～70 年代初，是充分灌溉理论及其技术模式快速发展时期，该期作物系统的灌溉制度和灌水方法已经形成，充分灌溉理论发展到了最高峰，并逐渐暴露出了许多问题，以大水漫灌为特征的技术模式得到了大面积的应用，同时以作物充分灌溉为前提的喷灌也得到了较大面积的发展。

随着世界水资源危机的日益加剧，自 20 世纪 70 年代以来，灌溉已成为农业持续发展十分突出的问题。传统的充分灌溉理论及相关技术模式具有不可避免的缺陷，为了发展可持续的灌溉农业，必须避免灌溉的负效应发生，一种和"丰水高产型"的充分灌溉理论与技术模式相对应的非充分灌溉（限水灌溉）理论及其技术模式在农业灌溉的具体实践中初步产生，并逐渐受到人们的重视。非充分灌溉理论的核心目标就是在一定的水源、工程和农业技术条件下以最少的水资源消耗量达到最优产量，即灌区总经济效益最大的产量。在缺水地区已逐渐由传统的充分灌溉转向于非充分灌溉，或称限额灌溉。因此，如何分配和使用有限的灌溉水量，才能使作物减产最小，总的经济效益最大，是农业灌溉技术运用中迫切需要解决的问题。

随着非充分灌溉理论与技术的不断发展，其他的节水灌溉技术与理论，如调亏灌溉、地下灌溉、负压差灌溉、局部灌溉、控制性根系交替灌溉等具有较大的发展与应用。

1979 年，美国犹他州立大学的 Strainham 和 Keller 博士在研究变流量灌溉的基础上首先提出波涌灌溉的概念。1980 年～1981 年在美国科罗拉多、爱达荷、华盛顿等州开展了波涌灌溉方面的室内外试验研究。1982 年～1985 年美国科学家根据大田入渗及灌水试验结果对波涌灌溉减渗机理进行了分析与探讨；1986 年，美国农业部颁布了国家灌溉技术指南要点之五——波涌灌溉指南，从此波涌灌溉技术在美国进入推广应用的阶段。同时由于波涌灌溉技术推广应用的需要，美国和日本对波涌灌溉设备也进行了研究，日本的波涌灌溉自动控制设备还出口到美国。美国和日本波涌灌溉设备的生产已商品化。

我国的节水灌溉大体上可以分为三个阶段。20 世纪 50～60 年代基本上是充分灌溉的节水灌溉发展阶段。此阶段主要是开发新水源、建设新灌区和改造扩大旧灌区，主要采取渠道防渗、健全渠系建筑物、划小畦块、平田整地，按作物需水量进行灌水，加强灌区管理、合理配水等节水措施。70 年代初，由于水资源的短缺日趋突出，许多灌区因灌溉水量的严重不足，将原来的按作物需水量的灌溉制度，改为按实有水资源量获得灌区最大产量的灌溉制度，提高用水效率成为重要的灌溉要求。70年代中期以来，是我国节水灌溉发展的第三阶段。至此，我国的节水灌溉进入了局部灌溉的新阶段。应该注意到，我国的节水灌溉的发展历程具有相互的重叠性，发展极不平衡。由此，上述仅对我国节水阶段的划分与发展历程进行了概括的分析。

8.4.2 农业节水灌溉技术指标体系

我国幅员辽阔，各地区之间自然地理条件、社会经济条件、农业生产发展水平差异较大。此外，作物灌溉需水量的影响因素较多，而且作物生育期灌溉需水量在空间上具有不一致性的特点，即使降雨、蒸发等气候条件相似的地区，亦因土壤质地、耕作制度等的不同而有较大的差异。所制定的有关农业节水指标体系，必须适合农村经济与科学技术发展水平，具有较强的可操作性。

目前，不同国家、地域、社会环境、经济和技术发展水平，其农业节水指标具有较大的差异性。我国是农业大国，农业节约用水对于解决水资源危机举足轻重。为了有效管理，使农业节水更加规范化，我国先后颁布了与节水灌溉有关的规范和标准，如《灌溉与排水工程设计标准》GB 50288—2018、《渠道防渗衬砌工程技术标准》GB/T 50600—2020、《喷灌工程技术标准》GB/T 50085—2007、《微灌工程技术标准》GB/T 50485—2020、《管道输水灌溉工程技术规范》GB/T 20203—2017、《农田灌溉水质标准》GB 5084—2021、《泵站设计标准》GB 50265—2022、《机井工程技术标准》GB/T 50625—2023、《节水灌溉工程技术标准》GB/T 50363—2018、《农田排水工程技术规范》SL/T 4—2020，对我国节水灌溉体系中的灌溉水源、灌溉用水量、灌溉水利用系数、灌溉效益等主要技术指标给予具体的说明和要求。

1. 灌溉水源

节水灌溉工程应优化配置，合理利用和节约保护水资源，最大限度地发挥灌溉用水的效益；灌溉水源应优先使用地表水，合理利用地下水。水资源的优化配置与合理利用强调灌溉水质的安全性和水量的保证性。井灌区应防止地下水超采，井渠结合灌区应通过地表水与地下水的联合运用，提高灌溉水的重复利用率。有条件的地表水灌区应合理利用灌溉回归水。用微咸水作为灌溉水源时，应采用咸、淡水混灌或轮灌；以集蓄雨水作为节水灌溉水源时，集蓄工程的集流能力应与蓄水容量相一致，并应满足节水灌溉水量要求。灌溉水水质应符合现行国家农田灌溉水质标准。

2. 灌溉用水量

节水灌溉的主要目的之一是节约用水，不能以降低产量为代价。灌溉制度应依据不同节水灌溉技术类型及其相应的灌溉设计保证率确定。灌溉用水量应结合当地水资源条件，按产量高或水分生产率高的节水制度确定。水资源紧缺地区，灌溉用水量宜根据作物不同生育阶段对水的敏感性，采用灌关键水、非充分灌溉等方式确定。

在确定灌溉制度时，不能单纯强调高产，应根据当地水资源条件，满足节水、增产、增效的综合要求。我国西北、华北等干旱、半干旱地区，灌溉水资源不足，往往不能满足作物丰产灌溉的要求，为发挥有限水资源的最大效益，应在作物产量形成对缺水最敏感的阶段进行灌溉，其他阶段少灌或不灌。

3. 灌溉水利用系数

渠道输水损失包括渗漏、蒸发损失和泄水、退水损失，农田节约用水的实质就是希望将上述水量损失降到最低，提高灌水效率。渠系水利用系数、田间水利用系数、灌溉水利用系数作为节水灌溉中衡量灌溉水损失的重要指标受到广泛地采用。

（1）渠系水利用系数

渠系水利用系数是指末级固定渠道输出流量（水量）之和与渠首引入流量（水量）的比值，也为各级固定渠道水利用系数的乘积。其大小直接反映输配水工程的质量，集中反映灌溉工程和管理水平的一项综合指标。考虑不同类型灌区渠道规模、渠系构成、输配水工程质量与管理水平的差异性，《节水灌溉工程技术标准》GB/T 50363—2018 中要求：大型灌区不应低于 0.55，中型灌区不应低于 0.65，小型灌区不应低于 0.75；全部实行井渠结合的灌区可在上述范围内降低 0.10，部分实行井渠结合的灌区可按井渠结合灌溉面积占全灌区面积的比例降低；井灌区不应低于 0.9，管道输水，管系水利用系数不应低于 0.95。

（2）田间水利用系数

田间水利用系数是指灌入田间可被作物利用的水量与末级固定渠道放出水量的比值。表达式为：

$$\eta_t = mA/W \tag{8-33}$$

式中 η_t——田间水利用系数；

m——某次灌溉后计划湿润层增加的水量，m^3/hm^2；

A——末级固定渠道控制的实灌面积，hm^2；

W——末级固定渠道放出的总水量，m^3。

也可采用实测法确定田间水利用系数。在灌区中应选择具有代表性的地块，通过实测灌水前后（1～3d）计划湿润层土壤含水量的变化，计算净灌水定额，算出田间水利用系数。表达式为：

$$\eta_t = 10^2(\beta_2 - \beta_1)\gamma HA/W$$

式中 η_t——田间水利用系数；

$\beta_1、\beta_2$——分别为灌水前、后计划湿润的土壤含水率（以干土重的百分数表示）；

γ——土的干密度，t/m^3；

H——计划湿润深度，m。

田间水利用系数的大小直接反映灌溉过程中的水量损失的程度。田间水利用系数低，表明单位面积上的灌水量超过农作物的利用量，无效灌溉水量所占的比例高，田间灌水量损失较大，节水灌溉无法实现。因此，要求水稻灌区不宜低于 0.95，旱作物灌区不宜低于 0.90。

（3）田间用水效率

目前，在国际节水灌溉研究与评价中，广泛采用田间用水效率这一概念。其定义为：

$$E_a = (V_m/V_f) \times 100\% \tag{8-34}$$

式中 E_a——田间用水效率，%；

V_m——满足植物生长周期内用于蒸发蒸腾所需水量，即作物需水量减去有效降雨量；

V_f——供给田间水量，为灌水总和，包括前期和生长期内的灌水量。

（4）灌溉水利用系数

灌溉水利用系数是指灌入田间可被作物利用水量与渠道引入的总水量的比值。渠道防渗输水灌溉工程大型灌区不应低于 0.50；中型灌区不应低于 0.60；小型灌区不应低于 0.70；井灌区不应低于 0.80；管道输水灌溉不应低于 0.80；喷灌区不应低于 0.80；微喷灌区不应低于 0.85；滴灌区不应低于 0.90。灌溉水利用系数可采用首尾测算法或综合测定法确定。

（5）井渠结合灌区的灌溉水利用系数

井渠结合灌区灌溉水利用系数表达式为：

$$\eta_t = (\eta_j W_j + \eta_q W_q)/W \tag{8-35}$$

式中　η_t——井渠结合灌区灌溉水利用系数；

$\quad\quad \eta_j$——井灌水利用系数；

$\quad\quad W_j$——地下水用量，m^3；

$\quad\quad \eta_q$——渠灌水利用系数；

$\quad\quad W_q$——地表水用量，m^3；

$\quad\quad W$——井渠灌区总用水量，m^3。

（6）作物水分生产率

作物水分生产率是衡量单位灌溉面积上灌溉用水效率的重要指标，是指在一定的作物品种和耕作栽培条件下，单位水量所获得的产量，其值等于作物产量与作物净耗水量或蒸发蒸腾量之比。其表达式为：

$$I = y/(m+p+d+t) \tag{8-36}$$

式中　I——水分生产率，kg/m^3；

$\quad\quad y$——作物产量，kg/hm^2；

$\quad\quad m$——作物生育期内净灌溉水量。当实际灌水定额小于设计值，应采用实测法确定，m^3/hm^2；

$\quad\quad p$——作物生育期内有效降水量，能保持在田间被作物吸收利用的那部分降水量，为总降水量与地表径流量、深层渗漏量之差值。降雨的有效性取决于降水强度、土壤质地、植被覆盖情况等，m^3/hm^2；

$\quad\quad d$——地下水补给量，与地下水埋深、土壤质地、作物种类有关，m^3/hm^2；

$\quad\quad t$——土壤水分变化量，m^3/hm^2。

4. 节水效益

节水灌溉应有利于提高经济效益、社会效益和环境效益，促进农业产业化和农村经济的发展。节水灌溉应使工程措施和农艺措施、管理措施相结合，提高灌溉水的产出效益。实现节水灌溉后，粮食作物产量提高 15% 以上，或水分生产率提高 20% 以上。节水灌溉项目效益费用比应大于 1.0。

8.4.3　农业节水技术与工程措施

1. 农业节水技术

（1）非充分灌溉（或"限水灌溉"）

非充分灌溉是在作物全生育期内不能全部满足需水要求、旨在获得总体最佳效益而采取的不充分满足作物需水要求的灌溉模式。首先是寻求作物需水的关键期，即作物对水分的敏感期，把有限的水量灌到最关键期才能使产量最高。其次，根据作物需水的关键期制定优化灌溉制度。作物的产量不仅取决于全生育期的供水总量，还取决于这些总水量在全生育期内如何分配，即有限的数量应多大才能使总产量达到相对最大。这种优化灌溉制度是动态的，不同于传统的静态灌溉制度。对于水资源不太紧张的地区，可以人为地限定灌溉水量，用少于充分灌溉的水量，通过优化分配把这些水量灌到作物生长的最关键期。虽然减少了灌溉水量，但产量减少并不多。节约下来的水量可以用来扩大灌溉面积，从而达到节水增产的目的。非充分灌溉是以按作物的灌溉制度和需水关键期进行灌溉为技术特征。目前发展已比较完善，技术体系也比较成熟，得到了大面积的推广应用。

（2）调亏灌溉

调亏灌溉是澳大利亚持续农业研究所 Tatura 中心 20 世纪 70 年代中期提出并研发的节水技术。其基本思想是作物的某些生理生化通道受到特性或生长激素的影响，在其生长发育的某些时期施加一定的水分胁迫（有目的地使其有一定程度的缺水），即可影响作物的光合产物向不同的组织器官分配的倾斜，从而提高所需收获的产量而舍弃营养器官的生长量和有机合成物质的总量。此种方法不同于传统的丰水高产灌溉，也有别于非充分灌溉，它是从作物生理角度出发，在一定时期主动施加一定程度的有益的亏水度，使作物经历有益的亏水锻炼后，达到节水增产、改善农产品的品质，又可控制地上部植株的旺长，实现矮化密植，减少剪枝等工作量的目的。目前还需进一步研究不同作物的最佳调亏阶段、调亏程度（水分亏缺的下限与历时），不同养分水平或施肥条件下的调亏灌溉指标、调亏灌溉综合技术体系的开发等。通过这些研究及其成果的推广应用，将会使灌溉水的生产效率达到 $1.5 \sim 2.0 \text{kg/m}^3$ 以上的水平，并将填补大田作物调亏灌溉领域的空白，不但可以为灌区的规划设计和科学用水提供基础的数据，还可用于灌区用水管理实践。调亏灌溉以作物一定时期一定程度的亏水灌溉为技术特征，需对不同作物的调亏灌溉指标与技术相配套的作物栽培技术体系进一步开展研究。

（3）局部灌溉

局部灌溉以作物根系局部湿润为技术特征，是当前世界节水灌溉理论及技术模式的先进典型。其技术模式是采用滴灌和渗灌等微灌技术进行灌溉。根据作物需水要求，通过低压管道系统与安装在末端管道上的特殊灌水设施将水和作物生长所需的养分用比较小的流量均匀准确地把水直接输向植物根末部，以湿润植物根部土壤为主要目标。与传统的地面灌溉和全面积喷灌相比，局部灌溉更为省水。比地面灌溉省水 $50\% \sim 70\%$，比喷灌省水 $15\% \sim 20\%$，灌水均匀度达 $0.8 \sim 0.9$。

（4）控制性根系交替灌溉技术

控制性根系交替灌溉理论及技术模式是由我国科学家提出的。在继承以往节水灌溉理论及技术模式的基础上，克服了以往理论及技术模式只从作物出发，研究限定在作物的需水量和需水关键时期的缺陷，结合世界先进的节水灌溉理论及技术模式（如局部灌溉理论及技术模式），节水灌溉的研究在时空（作物生育期和土壤空间）两个方面都得到了拓展，在研究作物节水型的灌溉制度和灌水关键时期的基础上，着重研究使作物根系土层的交替湿润和干燥效应，从而减少无效蒸发和总的灌溉用水量。

控制性根系交替灌溉的基本概念与传统的概念根本不同。传统的灌水方法追求田间作物根系层的充分和均匀湿润，而控制性根系交替灌溉则强调利用作物水分胁迫时产生的根信号功能，即人为保持和控制根系活动层的土壤在垂直剖面或水平面的某个区域干燥，使作物根系始终有一部分生长在干燥或较干燥的土壤区域中，限制该部分的根系吸收水分，让其产生水分胁迫的信号传递到叶气孔，形成最优的气孔开度。同时，通过人工控制，使在垂直剖面或水平面上的干燥区域交替出现，即该次灌水均匀的区域，下次灌水让其干燥，这样就可以使不同区域或部位的根系交替经受一定程度的干旱锻炼，既可减少棵间全部湿润时的无效蒸发损失和总的灌溉用水量，也可提高根系对水分和养分的利用率，以不牺牲作物的光合产物积累而达到节水的目的。

（5）波涌灌溉

波涌灌溉又称间歇灌溉和涌流灌溉，是在研究沟（畦）灌的基础上发展起来的节水型地面灌水新技术。它是按一定周期间歇地向沟（畦）供水，使水流呈波涌状推进到沟（畦）末端，以湿润土壤的一种节水型地面灌水新技术。在波涌灌溉过程中，随着田面供水的一放一停，田面水流相应地经历了一个起涨和落干的过程。当水流流经上一个周期湿润过的田面时，因田面的糙率减小，水流速度加快，入渗能力减小。用相同水量灌溉时，波涌灌的水流推进距离为连续灌的2～3倍。同时，由于波涌灌的水流推进速度快，土壤孔隙自行关闭，在土壤表层形成一个薄的封闭层，大大减少了水的深层渗漏，使纵向水均匀分布。总体上，波涌沟（畦）灌溉较传统的地面沟（畦）灌具有省时、省水、节能、灌水质量高等优点，并能基本解决长畦（沟）灌水难的问题。波涌灌溉技术仅对传统地面灌水系统的供水方式作适当调整，所需设备少。因此，其投资显著低于喷灌、微灌及低压管道输水灌溉。涌流灌溉具有明显的节水效果，其节水率大小与畦（沟）长、土壤和灌季有关。已有成果表明，涌流灌溉的节水率在30%～50%，随沟畦的增长而增加。

（6）渠系防渗

渠系防渗是为了减少渠床灌溉水损失，提高用水效率的重要技术措施。我国农业总用水量的80%的农灌主要输水手段是渠道，传统的土渠输水渗漏损失约为引水总量的50%～60%。研究表明，浆砌防渗可减少水分损失50%～60%，使渠系水利用率达到0.6～0.7；混凝土与塑料防渗，减少水分损失67%～74%，渠系水利用系数达0.7～0.9。渠道防渗效果采用渠道防渗率进行定量表达，即：固定渠道防渗面积与最大过水表面积的比值，以百分数计。

（7）田间节水与农艺节水

田间节水技术主要包括平整土地，渠、畦系改造。一般采用大畦改小畦、长渠改短渠、宽渠改窄渠，渠灌区每公顷150～200畦，井灌渠300畦，可以显著减少每次的灌水量。农艺节水技术包括抗旱品种的选育，合理施肥，调整作物种植结构，秸秆、薄膜覆盖，耕作保墒等。应因地制宜推广应用，其节水增产、提高水分利用效率的潜力显著。秸秆覆盖可抑制蒸发率60%，小麦节水20%，增产20%。玉米节水15%，增产10%～20%。覆盖地膜可提高地温2～4℃，增加耕层土壤水分1%～4%。在干旱地区作物全生育期内，每公顷可节水1500～2250m³，增产40%左右。

（8）负压差灌溉

基本原理是将多孔管埋入地下，依靠管中水与周围土壤产生的负压差进行灌溉。整个系统能够根据管道四周土壤的干湿状况，自动调节水量。

（9）节水管理

节水管理是实现农业节约用水的重要保证与举措，包括制度管理、工程管理、经营管理和用水管理。通过建立各种管理组织，制订工程管理和经营管理制度，做到计划用水、优化配水、合理计收水费。要求制订节水灌溉制度，提高水的利用率，对作物灌溉进行预测预报。同时采用先进的量测水和控制设备，实现灌溉用水管理自动化，提高节约用水的管理水平。

2. 工程措施技术要求

节水灌溉工程建设必须注重效益、保证质量、加强管理，做到因地制宜、经济合理、技术先进、运行可靠。同时，应建立健全管理组织和规章制度，切实发挥节水增产作用。

节水灌溉工程规划应符合当地农业区划和农田水利规划的要求，并应与农村发展规划相协调，采用的节水技术应与农作物品种、栽培技术相结合。节水灌溉工程应通过技术经济比较及环境评价确定水资源可持续利用的最佳方案。节水灌溉工程的形式应根据当地自然和社会经济条件、水土资源特点和农业发展要求，因地制宜选择。

（1）渠道防渗率：大型灌区不低于 40%；中型灌区不低于 50%；小型灌区不低于 70%；井渠结合灌区在上述范围内可降低 15%～20%；井灌区如采用固定管道输水，应全部防渗。

（2）井灌区管道输水，田间固定管道长度适宜为 90～150m/hm²；支管间距、单向布置时不大于 75m，双向布置时不大于 150m；出水口（给水栓）间距不大于 100m，宜用软管与之连接进行灌溉。

（3）喷灌工程应满足均匀度、雾化程度要求。管道式喷灌系统应有控制、量测设备和安全保护装置。中心支轴式、平移式和绞盘式喷灌机组应保证运行安全、可靠；轻型和小型移动式喷灌机组，单机控制面积以 3hm² 和 6hm² 为宜。具体参考《喷灌工程技术规范》GB/T 50085—2007。

（4）微灌工程水源必须严格过滤、净化，满足均匀度要求。安装控制、量测设备和安全保护装置。条播作物移动式滴灌系统灌水毛管用量不少于 900m/hm²，具体参考《微灌工程技术标准》GB/T 50485—2020。

8.5 污水再生利用

8.5.1 污水再生利用概述

人类对水的需求量逐年增加，同时水体的污染不断加剧，加上地区性的水资源分布不均和周期性干旱，导致淡水资源在水质、水量两方面都呈现出越来越尖锐的供求矛盾。由于需水量日益增加和水质不断恶化，许多国家都面临着水资源短缺的危机。

为此，人们已寻找出三条解决水危机的主要途径：第一，推行清洁生产，改变生产结构，革新生产工艺及装备，调整用水方式，强化计划用水管理，改革水价政策，提高水的重复利用率，采取多种节水方法如安装节水设备等，最大限度地节约用水，缓解用水矛盾；第二，远距离跨区域调水，以丰补缺，改变水资源分布不均的自然状况；第三，推广污水再生利用。世界上很多国家将处理后的污水作为一种新水源，用于工业、农业、生活及环境等用水，使之成为水资源的一个组成部分，并已成为合理利用和节约水资源的重要途径。

污水经过适当处理后，达到一定的水质标准，满足某种使用要求，可以进行有益使用的水，称为"再生水"。这里所说的污水是指在生产与生活活动中排放的水的总称，包括生活污水、工业废水、农业污水、被污染的雨水等。生产再生水的水处理厂称为再生水厂，其处理技术与工艺可称为再生处理技术与再生处理工艺。再生水可作为低质用水供给工农业生产、城市生活、河道景观等，也可以作为高品质再生水，回用于饮用水，包括间接饮用（IPR）和直接饮用（DPR），以及在工业生产过程中利用，比如电子产业工艺过程、锅炉补水等。办公楼、宾馆、饭店和生活小区等集中排放的污水就地处理后回用于冲洗厕所、洗车、消防、浇洒道路和绿地等生活杂用，俗称为"中水"。

城市污水水量大，水质相对稳定，就近可得，易于收集，处理技术成熟，基建投资比远距离引水少，处理成本比海水淡化低。因此，当今世界各国解决缺水问题时，城市污水首先被选为可靠的供水水源进行再生处理与利用。

污水再生利用所提供的新水源可以通过"资源代替"，即用再生水替代可饮用水用于非饮用目标，节省宝贵的新鲜水，缓解工业和农业争水以及工业与城市用水的矛盾，实现"优质水优用，低质水低用"的原则，在很大程度上减轻或避免了远距离引水输水和购买价格昂贵水源的问题，有利于及时控制由过量开采地下水引起的地面沉降和水质下降等环境地质问题；同时减少污水排放，改善生态环境，促进水生态的良性循环。

随着人口的增加、城镇化进程的加快以及气候变化对水资源可利用量的影响，水资源短缺已成为制约经济社会发展的重要因素。在许多情况下，再生水可作为一种现实可靠的饮用水水源。近年来，国内外开展了污水高品质回用的技术与应用研究。随着污水再生处理技术的发展，再生水水质不断提高，应用于补充饮用水水源的案例也持续增多。

作为缓解水危机的途径，日本早在1962年就开始污水回用，20世纪70年代已初见规模，90年代在全国范围内进行了污水回用的调查研究与工艺设计，对污水回用在日本的可行性进行深入研究和工程示范，在严重缺水的地区广泛推广污水回用技术，使取水量逐年减少。美国也是世界上采用污水再生利用最早的国家之一，20世纪70年代初开始大规模建设污水处理厂，随后即开始污水回用，城市污水经再生处理后作为灌溉用水、景观用水、生产工艺用水、工业冷却水、锅炉补水以及回灌地下水和娱乐养鱼等多种用途，其中灌溉用水占总回用量的60%，工业用水占总用水量的30%，城市生活等其他方面的回用水量不足10%。作为城市污水回用的先驱之一，佛罗里达州的圣彼得斯堡1978年开始将再生水作为生活杂用水；全美最大的核电站——派洛浮弟核电站将生物膜法处理后的出水经电站深度处理后作为冷却水使用，水的循环次数达15次。除日本和美国外，俄罗斯、西欧各国、以色列、印度、南非和纳米比亚也广泛开展污水回用，以色列早在20世纪60年代便把污水回用列为一项国家政策。纳米比亚于1969年建起了世界上第一个再生饮用水工厂，日产水量6200m³，水质达到世界卫生组织和美国环保局公布的标准。从1962年美国加利福尼亚州Montebello Forebay的再生水间接饮用回用和1969年纳米比亚Windhoek的再生水直接饮用回用项目开始，再生水饮用回用案例已广泛扩展到非洲、亚洲、澳大利亚、欧洲和北美等世界多个国家和地区。新加坡在20世纪末提出NEWater（俗称为"新生水"）的技术路线，经过处理的污水可达到饮用水标准，满足不同用户的高标准水质要求，2002年建成第一座新生水厂。

面对世界各地日益增长的再生水饮用回用研究、实践和发展需求，世界卫生组织（WHO）于2017年8月首次发布了《再生水饮用回用：安全饮用水生产指南》，旨在为各国开展再生水饮用回用规划、设计、运行、管理和系统评价等工作提供技术指导,逐步引导并规范再生水饮用回用的广泛、深入和可持续发展。指南从保障公众健康安全的角度,提出了再生水饮用回用管理原则、系统评价、管理方法及监管要求,强调了水回用系统全流程控制、多屏障水质安全保障等措施,并讨论了现有知识鸿沟和今后研究方向。该指南主要针对再生水的有计划补给,包括再生水直接饮用和间接饮用,再生水的无计划间接补给不在该指南的讨论范围内。

我国 20 世纪 50 年代就开始采用污水灌溉的方式回用污水,但直到 20 世纪 80 年代中期,随着社会经济的发展和人们环境意识的不断提高,污水回用才逐渐扩展到缺水城市的许多行业。从 1986 年开始,城市污水回用相继列入国家重点科技攻关计划,开始了污水回用技术的探索和示范工程的应用与推广。近年来,城市污水再生利用得到了快速发展;同时,我国牵头制定了 4 项国际标准,填补了水回用领域国际标准空白,推动了水回用行业国际化发展。

由我国牵头制定的 4 项国际标准分别为《城镇集中式水回用系统设计指南》(ISO 20760—1:2018)、《城镇集中式水回用系统管理指南》(ISO 20760—2:2017)、《再生水安全性评价指标与方法指南》(ISO 20761:2018)和《工业废水分类》(ISO 22447:2019)。ISO《城镇集中式水回用系统设计指南》主要规定了集中式水回用系统设计原则和方法,阐释了水源、处理、储存、输配、监测等水回用关键环节的设计要求和关键水质指标,提出了集中式水回用系统四种利用模式,明确了处理工艺、管网输配和利用途径之间的关系。ISO《城镇集中式水回用系统管理指南》主要规定了城镇水回用领域集中式水回用系统的管理原则和方法,阐释了水回用关键环节的管理要求;水质监管、风险预警和应急响应等重要过程的管理原则和方法以及数据采集、数据处理、数据校核等质量控制环节。ISO《再生水安全性评价指标与方法指南》主要规定了城镇水回用领域再生水安全性评价指标与方法,提出再生水水质安全应包含健康安全、生态安全、生产安全和心理安全(公众接受度)等 4 个方面的新概念,阐释了再生水景观环境利用、工业利用、城市杂用等典型利用途径的再生水安全性评价指标选择和评价方法。ISO《工业废水分类》规定了工业废水分类原则、命名方法和编码组成,为全球工业废水处理与回用产业链的政策标准制定、工艺设计、技术装备研发、工程建设等提供了规范指导。

实践表明,污水回用措施既节水又能减轻环境污染,环境、经济和社会效益都非常显著。我国污水回用模式主要有中水回用和城市污水集中处理回用。

1. 中水回用

早在 1982 年青岛市就将中水作为市政及其他杂用水,以缓解其面临的淡水危机;北京市 1984 年开始进行中水回用工程示范,并在 1987 年出台的《北京市中水设施建设管理试行办法》中明确规定,凡建筑面积超过 $2 \times 10^4 \mathrm{m}^2$ 的旅馆、饭店和公寓以及建筑面积超过 $3 \times 10^4 \mathrm{m}^2$ 的机关科研单位和新建生活小区都要建立中水设施。

2. 城市污水集中处理回用

1992 年,大连春柳污水处理厂将二级处理污水进行深度处理后回用给煤气厂代替新鲜水,成为我国最早的城市污水回用示范工程。此后,北京、天津等城市也相继开展污水回用工程,将城市污水处理后作为水处理厂内部洗涤用水、电厂循环冷却用水、小区生活杂用水及绿化、景观河道等用水。

为了解决水资源短缺问题，北京市政府逐步加大污水回用的力度，首先将高碑店污水处理厂出水开辟为城市第二水源，2001 年建成了国内最大的二级处理水资源化再利用项目，通过 25km 的再生水管线，每天供给市政杂用、电厂冷却水共 $32×10^4 m^3$。至 2014 年，北京市已拥有万吨以上的再生水厂 42 座，全年共用再生水 $8.6×10^8 m^3$，占全市用水总量的 22.9%。其中工业用水 $1.8×10^8 m^3$；农业利用 $1.8×10^8 m^3$；河湖景观补水 $4.8×10^8 m^3$；绿地灌溉、洗车、道路压尘等市政杂用 $0.2×10^8 m^3$。城区有 9 座热电厂全部利用再生水。经过深度处理、恢复清透本质的高品质再生水，已被纳入水资源统一调配，再生水已经成为"第二水源"，用于工业生产、河湖景观补水、园林绿化灌溉、农田灌溉、道路喷洒、洗车、冲厕等诸多领域。2022 年，北京市再生水利用量达到 12 亿 m^3。

我国大部分地区属于缺水或严重缺水地区。近年来，随着经济发展和城镇化进程的进一步深化，对水资源的需求量越来越大，城市缺水问题尤为突出。国务院颁布的"水污染防治行动计划"（2015 年 4 月）中指出，要加快开展水污染对人体健康影响、新型污染物风险评价、高品质再生水补充饮用水水源等研究，到 2020 年，缺水城市再生水利用率达到 20% 以上，京津冀区域达到 30% 以上。

随着污水再生处理技术的不断发展，应用经验的日益丰富，管理水平的不断提高，再生水制水成本不断下降，污水再生利用逐渐成为缓解水资源短缺的重要措施之一，应用范围也日益广泛。

8.5.2 再生水利用类型及再生水水质标准

1. 再生水水源

再生水水源应以生活污水为主，尽量减少工业废水所占的比例。这是由于生活污水水质稳定，有可预见性，而工业废水尤其在事故排放时污染集中，会冲击再生水处理系统。

进入城市排水系统的城市污水，一般情况下可作为再生水水源，但其水质必须保证对后续再生利用不产生危害。由于生物处理和常规深度处理难以去除氯离子、色度、总溶解固体、硫酸盐、硫化物、油脂、发泡物质、硬度和碱度等，工业废水的排污单位必须进行预处理，使水质符合现行的《污水排入城镇下水道水质标准》GB/T 31962—2015、《室外排水设计标准》GB 50014—2021 和《污水综合排放标准》GB 8978—1996 等的要求后才能排入城市排水系统，作为再生水水源。

对于使用再生水的工业用户，通常所排废水中溶解性总固体等物质浓度增高，长期循环使用会造成恶性循环，因此其排水不宜作为再生水水源。

当排污单位排水口污水的氯化物大于 500mg/L，色度大于 100（稀释倍数），氨氮大于 100mg/L，总溶解固体大于 1500mg/L 时，不宜作为再生水水源。其中氯离子是影响回用的重要指标，因为氯离子会对金属产生腐蚀作用，所以应严格控制。

2. 城市污水再生利用

城市污水水量大，但只含有 0.1% 左右的污染物质，因此城市污水处理后的再生水被作为可靠的第二水源。

城市污水再生利用的可行性表现在以下几个方面：

（1）城市污水量大、集中，不受气候等自然条件的影响，水质水量变化幅度小，是较稳定的供水水源；

（2）城市污水处理厂一般建在城市附近，与跨流域调水、远距离输水相比，可大大节省取水、输水的基建投资和运行费用；

（3）污水处理厂因增加深度处理单元而增加的投资少于新建水厂的投资，故可节省部分新建给水处理厂的费用；

（4）城市污水处理后回用可减少污水排放量，从而减轻对水体的污染，促进生态环境的改善；

（5）城市污水再生利用可开辟第二水源，减少城市新鲜水的取用量，减轻城市供水不足的压力，实现水资源的循环利用。

3. 再生水利用方式

再生水利用有直接利用和间接利用两种方式。直接利用是指由再生水厂通过输水管道直接将再生水送给用户使用；间接利用就是将再生水排入天然水体或回灌到地下含水层，从进入水体到被取出利用的时间内，在自然系统中经过稀释、过滤、挥发、氧化等过程获得进一步净化，然后再取出供不同地区用户不同时期使用。

直接利用通常有四种方式：

（1）大型公共建筑和住宅楼群的污水，就地处理，循环再用。这种方式在日本被普遍推广使用，美国也有多处使用。

（2）由再生水厂敷设专用管道供大工厂使用。这种方法用途单一，比较实用，在美国较为普遍。

（3）敷设再生水供水管路，与城市供水管网一起形成双供水系统，一部分供给工业作为低质用水使用，另一部分供给城市绿化和景观水体使用。

（4）直接补充饮用水，即再生水经过管对管的连接，直接作为城市饮用净水厂的进水，单独或与天然水源水以一定的比例进行混合，再经过净水处理工艺后进入饮用水管网。由于公众对直接补充饮用水的安全性的担忧，目前应用案例很少。

4. 城市污水再生利用分类

《城市污水再生利用　分类》GB/T 18919—2002 中规定了城市污水经再生处理后，可以用作工业用水、农、林、牧、渔业用水、城市杂用水、环境用水、补充水源水等，详见表 8-4。

城市污水再生利用类型　　　　　　　　　　　　表 8-4

序号	分类	范围	示 例
1	农、林、牧、渔业用水	农田灌溉	种子与育种、粮食与饲料作物、经济作物
		造林育苗	种子、苗木、苗圃、观赏植物
		畜牧养殖	畜牧、家畜、家禽
		水产养殖	淡水养殖
2	城市杂用水	城市绿化	公共绿地、住宅小区绿化
		冲厕	厕所便器冲洗
		道路清扫	城市道路的冲洗及喷洒
		车辆冲洗	各种车辆冲洗
		建筑施工	施工场地清扫、浇洒、灰尘抑制、混凝土制备与养护、施工中的混凝土构件和建筑物冲洗
		消防	消火栓、消防水炮

序号	分类	范围	示　　例
3	工业用水	冷却用水	直流式、循环式
		洗涤用水	冲渣、冲灰、消烟除尘、清洗
		锅炉用水	中压、低压锅炉
		工艺用水	溶料、水浴、蒸煮、漂洗、水力开采、水力输送、增湿、稀释、搅拌、选矿、油田回注
		产品用水	浆料、化工制剂、涂料
4	环境用水	娱乐性景观环境用水	娱乐性景观河道、景观湖泊及水景
		观赏性景观环境用水	观赏性景观河道、景观湖泊及水景
		湿地环境用水	恢复自然湿地、营造人工湿地
5	补充水源水	补充地表水	河流、湖泊
		补充地下水	水源补给、防止海水入侵、防止地面沉降

近年来，国际上开展了大量的再生水补充饮用水的研究，随着污水再生处理技术的发展，再生水水质不断提高，补充饮用水的方式也不再局限于补充地表和地下水体。

（1）用于工业

再生水在工业中主要用做：①循环冷却系统的补充水；②直流冷却系统用水，包括水泵、压缩机和轴承的冷却、涡轮机乏汽的冷却以及直接接触（如息焦）冷凝等；③工艺用水，包括溶料、蒸煮、漂洗、水力开采、水力输送、增湿、稀释、选矿、油田回注等；④洗涤用水，包括冲渣、冲灰、消烟除尘、清洗等；⑤锅炉用水，包括低压、中压锅炉补给水；⑥产品用水，包括浆料、化工制剂、涂料等；⑦杂用水，包括厂区绿化、浇洒道路、消防等。

工业用水一般占城市供水量的80%左右，而冷却水占工业用水的70%～80%或更多，如电力工业的冷却水占总水量的99%，石油工业的冷却水占90.1%，化工工业占87.5%，冶金工业占85.4%。冷却水用量大，但水质要求不高，用再生水作为冷却水，可以节省大量的新鲜水。因此，工业用水中的冷却水是城市污水再生利用的主要对象。

（2）用于农、林、牧、渔业

食用作物和非食用作物灌溉、林地灌溉、牧业和渔业是用水大户。城市污水处理后用于农业灌溉，一方面可以供给作物需要的水分，减少农业对新鲜水的消耗；另一方面，再生水中含有氮、磷和有机质，有利于农作物的生长。

再生水用于农业应按照农灌的要求安排好再生水的使用，避免对污灌区作物、土壤和地下水带来不良影响，取得多方面的经济效益。

（3）用于城市杂用

再生水可作为生活杂用水和部分市政用水，包括居民住宅楼、公用建筑等冲洗厕所、车辆冲洗，城市绿化、道路清扫以及建筑施工用水、消防用水等。

大型公用建筑和新建住宅小区宜采用生活污水就地处理、就地回用的"中水工程"；再生水用于城市杂用时，应考虑供水范围不能过度分散，最好以大型风景区、公园、苗圃、城市森林公园为回用对象。从输水的经济性出发，绿地浇灌和湖泊河道景观用水宜综合考虑，采用河渠输水；冲洗车辆用水和浇洒道路用水应设置集中取水点。

（4）用于环境

为了满足缺水地区对娱乐性水环境的需要，可将再生水用于娱乐性景观环境用水、观赏性景观环境用水，也可以用于湿地环境用水。观赏性景观环境用水指人体非直接接触的景观环境用水，包括不设娱乐设施的景观河道、景观湖泊及其他观赏性景观用水。娱乐性景观环境用水指人体非全身性接触的景观环境用水，包括设有娱乐设施的景观河道、景观湖泊及其他娱乐性景观用水。湿地环境用水用于恢复天然湿地、营造人工湿地。上述水体可以由再生水组成，也可以部分由再生水组成（另一部分为天然水或自来水）。

当完全使用再生水时，景观河道类水体的水力停留时间宜在 5 天以内。完全使用再生水作为景观湖泊类水体，在水温超过 25℃时，其水体静止停留时间不宜超过 3 天；而在水温不超过 25℃时，则可适当延长水体静止停留时间，冬季可延长水体静止停留时间至一个月左右。当加设表面曝气类装置增强水面扰动时，可酌情延长河道类水体水力停留时间和湖泊类水体静止停留时间。由再生水组成的两类景观水体中的水生动物、植物仅可观赏，不得食用；含有再生水的景观水体不应用于游泳、洗浴、饮用和生活洗涤。

（5）用于补充饮用水

再生水补充饮用水可以分为有计划间接补充饮用水、无计划间接补充饮用水和直接补充饮用水三种方式。

1）有计划间接补充饮用水

有计划间接补充饮用水是指污水经深度处理达到回用标准后，排入地下或地表等环境缓冲水体，经自然净化后，再进入给水处理系统（图 8-4a）。我国现行的《城市污水再生利用 分类》GB/T 18919—2002 中规定的"补充水源水"方式，即为该种方式。

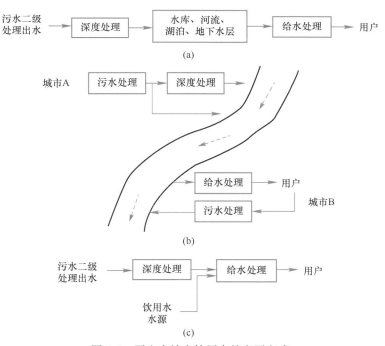

图 8-4　再生水补充饮用水的主要方式
（a）有计划间接补充饮用水；（b）无计划间接补充饮用水；（c）直接补充饮用水

河流、湖泊、水库和地下蓄水层等环境缓冲水体是自然界最佳的水资源储存系统，在一定条件下，再生水中残留的有毒有害污染物能够通过紫外线、微生物等的物理、生物作用得到部分降解或通过稀释作用降低再生水的安全风险。因此通过科学、合理地设计和管理，环境缓冲水体可为有计划间接补充饮用水提供一道有效的天然屏障。有计划间接补充饮用水，一方面可以最大限度地使用再生水，并有利于保障饮用水安全；另一方面再生水经过环境自然净化过程，更容易被公众所接受，因此将成为再生水补充饮用水的主要方式。

当用再生水补充地表水时，可以采用"生态循环、梯级利用"的模式，即将再生水排入城市地表水环境（如河湖塘池、景观水体、人工湿地等），经过一定时间的储存净化之后，再用于工业、生活和农业，实现城市内部的水循环利用。该模式将通过工程措施得到的再生水（工程再生水）转变为"生态再生水"，可以提高公众心理接受程度。河湖水系承担再生水输配、储存的功能，可弥补再生水管网建设不足的短板，节省建设和运行费用。景观水系中的再生水通过后续的工业、生活、农业梯级利用，可以进一步提高水利用率。这种模式可以平衡工业和生活用水与生态用水间的矛盾，兼顾各种需求，技术可行、效益显著，是未来我国城镇污水再生利用系统的发展方向。

当用再生水补充地下水时，可以有计划地将再生水通过井孔、沟、渠、塘等水工构筑物从地面渗入或注入地下补给地下水，增加地下水资源。地下回灌是扩大再生水用途的最有益的一种方式，表现在：①地下回灌可以减轻地下水开采与补给的不平衡，减少或防止地下水位下降，水力拦截海水及苦咸水入渗，控制或防止地面沉降及预防地震，还可以大大加快被污染地下水的稀释和净化过程；②将地下含水层作为贮水池，扩大地下水资源的储存量；③利用地下流场可以实现再生水的异地取用；④地下回灌既是一种再生水间接回用方法，又是一种污水处理方法。在回灌过程中，再生水通过土壤的渗透能获得进一步的处理，最后与地下水成为一体。

回灌水在被抽取利用前，应在地下停留足够的时间，以进一步杀灭病原微生物，保证卫生安全。采用地表回灌的方式进行回灌，回灌水在被抽取利用前，应在地下停留 6 个月以上；采用井灌的方式进行回灌，回灌水在被抽取利用前，应在地下停留 12 个月以上。

2）无计划间接补充饮用水

无计划间接补充饮用水是指城市污水经再生处理后排入河流，下游城市从接纳大量再生水的江河、湖泊中取水作为饮用水水源（图 8-4b）。无计划间接补充饮用水普遍存在于大型河流流域，例如欧洲的莱茵河、中国的长江、澳大利亚的墨累河、美国的密西西比河等。

无计划间接饮用回用由于执行排放标准而非回用标准，缺少对污染物的有效去除，因此存在造成饮用水源水质恶化的风险。

3）直接补充饮用水

直接补充饮用水是指城市污水经过深度处理达到回用标准后，单独或与饮用水源水直接混合进入给水处理系统，经过净水处理工艺后进入饮用水管网（图 8-4c）。这种方式对污水再生处理的要求高，对于极度缺水的地区，由于需水量不断增大、替代水源短缺或旱季的延长，再生水可短期或长期直接用于补给饮用水。纳米比亚首都温得和克（Windhoek）市的水厂是世界上为数不多的几个案例之一。

5.再生水的水质标准

（1）再生水利用的要求

再生水利用应满足以下要求：

① 对人体健康不应产生不良影响；

② 对环境质量和生态循环不应产生不良影响；

③ 用于生产目的不应对产品质量产生不良影响；

④ 再生水应为使用者及公众所接受；

⑤ 再生水的水质应符合各类用途规定的水质标准。

对于一项再生水利用工程，最重要的是必须向用水对象提供能满足其安全使用的再生水。

（2）再生水水质标准

根据使用用途的不同，再生水应符合相应的水质标准。当再生水用于多种用途时，其水质标准应按最高要求确定。对于向服务区域内多用户供水的城市再生水厂，可按用水量最大的用户的水质标准确定；个别水质要求更高的用户，可自行补充处理，直至达到该水质标准。

1）再生水用于工业

再生水用于工业，其水质应符合我国现行标准《城市污水再生利用　工业用水水质》GB/T 19923—2024 中规定的"基本控制项目及指标限值"，详见表 8-5。对于以城市污水为水源的再生水，除应满足表 8-5 各项指标外，其化学毒理学指标还应符合《城镇污水处理厂污染物排放标准》GB 18918—2002 中"一类污染物"和"选择控制项目"各项指标限值的规定。

① 用作冷却水

再生水用于工业的各项用途中，利用面最广、利用量最大的是冷却水。冷却水系统常遇到结垢、腐蚀、生物增长、污垢、发泡等问题。水中残留的有机质会引起细菌生长，形成污垢、腐蚀、发泡；氨的存在影响水中余氯的含量，易产生腐蚀，造成细菌繁殖；钙、镁、铁、硅等易造成结垢；水中高的溶解性总固体（TDS）提高了水的导电性而促使腐蚀加剧。因此，必须对冷却水系统的水质加以控制。

再生水用作工业冷却用水、洗涤用水时，一般达到表 8-5 中所列的控制指标后可以直接使用。必要时也可对再生水进行补充处理或与新鲜水混合使用。

再生水用作工业用水水质控制项目及限值　　　　　　　表 8-5

	再生水用作工业用水水质基本控制项目及限值		
序号	控制项目	间冷开式循环冷却水补充水、锅炉给水、工艺用水、产品用水	直流冷却水、洗涤用水
1	pH（无量纲）	6.0～9.0	
2	色度（度）	20	
3	浊度（NTU）	5	—
4	五日生化需氧量（BOD_5）（mg/L）	10	
5	化学需氧量（COD）（mg/L）	50	
6	氨氮（以 N 计）（mg/L）	5[a]	
7	总氮（以 N 计）（mg/L）	15	
8	总磷（以 P 计）（mg/L）	0.5	
9	阴离子表面活性剂（mg/L）	0.5	
10	石油类（mg/L）	1.0	
11	总碱度（以 $CaCO_3$ 计）（mg/L）	350	
12	总硬度（以 $CaCO_3$ 计）（mg/L）	450	

续表

再生水用作工业用水水质基本控制项目及限值			
序号	控制项目	间冷开式循环冷却水补充水、锅炉给水、工艺用水、产品用水	直流冷却水、洗涤用水
13	溶解性总固体（mg/L）	1000	1500
14	氧化物（mg/L）	250	400
15	硫酸盐（以 SO_4^{2-} 计）（mg/L）	250	600
16	铁（mg/L）	0.3	0.5
17	锰（mg/L）	0.1	0.2
18	二氧化硅（mg/L）	30	50
19	粪大肠菌群（MPN/L）	1000	
20	总余氯[b]（mg/L）	0.1～0.2	

注："—"表示对此项无要求。

a. 用于间冷开式循环冷却水系统补水，且换热器为铜合金材质时，氨氮指标应小于 1mg/L。

b. 与用户管道连接处再生水中余氯值。

再生水用作工业用水水质选择控制项目及限值		
序号	项目	限值
1	氟化物（以 F^- 计）（mg/L）	2.0
2	硫化物（以 S^{2-} 计）（mg/L）	1.0

② 用作工艺和产品用水

不同行业、不同工艺以及不同工序的工艺用水水质差别很大，因此，再生水用作工艺与产品用水水源时，达到表 8-5 中所列的控制指标后，尚应根据不同生产工艺或不同产品的具体情况，通过再生利用试验或者相似经验证明可行时，工业用户可以直接使用；当表 8-5 中所列水质不能满足供水水质指标要求，又无再生利用经验可借鉴时，则需要对再生水作补充处理试验，直至达到相关工艺与产品的供水水质指标要求。

③ 用作锅炉用水

再生水用作锅炉补给水水源时，达到表 8-5 中所列的控制指标后尚不能直接补给锅炉，应根据锅炉工况，对水源水再进行软化、除盐等处理，直至满足相应工况的锅炉水质标准。对于额定压力小于 3.8MPa 的低压锅炉，水质应达到现行《工业锅炉水质》GB/T 1576—2018 的要求；对于锅炉主蒸汽压力不低于 3.8MPa 的火力发电机组及蒸汽动力设备，水质应达到现行《火力发电机组及蒸汽动力设备水汽质量》GB/T 12145—2016 的要求；对于热水热力网和热采锅炉，水质应达到相关行业标准。

2）再生水用作农业用水

① 用于农田灌溉

为了缓解我国农业用水矛盾，保障农业生态健康和农产品质量安全，我国颁布了《城市污水再生利用　农田灌溉用水水质》GB 20922—2007，该标准规定了城市污水再生处理后用于农田灌溉的"基本控制项目及水质指标最大限值"和"选择控制项目及水质指标最大限值"。

对城市再生水灌溉农田的水质要求主要基于以下原则：

• 城市再生水灌溉农田不对公众健康造成危害，不明显影响农作物正常生长和产量；

• 与我国农田灌溉水质标准、地表水水质标准等相关水质标准相衔接，同时充分考虑再生水农田灌溉的特性。由于我国城镇污水收集系统中除生活污水外，还含有部分工业废水，制定的城市再生水灌溉农田控制指标比国家农田灌溉水质标准更为严格；

- 根据灌溉作物的类型，对水质要求进行调整；
- 适时、适量灌溉不对农产品、土壤肥力性状、理化性质及地下水造成不良影响。

《城市污水再生利用　农田灌溉用水水质》GB 20922—2007 中规定，灌溉纤维作物、旱地谷物要求城市污水达到一级强化处理，灌溉水田谷物、露地蔬菜要求达到二级处理。农田灌溉时，在输水过程中主渠道应有防渗措施，防止污染地下水；最近灌溉取水点的水质应符合本标准的规定。城市再生水灌溉农田之前，各地应根据当地的气候条件、作物的种植种类及土壤类别进行灌溉试验，确定适合当地的灌溉制度。

② 用于渔业

再生水用于渔业时，水质应满足现行《渔业水质标准》GB 11607—89 的要求。

3）用作城市杂用水

再生水用于厕所便器冲洗、城市绿化、车辆冲洗、道路清扫、消防及建筑施工等城市杂用时，其水质应符合现行《城市污水再生利用　城市杂用水水质》GB/T 18920—2020 的规定。

4）用作环境用水

当再生水作为景观环境用水时，其水质应符合《城市污水再生利用　景观环境用水水质》GB/T 18921—2019 的规定，详见表 8-6。作为景观环境用水的再生水，其水质除应符合表 8-6 的规定外，还应符合 GB 18918—2002 的规定。

景观环境用水的再生水水质标准　　表 8-6

序号	项目	观赏性景观环境用水			娱乐性景观环境用水			景观湿地环境用水
		河道类	湖泊类	水景类	河道类	湖泊类	水景类	
1	基本要求	无漂浮物，无令人不愉快的嗅和味						
2	pH（无量纲）	6.0～9.0						
3	五日生化需氧量（BOD₅）(mg/L)	≤10	≤6		≤10	≤6		≤10
4	浊度（NTU）	≤10	≤5		≤10	≤5		≤10
5	总磷（以 P 计）(mg/L)	≤0.5	≤0.3		≤0.5	≤0.3		≤0.5
6	总氮（以 N 计）(mg/L)	≤15	≤10		≤15	≤10		≤15
7	氨氮（以 N 计）(mg/L)	≤5	≤3		≤5	≤3		≤5
8	粪大肠菌群（个/L）	≤1000			≤1000		≤3	≤1000
9	余氯（mg/L）	—					0.05～0.1	—
10	色度（度）	≤20						

注：1. 未采用加氯消毒方式的再生水，其补水点无余氯要求。

　　2. "—"表示对此项无要求。

5）回用于饮用水

① 有计划间接饮用回用

再生水回用于饮用水的关键在于水质安全保障，需要严格控制微生物和化学污染物。世界卫生组织（WHO）于 2017 年发布了污水饮用回用安全指南，美国通过水质标准和处理工艺要求两个方面来保障再生水水质安全。表 8-7 列出了美国环境保护局（USEPA）和美国各州有计划间接饮用回用的污染物指标限值。

美国环保局及美国各州有计划间接饮用回用的标准　　　　　　表 8-7

项目	美国环保局			马萨诸塞州	加利福尼亚州	佛罗里达州	德克萨斯州	华盛顿州		
	地表渗流入地下水	直接注入地下水	补充地下水					地表渗流入地下水	直接注入地下水	补充地下水
BOD_5 或 $CBOD_5$ (mg/L)				<10		$CBOD_5$：30(年均值)35(月均值)45(周均值)60(最大值)	5	30	5	30
TSS (mg/L)				<5		5(最大值)		30	5	30
浊度 (NTU)	≤2	≤2	≤2	<2	2(平均值,介质过滤)10(最大值,介质过滤)0.2(平均值)0.5(最大值,膜过滤)	2~2.5	3	2(平均值)5(最大值)	0.1(平均值)0.5(最大值)	
pH	6.5~8.5	6.5~8.5	6.5~8.5	6~9						
余氯 (mg/L)	1[1]	1[1]	1[1]							
TN (mg/L)				<10	10(4个连续样品平均值)	10(年均值)			10	依据受纳水体
TOC (mg/L)	≤2	≤2	≤2		0.5	3(月均值)5(最大值)			1	
TOX (mg/L)						<0.2(月均值)0.3(最大值)				
总大肠菌群 (100mL)⁻¹	不得检出	不得检出	不得检出		2.2(7d平均值)23(30d不得超过)240(最大值)	4(最大值)		2.2(7d平均值)23(最大值)	1(平均值)5(最大值)	
粪大肠菌群 (100mL)⁻¹				<140			20(平均值)75(最大值)			300(平均值)400(周最大值)

注：$CBOD_5$ 指 5 日碳质生化需氧量。[1]仅适用于氯作为主要消毒剂，总余氯应满足至少 90min 的接触时间或指示病原微生物达到相同灭活效果的时间。在任何情况下，实际接触时间不得少于 30min。

从表 8-7 可见，美国环保局及美国各州对 BOD$_5$ 或 CBOD$_5$、TSS、浊度、pH、余氯、TN、TOC 和 TOX 等化学污染物指标以及总大肠菌群和粪大肠菌群等微生物指标都给出了明确的限定，美国环保局规定 TOC 含量需不大于 2mg/L，总大肠菌群不得检出，且某些指标需要满足饮用水标准，这些对再生水的处理工艺都提出了很高的要求。

城市污水再生水进行地下水回灌时应在各级地下水饮用水源保护区外。为防止地下水污染，地下回灌水质必须满足不改变回灌区地下水的原有质量，不影响地下水的原有利用功能。地下回灌水质要求因回灌地区水文地质条件、回灌方式、回用用途不同而有所不同。发达和发展中国家由于经济技术条件、公众健康水平及社会政治因素的限制及差异，所制订的回灌水标准也不尽相同。

我国制定了《城市污水再生利用 地下水回灌水质》GB/T 19772—2005，规定了地下水回灌水质的"基本控制项目及限值"和"选择控制项目及限值"。利用城市污水再生水进行地下水回灌，应根据回灌区水文地质条件确定回灌方式。采用地表回灌时，表层黏性土厚度不宜小于 1m，若小于 1m，则按井灌要求执行。回灌前，应对回灌水源的基本控制项目和选择控制项目进行全面的检测，确定选择控制项目，满足 GB/T 19772—2005 的规定后方可进行回灌。

② 直接饮用回用

美国水回用研究基金会对再生水直接饮用回用的水质标准提出了建议（见表 8-8）。在化学污染指标方面，主要对消毒副产物（DBPs）、全氟辛酸和 1，4-二噁烷等微量有机污染物作出了限定；在微生物指标方面，对隐孢子虫和总大肠菌群等病原微生物的去除率提出了很高的要求。饮用水安全是核心。

再生水直接饮用回用水质标准建议　　　　　　　　表 8-8

项目	污染物	标准值	标准参考依据
消毒副产物	三卤甲烷（THMs）	80μg/L	US EPA
	卤乙酸（HAAs）	60μg/L	US EPA
	亚硝基二甲胺（NDMA）	10μg/L	CDPH
	溴酸盐	10μg/L	US EPA，WHO
	氯酸盐	800μg/L	CDPH
其他化学污染物	全氟辛酸（PFOA）	0.4μg/L	US EPA
	全氟辛烷磺酸（PFOS）	0.2μg/L	US EPA
	高氯酸盐	15μg/L	US EPA
		6μg/L	加利福尼亚州
	1，4-二噁烷	1μg/L	CDPH
病原微生物	肠道病毒	12（lg n）	US EPA，NRC
	隐孢子虫	10（lg n）	US EPA，NRC，CDPH
	总大肠菌群	9（lg n）	US EPA，NRC

注：WHO 为世界卫生组织；CDPH 为加利福尼亚州公众健康部；NRC 为美国国家研究委员会；n 为去除率。

8.5.3 污水量计算和预测

计算和预测污水量的目的是确定和规划污水处理量及再生水资源量。

1. 城市污水量计算和预测

城市污水量指城市给水工程统一供水的用户和自备水源供水用户排出的污水量，由综合生活污水量、工业废水量组成。综合生活污水量由居民生活污水量和公共设施污水量组成。居民生活污水量指居民日常生活中洗涤、冲厕、洗浴等产生的污水量。公共设施污水量指娱乐场所、宾馆、浴室、商业网点、学校和办公楼等产生的污水量。工业废水量指工业生产过程中产生的废水和废液。在地下水水位较高的地区，还应包括地下水渗入量。

通常，大型企业的工业废水由企业单独处理和排放。进入城市排水管网的工业废水，有的未经过处理，有的经过初步处理，不同的城市污水，其工业废水所占的比例差别较大。城市污水量可以采用污水排放系数法、用水量定额法、产污系数法、趋势分析法等计算和预测。

（1）污水排放系数法

污水排放系数是在一定的计量时间内（年）污水排放量与用水量的比值。因此，城市污水量可以用城市用水量乘以城市污水排放系数得到。同样，城市综合生活污水排放量等于城市综合生活用水量乘以城市综合生活污水排放系数；城市工业废水排放量等于城市工业用水量乘以城市工业废水排放系数，或由城市污水量减去城市综合生活污水量。城市日平均污水量可按式（8-37）计算。

$$Q_C = Q_G \alpha \tag{8-37}$$

式中　Q_C——城市日平均污水量，$10^4 \text{m}^3/\text{d}$；

　　　Q_G——城市日平均用水量，$10^4 \text{m}^3/\text{d}$；

　　　α——城市污水分类排放系数。

城市综合用水量即城市供水总量，可根据《城市给水工程规划规范》GB 50282—2016中"城市单位人口综合用水量指标"或"城市单位建设用地综合用水量指标"（均为规划期最高日用水量指标），对污水量进行估算。

各类污水排放系数应根据城市历年供水量、污水量的统计资料分析确定。影响城市分类污水排放系数大小的主要因素有城市居住和公共设施水平，工业行业的生产工艺、设备及技术、管理水平，城市排水设施普及率等。当缺少城市供水量、污水量的统计资料时，可参考表8-9所给范围选择。

城市污水分类排放系数　　　　　　　　表8-9

城市污水分类	污水排放系数
城市污水	0.70～0.80
城市综合生活污水	0.80～0.90
城市工业废水	0.70～0.90

注：工业废水排放系数不含石油、天然气开采业和煤炭与其他矿采选业以及电力蒸汽热水产工业废水排放系数，这些行业的数据应根据厂、矿区的气候、水文地质条件和废水利用、排放方式确定。

根据城市的具体情况，选择是否将"最高日"用水量换算成"平均日"用水量。城市污水量的总变化系数，应按下列原则确定：

1）城市综合生活污水量总变化系数，应按现行国家标准《室外排水设计标准》GB 50014—2021确定。

2）工业废水总变化系数，应根据规划城市的具体情况，按行业工业废水排放规律分析确定，或根据条件相似城市的分析结果确定。

（2）用水量定额法

用水量定额为每人每天的用水量指标。城市综合用水量定额为城市居民日常生活用水量、公共建筑用水量和中小企业用水量之和除以人口数所得到的人均用水量。

用水量定额法是在现有用水量定额的基础上，根据当地国民经济和社会发展、城市总体规划和水资源充沛程度，考虑产业结构调整及节水后，参照国家有关标准规范，确定预测年的人均综合用水量定额，再根据预测年人口数、污水排放系数，预测城市污水量。

同理，可以采用综合生活用水量定额对综合生活污水量进行预测。

城市综合生活污水包括居民日常生活产生的污水和办公楼、学校、医疗卫生部门、文化娱乐场所、体育运动场馆、宾馆旅店以及各种商业服务业等公共建筑产生的污水。

综合生活污水量根据综合生活用水量定额，采用式（8-38）进行计算：

$$Q_{\mathrm{L}} = 0.365A \cdot F \cdot \alpha \qquad (8\text{-}38)$$

式中　Q_{L}——预测年综合生活污水量，$10^4 \mathrm{m}^3/\mathrm{a}$；

A——预测年人口数，10^4 人；

F——预测年综合生活用水量定额，$\mathrm{L}/(\mathrm{d} \cdot 人)$；

α——城市综合污水排放系数；

0.365——单位换算系数。

确定预测年的综合生活用水量定额应充分考虑社会经济发展带来的居民生活质量提高所引起的用水量增加和水资源短缺、节水力度加大所带来的用水量减少，并考虑地区、气候的差异。可以参照现行《室外给水设计标准》GB 50013—2018 及各地区制定的用水量定额确定。

（3）产污系数法

工业废水量的计算方法很多。常用的方法是根据万元产值产污量或单位产品产污量以及工业万元产值或产品产量，计算和预测工业废水量。万元产值产生的废水量常称为产污系数，行业和产品不同，产污系数也不同。

根据万元产值排污量或单位产品排污量，可按式（8-39）计算工业废水量。

$$Q_{\mathrm{I}} = DG \qquad (8\text{-}39)$$

式中　Q_{I}——预测年份工业废水量，m^3/a；

D——预测年工业产值/产品数量，元/产品数量计量单位；

G——预测年万元产值产污量/单位产品产污量，$(\mathrm{m}^3/元)/(\mathrm{m}^3/产品单位)$。

如果某行业工艺成熟，未来以增加水重复利用率为主要节水方案，则可按式（8-40）计算工业废水量。

$$Q_{\mathrm{I}} = DG_0 \frac{1-\eta_1}{1-\eta_0} \qquad (8\text{-}40)$$

式中　G_0——现状年万元产值工业废水量，$\mathrm{m}^3/元$；

η_1、η_0——分别为预测年和现状年工业用水循环利用率，%；

其余符号意义同前。

（4）趋势分析法

根据逐年实际统计资料，应用数理统计方法或数学模型法分析污水量变化趋势，对未来某年污水量进行预测的方法称为趋势分析法。可以分别对生活污水量和工业废水量进行预测，也可以对总污水量进行预测。但是，预测中需要考虑产业结构调整及节水力度等因素，加以必要的分析和调整。

2. 中水系统水量计算

中水系统指建筑物和居住小区内使用后的各种排水如生活排水、冷却水及雨水等经过适当处理后，作为杂用水回用于建筑物和居住小区的供水系统。中水主要用来冲厕、冲洗车辆、绿化和浇洒道路等。图 8-5 为中水系统框图。

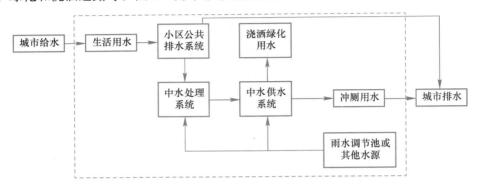

图 8-5　中水系统框图

建筑物和居住小区杂用水的用水量决定中水工程的供水量，而中水系统原水量取决于其内部污废水的产生量，二者之间的关系决定补给水量或排入城市排水管网的水量。中水工程需要在水量平衡的基础上合理确定中水处理系统的规模和处理方法。水量平衡是指中水原水水量、中水处理水量、中水用水量和补给水量之间通过计算调整达到平衡一致，使得原水收集、污水处理和中水供应几部分有机结合，中水系统能在中水原水产生量和中水用水量逐时变化的情况下协调运作。

（1）中水系统水源

中水系统以建筑物或居住小区排水为水源。根据污染程度轻重，排水中可作为中水原水的水源有以下 6 类：

1）冷却水：主要是空调机房冷却循环系统排放的污水，特点是水温较高，污染较轻。

2）沐浴排水：指淋浴和浴盆排放的污水，有机物浓度和悬浮物浓度都较低，但洗涤剂的含量较高。

3）盥洗排水：指洗脸盆、洗手盆和盥洗槽排放的污水，水质与沐浴排水相近，但悬浮物浓度较高。

4）洗衣排水：指洗衣房排水，水质与盥洗排水相近，但洗涤剂含量较高。

5）厨房排水：包括厨房、食堂和餐厅在进行炊事活动中排放的污水，有机物浓度、浊度和油脂含量高。

6）厕所排水：指大便器和小便器排放的污水，有机物浓度、悬浮物浓度和细菌含量高。

中水水源主要根据其内部可作为中水原水的排水量及中水供水量，同时考虑水源不同造成水质差异而增加的水处理费用和补充水费用，综合分析后确定。通常，中水系统的原水水源有以下三种组合：

1）优质杂排水：包括冷却水、沐浴排水、盥洗排水和洗衣排水，特点是有机物和悬浮物浓度低，水质好，易于处理，处理费用低。

2）杂排水：含优质杂排水和厨房排水，特点是有机物和悬浮物浓度较高，水质较好，处理费用较优质杂排水高。

3）生活排水：含杂排水和厕所排水，特点是有机物和悬浮物浓度很高，水质差，处理工艺复杂，处理费用高。

中水原水应优先选用优质杂排水，如果水量不够，则考虑选用杂排水和生活排水，但应根据补充水的条件，如有无雨水或其他水源，对增加较差水质的原水和采用补充水二者进行经济技术分析后确定。

（2）水量平衡

水量平衡计算可采用下列步骤：

1）确定各类建筑物内厕所、厨房、沐浴、盥洗、洗衣及绿化、浇洒等用水量，无实测资料时，可按表 8-10 估算。

各类建筑物生活给水量及百分率　　　　　　　表 8-10

类　别	住宅		宾馆、饭店		办公楼	
	水量 [L/(人·d)]	百分率 (%)	水量 [L/(人·d)]	百分率 (%)	水量 [L/(人·d)]	百分率 (%)
厕　所	40～60	31～32	50～80	13～19	15～20	60～66
厨　房	30～40	21～23				
淋　浴	40～60	31～32	300	71～79		
盥　洗	20～30	15	30～40	8～10	10	34～40
总　计	130～190	100	380～420	100	25～30	100

注：洗衣用水量可根据实际情况确定。

2）初步确定中水供水对象，计算中水用水量

$$Q' = \Sigma q_i'$$ （8-41）

式中　Q'——中水用水总量，m^3/d；

　　　q_i'——各建筑物中各类中水用水量，m^3/d。

3）计算中水处理水量

$$Q_1 = (1 + n)Q'$$ （8-42）

式中　Q_1——中水处理水量，m^3/d；

　　　n——中水处理系统自耗水系数，一般取 0.1～0.15。

4）初步确定中水原水集流对象，计算可集流的中水原水量

$$Q = \Sigma q_i$$ （8-43）

式中　Q——可集流的中水原水总量，m^3/d；

　　　q_i——各种可集流的中水原水量，可按给水量的 80%～90%计算，其余 10%～20%为不可集流水量，m^3/d。

5）计算溢流量或补给水量

$$Q_2 = |Q - Q_1|$$ （8-44）

式中 Q_2——当 $Q>Q_1$ 时，为溢流不处理的中水原水流量，m^3/d；

当 $Q<Q_1$ 时，为补给的水量，需要考虑其他水源，可采用以下三种方案：

方案一，增加厨房排水作为中水原水，重复（4）步骤，但进入中水处理系统的水质发生变化，需调整水处理工艺；

方案二，采用自来水作为补给水，此时中水系统处理水量为 Q，补充水量 Q_2' 为：

$$Q_2' = Q_1 - Q/(1+n) \tag{8-45}$$

方案三，采用雨水等其他水源补给。

应根据具体情况，对上述三种方案的基建投资和运行成本以及未来水资源的变化趋势进行充分的分析。

考虑集流水量和中水用水量的不稳定性，通常比较可集流的中水原水量与中水处理水量，并按下式计算中水系统的安全系数：

$$\alpha = \frac{Q - Q_1}{Q_1} \times 100\% \tag{8-46}$$

式中 α——安全系数，一般取 $10\% \sim 15\%$；

Q、Q_1——其余符号意义同前。

进行水量平衡计算的同时，绘制水量平衡图。图中应注明给水量、排水量、集流水量、不可集流水量、中水供水量、溢流水量和补给水量。水量平衡图制定过程就是对集流的中水原水和中水供水增减调整的过程。经过计算和调整，确定各部分水量，并将它们之间的关系和数值用框图、线条和数字表示出来，使人一目了然。水量平衡图并无定式，以清楚表达水量平衡值关系为准则，其目的是能从图中明显看出设计范围中各种水量的来龙去脉，各量值及相互关系，水的合理分配及综合利用情况。

8.5.4 污水再生处理技术

污水再生利用需要有相应的水质作为保障。污水再生处理技术种类繁多，按其机理可分为物理法、化学法、物理化学法和生物法等。通常污水再生处理需多种技术的合理组合，因为污水成分复杂，单一的某种水处理技术往往达不到再生水水质的要求。

目前，污水再生利用可分为两大类，第一，以城市污水为水源，经处理后回用。如果再生水厂进水为城市污水，则再生处理工艺包括常规二级处理和深度处理；如果再生水厂以城市常规污水处理厂出水为水源，则仅需深度处理，即进一步去除污水中常规二级处理所不能完全去除的杂质；第二，工业废水、厂区生活污水、建筑物及居住小区生活污水作为污水再生利用系统的原水，就地处理后满足工业用水或生活杂用水的要求。污水再生处理技术与工艺的选择，应根据原水的性质、水量和水质以及再生水水质标准，选择经济有效的适用技术，并经过多方案的技术经济比较后确定。

1. 常用处理方法

在中水回用和城市污水集中处理回用工艺中，针对原水中不同种类和性质的污染物，常采用不同的处理方法：

（1）去除水中的大块漂浮物、悬浮物、油脂、毛发等

生活排水中常含有一些漂浮物、悬浮物、油脂、毛发等，可以采用格栅、格网、初沉

池、油水分离器和毛发聚集器等作为前处理设施，以保障后续设备及处理单元的正常运行，并减少污染物负荷。

（2）去除水中的有机物、无机物等

根据污染物组分和浓度特点，可以采用活性污泥、生物接触氧化、生物过滤、膜生物反应等生物处理技术；氧化塘、氧化沟、生态塘、人工湿地等生态处理技术，混凝沉淀、气浮等物理化学处理技术，以及化学沉淀、化学氧化及高级氧化（氯、二氧化氯、次氯酸钠、臭氧氧化）等化学处理技术。

（3）去除水中残余的有机物、悬浮物、氮磷营养物、溶解固体及细菌等

为了满足污水再生利用对再生水水质的各种要求，常需要进行深度处理，进一步去除水中剩余的超过再生水水质标准的组分，可采用混凝沉淀、过滤、活性炭吸附、消毒等去除水中的有机物、悬浮物、细菌；采用反渗透等膜技术去除水中的溶解固体；采用沸石吸附、生物氧化还原、化学氧化还原、化学沉淀等去除水中的氮、磷营养物质。

再生水厂可由已建成的城市污水处理厂改扩建，增加深度处理部分实现，也可以在新建污水处理厂中包括再生处理部分；或建设仅含深度处理工艺的再生水厂。从便于利用的角度出发，再生水厂不宜过于集中。

2. 再生处理基本工艺

污水再生处理技术是污水再生利用的核心。再生水厂的处理工艺，应通过试验和参考实际经验，根据再生水水质标准，经技术经济比较确定。选择工艺的原则和依据如下：

（1）满足再生水水质要求，保证安全供水；

（2）用于生活杂用水和与人接触的其他用途时，应确保卫生上安全可靠；用于饮用水时应保障公众健康安全；

（3）采用单元技术优化组合，工艺简单可靠；

（4）运行成本低，占地少；

（5）运行稳定，易于管理。

根据国内外污水回用工程的实践，以城市污水为水源的再生水厂一般采用图 8-6 所示基本工艺。

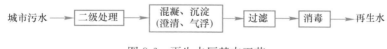

图 8-6 再生水厂基本工艺

当对再生水水质要求高时，可在深度处理工艺中增加活性炭吸附、臭氧—活性炭、脱氮、离子交换、超滤、纳滤、反渗透、膜生物反应器、曝气生物滤池、臭氧氧化、自然净化系统等单元技术，或几种单元技术的组合。

为保证再生水厂的供水水质，二级处理部分运行应安全、稳定，并应考虑低温和冲击负荷的影响。同时，为了改善二级处理后的水质，减轻深度处理的负担，有条件的应采用具有脱氮除磷功能的二级处理工艺。

城市污水再生处理系统中混凝沉淀和过滤的处理效率和目标水质可参见表8-11。深度处理的去除率参见表 8-12。

城市污水处理二级出水进行混凝沉淀过滤的处理效率与目标水质　　表 8-11

项　目	处　理　效　率（%）			目标水质（mg/L）
	混凝沉淀	过滤	综合	
浊度	50～60	30～50	70～80	3～5（度）
SS	40～60	40～60	70～80	5～10
BOD$_5$	30～50	35～50	60～70	5～10
COD$_{Cr}$	25～35	15～25	35～45	40～75
总氮	5～15	5～15	10～20	—
总磷	40～60	30～40	60～80	1
铁	40～60	40～60	60～80	0.3

深度处理单元过程去除效率　　（%）　　表 8-12

项　目	活性炭吸附	氨吹脱	离子交换	折点加氯	反渗透	臭氧氧化
BOD$_5$	40～60	—	25～50		≥50	20～30
COD$_{Cr}$	40～60	20～30	25～50		≥50	≥50
SS	60～70	—	≥50		≥50	—
氨氮	30～40	≥50	≥50	≥50	≥50	
总磷	80～90	—	—		≥50	
色度	70～80				≥50	≥70
浊度	70～80				≥50	

随着污水再生利用范围的扩大，高品质再生水成为今后的发展方向，再生水补充饮用水越来越被人们所接受和重视，再生水的处理工艺也得到了不断发展。

3. 再生水处理工艺的发展

城市污水经深度处理后补充饮用水是实现水资源循环利用的有效方法之一，保障健康安全是再生水补充饮用水的关键。其水质常规指标难以满足健康安全要求，还需关注微量有毒有害污染物、病原微生物等，世界上许多国家和地区提出了严格的水质标准以保障再生水安全性和公众健康。目前，再生水补充饮用水的相关研究不断深入，再生水工艺也从早期的二级处理后增加单一消毒工艺发展为双膜工艺（微滤/超滤—反渗透）和高级氧化工艺的组合。

微滤和超滤依靠物理截留去除尺寸大于膜孔径的悬浮固体，对微生物有较好的去除效果，但对有机物的去除有限，通常低于50%。采用超滤或微滤作为反渗透的前处理单元，其主要作用在于稳定反渗透的进水水质、降低反渗透的膜污染、延长反渗透系统的使用寿命、降低运行成本。反渗透工艺对无机物和有机物都有良好的分离去除效果，尤其是对相对分子量在200 Da以上的药品和个人护理用品（PPCPs）及内分泌干扰物（EDCs），去除率通常高于90%；对微生物的去除率通常大于99.9999%。双膜工艺对溶解性有机物、溶解盐类、金属离子、病原微生物、胶体物质等均有很强的去除能力，后续的高级氧化对化学污染物和病原微生物有较高的去除率，可达到饮用水水源标准的要求，确保再生水补充饮用水水源的安全性。

在世界卫生组织2017年发布的《再生水饮用回用：安全饮用水生产指南》（以下简称

《指南》）中，有关再生水的处理和净化部分描述了二级处理、土壤含水层处理（SAT）、高级氧化过程、活性炭吸附、膜过滤和消毒等处理方法的特点和处理效果，并列举了美国、纳米比亚、新加坡、比利时、澳大利亚等国家和地区典型再生水饮用回用案例所采取的主要工艺。目前较广泛采用的处理工艺为微滤/超滤—反渗透和高级氧化的组合工艺。同时，《指南》还指出应采用环境缓冲或人工储存单元作为直接饮用和间接饮用项目的重要屏障之一，并描述了缓冲单元的结构配置和实际应用中应注意的问题。

再生水补充饮用水还面临许多新的挑战，如新型有毒有害化学污染物和高风险病原微生物的健康风险等，对其去除和控制技术的研究将不断深入，再生水处理技术也将不断发展。

8.5.5　污水回用的经济分析

前已叙及，污水再生利用将再生水作为水资源的一部分，不仅可以使水资源得到充分的利用，而且可以减少对环境的污染。因此，广义地讲，污水再生利用的经济性应从减少环境污染和节约水资源两个方面考虑，污水再生利用的收益应包括减少污染的收益和回收水价值的收益。

1. 污染损失的概念

水资源是重要的资源。随着人口的增长和经济的飞速发展，水资源已由"供过于求"逐渐变为"供不应求"，出现前所未有的短缺。水资源不再是"取之不尽，用之不竭"的自然资源，它已转化为难以替代的经济资源，成为影响国民经济持续快速健康发展的"瓶颈"。

水资源的价值不仅表现在水资源本身具有价值，而且它参与生产生活创造价值。因此，污染所造成的损失包含两个方面：

（1）水资源本身损失，即由于水源受到污染，水体功能下降所引起的水资源财富自身折损。

水资源是水量与水质的高度协调统一，水质对水资源财富的影响具有非常重要的作用。水质与水资源功能是紧密联系在一起的，不同功能用水如生活用水、工业用水、水产养殖、农业灌溉、航运、景观用水等所体现的价值有很大差别，它们对国民经济的贡献存在着差异。因此，水质是决定水资源财富价值的主要参数。

（2）水源污染所引发的直接或间接损失，即由于使用被污染的水源所造成的各种损失。

水资源是一种财富，它的浪费与损失意味着水资源财富的耗减与折损。建立这种新观念，对于彻底改变传统的价值观念、建立节水型社会、加强水资源管理，是十分必要的。

2. 污水处理程度与污水再生总收益的关系

污水再生利用的经济合理性取决于两个基本前提，一是使用未处理的或部分处理的污水对环境卫生造成危害，这种危害随着污水处理程度和最后出水水质的提高而减少；二是采用的处理水平越高，取得的出水水质越好，再生水的价值也越高。污水利用的总收益应是由于污水处理而防止的危害损失与再生水价值的总和，它与污水处理程度和处理费用之间具有函数关系，图 8-7 描述了污水再生利用的收益和环境卫生危害的曲线形态及实际尺度，同时反映出处理费用、再生水的价值和对环境卫生危害的减少。

各种用途的水具有其相应的水质标准，因而对水处理系统具有相应的要求。去除水中不同的污染物需采用相应的技术和工艺，通常去除的污染物越多，水质越好，相应的处理费用也越高；但同时再生水的价值越大，对环境卫生的危害越小，即总收益越大。

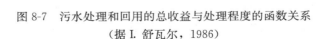

图 8-7　污水处理和回用的总收益与处理程度的函数关系

(据 I. 舒瓦尔，1986)

3. 污水再生利用的经济性评价

污水再生利用系统应在技术上可行，在经济上适宜，在水价上有竞争能力。污水再生利用的意义不仅仅是获得直接的经济利益，更重要的是环境、社会和经济效益的统一。因此，应从环境、社会和经济效益统一的角度出发，结合现实经济状况对污水再生利用进行投入、产出综合分析，才能对污水再生利用的经济性给予正确的评价。

对于一个城市或流域，污水再生利用带来的收益包括：

（1）节约等量新鲜水而节省的水资源费；

（2）节水可增加的国家财政收入；

（3）节省城市给水设施的建设和运行费，包括引水、取水、输水和水处理设施；

（4）节省城市排水设施的建设和运行费，包括排水管网和污水处理厂；

（5）减少污染带来的水资源财富损失。

可见，污水再生利用可以带来显著的社会经济效益和环境效益。

对于某一个污水再生利用单位，污水再生利用的收益应包括：

① 节约等量新鲜水而带来的直接经济效益，为城市供水水价，或水资源费与水处理费用之和；

② 免交的排污费；

③ 应扣除的污水二级处理费用。

通常，开展污水再生利用的单位往往只看到直接的经济利益，并不考虑社会和环境效益，认为只有污水再生处理的成本等于或小于上述三项之和，才具有经济可行性。显然，决定这一关键数量关系的是城市供水费及排污费指标。因此，推行污水再生利用必须有合理的水价和健全的管理体制作保证，政府应合理确定自来水费及排污费指标，加强经济杠杆作用，以合理的政策法规来促进污水再生设施的建设。如果将宾馆等服务业的用水水价提高到一个合适的水平，中水回用将会明显占有经济上的优势。这样，不仅从经济上考虑使用再生水是经济合理的，而且体现出环境和社会效益。

以某地区石化工业污水再生利用项目为例进行技术经济分析。再生水水源为二级污水处理厂的出水，经过深度处理的水投加水质稳定剂后，符合石化工业循环冷却水补充水的水质要求。处理工艺流程如图 8-8 所示，出水水质见表 8-13。

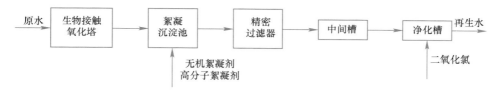

图 8-8　石化工业污水回用处理工艺流程

深度处理出水水质　　　　　　　　　　　　　　　　　　　表 8-13

项　　　目	单　　　位	二级出水平均值	深度出水水质
COD_{cr}	mg/L	68.102	4.47
BOD_5	mg/L	14.50	5.33
SS	mg/L	38.20	3.36
NH_3-N	mg/L	17.60	3.00
总磷	mg/L	3.00	0.31
油	mg/L	2.52	1.13
浊度	度	22.80	0.50

设生产再生水能力为 $1000m^3/h$，年运行时间为 8000h。若以该公司每年工业用水的效益率计算，年增水量 $800\times10^4m^3$，可获得 1.99×10^8 元的经济效益。由于每年可减少排放污水量 $800\times10^8m^3$，按排污费 0.05 元$/m^3$ 计算，每年可减少缴纳排污费 40×10^4 元。不含折旧费的运行成本为 490×10^4 元/a，若以折旧期 10 年计算，折旧费约占 41.0%，则包括折旧在内，年回用 $800\times10^4m^3$ 污水需投入 830 万元，扣除购买等量新鲜污费 360×10^4 元和排污费 40×10^4 元，产水费仅为 430×10^4 元，折合吨水成本为 0.54 元；而使用再生水潜在的经济效益为 1.99×10^8 元。由此可见，污水回用的社会经济效益是非常可观的。

8.5.6　污水再生利用对策

污水再生利用是城市节水的重要方面，是保障城市用水需求的重要措施，将成为城市建设中不可或缺的有机组成部分。生态循环、梯级利用，将成为未来城镇污水再生利用发展方向。2015 年国务院颁布的《水污染防治行动计划》（"水十条"）中，明确提出要"促进再生水的利用。以缺水及水污染严重地区城市为重点，完善再生水利用设施，工业生产、城市绿化、道路清扫以及生态景观等用水，要优先使用再生水。"

根据我国的实际情况，一些水资源短缺且经济较发达的城市，未来的用水战略中应将中水回用和城市污水集中处理利用列为节水的重点。

新规划的城市和新建工业基地，在进行规划建设时，应充分考虑污水再生利用设施的建设，从本地区本行业发展的长远利益出发，以经济效益和环境效益为目标，选择适宜的污水再生处理工艺，提出合理的利用措施和利用量。

石油化工、电力、钢铁是我国主要的用水行业，使用再生水势在必行。大型用水企业若采用污水回用的方式减少新鲜水的取水量，可以带来显著的经济、社会和环境效益。

应深入推进中水设施建设，在新建小区、办公楼、宾馆及其他高耗水工程中采用污水回用；有条件的城市应该合理布局统一规划，考虑城市污水集中处理后用于工农业生产和城市杂用。

要实现污水的再生利用，必须解决以下几个关键性问题：

（1）在《中华人民共和国水法》和《中华人民共和国水污染防治法》的基础上，建立和完善污水再生利用的法律法规体系。

（2）从治理水污染和开发再生水资源相统一的观点出发，调整城市总体规划，建立一个综合协调的、可持续发展的水总体规划，协调好城市的水资源、供水、排水、水污染控制、城市防洪、河湖以及工业、农业、水产、航运等规划，做到以供定需、分质供水、优质优用、重复利用，使水资源得到科学有效的利用与保护，使有限的水资源发挥最大的效益，确保污水再生利用规划的实施。

（3）加快污水处理及再生利用设施提标改造，增加高品质再生水利用规模。开展再生水生态和景观补水系统建设，提倡城市健康水循环理念，积极推行水的循环利用和梯级利用，构建城镇健康水循环。

（4）建立合理的水价格体系，建立地方的再生水利用相关政策，大力发展水工业，使供水和排水部门进行企业化经营，促进污水再生利用的实施。

（5）加强污水再生利用的宣传工作，提高人们对污水是资源的认识，并从经济上体现低质水低价、高质水高价，使人们改变传统观念，在生产和生活中逐渐认识到污水再生利用的必要性。

（6）加强城市污水中污染物的源头控制，严格控制工业废水的排放，抓紧工业污染源治理，加强工业废水预处理，排入城市污水管道的水质必须符合《污水排入城镇下水道水质标准》GB/T 31962—2015 以及《污水综合排放标准》GB 8978—1996 的要求，以保证城市污水处理厂的稳定运行和再生水的水质。

（7）严格在河道和流域实施污染物总量控制，以利开展再生水的间接利用。

8.6　海水资源利用

地球表面积的 70.8% 为海洋所覆盖，其平均深度约为 3795m，海水的体积约为

$13.5 \times 10^{15} \mathrm{m}^3$。我国陆地海岸线长约 $1.84 \times 10^4 \mathrm{km}$，内海和边海的水域面积超过 $47.0 \times 10^5 \mathrm{km}^2$。因此，综合开发利用海水资源，是解决城市淡水资源紧缺问题的重要途径，也是从源头开展节约用水的重要措施。然而，海水含盐量高、化学成分复杂，使得海水在利用时除少量直接利用外，需通过淡化作为补充水资源。

8.6.1　海水直接利用

海水利用包括直接利用和淡化处理后使用两种形式。海水直接利用是直接采用海水替代淡水的开源节流技术，随着科学的进步和经济发展的需要，海水直接利用已成为不可忽视的产业支柱。海水直接利用主要用于工业冷却水，还有离子交换再生剂、化盐溶剂、冲洗用水、消防用水、除尘及传递压力、海产品洗涤用水、印染用水，以及烟气脱硫等，在替代淡水方面应用领域逐渐广泛。

工业生产中海水被直接用作冷却水的量占海水总用量的 90% 左右。利用海水冷却的对象一般有火力发电行业的冷凝器、油冷器、空气和氨气冷却器等；化工行业的吸氨塔、炭化塔、蒸馏塔、煅烧炉等；冶金行业的气体压缩机、炼钢电炉、制冷机等；水产食品行业的醇蒸发器、酒精分离器等。

海水冷却的方式有间接冷却与直接冷却两种。其中以间接换热冷却方式居多。海水冷却水系统有直流冷却和循环冷却两种系统。海水循环冷却系统取水量小，排污量也小，可减轻海水热污染程度，有利于环境保护。循环冷却水系统的海水取水水质宜符合《海水水质标准》GB 3097—1997 三类及三类以上水质标准的要求及海水补充水水质指标要求。

海水可以直接用于其他工业和生活用水等诸方面。由于海水直接利用过程中存在的腐蚀、结垢和堵塞等问题，需要采取有效的防治措施，克服海水直接利用过程中的负效应。

8.6.2　海水淡化利用

海水淡化后主要用于电厂、精细化工、电子等对水质要求较高的行业和企业生产用水，以及极度缺淡水的城市居民生活用水，因为目前海水淡化技术处理后的水纯度高，但成本也高，用于一般工业得不到良好的经济效益。

海水淡化的过程中海水的盐分被去除，因此衡量淡化的效果一般用剩余含盐量和水的纯度表示。根据各工业行业对水质的不同要求，水的纯度可分为淡化水、脱盐水、纯水和高纯水等四种（见表 8-14）。

水的纯度类型

表 8-14

序号	类型	含盐量（mg/L）	电阻率（Ω·cm）	备注
1	淡化水	$n \sim n \times 100$	$n \times 100$	25℃时的电阻率
2	脱盐水	$1.0 \sim 5.0$	$(0.1 \sim 1.0) \times 10^6$	25℃时的电阻率
3	纯水	<1.0	$(1.0 \sim 10) \times 10^6$	25℃时的电阻率
4	高纯水	<0.1	$>10 \times 10^6$	25℃时的电阻率

表 8-14 中可见，淡化水是指将高含盐量的水经过局部除盐处理后，变成为生活及生产用的淡水。海水及苦咸水的淡化即属此类。脱盐水相当于普通蒸馏水，水中强电解质大部分已被去除。纯水也称去离子水，水中强电解质的绝大部分已去除，弱电解质如硅酸和

碳酸等也有一定程度去除。高纯水又称超纯水，水中的导电介质几乎已全部被去除，水中胶体微粒、微生物、溶解气体和有机物等也已去除到最低程度。淡化水的制取属于局部除盐，属于通常所称海水淡化的范畴，后三种水绝大多数盐分被去除，则统称为水的除盐。

常用海水淡化技术主要方法有蒸馏法、反渗透法、电渗析法和冷冻法等。据统计，到20世纪80年代末，蒸馏法中的多级闪蒸工艺处理水量占总处理水量的68%左右，是海水淡化的主要方法。其次是反渗透法，占总处理水量的20%左右。20世纪90年代后，反渗透和多级闪蒸两种技术交替占据主导地位。

根据2023年自然资源部海洋战略规划与经济司发布的《2022年全国海水利用报告》，截至2022年底，全国海水淡化工程共150个，工程规模达235.7万t/d，主要用于工业和生活用水。其中，万吨级及以上海水淡化工程为50个，工程规模为214.5万t/d。地域分布上，海水淡化工程主要分布在水资源严重短缺的沿海城市和海岛，其中浙江、山东海水淡化工程规模最大，分别占总工程规模的32.3%和25.6%。技术层面上，反渗透和低温多效技术的工程应用程度较高，分别占64.91%和34.81%；多级闪蒸和正渗透技术的工程应用程度较低，分别占0.26%和0.02%。

第9章　水资源保护

水为人类社会进步、经济发展提供必要的基本物质保证的同时，施加于人类诸如洪涝、疾病等各种无情的自然灾害，对人类的生存构成极大威胁，人的生命财产遭受到难以估量的损失。长期以来，由于人类对水认识上存在的误区，认为水是取之不尽、用之不竭的最廉价资源，无序的掠夺性开采与不合理利用现象十分普遍，由此产生了一系列水及与水资源有关的环境、生态和地质灾害问题，严重制约了工业生产发展和城市化进程，威胁着人类的健康和安全。目前，在水资源开发利用中表现出水资源短缺、生态环境恶化、地质环境不良、水资源污染严重、"水质型"缺水显著、水资源浪费巨大。显然，水资源的有效保护，水污染的有效控制已成为人类社会持续发展的一项重要的课题。

9.1　水资源保护的概念、任务和内容

作为组成完整水文系统的地表水和地下水系统，其本身应具有相互补给、相互转化功能。但在水资源开发利用中由于缺乏统一规划、统一调度、统一分配，往往出现地表水和地下水分离，上游与下游分离的局面，出现一些地区上下游抢水、工农业争水的局面，使水资源遭到破坏。

水资源的严重浪费与较低的重复利用率，无疑加剧了水资源短缺的矛盾。毫无疑问，水污染严重和水资源短缺已成为影响我国水资源持续利用的重大障碍。

9.1.1　水资源保护的概念

水资源保护是通过行政的、法律的、经济的手段，合理开发、管理和利用水资源，防止水污染、水源枯竭，以满足社会实现经济可持续发展对淡水资源的需求。在水量方面，对水资源全面规划、统筹兼顾、科学与节约用水、综合利用、讲求效益、发挥水资源的多种功能。同时，也要顾及环境保护要求和改善生态环境的需要。在水质方面，制定相关的法律法规和技术标准规范，全面系统地对水环境质量实施有效监控，减少和消除有害物质进入水环境，防治污染和其他公害，加强对水污染防治的监督和管理，维持水质良好状态，实现水资源的合理利用与科学管理。

9.1.2　水资源保护的任务和内容

水资源保护的目的是保证水资源的可持续利用。通过积极开发水资源，实行全面节水，合理与科学的利用水资源，实现水资源的有效保护。城市人口的增长和工业生产的发展，给许多城市水资源和水环境保护带来很大压力。农业生产的发展要求灌溉水量增加，对农业节水和农业污染控制与治理提出更高的要求。实现水资源的有序开发利用、保持水环境的良好状态是水资源保护管理的重要内容和首要任务。具体为：

（1）改革水资源管理体制并加强其能力建设，切实落实与实施水资源的统一管理和有效合理分配；

（2）提高水污染控制和污水资源化的水平，保护与水资源有关的生态系统。实现水资源的可持续利用，消除次生的环境问题，保障生活、工业和农业生产的安全供水，建立安全供水的保障体系；

（3）强化气候变化对水资源的影响及其相关的战略性研究；

（4）研究与开发与水资源污染控制与修复有关的现代理论、技术体系；

（5）强化水资源环境监测，完善水资源管理体制与法律法规，加大执法力度，实现依法治水和管水。

9.2　水环境质量监测与评价

由于水体污染，水质恶化，部分供水水源废弃，城市与农村供水质量受到严重影响，造成难以估量的有形的或无形的、直接的或间接的巨大经济损失。显然，及时掌握水环境质量的现状和时空变化规律，必将为水资源的合理开发利用和有效保护奠定基础。

9.2.1　污染调查

污染调查的目的是判明水体污染现状、污染危害程度、污染发生的过程、污染物进入水体的途径及污染环境条件，并揭示水污染发展的趋势，确定影响污染过程的可能的环境条件和影响因素。污染调查为控制和消除水污染、保护水资源提供治理依据。水污染调查的内容主要包括污染现状、污染源、污染途径以及污染环境条件等。

9.2.2　水环境质量监测

水环境质量监测的目的是为了及时全面掌握水环境质量的动态变化特征，为水体质量的准确评价和水资源的合理开发利用提供准确可靠的资料。具体体现为：

（1）提供代表水质量现状的数据，供评价水体环境质量使用；

（2）确定水体中污染物的时空分布状况，追溯污染物的来源、污染途径、迁移转化和消长规律，预测水体污染的变化趋势；

（3）判断水污染对环境和人体健康造成的影响；

（4）探明各种污染物的污染原因。

监测项目的选择，应根据下列一般原则确定：

（1）选择对水体环境影响大的项目；

（2）选择已有可靠的监测技术并能获得准确数据的项目；

（3）已有水质标准或其他规定的项目；

（4）在水中含量已接近或超过规定的标准浓度和总量指标，并且污染趋势还在上升的项目；

（5）被分析样品具有广泛代表性。

具体监测项目可针对不同水体环境、按水体（地表水、地下水）环境质量标准加以确定。

1. 地表水水质监测

（1）水质监测站网

水质监测站网是在一定地区、按一定原则、以适当数量的水质监测站构成的水质资料收集系统。根据需要与可能，以最小的代价和最高的效率，使站网具有最佳的整体功能，是水质监测站网规划与建设的目标。

水质监测站网的建立与设置根据其目的及所要完成的任务，可分为基本站、辅助站、背景站。其设置原则及功能划分可参阅有关文献资料，在此不详述。

（2）监测断面的设置

断面设置原则：

1）宏观上能反映流域（水系）或所在区域的水环境质量状况和污染特征。

2）避开死水区、回水区、排污口处，尽量设置在顺直河段上，选择河床稳定、水流平稳、水面宽阔、无急流或浅滩且方便采样处。

3）监测断面布设应考虑采样活动的可行性和方便性，尽量利用现有的桥梁和其他人工构筑物。

4）考虑社会经济发展、监测工作的实际状况和需要，要具有相对的长远性。

5）考虑水文测流断面，以便利用其水文参数，实现水质监测与水量监测的结合。

6）断面数量应考虑人类活动影响，通过优化以最少的监测断面、垂线和监测点位获取具有充分代表性的监测数据，有助于了解污染物时空分布和变化规律。

7）在地图上标明断面准确位置，在岸边设置固定标志。同时，以文字说明断面周围环境的详细情况，并配以照片，相关图文资料均应存入断面档案。

8）流域（水系）可布设背景断面、控制断面、削减断面和河口断面。

9）行政区域可在水系源头设置背景断面或在过境河流设置入境断面或对照断面、控制断面、消减断面、出境断面或河口断面。

背景断面：未受或很少受人类生活和生产活动影响，能够反映水环境背景值的监测断面。

控制断面：用来反映水环境受污染程度及其变化情况的监测断面。

对照断面：为了判断某一区域水环境污染程度，位于该区域所有污染源的上游处，能够反映该区域水环境本底值的监测断面。

监测断面：为了厘清特定污染源对水体的影响，评价水质状况而设置的。监测断面的数目应根据城市的工业布局和排污口分布情况而定。重要排污口下游的监测断面一般设在距排污口 500～1000m 处。

削减断面：指污水汇入河流，经一段距离与河水充分混合后，水中污染物经稀释和降解，其主要污染物浓度明显降低的断面。通常设在城市或工业区最后一个排污口下游 1500m 以外的河段上。图 9-1 是河段采样断面设置图。$A\text{-}A'$ 为对照断面，$G\text{-}G'$ 为削减断面，其余为监测断面。

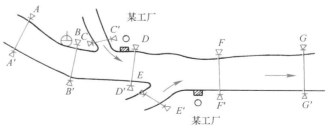

图 9-1　河段采样断面设置图

河流采样断面上采样点的设置，应根据河流的宽度和深度而定。一般水面宽 50m 以下，只设一条中泓垂线；水面宽 50～100m，设左、右两条垂线；水面宽在 100～1000m 时，应设左、中、右三条垂线；水面宽大于 1500m 时至少应设五条等距离的垂线。

在一条垂线上，水深小于 5m，只在水面下 0.3～0.5m 处设一监测点；水深 5～10m 设两个点，即水面下 0.3～0.5m 和河底上约 1m 处设点；水深 10～50m 时，设三个点，即水面下 0.3～0.5m、河底上约 1m 处和 1/2 水深处各设一点；水深超过 50m 时，应酌情增加采样点。

对湖泊和水库的采样断面，除了出入湖、库的河流汇合处及湖岸功能区的分布等因素外，还要考虑面积、水源、鱼类回流和产卵区等。断面上采样点设置的确定方法，与河流相同，如果存在温跃层，则要考虑设置温跃层采样点，如图9-2、图9-3所示。

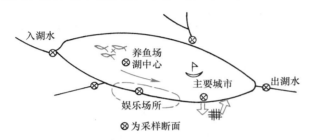

图 9-2　湖泊、水库中采样断面设置示意图

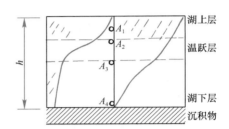

图 9-3　温跃层采样点设置示意图

A_1—湖上层；A_2—温跃层上；A_3—温跃层下；

A_4—湖下层沉积物与水介质交界面上约 1m 处；

h—水深；○—采样点

（3）采样时间和频率

依据不同的水体功能、水文要素和污染源、污染物排放等实际情况，力求以最低的采样频次，取得最具有时间代表性的样品，既要满足反映水质状况的要求，又要切实可行。采样频次与采样时间相关要求如下：

1）按照监测计划确定的频次开展监测。地表水环境质量例行监测可按月开展。

2）若月度内断面所处河流因自然原因或人为干扰使其河流特征属性发生较大变化，可开展加密监测上年度内每月均未检出的指标，可降低采样频次。

3）背景断面或者上年度内水质稳定为Ⅰ、Ⅱ类的断面，可降低采样频次，如按水文周期或季节进行采样受潮汐影响的监测断面，可分别采集涨潮和退潮水样并测定。

4）涨潮水样应在水面涨平时采样，退潮水样应在水面退平时采样。仅评价地表水环境质量时，可只采集退潮水样。

有关水样的采集方法及其保存可参阅有关规范和文献。

2. 地下水质监测

地下水质监测是进行地下水环境质量评价的基础工作，也是研究和预测地下水质量变化的重要手段。由于地下水参与了整个水文循环过程，大气降水、河流湖泊以及人为活动所产生的污水对地下水质的改变起着重要作用。由此，对大气降水、河水、污水的监测，原则上在有监测站的地区，可直接利用监测部门的资料，不必另行监测；在没有监测站的地区，应在地下水的主要补给区和排泄区适当设置少量的监测点，以取得进行评价所必需的监测资料。

　　布置地下水质监测网，应当充分考虑监测区（段）的环境水文地质条件、地下水资源的开发利用状况、污染源的分布和扩散形式以及区域地下水的化学特征。

　　监测点布设要求包括：

　　1）针对区域监测，沿地下水流向为主与垂直地下水流向为辅相结合布设监测点，针对水文地质单元监测，按照地下水补、径、排条件布设控制性监测点。针对存在多层含水层，应层位明确的分层监测。

　　2）对于地下水饮用水源地，监测点布设在开采层；存在多层含水层时，应在与目标含水层存在水力联系的含水层中布设监测点。

　　3）对于化学品生产企业、工业集聚区等地下水重点污染源区的上游、中心、两侧及下游区布设监测点；尾矿库、危险废物处置场和垃圾填埋场等地下水污染源区的上游、两侧及下游分别布设监测点。地下水水源补给区的污染源加测，应加密布设地下水监测点。

　　4）污染源周边地下水监测以浅层地下水为主，如浅层地下水已被污染且下游存在地下水饮用水源地，需增加主开采层地下水的监测点。

　　5）岩溶区应按照地下河系统径流网形状和规模布设监测点，在重大或潜在的污染源分布区适当加密地下水监测点。

　　6）裂隙发育区的监测点尽量布设在相互连通的裂隙网络上。

　　监测的主要对象应该是污染物危害性大和排放量大的污染源、重点污染区和重要的供水水源地。污染区监测点的布置方法应根据污染物在地下水中的存在形式来确定。污染物的扩散形式可按污染途径及动力条件分为以下几类：

　　（1）渗坑、渗井的污染物随地下水流动而在其下游形成条带状污染，表明有害物质在含水层中具有较强的渗透性能，较高的渗透速度。监测点的布置，应沿地下水流向，用平行和垂直监测断面控制，其范围包括重污染区、轻污染区以及污染物扩散边界。

　　（2）点状污染扩散，是渗坑、渗井在含水层渗透性能很弱的地区污染扩散特点。由于地下水径流条件差，污染物迁移以离子扩散为主，运动缓慢，污染范围小。监测点应在渗坑、渗井附近布置。

　　（3）带状污染扩散，是污染物沿河渠渗漏污染扩散的形式。监测点应根据河渠状况、地质结构，设在不同的水文地质单元的河渠段上，并垂直于河渠设监测断面。

　　（4）面状污染扩散区，是缺乏卫生设施的居民区地下水污染的主要特征，是大面积垂直污染的一种扩散形式，污染的范围和程度随有害物质的迁移能力、包气带土壤的性质和厚度而定。污染物多为易溶的无机盐类和有机洗涤剂等，应当采用平行和垂直地下水流向布置监测断面。

　　（5）侧向污染扩散，是地下水开采漏斗附近污染源的一种扩散形式（包括海水入侵），污染物在地下水中扩散受开采漏斗的水动力条件和污染源的分布位置的控制。监测点应在环境水文地质条件变化最大的方向和平行地下水流向上布置。在接近污染源分布的一侧和开采漏斗的上游，应重点监测，在整个漏斗区可以适当布置控制点。

　　对于监测井的选择，要选用正在开采使用的生产井，以保证水样能代表含水层的真实成分。在无生产井的地区，应布设少量的水质监测孔，进行分层采样监测。

　　3. 监测项目的确定

　　按照《地下水质量标准》GB/T 14848—2017 的指标要求，以及结合地下水质量评价的需要，监测项目大体上可分为：

（1）常规组分监测

常规组分监测包括钾、钠、钙、镁、硫酸盐、氯化物、重碳酸盐、pH、总溶解性固体、总硬度、耗氧量、氨氮、硝酸盐氮、亚硝酸盐氮等。

（2）有害物质监测

应根据工业区和城市中厂矿、企业类型及主要污染物确定监测项目，一般常见的有汞、铬、镉、铜、锌、砷等；有机有毒物质；酚、氰以及工业排放的其他有害物质。

（3）细菌监测

可取部分控制点或主要水源地进行细菌监测。

对于一些特定污染组分，要根据水质基本状况进行专项监测。

4. 监测点布设方法

环境监测井建设与管理，样品采集与保存等，参见《地下水环境监测技术规范》HJ 164—2020。

9.2.3 水环境质量评价

水环境质量评价的目的是全面准确地确认水体环境状况，量化水体环境质量级别，为水资源的合理开发利用提供必要的水体质量依据，以确保供水的安全性。水环境质量评价的基础是国家及其有关行政部门颁布的不同水体特性、不同使用目的的水环境质量标准。以此为基础，利用可行的评价方法与评价参数，评价水体的质量状况及其适用范围。

1. 水环境质量标准

为了保障人体健康、维护生态平衡、保护水资源、控制水污染、切实提高水体环境质量、保障安全供水、促进国民经济的可持续发展，我国根据国内水体的分布与水质特性，制定了适用于江河、湖泊、水库等地表水体的《地表水环境质量标准》GB 3838—2002和适合于地下水环境质量的《地下水质量标准》GB/T 14848—2017。标准的颁布与实施为水体环境质量评价提供依据。

2. 水环境质量评价方法

水环境质量评价的关键是选择或构建正确的评价方法，以及评价模型中所涉及的关键参数序列。利用评价模型与参数对水体的环境质量做出有效评判，确定其水环境质量状况和应用价值，从而为防治水体污染及合理开发利用、保护水资源提供科学依据。

目前，用于水质评价的方法种类繁多，大体上可分为一般统计法、综合指数法、数理统计法、模糊数学综合评判法、浓度级数模式法、Hamming 贴近度法。各种方法的适用范围及其主要优缺点简要列在表 9-1 中。

水质评价方法汇总   表 9-1

名　称	基　本　原　理	适　用　范　围	优、缺点
一般统计法	以监测点的检出值与背景值或饮用水标准比较，统计其检出数、检出率、超标率及其分布规律	适用于水环境条件简单、污染物质单一的地区，适用于水质初步评价	简单明了，但应用有局限性，不能反映总体水质状况

续表

名　称	基 本 原 理	适 用 范 围	优、缺点
综合指数法	将有量纲的实测值变为无量纲的污染指数进行水质评价	适用于对某一水井、某一地段的时段水体质量进行评价	便于纵向、横向对比，但不能真实反映各污染物对环境影响的大小，分级存在绝对化，不尽合理
数理统计法	在大量水质资料分析的基础上，建立各种数学模型，经数理统计的定量运算，评价水质	水质资料准确，长期观测资料丰富，水质监测和分析基础工作扎实	直观明了，便于研究水化学类型成因，有可比性。但数据的收集整理困难
模糊数学综合评判法	应用模糊数学理论，运用隶属度刻画水质的分级界限，用隶属函数对各单项指标分别进行评价，再用模糊矩阵复合运算法进行水质评价	区域现状评价和趋势评价	考虑了界限的模糊性，各指标在总体中污染程度清晰化、定量化。但可比性较差
浓度级数模式法	基于矩阵指数模式原理	连续性区域水质评价	克服了水质分级和边界数值衔接的不合理
Hamming 贴近度法	应用泛函分析中 Hamming 距离概念，定量分析任意两模糊子集间的靠近程度	适用于需自定水质级别的情况。评价具有连续性，适用于区域性评价	便于根据实际情况定出水质分析标准，评价结果表达信息丰富

目前，所应用的水质评价方法比表 9-1 中所提到的还要多，对方法的适用范围、优缺点的理解可能更为丰富，这里也只能概略总结。需要注意的是，由于水环境质量评价具有如下特征：

1）系统中污染物质之间存在复杂关系，各种污染物质对环境质量的影响程度不一；

2）水质分级标准难以统一；

3）对水体质量的综合评判存在模糊性。

因此，从不同角度和目的出发提出的水环境质量评价方法各异，但水质评价方法本身应具有科学性、正确性和可比性，满足实际使用要求，以利于查清影响水质的因素，实现水环境的保护与水污染的治理。下面就目前水质评价中应用比较广泛的几种方法给予说明。

（1）单要素污染指数法

单要素污染指数计算公式如下：

$$I = C_i / C_0 \tag{9-1}$$

式中　I——单要素污染指数；

　　C_i——水中某组分的实测浓度，mg/L；

　　C_0——背景值或对照值，mg/L。

当背景值为一含量区间时

$$I = |C_i - \overline{C}_0| / (C_{0max} - C_0) \text{ 或 } I = |C_i - \overline{C}_0| / (\overline{C}_0 - C_{0min}) \tag{9-2}$$

式中 $\overline{C}_0$——背景（或对照）含量区间中值；

   C_{0max}，C_{0min}——背景（或对照）含量区间最大和最小值；

其他符号意义同上。

利用该方法可对各种污染组分进行分别评价，是多要素污染指数评价的基础。当 $I \leqslant 1$ 时，为未污染；$I > 1$ 时，为污染。其优点是直观、简便。缺点是不能反映地下水整体污染情况。

（2）内梅罗（N. L. Nemerow）指数

内梅罗于 1974 年发表了一种计算河流水污染指数的方法，该方法与其他方法不同之处在于不仅考虑了影响水质的一般水质指标，还考虑了对水质污染影响最严重的水质指标状况。其计算公式为：

$$P_{ij} = \sqrt{\frac{(C_i/L_{ij})_{max}^2 + (C_i/L_{ij})_{av}^2}{2}} \tag{9-3}$$

当 $C_i/L_{ij} > 1$ 时，

$$C_i/L_{ij} = 1 + P' \lg(C_i/L_{ij}) \tag{9-4}$$

当 $C_i/L_{ij} \leqslant 1$ 时，用 C_i/L_{ij} 的实际数值。

$$P_i = \sum_{j=1}^{m} W_j P_{ij} \tag{9-5}$$

式中 i——水质项目数（$i=1, 2, \cdots, n$）；

     j——水质用途数（$j=1, 2, \cdots, m$）；

   P_{ij}——j 用途 i 项目的内梅罗指数；

   C_i——水中 i 项目的监测浓度；

   L_{ij}——j 用途 i 项目的最大允许浓度；

   P'——常数，内梅罗采用 5；

   P_i——几种用途的总指数，取不同用途的加权平均值；

   W_j——不同用途的权重，$\Sigma W_j = 1$。

内梅罗指数法将水体用途分为三类：

1）人类直接接触（$j=1$）：包括饮用、游泳、饮料制造用水等；

2）间接接触（$j=2$）：养鱼、农业用水等；

3）不接触（$j=3$）：工业用水、冷却水、航运等。

内梅罗将第一类和第二类用途的权重各定为 0.4，第三类为 0.2，$\Sigma W_j = 1.0$。

上述公式表明了一个函数关系；

$$P_{ij} = f\left[\left(\frac{C_i}{L_{ij}}\right)_{max}, \left(\frac{C_i}{L_{ij}}\right)_{av}\right] \tag{9-6}$$

上式中用下角标 max 表示最大，用 av 表示平均。$\left(\dfrac{C_i}{L_{ij}}\right)_{max}$ 或 $\left(\dfrac{C_i}{L_{ij}}\right)_{av}$ 值越大，水质质量状况越差。

根据上述公式计算结果，将水质分为三级：

1）$P_{ij} > 1$，水质污染较重；

2）$0.5 \leqslant P_{ij} \leqslant 1$，水质已受到污染；

3）$P_{ij} < 0.5$，水质未受到污染。

内梅罗指数反映了水体中多项污染物的污染规律，兼顾了污染影响最大的一个水质参数，综合考虑了水体的综合用途，具有一定的实用价值。存在的问题是忽略了次高值，评价结果偏高。

9.3 水体污染的理论体系

9.3.1 水污染的含义

1. 地表水污染的含义

《中国大百科全书（环境科学）》（1983）对地表水体污染的解释是："人类直接或间接地把物质或能量引入河流、湖泊、水库、海洋等水域，因而污染水体和底泥，使其物理化学性质、生物组成及底质情况恶化，降低了水样的使用价值。"

关于地表水污染的含义人们尚无统一的认识，目前普遍的看法主要有三种：一是认为水体在受到人类活动的影响后，改变了它的"自然"状况，也就是说，进入水体某种物质的含量超过了水体的本底含量；二是认为某种污染物质进入水体后，使水体质量变劣，破坏了水体的原有用途；三是认为人类活动造成进入水体的物质数量超过了水体自净能力，导致水体质量的恶化。第一种看法是从绝对意义上来理解水体污染。但是，人类活动已经大大地改变了自然环境，已难以找到"自然"状况的水。目前，更多的人认为，进入水体污染物的数量超过了水体的自净能力，水质变劣，超过水环境质量标准，影响到水体用途才算是水体污染。

2. 地下水污染的含义

关于地下水污染的含义，与地表水污染类似，目前国内外仍无统一的定义。影响比较大的有下面几种：

德国的梅思斯教授（G. Marttess）在《地下水性质》（"The Property of Ground Water"）一书中提到："受人类活动污染的地下水，是由人类活动直接或间接引起总溶解固体及总悬浮固体含量超过国内或国际上制定的饮用水和工业用水标准的最大允许浓度的地下水；不受人类活动影响的天然地下水，也可能含有超过标准的组分，在这种情况下，也可据其某些组分超过天然变化值的现象而定为污染"。

法国的 J. J. 弗里德（J. J. Fried）教授在《地下水污染》（"Groundwater Pollution"）一书中提到："污染是指地下水的物理、化学和生物特性的改变，从而限制或阻碍地下水在各方面的利用。"

美国学者米勒（D. W. Miller）教授在论述"污染"（contamination 或 pollution）时指出："污染是指由于人类活动的结果使天然水水质变到其适用性遭到破坏的程度"。

弗里基（R. A. Freeze）和彻里（J. A. Cherry）在《地下水》（1987）一书中指出："凡是由于人类活动而导致进入水环境的溶解物，不管其浓度是否达到使水质明显恶化的程度都称为污染物（contaminant），而把污染（pollution）一词作为污染浓度已达到人们不能允许程度的水质状况的一个专门术语。"

苏联的水文地质学家 Е. Л. 明金（Е. Л. Минкин）认为，所谓水源地内地下水的污染是指除水源的本身影响之外，由于生产和生活条件的各种因素影响而直接或间接地使地下水质恶化，导致其全部或部分不能作为供水水源的情况。他还指出，如果是由于 TDS 含量高的水在自然条件下扩展到开采水源地，或因 TDS 含量高的水与淡水含水层及地表水有水力联系而渗入水源时，便不能称为地下水污染，只说明是由于取水量超过了水源地地下水的允许开采量而引起地下水被疏干的现象。

从上述所引用的一些论述中，可以发现一些相互矛盾的看法，主要分歧有两方面。其一是污染标准问题：有人提出了明确的标准，即地下水某些组分的浓度超过水质标准的现象称为地下水污染；有人只提一个抽象的标准，即地下水某些组分浓度达到"不能允许的程度"或"适用性遭到破坏"等现象称为地下水污染。其二是污染原因问题：有人认为，地下水污染是人类活动引起的特有现象，天然条件下形成的某些组分的富集和贫化现象均不能称为污染；而有的人认为，不管是人为活动引起的或者是天然形成的，只要浓度超过水质标准都称为地下水污染。

在天然地质环境及人类活动影响下，地下水中的某些组分都可能产生相对富集和相对贫化，都可能产生不合格的水质。如果把这两种形成原因各异的现象统称为"地下水污染"，在科学上是不严谨的，在地下水资源保护的实用角度下，也是不可取的。因为前者是在漫长的地质历史时期形成的，其出现是不可防止的；而后者是在相对较短的人类历史中形成的，只要查清其原因及途径、采取相应措施是可以防止的。把上述两种原因所产生的现象从术语及含义上加以区别，从科学严谨性及实用性上都更可取些。

在人类活动的影响下，地下水某些组分浓度的变化总是处于由小到大的量变过程，在其浓度尚未超标之前，实际污染已经产生。因此，把浓度超标以后才视为污染，实际上是不科学的，而且失去了预防的意义。当然，在判定地下水是否污染时，应该参考水质标准，但其目的并不是把它作为地下水污染的标准，而是根据它判别地下水水质是否朝着恶化的方向发展。如朝着恶化方向发展，则视为"地下水污染"，反之不然。

尽管人们对水污染的含义的看法有差异，但在污染造成水体质量恶化这一方面是有共识的。关于水污染的确切含义，2008 年 2 月 28 日第十届全国人民代表大会常务委员会修订通过的《中华人民共和国水污染防治法》对"水污染"给予明确的说明："水污染是指水体因某种物质的介入，而导致其化学、物理、生物或者放射性等方面特性的改变，从而影响水的有效利用，危害人体健康或者破坏生态环境，造成水质恶化的现象"。因此，根据上述各种对"水污染"的论述和有关的法律认证，认为水体污染（地表水体污染和地下水体污染）较为合理的定义应该是：凡是在人类活动影响下，水质变化朝着水质恶化方向发展的现象，统称为"水污染"。不管此种现象是否使水质恶化达到影响使用的程度，只要这种现象一旦发生，就应视为污染。所以判定水体是否污染必须具备两个条件：第一，水质朝着恶化的方向发展；第二，这种变化是人类活动引起的。

9.3.2 水体污染的特征

地表水体和地下水体由于储存、分布条件和环境上的差异，表现出不同的污染特征。

地表水体污染可视性强，易于发现；其循环周期短，易于净化和水质恢复。

地下水的污染特征是由地下水的储存特征决定的。地下水储存于地表以下一定深度处，上部有一定厚度的包气带土层作为天然屏障，地面污染物在进入地下水含水层之前，必须首先经过包气带土层。地下水直接储存于多孔介质之中，并进行缓慢的运移。由于上述特点使得地下水污染有如下特征：

1. 隐蔽性

由于污染是发生在地表以下的孔隙介质之中，因此常常是地下水已遭到相当程度的污染，往往从表观上很难识别，仍然表现为无色、无味，不能像地表水那样，从颜色及气味或鱼类等生物的死亡、灭绝鉴别出来。即使人类饮用了受有害或有毒组分污染的地下水，其对人体的影响一般也是慢性的，不易觉察。

2. 难以逆转性

地下水一旦遭到污染就很难得到恢复。由于地下水流速缓慢，如果等待天然地下径流将污染物带走，则需要相当长的时间。即使在切断污染来源后，靠含水层本身的自然净化，少则需十年、几十年，多则需要上百年的时间。

3. 延缓性

由于污染物在含水层上部的包气带土壤中经过各种物理、化学及生物作用，则会在垂向上延缓潜水含水层的污染。对于承压含水层，由于上部的隔水层顶板存在，污染物向下运移的速度会更加缓慢。由于地下水是在空隙介质中进行缓慢的渗透，因此地下水污染向附近的运移、扩散是相当缓慢的。

9.3.3　水体污染三要素

水体污染三要素的主要构成是污染源、污染物和污染途径，是研究水体污染原因与污染机制的重要内容。

1. 污染源

水体污染源的构成形式十分复杂，作用方式各不相同，污染源类型多种多样，很难对其有效地分类。这里试图从其形成原因，将水体污染源分为两大类：人为污染源和天然污染源。

（1）人为污染源

人为污染源是由于人类一系列的工农业生产和生活活动过程中，所产生的能够造成水体污染的液态或固态物质的源。根据污染源的产生与分布特征，人为污染源又可分为点源、面源和内源，构成了人为污染源的主体。

1）点源

长期连续性集中排放污染物质，并对水体环境构成严重危害的污染源称之为点源。生活污水和工业废水排放，以及集中堆放的固体废物构成点源的主体。

① 生活污水

作为点源的主体之一的生活污水，在城市地区问题比较突出。关键在于城市人口集中、污水排放集中。尤其是随着城市现代化的进程，生活污水的排放量将不断增加。由于污水的处理设施不完善，污水处理率或能力低下，使得未经任何处理的生活污水排入水体环境，造成水体污染，由此构成水体污染的主要污染物质来源。

生活污水主要来自居民生活及商业、机关、学校、旅游服务业等城市公共设施，包括厕所冲洗水、厨房洗涤水、洗衣排水、沐浴排水及其他排水等。生活污水含纤维素、淀粉、糖类、脂肪、蛋白质等有机物质，其含量可以用 BOD（生化需氧量）或 COD（化学需氧量）表示。生活污水中还含有氮、磷、硫等无机盐类。

由于生活污水多为各种洗涤水，其污染物质构成表现为悬浮固体（SS）、BOD_5、氨氮、磷、氯、细菌和病毒含量高，其次是钙、镁等。重金属含量一般比较低。

② 工业废水

工业废水主要来自工业冷却水、工艺废水、清洁用水等。具有量大、面广、成分复杂、毒性大等特点，其物质构成与生活污水具有显著的差别。不同的工业行业如冶金、矿山、石油开采、化工、纺织、食品、电子、机械等废水中的污染物质构成具有很大的差异。总体上其主要物质构成为：有机或无机有毒有害物质、悬浮物、酸度或碱度、放射性物质或低沸点易挥发性有机溶剂、石油类等。

③ 固体废物

固体废物包括生活垃圾、工业垃圾及污水河渠和污水处理厂的污泥等。

生活垃圾：新鲜的生活垃圾含有较多的硫酸盐、氯化物、氨、BOD_5、总有机碳（TOC）、细菌混杂物和腐败的有机质。这些废物经生物降解和雨水淋滤后，可产生 Cl^-、SO_4^{2-}、NH_4^+、BOD_5、TOC 和 SS 含量高的淋滤液，还可产生 CO_2 和 CH_4。淋滤液中上述组成浓度峰值出现在废物排放开始的一两年内，此后相当长的时间内（或许几十年），其浓度无规律地降低。TOC 的 80% 以上为脂肪酸，经细菌降解可变为分子量高的有机物，在潮湿温带地区，其降解期为 5～10 年；在干旱地区，由于缺乏水分，其降解速度可能受到限制。

工业垃圾：工业垃圾来源复杂，种类繁多。冶金工业产生含氰化物的垃圾；造纸工业产生含亚硫酸盐的垃圾；电子工业产生含汞的垃圾；石油化学工业产生含多氯联苯（PCBs）、农药废物和含酚焦油的垃圾，还产生含矿物油、碳氢化合物溶剂及酚的垃圾；燃煤热电厂产生粉尘，粉尘淋滤液含砷、铬、硒和氯；燃煤产生另外的污染物是煤灰，大部分是中性物质，只有约 2% 的可溶物，它含有硫酸盐以及微量金属，如锗和硒。

污泥：河渠淤泥和污水处理厂污泥通常含有泥砂、微生物、有机物、重金属等，同时含有大量的植物养分，如氮、磷、钾等。

④ 矿床开采

在矿床开采过程中，大量的劣质地下水排入河道，造成严重的河道污染。如某市河水由于大量富含 SO_4^{2-} 的矿坑水（SO_4^{2-} 含量一般在 1000～1200mg/L）排入而使河水中的 SO_4^{2-} 含量高达 800～900mg/L，水质严重恶化，而且河水中的 SO_4^{2-} 通过农业灌溉垂向入渗和河道侧向入渗进入地下水，已成为该流域地下水的重要污染来源。

矿床开采过程中，还有可能成为地下水污染源的是尾矿淋滤液及矿石加工厂的污水。此外，矿坑疏干，氧进入原来的地下水环境里，使某些矿物氧化而成为地下水污染来源。例如煤矿，其主要污染来源是含煤地层中的黄铁矿，它被氧化并经淋滤后，使地下水的 Fe 离子和 SO_4^{2-} 浓度升高，pH 降低；此外，采煤过程中由于地层中分离出沉积水，也可能使地下水的 Cl^- 浓度升高，开采金属矿时，其主要污染来源是尾矿及矿石加工的污水，它可使地下水中有关的金属离子浓度升高。

2）面源（非点源）

面源为受外界气象、水文条件控制的不连续性、分散排放污染物质。面源多为人类在土地上活动所产生的水体污染源，包括农业、农村生活、矿业、石油生产、施工等。面源分布广泛，物质构成与污染途径十分复杂，如地面雨水径流、农村生活污水与分散畜牧业废物、农村种植业固废、农药化肥流失、水土流失等。目前，非点源对水体的污染随着点源控制力度的加大，已逐渐成为水体水质恶化的主要原因。

① 地面径流

地面径流污染是降水淋洗和冲刷地表各种污染物而形成的一种面状污染，是地表水体或地下水体的主要污染源。由于污染负荷变化极大，而且难以控制，是目前重要的环境问题之一。城市地区车辆排放的废气、垃圾、动植物的有机残余物、大气沉降物质等，使得地面径流中往往含有较多的悬浮固体，有毒有害金属与非金属、病毒和细菌的含量也较高。另外，城市地区由于地面结构的改变而造成水文变化，使河流在暴雨期后流量加大，缓冲能力降低，基流减少，地下水补给量降低，不透水地区的广泛应用加剧了水量与水质关系的不协调，合流制的排水系统为城市暴雨径流的污染增加了十分有利的条件。在农村地区，地面径流中来自化肥、人粪尿、化粪池、水土流失等的有机物质、悬浮物、营养物含量非常高，是当今国际上湖泊富营养化发生的主要原因。

研究表明，暴雨径流前期或每年前几场暴雨的污染负荷很高，是地面径流污染的主要部分。由于地面径流中含有大量的长期悬浮的细微颗粒物（大多小于 $50\mu m$），很难利用现有技术有效地去除而加剧了水体污染。美国的研究表明，总固体的 43%、BOD 的 57%、COD 的 80%、总磷的 92%、总氮的 77%、重金属的 51.2% 都集中在 $264\mu m$ 以下的小颗粒中，在美国河流的水污染成分中，50% 以上来自地面径流。由此可见，地面径流污染是一个值得重视的环境问题。

② 农业生产

工厂生产了大量的杀虫剂、杀菌剂、除莠剂和化肥以及农家肥等，专供农田、森林使用。这些物质被施用后，除被生物吸收、挥发、分解之外，大部分残留在农田的土壤和水中，然后随农田排水和地表径流进入水体，造成污染；挥发进入大气中的部分仍有可能随降水过程进入水体，仍可造成污染。农田排水实际上是非点污染源，天然水体中的有机物质、植物营养物（氮、磷）、农药等主要来源于农田排水。从长江水质监测中得知，在雨季和农田耕作繁忙季节中，长江水中的有机氯农药含量往往上升，约为枯水期和农闲时节的 2 倍之多，因此，对农田排水造成的水污染不可等闲视之。

农业活动对地下水环境的污染已成为人们关注的热点问题。如土壤中残留的 DDT、六六六和未被植物全部吸收的化肥，随水一起下渗而污染地下水。此外，我国部分地区利用污水灌溉，也会对地下水造成大面积的污染。

3）内源

内源是指地表水体内部存在的污染源。内源的含义主要是：长期的污水排放或地面径流所携带的泥砂、种植业和养殖业固体废物、悬浮的胶体物质，以及其他有机的、无机的、固态或可溶态的物质进入目标水体后，由于重力沉积或化学的沉淀作用，在较短的时间内沉积在地表水体底部。在较为适宜的物理、化学、水文、生物作用下，受浓度梯度的控制，长期缓慢地向目标水体释放污染物，造成水体物理性状的改变或化学组分的变化，降低水体的使用功能。内源的存在不仅导致水体混浊、恶臭，而且是传递营养物质、有毒有害化学物质、病原菌的重要媒介。据调查，在美国的河流和湖泊污染物中，内源污染物所占的比例分别为 47% 和 22%。在我国的河流、湖泊中，内源对于水体污染物的"贡献"十分显著，是造成水体水质恢复缓慢、治理周期增加、治理投入增大的重要因素之一。

（2）天然污染源

天然污染源是天然存在的。地下水开采活动可能导致天然污染源进入开采含水层。天然污染源主要是海水及含盐量高的水质差的地下水。

在沿海地区的含水层，如果过量开采地下水，则可能导致海水（地下咸水）与地下淡水界面向内陆方向的推移，从而引起地下淡水的水质恶化。地下水卤水也可能产生类似的后果。我国沿海的一些城市和地区都已先后出现了上述地下咸水入侵的问题。

2. 水体污染物

（1）天然水化学成分与构成

在天然条件下，任何地方的水都来源于降水、地表径流和地下水，在化学组成上均不是纯水。其主要原因是自然界水的循环实际上是各种形式的水进行转换的过程，是水与空气、土壤、岩石接触的过程。由于水是一种良好的溶剂，在降水形成之初就已不是纯水，在随后通过大气层降落时，大气中各种来源的悬浮性粒状物及气体物质经降水的洗涤、淋溶作用而进入水中。其中气体含量十分丰富，尤其是溶解氧和酸性氧化物。降水到达地表形成地表径流或下渗成为地下径流，经过不同的自然地理带及植被、土壤和岩层，氧化和溶解所接触的各种物质，并携带着泥砂、生物等悬浮物一起迁移。在汇流过程中，又有各种各样的物质加入天然水中，使其物质组分和含量不断地丰富。因此，自然界的水不是纯水，而是溶解了气体、离子、胶体物质以及有机物的综合体，如图 9-4 所示。

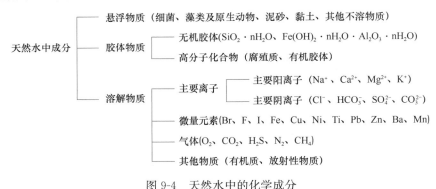

图 9-4　天然水中的化学成分

天然水体中的化学物质含量均取决于含有相应元素在地球中的丰度、在水中的溶解度和水体所处的自然地理、地质环境。如氧、钙、钾、钠等在地球中分布甚广，所以在自然界的水体中最常见，且含量也最高。而有些元素，如硅、铁等，虽在地球中分布很广，但由于含有这些元素的物质溶解度较小，所以在一般水体中含量并不多；相反，另有一些元素如氯等，在地球中含量虽较少，但因溶解度较大，所以在水中却大量存在。

人类活动的叠加影响，大大改变了水环境中天然化学组分的组合与分布特征，大量有毒物质进入水体中，使原本卫生安全的天然水体成为有毒有害的污染水体。

（2）水体污染物构成

1）毒性物质

当今水污染最显著的特点是化学性污染。这是由于水具有异常的溶解能力（而自然界中几乎不存在绝对不溶于水的物质），且现代工业生产、日常使用的化学物质种类不断增长。1997 年，化学物质总计高达 400 多万种，并以平均每年 6000 种的速率增加。全世界人工合成的化学物质 1950 年为 700 万 t，1974 年增至 6000 多万 t，1985 年达 25000 多万 t，每 7 年全世界化学物质消耗量增加 1 倍。据美国环境保护局估计，当前日常使用的化学物质约有 63000 多种。这些化学物质除了通过大气、食品和直接接触危害人类之外，还经各种途径进入水体，对水体、水生生物乃至人类健康产生危害。构成毒性物质主要有有机和无机两大类。有机的毒性物质主要有：有机氯或有机磷农药、多氯联苯、卤代烃、芳烃、酚类、醚类、酯类、亚硝基胺等。构成无机有毒物质主要有非金属毒性物质（CN^-、F^-、S^{2-}）和重金属类物质（Hg、Cd、Cr、Pb、Cu、Se、Zn、Ni），以及类金属（As）等。随着我国石油化工工业的迅速发展，石油化工工业废水对水体环境影响程度不断加深，水体的油类污染有不断扩大的趋势。

有毒有害物质对生物和人体产生的毒性一般表现为急性、恶急性、慢性和潜在的毒性。尤其是具有"三致效应"（致癌、致突变、致畸）的有毒污染物对人体的危害极大，是目前安全饮水保障系统中重点研究的内容。

2）其他污染物质

① 可生物分解的有机物

可生物分解的有机物主要是指来自酿酒、制糖工业等废水的碳水化合物和来自屠宰场、牛奶场等废水的蛋白质（包括氨基酸、胺、脂肪酸、羟基脂肪酸等）。这类有机物经生物氧化和化学氧化时，会大量消耗水中的溶解氧，使水质恶化，甚至使水体发臭，不仅人们不能直接饮用，还会造成鱼类死亡。

② 营养物质

营养物质是指能促使水中植物生长、加速水体富营养化的氮、磷、有机碳等物质。营养物质主要来自于点源内生活污水或工业废水，以及非点源的地面径流与农业生产。大量的营养物质进入水体、在水温、盐度、日照、降雨、水流场等合适的水文和气象条件下，会使水中藻类等浮游植物大量生长，造成湖泊老化、破坏水产与饮用水资源。目前，我国湖泊、河流和水库的富营养化问题日趋严重，湖泊水质已达Ⅳ或Ⅴ类水体，个别已达超Ⅴ类水体，"水华"暴发，鱼虾数量急剧下降，生物多样性受到极大的破坏，造成极大的经济损失。我国近海水域的大面积"赤潮"暴发，已对我国海洋渔产资源和海洋生态环境造成无法挽回的破坏。

③ 耗氧物质

耗氧物质是指大量消耗水体中的溶解氧的物质，这类物质主要是：含碳有机物（醛、醋、酸类）、含氮化合物（有机氮、氨、亚硝酸盐）、化学还原性物质（亚硫酸盐、硫化物、亚铁盐）。

④ 生物污染物质

生物污染物质主要来源于生活污水及肉类、制革等工业废水，这类污染物可分为：水生病毒（如肝炎病毒等）、细菌（如大肠杆菌、弧菌等）、寄生真菌、原生动物、寄生蠕虫。

在生物污染物质中最常见的是大肠杆菌。它本身并不是致病的，但它是粪便污染水体的一个指标。有些细菌可以引起痢疾、伤寒和霍乱。原生动物可引起传染病等。

⑤ 悬浮固体物

悬浮固体物是指进入水中的废渣、泥砂等颗粒物质，这些固体物质的存在会使水体混浊不清，甚至淤塞河道。

⑥ 放射性物质

由于原子能利用日益广泛，所以放射性物质进入水体的数量逐渐增加。

3. 污染途径

地表水体的污染途径相对比较简单，主要为连续注入或间歇注入式。工矿企业、城镇生活的污废水、固体废弃物直接倾注于地表水体，造成地表水体的污染属于连续注入式污染；农田排水、固体废弃物存放地降水淋滤液对地表水体的污染，一般属于间歇式污染。

相对于地表水体的污染途径而言，地下水体的污染途径要复杂得多。下面将着重讨论地下水的污染途径。

（1）污染方式

地下水的污染方式与地表水的污染方式类似，有直接污染及间接污染两种形式。

直接污染的特点是，地下水中污染组分直接来源于污染源。污染组分在迁移过程中，其化学性质没有任何改变。由于地下水污染组分与污染源组分的一致性，因此较易查明其污染来源及污染途径。这是地下水污染的主要方式。在地表或地下以任何方式排放污染物时，均可发生此种方式的污染。

间接污染的特点是，地下水的污染组分在污染源中的含量并不高，或该污染组分在污染源里根本不存在，它是污水或固体废物淋滤液在地下迁移过程中经复杂的物理、化学及生物反应后的产物。通常将此污染方式称之为"二次污染"，其实其过程很复杂，"二次"一词不够科学。

（2）污染途径

地下水污染途径是复杂多样的。有人以污染源的种类划分，诸如污水渠道和污水坑的渗漏、固体废物堆的淋滤、化学液体的溢出、农业活动的污染、采矿活动的污染等，不一而足，显得过于繁杂。按照水力学上的特点分类，地下水污染途径大致可分为四类，见表 9-2。

地下水污染途径分类

表 9-2

类　型		污　染　途　径	污　染　来　源	被污染的含水层
间歇 I 入渗型	I₁	降水对固体废物的淋滤	工业和生活的固体废物	潜水
	I₂	矿区疏干地带的淋滤和溶解	疏干地带的易溶矿物	潜水
	I₃	灌溉水及降水对农田的淋滤	农田表层土壤残留的农药、化肥及易溶盐类	潜水
连续 II 入渗型	II₁	渠、坑等污水的渗漏	各种污水	潜水
	II₂	受污染地表水的渗漏	受污染的地表水	潜水
	II₃	地下排污管道的渗漏	各种污水	潜水

续表

类　　型		污 染 途 径	污 染 来 源	被污染的含水层
越流Ⅲ型	Ⅲ₁	地下水开采引起的层间越流	受污染的含水层或天然咸水等	潜水或承压水
	Ⅲ₂	水文地质天窗的越流	受污染的含水层或天然咸水等	潜水或承压水
	Ⅲ₃	经井管的越流	受污染的含水层或天然咸水等	潜水或承压水
注入径流型	Ⅳ₁	通过岩溶发育通道的注入	各种污水或被污染的地表水	主要是潜水
	Ⅳ₂	通过废水处理井的注入	各种污水	潜水或承压水
	Ⅳ₃	盐水入侵	海水或地下咸水	潜水或承压水

由表 9-2 可知，无论以何种方式或途径污染地下水，潜水是最易被污染的地下水体。这与潜水的埋藏条件是分不开的。因此，潜水水环境保护与污染防治尤为重要。

另据水环境的污染特征、污染物、污染源及其污染途径的分析表明：水体中的污染物是多种多样的，其在水环境中的行为特征及其毒理性质各异；水环境的污染方式及污染途径极其复杂；污染的控制与治理任务十分艰巨。已有的研究结果已经证明，水体一旦污染，尤其是地下水体一旦污染，将很难自然恢复。因此，加强水质监测和水环境保护，防患于未然，将是保持未来水环境良性循环的唯一出路。

9.3.4　污染水体的物化与生物作用

污染物进入水体后，在水环境的迁移转化过程中将产生一系列的物理、化学、生物学作用，结果造成水质的显著改变。其作用结果对水体水质的改变将存在两种截然不同的结果：或造成水体恶化，或使得水体净化。概括起来，对于水体恶化的作用主要表现在下面几个方面：

（1）在富含营养物质的水体中，有机物的分解，导致水体中溶解氧（DO）含量的显著降低，水体处于无氧或厌氧环境，嫌气细菌大量繁殖，水体恶臭；同时，大量低等动、植物繁殖成为优势生物种群，水体中的高等动、植物由于不适应如此恶劣的水体环境而大量死亡，水体生态环境和生物多样性遭受极大的破坏。

（2）水体环境条件（酸碱、氧化还原条件）和有机污染负荷的改变，使得变价的污染物质的化学结构发生变化，进而改变污染物的毒性。氧化还原和生化作用可使低毒性的 Cr^{3+}、As^{5+}、Hg^{2+}、Ni、Zn、As 物质转变为具有较高毒性的 Cr^{6+}、As^{3+}、甲基汞，以及镍、锌、砷的化合物。

（3）物理、化学和生物学的沉积作用，大量的有毒有害金属组分、难分解的有机物、营养物在水体底泥中积累，在食物链或营养链中高度富集。加剧了对水体水质、人体健康、生态环境的损害。

物理（机械过滤、稀释作用）、化学（吸附、溶解和沉淀、氧化—还原反应、络合）和生物作用（微生物降解、植物摄取）对污染水体具有净化效果，这也就是通常所提到的自然净化或污染物的自然衰减（Natural Attenuation）。主要的净化作用概括为以下几个方面：

（1）稀释作用

由于人为的或自然的作用，污染水体规模不等地受到外部未污染或轻微污染水体的补给，产生水量交换，改变污染水体的水文和水动力学条件，进而不同程度地降低污染水体的污染程度，减缓水质恶化的速度。自然界中，无论是地表水体或是地下水体广泛存在着不同水体之间的交换过程和稀释作用。

（2）沉淀作用

由于环境条件变化或外来化学物质的引入，水体中部分污染物质形成新的化合物，在溶解度的控制下发生沉淀。降低污染物在水体中的含量，实现水质恢复。如水中的重金属离子与有机或无机配位体结合形成溶解度较低的有机或无机络合物产生沉淀。沉淀反应方程为：

$$M_{Am}M_{Xn} = mM_A + nM_X$$

标准状态下（1atm，25℃）的溶度积计算模型

$$K_{so_1} = [M_A]^m [M_X]^n \tag{9-7}$$

式中　$[M_A]$、$[M_X]$——分别为阳、阴离子活度值。

任意温度下盐类溶度积计算模型

$$\Delta Gr_0 = -RT_1 \ln K_{so_1} \tag{9-8}$$

$$\lg K_{so_2} = \lg K_{so_1} - (Hr_0/2.3R)(T_2^{-1} - T_1^{-1}) \tag{9-9}$$

式中　ΔGr_0——标准反应自由能，kJ/mol；

R——理想气体常数，0.008314kJ/(K·mol)；

T_1、T_2——分别为标准温度（298.15K）和任意温度；

Hr_0——标准反应热熔，kJ/mol；

K_{so_1}、K_{so_2}——分别为标准状态和任意温度条件下的溶度积。

利用饱和指数模型评价盐类的沉淀状态。其形式为：

$$饱和指数 = [M_A][M_X]/K_{so_2} \begin{cases} <1 & 溶解状态 \\ =1 & 平衡状态 \\ >1 & 沉淀状态 \end{cases}$$

式中 $[M_A][M_X]$ 分别为水溶液中游离阳、阴离子的活度。有关离子活度计算方法请参考有关文献。

水环境中主要的宏量无机组分，如 Ca、Mg 等，以碳酸盐、硫酸盐、磷酸盐、氟化物、氢氧化物沉淀；微量组分为主要沉淀盐类：碳酸盐（Pb、Cd、Zn、Cu、Ni、Ba、Co、Ag、Mn）、氯化物（Pb、Hg、Ag）、氢氧化物（Fe、Mn、Al、Cd、Cr、Co、Cu、Pb、Zn、Hg、Ni）、氟化物（Ca、Pb、Sr）、硫酸盐（Ba、Pb、Sr）、硫化物（Cd、Co、Cu、Fe（二价）、Pb、Mn、Hg、Zn、Ni、Ag）、磷酸盐（Fe（三价）、Al、Ca）等。

（3）吸附作用

在水体悬浮物或底泥中广泛存在较大比表面积和带电的颗粒物质，通过表面能或电化学作用，具有较高的物理或化学吸附性能。吸附作用是污染物进入水系统普遍存在的净化作用。物理吸附：靠静电引力使液态中的离子吸附在固态表面上；键联力较弱，在一定条件下，固态表面所吸附的离子可被液态中的另一种离子所替换，为可逆反应，称之为"离子交换"。化学吸附：靠化学键结合，被吸附的离子进入胶体的结晶格架，成为结晶格架

的一部分，反应为不可逆的。构成化学吸附作用的主要有：离子交换、表面络合和表面沉淀，表达式如下所示。

离子交换：$wM^{2+}+zBs^{w+}=wMs^{2+}+zB^{w+}$

表面络合：$S-OH^{2+}=S-OH+H^+$　　　　　　　　Ka_{1s}

　　　　　$S-OH=S-O^-+H^+$　　　　　　　　　　Ka_{2s}

　　　　　　　　$(Ka_{1s}、Ka_{2s}$ 为络合平衡常数$)$

表面沉淀：$Fe-OH+M^{2+}+2H_2O=Fe(OH)_3(s)+M-OH^{2+}+H^+$

或　　　　　　$M-OH^{2+}+M^{2+}+2H_2O=M(OH)_2(s)+M-OH^{2+}+2H^+$

　　　　　　　$(s$ 表示为固相，$M-OH^{2+}$ 表示水合阳离子$)$

描述吸附作用的方程主要根据吸附等温线的类型分为线性、指数性和渐近线性。

① 线性吸附模式或称亨利（Henry）吸附模式

$$\frac{\partial S}{\partial t}=K_1C-K_2S \qquad (9-10)$$

式中　S——单位孔隙介质体积上被吸附的污染物质的质量或称固相浓度；

　　　K_1——吸附速率；

　　　K_2——解吸速率；

　　　C——污染物质的液相浓度。

此模式一般用于污染物液相浓度较低的情况效果较好。其吸附等温公式的示意曲线如图 9-5（a）所示。

② 指数性吸附模式或称费洛因德利希（Freundlich）吸附模式

$$\frac{\partial S}{\partial t}=K_1C^m-K_2S \qquad (9-11)$$

式中 m 为经验常数，当 $m=1$ 时即与式（9-10）相同，其他符号意义同上。

上述模式是在试验的基础上提出的经验性模式。它可适用于一般的情况，但不太适合于污染物液相浓度过低的条件。其吸附等温公式的示意曲线如图 9-5（b）所示。

③ 渐近线性或称朗缪尔（Langmuir）吸附模式

$$\frac{\partial S}{\partial t}=K_0(S_0-S)\cdot C-K_2S \qquad (9-12)$$

式中　K_0——吸附速率；

　　　K_2——解吸速率；

　　　S_0——极限平衡时的固相浓度；

其他符号意义同上。

上式表明吸附速率的变化 $\frac{\partial S}{\partial t}$ 与污染物的液相浓度 C 以及还没有被占据吸附位置(S_0-S) 成正比；而解吸的变化率是与被吸附的污染物质的固相浓度 S 成正比。

上述吸附模式原是针对气相物质的吸附过程而建立的，但目前已推广应用于非气相物质的吸附过程。建立上述模式的假定条件是：

① 所有可占据的吸附位置在能量上是等值的；

② 吸附作用的进行一直到吸附表面上形成单分子覆盖为止；

③ 被吸附物质的解吸概率与邻近位置的占据情况无关。

其吸附等温公式的示意曲线如图 9-5（c）所示。

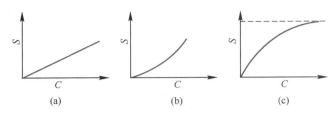

图 9-5　吸附等温线公式的示意图

上述三式都是表示可逆的非平衡吸附过程的一般情况，如果 K_2 值为零，则表示无解吸过程，吸附是不可逆的。

（4）生物降解作用

大量有机物进入水体后，在适宜的环境条件下，通过微生物作用，使得复杂的有机物分解成为简单的有机物，进一步可分解为 CO_2 和 H_2O，降低了水体的污染程度。

生物降解作用包括：生物转化（Biotransformation）是将有机物代谢或转化成其他形式有机物的作用；矿化作用（Mineralisation）是将有机物降解形成 H_2O、CO_2、Cl 等作用过程；生物氧化/还原反应（Redox reaction）是有机物通过氧化形成 CO_2 和次生产物的过程；其他复杂作用，如酯化、酸化等。

9.4　污水排放工程

随着社会经济的发展，生活用水与工、农业用水量不断增长，天然水体的污染降低了水资源的可利用性，加剧了水资源的供需矛盾；水资源的紧缺又使许多水体缺乏稀释水量，使得水体污染控制十分困难。地表水体的污染使可用的清洁水量减少，为此不得不把取水水源向上游迁移，加长输水管线，或兴建专用水库。因水源水质不断恶化，预处理、深度处理等解决微污染水源水问题的处理工艺将不得不被包括在水处理的整个流程之中，取水及水处理方面的投资和成本明显增加。向水体排放污水是导致水体污染的直接原因。为了有效控制水体污染，必须完善污水排放控制的法律法规体系，加强建设城市污水集中处理设施，加强工业废水源头分散处理或集中处理，严格控制工业废水向城市管网或水体的排放。

9.4.1　污水排放控制的法律法规体系

1. 水环境保护法律

水环境保护法律包括：

《中华人民共和国环境保护法》（2014 年修订）

《中华人民共和国水污染防治法》（2017 年修正）

《中华人民共和国海洋环境保护法》（2017 年修正）

《中华人民共和国水法》（2016 年修正）

2. 污水排放标准

排放标准是为实现环境质量标准目标，结合技术经济条件和环境特点，对排入环境的污染物或有害因子所做的控制规定，即排放的限值，是实现环境质量标准的重要保证，是控制污染源的重要手段。

我国的污水排放标准分为国家标准和地方标准两级。国家标准在全国范围内统一使用，地方标准则结合当地环境状况、生态特点，用以补充国家标准的不足，即对国家标准中未规定的项目予以补充。地方标准必须以国家标准为依据，并应等于或严于国家标准。

目前，国家污水排放标准包括《城镇污水处理厂污染物排放标准》GB 18918—2002、《污水综合排放标准》GB 8978—1996 以及众多的行业排放标准，可参见有关的标准文献，在此不再赘述。

9.4.2　城镇污水集中处理

随着城镇经济的不断发展，城镇生活污水和工业废水的排放量大大超过了城镇及周围区域的环境自净能力，已无法通过土地和水体本身自然降解污水中的污染物质，城镇污水成为水体污染的重要污染源。城镇污水排入河道，使河道成为污水河渠，不仅使地表水体受到污染，还污染了城镇的地下水源。因此，对城镇污水进行妥善的收集、处理和排放，建设城镇污水集中处理工程，是减轻和防止水体污染的十分重要的措施。

城镇污水处理工程是指用于城镇生活污水和工业废水的收集、输送并经一定工艺技术处理后能达标排放的城市基础设施，包括污水管渠系统、泵站、污水处理厂、出水排放系统等。

城镇污水处理工程建设应优先考虑污水的再生利用，并与城镇水资源的开发利用相结合。在城镇污水集中处理时，应妥善处理污水排放与污水回用的关系，城镇新建的和原有的污水处理厂，都应积极发展再生水处理和利用。

1. 城镇排水系统

城镇排水系统是城镇基础设施的重要组成部分，包括排水管渠系统和泵站，其功能是收集输送城镇污水和雨水，对防治城镇水体污染和防止洪涝灾害具有重要作用。

建立城镇污水的收集系统，避免污水任意排入水体，不仅可以防止水污染，改善水体水质，保护水资源，而且为城镇污水再生和利用奠定了基础。

雨水的收集、排除系统，一方面可以防止洪涝灾害；另一方面可以进一步考虑将收集的雨水加以利用，同时，雨水收集系统为采取削减面源污染的工程措施提供了条件。

城镇排水系统分为分流制和合流制两种基本类型。当生活污水、工业废水和雨水、融雪水及其他废水采用一个排水系统收集、输送时，称为合流制排水系统；当污（废）水和雨水用两个或两个以上排水管渠收集和输送时，称为分流制排水系统。在分流系统中还可以有污水和洁净废水的独立系统，以便于处理和回用。城镇排水体制应根据城镇总体规划、环境保护要求、当地自然条件（地理位置、地形及气候）和受纳水体条件，结合城镇污水的水质、水量及城镇原有排水设施情况，经综合分析比较确定。同一城镇的不同地区可采用不同的排水体制。

新建城镇、城区、开发区或旧城改造地区的排水体制应采用分流制。对于新城区，应优先考虑采用完全分流制；对于改造难度很大的旧城区合流排水系统，可将原合流制排水系统保留，沿受纳水体的岸边修建截留干管和溢水井，合理确定截留倍数，即降雨时截流的雨水量与污水量之比，将污水和部分雨水送往污水处理厂，经处理达标后排入受纳水体或再利用。

在降雨量很少的城镇，可根据实际情况采用合流制。

在经济发达的城镇或受纳水体环境要求较高时，可考虑将初期雨水纳入城镇污水收集系统。

工业废水在达到或经过适当处理后达到国家和地方排入下水道水质标准时，应优先采用纳入城镇污水收集系统与生活污水一并处理的方案。对排入城镇污水收集系统的工业废水应严格控制重金属、有毒有害物质，并在厂内进行预处理，使其达到国家和行业规定的排放标准。

实行城镇排水许可制度，严格按照有关标准监督检测排入城镇污水收集系统的污水水质和水量，确保城镇污水处理设施安全有效运行，以及污水再生后的利用。

对不能纳入城镇污水收集系统的居民区、旅游风景点、度假村、疗养院、机场、铁路车站、经济开发区等分散的人群聚居地排放的污水和独立工矿区的工业废水，应进行就地处理，达标排放。

2. 城镇污水处理系统

城镇污水是一种资源，在水资源不足的城镇宜合理利用污水经再生处理后作为城镇用水的补充。对不能利用或利用不经济的城镇污水经处理后排入水体。污水排入水体应以不破坏该水体的原有功能为前提。因此，污水在排放前应根据受纳水体的要求进行适当有效的处理。

污水处理程度取决于对处理后水质的要求。城镇污水处理厂的出水水质应符合《城镇污水处理厂污染物排放标准》GB 18918—2002，同时应视受纳水体水域使用功能的环境保护要求，结合受纳水体的环境容量，按污染物总量控制与浓度控制相结合的原则确定，即：

（1）城镇污水处理厂出水作为回用水，需达到一级标准的A标准。当污水处理厂出水引入稀释能力较小的河湖作为城镇景观用水和一般回用水等用途时，执行一级标准的A标准。

（2）城镇污水处理厂出水排入地表水Ⅲ类功能水域（划定的饮用水水源保护区和游泳区除外）、海水二类功能水域和湖、库等封闭或半封闭水域时，执行一级标准的B标准。

（3）城镇污水处理厂出水排入地表水Ⅳ、Ⅴ类功能水域或海水三、四类功能海域，执行二级标准。

（4）非重点控制流域和非水源保护区的建制镇的污水处理厂，根据当地经济条件和水污染控制要求，采用一级强化处理工艺时，执行三级标准。但必须预留二级处理设施的位置，分期达到二级标准。

（5）污水处理厂出水排放的污染物总量，必须小于水体的环境规划和环境影响评价确定的污染物总量控制标准。

污水处理系统的工艺，应根据处理程度的要求，结合当地的实际情况，在环境影响评价的基础上，经技术经济比较后确定。工艺选择的主要技术经济指标包括：处理单位水量投资或削减单位污染物投资、处理单位水量电耗和成本或削减单位污染物电耗和成本、占地面积、运行性能可靠性、管理维护难易程度、总体环境效益等。应优先选用低能耗、低运行费、低投入及占地少、操作管理方便的成熟处理工艺。为使选择的污水处理工艺符合实际的污水水质和处理程度的要求，可在污水处理厂建设前进行小型试验，确定有关的工艺参数。当水质构成复杂或特殊时，应进行污水处理工艺的动态试验，必要时应开展中试研究。

按去除污染物的类别和工艺特点，可将污水处理工艺划分为一级处理、二级处理和深度处理。一级处理包括常规一级处理和强化一级处理，以沉淀工艺为主体，主要去除悬浮物；二级处理以生物处理为主体，包括常规二级处理和改进型二级处理，主要去除有机污染物，包括氮、磷；深度处理是对污水二级处理的出水进一步处理，采用絮凝、沉淀（澄清）、过滤、活性炭吸附、离子交换、反渗透、电渗析、氨吹脱、臭氧氧化等技术，主要去除二级处理不能完全去除的污染物，其工艺根据深度处理达到的目的不同而不同。

3. 污水排放工程

污水排放系统包括排放管渠及附属设施、排放口和水质自动监测设施。

（1）排放水体及排放口位置

《中华人民共和国水污染防治法》规定，在饮用水水源保护区内，禁止设置排污口。在风景名胜区水体、重要渔业水体和其他有特殊经济文化价值的水体的保护区内，不得新建排污口。在保护区附近新建排污口，应当保证保护区水体不受污染。

允许排入水体的污水应按照受纳水体功能要求进行有效的处理，达到有关标准要求的水质后排放；排放口宜建在取水口的下游，以免污染取水口的水质。

《中华人民共和国海洋环境保护法》规定，在海洋自然保护区、重要渔业水域、海洋风景名胜区和其他需要特别保护的区域，不得新建排污口。向海域排放陆源污染物，必须严格执行国家或者地方规定的标准和有关规定。在有条件的地区，应当将排污口在深海设置，实行离岸排放。

（2）排放口设置要求

向水体排放污染物的企业事业单位和个体工商户，应当按照法律、行政法规和国务院环境保护主管部门的规定设置排放口；在江河、湖泊设置排放口的，还应当遵守国务院水行政主管部门的规定。

排放口应按照污染源监测的相关技术规范的要求设置采样点。

排放口应设置规范的、便于测量流量、流速的测速段，安装流量计、三角堰、矩形堰、测流槽等测流装置或其他计量装置。

排放口应按照《环境保护图形标志 排放口（源）》GB 15562.1—1995 的规定，在距排污口或采样点较近且醒目处设置与之相应的环境保护图形标志牌，并能长久保留。

（3）排放口的形式

污水排入水体的排放口的位置和形式，应根据污水水质、受纳水体水文情况、下游用水情况及地形地质条件等，经综合比较后确定，并取得当地相关主管部门的同意。

污染物通过河流、管道或排放器排入江河、湖泊、水库、河口、海洋等水体后，会经历稀释、扩散、输送以及一系列物理、化学和生物过程。在排放口附近存在着一个浓度较高的区域，区域内水质标准不适用，这个区域通常称之为混合区。在该区域以外的浓度值不允许超过规定的水质目标值。

由于混合区内水质较差，污水排放时应根据受纳水体及周围的具体情况确定混合区的大小。如果排放口的附近有水质敏感点，如自来水厂取水口，则排放口的布置必须将对敏感点水域产生的影响减到最小，特别要减少事故排放对水源地水质的影响。

为了使混合区的划分具有理论依据和科学依据，可以采用近区（即初始污水稀释区）

的水质预测模型和远区的稀释扩散模型确定污水排入水体后对水质的影响及混合区的范围。

为便于污水与水体混合，排放口一般采用淹没式。排放口的基本形式有以下几种：

1）岸边式排放口

排放口直接设在受纳水体的岸边，称为岸边式排放口，常见的有一字式排放口和八字式排放口，如图 9-6 所示。排放口与水体岸边连接处应采取防冲、加固等措施，一般用浆砌块石做护墙和铺底。在受冻胀影响的地区，出水口应考虑采用耐冻胀材料。这种排放口形式简单，易于施工，建设费用低，但对排放口附近岸边的水质影响较大。

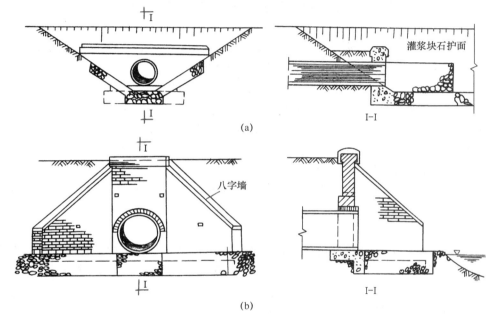

图 9-6 岸边式排放口

（a）一字式排放口；（b）八字式排放口

2）离岸式排放口

如果要求污水与水体水流充分混合，或受纳水体为宽浅的河流，可通过管线将污水送入水体中，将排放口建于河床上，称为离岸式排放口。在河床上设置排放口应取得航运管理部门的同意，并设置标志。

离岸式排放口包括单点排放口、多点分散式排放口和扩散器。

图 9-7 为江心分散式排放口。

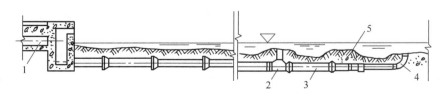

图 9-7 江心分散式排放口

1—进水管渠；2—T 形管；3—渐缩管；4—弯头；5—石堆

　　扩散器排放是我国 20 世纪 80 年代发展起来的一种新的排放口技术，在城镇污水及电厂热废水排海、排江工程中得到广泛应用。图 9-8 为某市污水排海排放口。

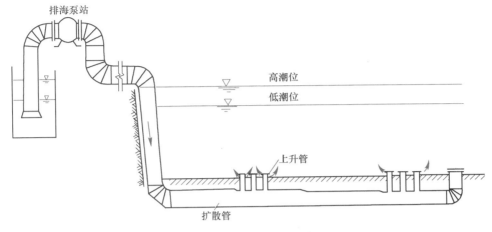

图 9-8　某市污水排海排放口

　　利用扩散器将污水分散排放，可以获得更好的初始稀释效果。扩散器由扩散管、上升管、喷口等组成，通过其喷口将污水射入环境水体，增强污水与环境水体掺混稀释能力。图 9-9 为扩散器示意图。合理地设计扩散器可使射出的污水在较小的范围内获得高倍数稀释。

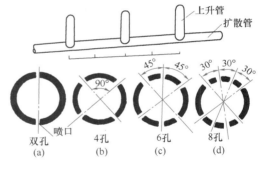

图 9-9　扩散器示意图

　　扩散管位置应考虑排放口河段的水文特征（径流，潮汐），河床演变特性，同时不应影响航运。通常设置扩散管应符合下列条件：

　　① 设在河床稳定、冲淤幅度小的水域；

　　② 设在水深、流速大、无明显向岸流的水域；

　　③ 要与污水处理工程的整个规划相协调，排放口应设置在距污水处理厂较近的地方，以减少输送污水管线的长度，从而降低工程造价及运营费；

　　④ 避开水源保护区、主航道、养殖场、游泳场、码头等；

　　⑤ 设置在近岸处时，要考虑边滩变化特点，防止排放口被掩埋。

　　环境条件和扩散器的设计参数对污水稀释扩散效果有显著的影响，设计参数包括扩散管位置、扩散管长度、上升管间距、喷口射流角度、射流速度、喷口直径、喷口个数等；环境参数包括受纳水体的水深、流速等。通常借助人工模拟试验，确定扩散器的设计参数，以及环境参数对污水近区稀释扩散效果的影响。

　　① 扩散管的长度和断面

　　扩散管的长度影响污水初始稀释扩散效果。在同等污水量的情况下，扩散管的长度越长，初始稀释扩散效果越好。一般是根据所要求的设计初始稀释度，利用污水初始稀释度计算公式，反算出扩散管长度，然后再结合物理模型试验，对初始扩散管长度进行验证，最终确定合理的扩散管长度。

　　由于污水沿程从喷口流出，使扩散管中流量逐渐减少。为了尽量保持所要求的自净流速，防止泥砂在扩散管中淤积，扩散管一般采用变截面形式。

　　② 上升管间距与上升管直径

　　上升管的间距应使相邻上升管喷口排出的污水交汇恰好发生在喷口动量消失处，以充分利用水体的稀释能力。污水从扩散管到上升管的流速应是逐渐增大的，以利于沉积物的排出。扩散管与上升管的总断面积比一般为 1：（0.6～0.7），由此可以确定上升管的直径。在设计流量不变的情况下，喷口总面积决定了喷口射流速度的大小。而喷口射流速度直接影响到污水从喷口射流后的一段距离的近区初始稀释效果，同时，达到一定流速时可防止漂浮物靠近喷口及阻止水生生物的生长。喷口总面积一般控制在不超过扩散管总断面积的60%为宜。

　　③ 喷口射流角度

　　喷口射流角度与污水排放水体的密度有关。污水在海洋水体中排放时，当射流动量消失之后，由于污水与海水之间存在密度差，污水在浮力的作用下继续上升；污水在淡水水体中排放时，污水初始稀释主要靠喷口射流动量与周围水体混合。此外，喷口射流角度应视水深、喷口射流速度而定，水体深、喷口流速小可采用较大的向上射流角度；若水体浅、喷口流速大，污水很快冒顶至水面，只有部分水体参加初始混合稀释，效果降低，因此应采用较小的射流角度。

　　④ 喷口个数及喷口直径

　　喷口总面积确定之后，喷口个数可由喷口直径来确定。喷口直径视污水处理程度而定，一般不小于 80mm。在上升管流量保持不变的情况下，喷口个数越多，单位体积的污水量与环境水体的接触面积也越大，对污水稀释扩散越有利；但多喷口出流势必造成喷口湿周大，水头损失大，增加运行费用。另外，从结构方面考虑，为了保证上升管上喷口的稳定性，在确定喷口个数及喷口直径时，应保证上升管上的喷口间距大于 190mm。

9.5　水资源保护措施

　　为了实现上述水资源保护管理的任务和内容，确保水资源的合理开发利用、国民经济的可持续发展及人民生活水平的不断提高，必要的法律法规措施和技术措施是非常重要的，也是非常关键的。

9.5.1　加强水资源保护立法，实现水资源的统一管理

1. 设立行政管理机构

　　很多国家建立了国家（联邦）级和区域（或流域）级的二级机构。国家级机构负责全国范围内水污染控制和管理的协调工作，确定总的管理目标和准则。在一些国家，如加拿大、美国和德国等，为了进行较好的协作和规划，都建立了统一的机构。加拿大在 20 世纪 60 年代以前，主要由地方一级进行水质管理。在 1971 年，政府成立了环境部，开始进行统一管理。区域级的管理机构包括地方、地区及流域的管理机构，这些机构主要负责国家政策总体系中指定目标和行动的落实。

实行水资源保护的流域管理是许多国家经过长期的摸索而最终采取的方式，有关流域水资源保护机构的设置，国外有几种方式，如法国在全国设立了 6 个流域管理局，并以此为基础建立了全国水质委员会。流域管理局既是法国水质管理的中心，又是财政独立的公共行政机构，负责流域内水污染控制，从经济上和技术上协助实行防止水污染和保护水资源的规划。英国则成立 10 个流域水务局来统一管理水资源。英国把一个流域作为一个整体，从水资源的开发、城镇和工农业供水到污水的回收利用，水资源的综合平衡；从污染源治理、城镇污水处理厂到河道净化工程，进行系统分析，统筹安排。英国这种管理体制是流域管理的典型。东欧一些国家也通过设立流域管理局来进行有效的水资源保护。

2. 水资源立法

英国早在 1944 年就颁发了水资源保护法，以后又在 1945 年、1948 年、1958 年、1963 年和 1974 年颁布了有关的法律。英国住宅建设和地方管理部，根据 1963 年 7 月 31 日颁布的《水资源法》，建立了国家水资源委员会。水资源委员会负责协调流域管理局的任务，制订国家发展水资源的计划，但是它不负责控制污染的工作。随着工业的发展，排入河道的废水日益增多，仍然没有一个机构负责协调 1400 个污水处理厂的工作，因此水资源管理与水污染控制工作仍然十分混乱。1974 年通过水法后，英国对水的管理体制进行了重大的改革，在英格兰和威尔士地区成立了 10 个水管理局，它们的任务是综合管理水源、供水、污水处理、污染控制、内陆排水、防洪、航运、渔业以及娱乐用水等，这样就逐渐解决了水资源与污染控制和其他方面的矛盾。目前英国对水资源管理，根据其国情，已摸索出一套经验和管理方法。

在美国，《水污染控制法》于 1948 年开始生效。1965 年成立了水资源利用委员会，它是部一级的权力机构，负责制定统一的水政策，全面协调联邦政府、州政府、地方政权、私人企业和组织的工作，以及促进美国水资源和土地资源的保护、发展和使用。环境保护机构负责对水资源状况进行监测。1966 年，美国颁布了新的清洁水保护法，根据此法，每个州都必须制定有效的消除地表水污染的控制规划。

日本于 1958 年 12 月颁布了《水质保护法》和《工厂废水控制法》，这两项法律于 1959 年 3 月生效。《水质保护法》授权经济计划厅长官鉴别已出现重大污染或可能出现重大污染的公共水域。但是，该法没有任何关于违法者处罚的规定，它的条款仅仅是指导性的。该法规定废水排放单位将分别遵守下列有关法律：《工厂废水控制法》《采矿安全法》以及《污水法》。水污染是根据这些法律的有关条款而加以控制的，当违反排放标准时，这些条款可以授权采取改进措施。

为了对付由于经济发展而带来的环境破坏问题，需要进一步采取系统化的预防措施和合理的管理。日本政府于 1967 年 8 月颁布了《环境污染控制基本法》。该法为确定环境污染的范围、有关方面的职责以及控制方法、控制措施规定了准则。它也巩固了环境污染控制的管理机构，并清楚地阐明了有关概念和政策的基本方向。该法在日本环境污染控制管理方面起着很重要的作用。

1971 年 6 月，日本又颁布了《水污染控制法》，其首要目的是纠正管理的方式。根据老的《水质保护法》，只有当公共水域已遭受严重污染之后，才着手对污染加以控制。而新法规定，废水标准适用于所有公共水域，不管是已污染的或是未污染的。第二个目的是加强实施排放标准的措施。老的《工厂废水控制法》规定,当超标准排放时,将下令采取改进措施,但并不处罚违反者。而新法却能迅速处罚超标准排放者。第三个目的是把实施权交给地方当局。第四个目的是建立公共水域的监测和评价系统。

我国在水资源和水环境保护立法方面取得了巨大的进展。1973 年,国务院召开了第一次全国环境保护会议,研究、讨论了我国的环境问题,制定了《关于保护和改善环境的若干规定》。这是我国第一部关于环境保护的法规性文件。其中明确规定:"保护江、河、湖、海、水库等水域,维持水质的良好状态;严格管理和节约工业用水、农业用水和生活用水,合理开采地下水,防止水源枯竭和地面沉降;禁止向一切水域倾倒垃圾、废渣;排放污水必须符合国家规定的标准;严禁使用渗坑、裂隙、溶洞或稀释办法排放有毒有害废水,防止工业污水渗漏,确保地下水不受污染;严格保护饮用水源,逐步完善城镇排污管网和污水净化设施。"这些具体规定为我国后来的水资源保护与管理措施及方法的实施奠定了基础。1984 年颁布的《中华人民共和国水污染防治法》(1996 年、2008 年和 2017 年修订),1988 年 1 月颁布的《中华人民共和国水法》(2002 年和 2016 年修订),1989 年 12 月颁布的《中华人民共和国环境保护法》(2014 年修订),2021 年 9 月 15 日国务院第 149 次常务会议通过了《地下水管理条例》等一系列与水资源保护有关的法律文件,使我国的水资源管理与保护有法可依,使水资源保护与管理走上了法治化的轨道。

9.5.2 水资源优化配置

(1)水资源优化配置的内涵

水资源的优化配置是实现水资源可持续利用的有效调控措施,是实现水资源在整体上发挥最大的经济效益、社会效益和环境效益的关键。

水资源优化配置是指在流域或特定区域内,遵循有效性、公平性和可持续利用原则,利用各种工程与非工程措施,按照市场经济规律和资源配置准则,通过合理抑制需求、保障有效供给、维护提高生态环境质量等手段和措施,对多种可利用的水源在区域间和各用水部门进行配置。由此,水资源优化配置是一个多水源、多用户、多目标的系统化工程。

水资源优化配置目标是协调资源、经济和生态环境的动态关系。遵循人口、资源、环境和经济协调发展的战略原则,对水资源开发利用的可持续性进行判别,努力使水资源发挥最大的社会和经济效益,促进流域或区域社会经济的可持续发展和生态环境的稳定与健康。

水资源配置研究始于 20 世纪 50 年代后期,Maass 等人将系统分析方法引入水资源规划。在此后几十年中,水资源优化配置理论和方法研究取得了长足的进展,线性规划、动态规划、多目标规划、群决策和大系统理论等运筹学方法被广泛应用于水资源优化配置。国内的水资源优化配置研究始于 20 世纪 80 年代初,从宏观经济水资源优化配置模型发展到了多层次、多地区、多目标的大规模水资源优化配置。

(2)水资源优化配置原则

① 可持续发展原则:注重人口、资源、生态环境以及社会经济的协调发展,以实现水资源的充分、合理利用,保证生态环境的良性循环,促进社会的持续发展。

② 公益性用水优先的原则:指在水资源配置中要优先考虑满足人民基本生活、维系生态系统、保障社会稳定等公益性领域的基本用水需求。

③ 公平原则:水资源优化配置是建立初始水权的基础性配置,因此要转变以往采用

的需求预测加供给能力的水量分配模式，坚持在区域间公平配置水资源。

④ 高效性原则：提高水资源利用效率和效益，增加单位供水量的总产出；减少无效消耗和水污染，不同功能用水配置相应水质等级的供水；遵循市场规律，按边际成本最小原则安排各种开发利用模式和节水措施。

⑤ 效益优先原则：作为一种经济资源的配置，必须考虑最大限度地获取社会、经济和环境效益。

（3）水资源优化配置要求

水资源配置应将流域天然水循环与供、用、耗、排过程相适应并互为联系为一个整体，实现水量和水质的平衡。在保障经济社会可持续发展、维护生态系统并逐步改善的前提下，运用市场机制实现区域之间、用水目标之间、用水部门之间对水量和水质的优化分配，维护水资源良性循环及其可再生能力。

（4）水资源优化配置要点

①"一次平衡"分析：在现状的用水效率和现有的水源工程设施条件下对未来各水平年的供需平衡进行分析；同时考虑人口的自然增长，经济的发展，城市化程度和人民生活水平的提高并保持现状用水效率，以及现状水资源开发利用格局和发挥现有供水工程潜力下的水资源供需分析。

②"二次平衡"分析：在节水措施前提下，充分发挥和挖掘现有工程措施的供水潜力，兼顾当地水源工程，对未来各水平年的水资源供需平衡进行分析。"二次平衡"分析强调节水、治污与污水处理回用、挖潜和新建当地水源工程，以及提高水价、调整产业结构、合理抑制需求和改善生态环境等措施的水资源供需分析。在抑制需求和增加供给的原则下，显著降低"一次平衡"分析的供需缺口。

③"三次平衡"分析：在"二次平衡"分析的基础上，考虑调水条件下的水资源供需平衡分析，统筹考虑外调水量与当地水资源联合运用和优化配置，解决外调水量及其合理分配，为制订调水工程规划方案提供依据。

（5）水资源配置模型技术

水资源优化配置模型技术包括方案生成技术和方案评价技术。

水资源配置方案生成技术主要包括：水资源配置动态模拟模型、地下水计算模块、动态需水计算模块、水库（群）优化调度模块、地表水与地下水联合高效利用模式及其调控计算模块等。利用方案生成技术，通过大量的分析和计算确定出一系列的水资源配置方案（即生成方案）。

水资源配置方案评价技术包括评价方法和权重的确定方法两部分。评价方法包括：加权和法、Topsis 法、线性分配法、Electre 法、层次分析（AHP）法和模糊优选决策模型等。权重的确定方法包括：二项系数法、环比评分法、层次分析法、二元对比法和主成分分析法、熵值赋权法、均方差法等。

关于水资源优化配置模型参考相关文献资料。

（6）水资源优化配置的经济因素

水资源系统和宏观经济系统之间具有内在的、相互依存和相互制约的关系。基于宏观经济的水资源优化配置，通过投入产出分析，从区域经济结构和发展规模分析入手，将水资源优化配置纳入宏观经济系统，建立水权和水市场，以市场机制为导向，利用经济手段优化配置水资源，调节水的供求关系，不断提高水资源利用的效率和效益。

总体上，水资源优化配置是一个全局性问题，对于缺水地区，必然应该统筹规划调度水资源，保障区域发展的水量需求及水资源的合理利用。对于水资源丰富的地区，必须努力提高水资源的利用效率。我国目前的情况却不尽然，对于水资源严重短缺的地区，水资源的优化配置受到高度重视；我国水资源优化配置取得的成果也多集中在水资源短缺的北方地区和西北地区，对水资源充足的南方地区，研究成果则相对较少，但是在水量充沛的地区，往往存在因水资源的不合理利用而造成的水环境污染破坏和水资源的严重浪费，必须予以高度重视。

9.5.3 节约用水，提高水的重复利用率

节约用水，提高水的重复利用率是克服水资源短缺的重要措施也是我国为解决水资源问题的基本国策。通过建立节水型的社会经济体系、产业与技术工程体系，工业、农业和城镇生活用水具有巨大的节水潜力。在节水方面，世界上一些发达国家取得了重大进展。

农业是水的最大用户，占总用水量的80%左右。世界各国的灌溉效率如能提高10%，就能节省出足以供应全球居民的生活用水量。据国际灌溉排水委员会的统计，灌溉水量的渗漏损失在通过未加衬砌的渠道时可达60%，一般也在30%左右。采用传统的漫灌和浸灌方式，水的渗漏损失率高达50%左右。而现代化的滴灌和喷灌系统，水的利用效率可分别达到90%和70%以上。

据2016年统计，我国工业年用水量为$1308 \times 10^8 \, \text{m}^3$，仅将重复利用率提高10%，一年可节水$132 \times 10^8 \, \text{m}^3$；农业年用水约为$3768 \times 10^8 \, \text{m}^3$，若改变目前的灌溉方式，全国灌溉水利用系数由0.54提高到国外节水灌溉先进国家的0.7～0.8，一年仅农业节水可达$1130 \times 10^8 \, \text{m}^3$，两项合计可节水$1262 \times 10^8 \, \text{m}^3$，相当于工业用水总量。另一方面全国污水年排放量按$485 \times 10^8 \, \text{m}^3$计，相当于我国黄河年径流量的50%，如对全国污水加以处理，只要重复利用一次，就等于在中国大地上又多了半条黄河。其他城镇生活、工矿用水的跑、冒、滴、漏现象如能杜绝一半，一年也可节水$1.5 \times 10^8 \, \text{m}^3$。可见，节约用水潜力巨大。通过进一步建立健全节水法律与标准、完善节水政策、节水管理和价格机制，开发创新性现代节水技术与产品，扩展多元化用水来源，强化全过程节水，推动节水智慧化和信息化管理，就可转化为可以利用的水资源。

9.5.4 综合开发地下水和地表水资源

地下水和地表水都参加水文循环，在自然条件下，相互转化。但是，过去在评价一个地区的水资源时，往往分别计算地表径流量和地下径流量，以二者之和作为该地区水资源的总量，造成了水量计算上的重复。据苏联 H. H. 宾杰曼的资料，由于这种转化关系，在一个地区开采地下水，可以使该地区的河流径流量减少20%～30%。所以只有综合开发地下水和地表水，实现联合调度，才能合理而充分地利用水资源。

美国得克萨斯州圣安东尼奥及其周围城镇都以地下水作为主要供水水源。含水层在上游受河水补给，到下游，河水接受地下水的补给。为了满足日益增长的需水量，该州水资源开发委员会组织多学科研究圣安东尼奥盆地地下水和地表水联合开发可得到的总供水量和最佳开发方案。

印度恒河流量季节性变化很大，雨季洪水泛滥，大量地表水流入海洋，而旱季却不能

满足全部灌溉、通航以及提供胡夫利河水分配的需要。为了进行调节，1972 年，美国哈佛大学的雷维尔等人提出了一个恒河流域地表水与地下水综合利用方案。该方案要求在旱季大量抽取地下水利用，同时腾出地下空间，把雨季多余河水蓄存在地下含水层中，实现地下水与地表水相互结合，循环利用。按该方案计划，在恒河水系 3200km 长的沿河岸上，在宽 6.4km 的范围内建立井灌场。根据含水层的储水系数，把地下水位降低 6～15m，就足以腾出 $620 \times 10^8 m^3$ 的地下水库容，解决所需要的调节水量。

伊朗在开发戈尔甘平原的计划中，比较了三个综合利用地表水和地下水资源的方案：一是利用非调节的地表径流结合开采地下水，浪费掉泛滥的河水；二是利用非调节的地表径流结合开采地下水，利用泛滥的河水对地下水进行人工补给；三是利用水库控制的地表径流结合开采地下水，无人工补给。对比结果，确定了第二方案为该地区水资源利用的最佳开采方案。

我国是一个降雨量年内变化较大的国家，7 月～8 月的丰水期降雨量占全年总降雨量的 80％左右，如何有效合理利用集中降雨季节的巨大的地表径流量，成为解决水资源短缺问题的重要的研究内容。某地下水源地年允许开采量 $1.42 \times 10^8 m^3$，而近几年实际年开采量平均高达 $1.9 \times 10^8 m^3$，属于严重超采水源地。枯水期地下水位降至零，甚至达 $-10m$ 左右。丰水季节，其上游水库在汛期放水，成为对地下水源地的主要补源。仅 1990 年～1996 年之间的平均年放水补源量近 $1.3 \times 10^8 m^3$，充分利用了集中降雨季节的地表径流量，使得地下水位大幅度地抬升，最高达 40m，枯水期和丰水期地下水位差约 50m，满足了当地工农业生产发展所要求的供水量，取得了巨大的经济和社会效益。

华北地区是我国水资源短缺较为严重的地区。到目前为止，地表水与地下水的联合调度，大多停留在零星的、不自觉的基础上。如果能结合每一个地区的特点，按照科学的、统一的规划，实行全面的综合调度，就有可能更合理地利用现有的水资源和水利工程，进一步向弃水、蒸发夺取可观的水量，使之转化成可供利用的水资源，缓解华北地区水资源紧张的状况，提高水资源的利用率，防止水资源枯竭。

图 9-10 表示地表水和地下水水位在一年中峰值出现的时间差异，为联合调度提供条件。由图可见，水文过程线峰值流量 A 利用之后，使水资源总量达到 E 的体积，进而弥补枯水期超采部分（图中 D 的体积）。如果含水层的调蓄能力足够大，可起到多年的调蓄作用。

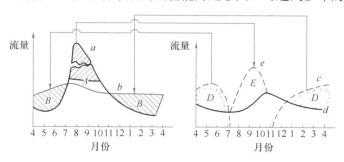

图 9-10　典型水文年地下水与地表水联合调度示意图

a—河川径流过程曲线；b—总需水量过程曲线；c—地下水开采量过程曲线；

d—无回灌条件下地下水补给量过程线（其中已扣除了开采量的排泄量）；

e—有回灌条件下的地下水补给量过程线；A—水文过程线峰值流量；B—仅有地表水供水的缺水量；

D—枯水期地下水开采量超过补给量的部分；E—丰水期地下水补给量

9.5.5　强化地下水资源的人工补给

地下水人工补给，又称为地下水人工回灌、人工引渗或地下水回注，是借助某些工程设施将地表水自流或用压力注入地下含水层，以便增加地下水的补给量，达到调节控制和改造地下水体的目的。地下水人工回灌能有效地防止地下水位下降，控制地面下降；在含水层中建立淡水帷幕，防止海水或污水入侵；改变地下水的温度，保持地热水、天然气含气层或石油层的压力；处理地面径流，排泄洪水；利用地层的天然自净能力，处理工业污水，使废水更新。

1. 人工补给地下水的目的

（1）补充地下水量，增大含水层的储存量，进行季节性和多年性调整

人工补给地下水是进行季节性和多年性的地下水资源调节，防止地下水含水层枯竭的行之有效的方法。与地表水库蓄水相比，人工回灌对增加地下水淡水资源具有更大的优越性：地下含水层分布广泛，厚度大，储水的容量也相当大；储存在地下水的淡水温度恒定，蒸发损耗很小，具有天然自净能力，取用方便，能防止污染；地下储水不占地表耕地，不需要地面引水工程设施，投资小、经济合理。

（2）抬高地下水位，增加孔隙水压力，控制地面沉降

人工回灌可以促进地下水位大幅度上升，增加土层回弹量。国内外许多研究结果说明，采取人工补给是防止地面沉降的有效措施。

（3）防止或减少海水入侵含水层

在河口滨海地区大量抽取地下水，破坏淡水和咸水的平衡，引起咸水楔形上升，随着淡水被大量抽出，咸水向内陆入侵的范围会逐渐扩大。近年来，因海水入侵严重影响地下水水质的一些地区，陆续采用人工回灌的方法来改变污染状况。如美国加利福尼亚州沿海地区和纽约的长岛等地，平行于海岸布设一条回灌井线，把淡水灌入承压含水层里，造成淡水压力墙，起到阻挡海水继续入侵含水层的作用，这种方法已取得良好效果。此外，采用人工补给也可控制咸水的越流补给。

（4）改善地下水的水质

人工回灌方法，向地下输入了淡水，与原来的咸水或被污染的地下水混合，并发生离子交换等物理、化学反应，可以使地下水逐渐淡化，水质得到明显改善。

某些工厂在生产过程中要求特殊类型的水质，当市政供水系统或直接抽取的地下水不能直接满足水质要求时，也可用回灌的方法改造原来地下水水质，把经专门处理过的水回灌到地下，按一定的比例关系定期抽水和灌水，这种方法比较简单经济。

（5）改变地下水温度

工业用地下水的目的之一，是利用地下水作为冷、热源。夏季用于产品的冷却，调节和降低车间的温度、湿度；冬季则用于车间取暖和锅炉用水。许多工厂利用含水层中地下水流速缓慢和水温变化幅度小的特点，用回灌方法改变地下水的温度，提高地下水的冷热源储存效率。具体方法是冬季向地下水灌入温度很低的冷水，到夏天时再开采用于降温，夏季则向地下灌入温度较高的水，到冬季再抽出用于生产或取暖。

（6）保持地热水、天然气和石油地层的压力

在开采石油或水溶性天然气时，由于地层中的油、气、水被大量抽出，而使石油或天

然气压力下降，产量降低。向含油层或含气层中高压回灌，以水挤油或气，能保持和增加石油或天然气的有效开采量，这种方法已在国外普遍应用。此外，在地热区采用人工回灌，可以明显增大地下热水开采量，甚至实现地下热水的人工自流。

2. 人工补给地下水的水源和水质要求

可作为人工补给地下水的水源有地表水（江河、湖泊、水库、池塘）、工业回水和工业废水、城镇公共供水（自来水）、地下水等。其中又以地表水为主。补给水源不仅要有足够的水量，而且要符合一定的水质要求，若水质较差就必须经过净化和适当处理后才能作为回灌水源。确定回灌水的水质标准时，一般应注意以下三个原则：

（1）回灌水源的水质不低于原地下水的水质；

（2）不引起地下水污染或水环境质量变化；

（3）不应腐蚀井管和过滤器的特殊离子或气体。

江河水含泥砂量大，而且常受生活污水和工厂排放的废水污染，有时含有毒物质，处理净化较为复杂；而湖泊、水库等水源，含泥砂量较少，净化处理较方便。工业废水大多含有多量的盐类和有毒物质，处理达到回灌水水质标准方能作为人工补给水源。不同含水层之间的补给，必须符合回灌水的水质要求。人工补给水的水质要求随目的、用途及所处水文地质条件等不同而有所不同。

为了确保高效率地进行地下水人工补给，在确定补给地点时，必须对该地区的水文地质条件进行调查和研究，主要包括：岩石的空隙性，岩石的水理性质及包气带和含水层的厚度、埋藏条件，地下水径流和排泄条件，岩石的化学成分及自净作用等。

目前世界上利用的地下水淡水中，河流冲积层中地下水占相当大比例，如美国占80%，苏联占65%，德国占60%。地下水在冲积层的孔隙介质中径流较缓慢，回灌的地下水不易消失掉，且有利于大面积人工补给开采，因此人工补给大多在冲积松散物组成的含水层中进行。

3. 地下水人工补给的方法及适用的水文地质条件

地下水的人工补给一般分为直接法和间接法两种。

（1）直接法

1）地表入渗补给法

一般采用坑塘、渠道、凹地、古河道、矿坑等地表工程设施及淹没或灌溉等手段，使地表水自然渗透流入含水层。一般地表土层应有较好的透水性，如：砂土、粉土、砾石、卵石等。包气带厚度以 10～20m 为宜，若地下不太深处有隔水层，则可挖掘浅井或渠道，揭露下覆含水层。该方法的工程设施比较简单，基建费用不大，便于施工管理，但占地面积大，效率较低。

① 淹没或灌溉入渗补给法

灌区农闲时将水引入农田，使其入渗补给地下水。

② 水盆地入渗补给法

该方法包括水库渗漏和洼地、池塘渗漏补给。

水库是通过大面积库底渗漏进行补给的，有些水库底部有弱透水层阻隔，但由于入渗面积大，补给仍是可观的。当水库对地下水补给占主导地位时，库水位与地下水位变化一般存在线性关系，因此只要调节水库水位即可控制人工补给。

利用废弃的洼地、坑地，经挖掘和修整后，可由坑底砂砾石裸露的低洼地区进行水洼地式补给。但事先应清除洼地表面所覆盖的杂草和淤泥，以增大入渗速度。

③ 沟渠入渗补给法

利用渠道渗水补给。渠底应挖掉耕作土，铺垫砂石，定期放水渗漏补给地下水。为保持渠底渗透性，应经常清理渠底杂物和淤泥。

渠道补给也可通过地面、地下相结合的形式引渗补给，在土层透水性差的河流冲积平原和滨海平原地区，可在地面上修筑暗渠引地表水入渗，这样可以不占耕地，地面渠道最好挖至砂层，使地表水直接与含水层相通。

④ 河流入渗补给法

利用天然河道，采取一定的工程设施，如修建拦蓄工程、清理河床、开挖浅井等，扩大河流水面和延长蓄水时间，将洪水季节大部分流失的水通过人工引渗补给地下含水层。这种方法不仅增大地下水的储存量，也能控制洪水，减少雨季的灾害和土壤流失。

2）井内灌注渗水补给

含水层上部若覆盖有弱透水层时，地表水渗入补给强度受到限制。为了使补给水体直接进入潜水或深部承压含水层，常采用管井、大口井、竖井和坑道灌水注入地下含水层。在城市内将再生的工业和生活用水储存于地下，因受场地限制也多采用管井回灌。一般回灌多通过生产管井进行，只是在特殊情况下才修建专门的回灌井。

利用管井回灌水量集中、流速较大。但易于阻塞井管和含水层，常需要配备专门的水处理设备。将回灌水送至每口井，又需要安装输配水系统。为了提高回灌效率，有时还需水泵加压。因此注水回灌费用高，设备较复杂。但是注水回灌又有占地少、效率高、可直接回灌深部承压含水层的优点。

井内灌注补给可分为自由注入式和加压注入式（真空回灌、压力回灌），应根据含水层的岩性特征、渗透系数、地下水位、井的结构及设备条件来选择具体方法。

① 自流回灌

自流回灌是将回灌水导入回灌井中，使回灌井中的水位与地下水水位间始终保持一个水头差，形成水力坡度，以促使渗流不断补给地下水。但含水层必须保证水路通畅，具有一定透水能力。这种方法投资小，但效率也低。

② 真空回灌

真空回灌也叫负压回灌，适用于地下水位埋藏较深（静水位埋藏深度大于 10m）、含水层渗透性能较好的地区，对回灌量不大的深井也可适用。其特点是不易损坏滤网，回灌量较低。

③ 压力回灌

该方法适用于地下水位埋深小、渗透性较差的含水层，其管路安装是在真空回灌的基础上，再把井管密封起来，使水不能从井口溢出。也可直接连接自来水管网，并用机械动力设备加压，以增加回灌的水头压力，使回灌水与静止水位间产生较大的水头差从而进行回灌。

当含水层的透水性比较稳定，各个回灌井的滤水管过水断面一定，管井结构相似时，回灌量便与压力成正比，但压力增加到一定数值时，回灌量就几乎不再增加了。压力过大还会导致井的损坏，因此回灌井的最佳压力必须根据含水层的特点及滤网强度来选择。

为了有效地保持井的回灌能力，回灌期间必须定期回扬，以便清除堵塞含水层和回灌井的杂质，对于细颗粒的含水层来说，这一步骤尤为重要。真空回灌的回扬方法较简单，只要关闭进水阀门，打开出水阀门及控制阀门，即可开泵扬水。压力回灌由于管路全封闭，泵管和井管同时灌水，称此回扬或回流回扬。

（2）间接法——诱导补给法

诱导补给法是一种间接的人工补给地下水方法。在河流或其他地表水体（如渠道、池塘、湖泊等）附近凿井，抽取地下水，使地下水位降低，从而增大地表水和地下水之间的水头差，诱导地表水大量渗入。此法一般在砂、卵石地层效果较好，如图 9-11 所示。抽水量达到一定量时，形成的降落漏斗面可以低于地表水体的底部，这时地表水由渗透转为渗漏补给地下水。

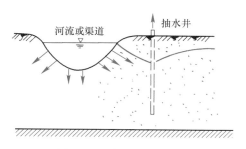

图 9-11　诱导补给示意图

诱导补给除与地层的渗透性密切相关外，还同抽水井与地表水的距离有关，距离越近诱导补给量越大。但为了保证天然净化作用，二者常保持一定距离，而且水源井一般位于区域地下水流下游一侧比较有利。

位于河流沿岸的地表水取水设施都是直接引用河水，如果河水混浊，含泥砂量大，建设过滤澄清设施需要巨大耗资。但若河床是冲积的砂卵石组成，与地下水有密切的水力联系，则在河边开凿几口浅井，大规模吸取地下水就能诱导河水大量渗入补给地下水。通过天然过滤后不仅可清除河水的杂质、悬浮物等，而且河水中某些有害化学成分也会在渗流过程中被吸附。取水工程改变为抽取地下水后也大大降低了投资。一般地表水的总溶解固体的含量要比地下水的低，通过诱导补给使地下水与地表水相互混合可改善地下水水质。只要含水层透水性好且有一定厚度，并与地表水体有良好的水力联系，通过诱导补给均能建立为水量丰富、水质好的地下水水源。

4. 地下水回灌的井结构、布设与水量评价方法

地下水人工回灌的井结构基本上与取水井结构相同。由于回灌井承受双向水流的作用，要求回灌井的井管和滤水管要比一般的取水井强度要高，过滤器的选择可参照取水井的成井要求。

回灌井的布设要根据回灌区的水文地质条件（含水层的分布、厚度、岩性结构，地下水埋藏条件、动态特征），水源地已有取水构筑物的空间分布与运行状况，水源地的现状功能，结合回灌水的目的，制订区域性统一规划，制订开采与回灌方案，实现灌、用水的合理布局，防止回灌和开采过程中井群的相互干扰，改变地下水水质。

地下水人工回灌不可忽视的重要工作就是准确评价回灌井的回灌水量。回灌井的回灌水量计算公式形式上与承压或潜水含水层抽水的稳定流或非稳定流水量计算公式基本相同。主要区别在于取水井在含水层形成下降漏斗的水位浸润曲线（降深表示），而回灌井所形成水位曲线与取水井所形成的形状相似，但方向相反。因此在计算参数的应用中要注意此差别，在此不再赘述。

5. 地下水回灌效果指标

地下水回灌根据用途和目的不同，在保证不改变地下水水质和有效储存回灌水和能量

外，衡量地下水回灌效果的主要技术指标是回灌井的注水性能和出水性能，以此衡量回灌井的运行状况。

（1）回灌井的注水性能

回灌井的注水性能是指单位时间连续回灌水位上升 1m 所灌入含水层的水量。定义式为：

$$q_r = Q_r/\Delta s_r \tag{9-13}$$

式中　q_r——回灌率，$m^3/(m \cdot h)$；

　　　Q_r——单位时间回灌量，m^3/h；

　　　Δs_r——静水位与回灌水位之差，m。

由式（9-13）可见，q_r 值与回灌量（Q_r）成正比，与水位差（Δs_r）成反比。由此表明，水位差越大，含水层的渗透性越差，回灌过程中水头损失值就越大，回灌井的注水性能较差，反之亦然。一般回灌井在回灌后期的 q_r 比前期要小，主要原因是井滤网或含水层阻塞所造成的。但其差值不应大于 30%。

（2）回灌井的出水性能

回灌井的出水性能是指经过连续回灌后，单位时间内水位每下降 1m 从含水层中抽出的水量。其关系式为：

$$q_p = Q_p/\Delta s_p \tag{9-14}$$

式中　q_p——抽水率，$m^3/(m \cdot h)$；

　　　Q_p——单位时间出水量，m^3/h；

　　　Δs_p——静水位与动水位之差，m。

回灌井经过连续回灌运行后，由于阻塞，动水位下降幅度较大，造成 q_p 比前期小。因此要注意定期回扬或冲洗检修是保证回灌井正常运行的必要措施。

有关回灌井运行、保养以及所出现的技术问题参阅有关的文献资料。

6. 回灌井堵塞

回灌井在运行过程中由于物理、化学或生物作用造成不同程度的堵塞。归纳起来包括气相阻塞、悬浮物堵塞、生物化学堵塞、化学沉淀、黏粒膨胀和扩散、含水层细颗粒重组等。

（1）气相阻塞

在回灌过程中，由于管路密封效果不好，产生漏气；水中夹带部分气泡；水中的溶解性气体因温度、压力的变化而释放出来；可能因生化反应而生成气体物质，如反硝化生成氮气和氮氧化物等因素产生的气体在含水层中积累充塞，造成水路堵塞，回灌井不能正常工作。通过检修管路，真空回灌，定期回扬，或停止回灌一段时间，将井周围地层中的气体排出。

（2）悬浮物堵塞

注入水中的悬浮物含量过高会堵塞多孔介质的孔隙，从而使井的回灌能力不断减小直到无法回灌，这是注水井堵塞中最常见的情况。因此通过预处理控制注水井中悬浮物的含量是防止注水井堵塞的首要因素。

（3）生物化学堵塞

在适宜的条件下，微生物在注水井滤网周围迅速繁殖，加速滤网的腐蚀，形成金属氧化物沉积，造成堵塞。回灌水中的溶解氧含量较高，为铁细菌生长繁殖创造良好的环境条件，加速滤网的腐蚀。氧化环境使得亚铁被氧化成三价铁，生成 $Fe(OH)_3$ 沉淀，造成井管滤网堵塞。同时微生物膜的生成，加剧了井管滤网的堵塞。通过去除水中的有机质或者进行预消毒杀死微生物的手段来实现。在多数用氯消毒的情况下，典型的余氯值是 $1\sim5mg/L$。

（4）化学沉淀

当注入水与含水层介质或地下水成分存在差异时，在压力、温度和氧化还原环境条件变化的作用下，引起某些化学反应，形成难溶于水的盐类或胶体物质，不仅堵塞滤网和含水层，甚至可能因新生成的化学物质而改变原有水质。有些碳酸盐地区通过加酸来改变水的 pH，以防止化学沉淀的生成。

（5）黏粒膨胀和扩散

水中的离子和含水层中黏土颗粒上的阳离子发生交换，导致黏粒的膨胀和扩散，造成含水层孔隙堵塞。

（6）含水层细颗粒重组

当注水井又兼作抽水井时，反复的抽、注水可能引起存在于井壁周围的细颗粒介质的重组，这种堵塞一旦形成，很难处理。所以在此种情况下，注水井用作抽水井的频率不宜太高。

据 Dillon 等人对 40 个回灌事例的调查，发现 80％的注水井出现了堵塞现象，其中 65％的井的堵塞原因已经查明，其余 15％的原因尚不清楚。在已查明的堵塞井中，上述 6 种情况所占的比例分别列于表 9-3。

注水井堵塞原因统计　　　　　　　　　　　　　　表 9-3

原　　因	悬浮物	生物化学	化学沉淀	气相阻塞	黏粒膨胀	颗粒重组	其他
百分数（％）	40	15	10	10	5	5	15

对于回灌井的堵塞问题应根据现场地质条件和回灌水质具体分析可能的堵塞原因，并制定相应的对策。运行中，视可能的堵塞原因运用机械的或是化学的措施，对注水井进行周期性的再生处理是保持其注水能力的基本要求。其中机械的方法主要有反抽，射入高压空气和水以及分段冲洗；化学的方法包括加酸、消毒以及加入氧化剂等。许多实例表明，如果注水井得到良好的维护，回灌工程都能发挥很好的效益。

7. 地下水质保护

人工回灌地下水不仅能有效地贮存水资源，而且还能利用土壤的自净能力，对水中的某些有害物质进行有效的处理，达到水质改善的目的。正因如此近年来出现的废水人工回灌将可能达到污水处理和资源再利用的双重目的。需要指出的是，土壤的自净能力是有限和有条件的，受其环境容量的控制。土层的净化主要表现在吸附、微生物降解、地下水的稀释以及病原体的衰减等几个方面。回灌水中病原体的研究在近几年才有了一些新的突破，通常用大肠杆菌作为水中细菌污染指标的观点受到挑战。作为病原体的细菌、病毒、寄生虫在某些条件下有比大肠杆菌更强的耐消毒能力。通常在地下水人工回灌中，这些病原微生物会因过滤、吸附、死亡等原因随着在地下存留的时间而逐渐减少，但也因具体环境而异。目前，为了杀死水中的病原体，欧洲要求回灌水回用之前，在地下至少存留 50d。

对于雨水回灌，尚无具体的水质标准可循。在废水的地下回灌和再利用方面，美国环保局1992年制定了一个关于具体处理措施和水质参数的标准。澳大利亚在美国标准的基础上于1995年制定的《国家水质管理战略》中有废水回用的基本条款，是一个更加完备的标准。就具体工程而言，在确定回灌水的水质控制指标时，应根据工程所在地地下水保护的标准和回灌水回用目的对水质的要求两方面来确定。

9.5.6 建立有效的水资源保护带

为了从根本上解决水资源质量的保护问题，应当建立有效的不同规模、不同类型的水资源质量保护区（或带），采取切实可行的法律与技术的保护措施，防止水资源质量的恶化和水源的污染，实现水资源的合理开发与利用。

1. 建立流域水资源质量保护法律法规系统

流域的水资源质量保护应建立在水资源保护的法律法规基础上，通过水资源分配、节水与污水处理、污水资源化、水资源费用征收与使用的统一，系统全面地合理调配与保护流域水资源，实现流域水资源的良性循环。

2. 水源地保护区

对于水源保护关键在于合理有效地划分保护区，除了明确各级保护区的功能外，分析和认识不同水源地可能的污染来源，污染途径，以及水源地自身的地质、水文、水动力特征及性质，对于保护区的划分具有重要的意义。

从水源污染的敏感性来看，地表水源和地下水源由于赋存和环境条件的差异性，对污染的反映程度上具有明显的差异。

地表水源由于属于开放系统易遭受污染。水源补给区受到污染后，由于地表水体的快速流动，在较短的时间内波及整个水源地，造成水质的大面积污染与恶化。显然，地表水源在抗污染方面属于脆弱性水源。另一方面，地表水源的污染状况与污染程度易于监测。由于可视性较强，点状污染源比较容易确定，能及时采取有效措施和对策控制污染。非点源由于分布较为分散，构成极为复杂，成为地表水的重要污染物质来源。因此，在地表水源保护区建立的过程中，应该考虑非点源污染，以便有效地控制与治理污染。

地下水源与地表水源相比，由于其独特的埋藏与赋存条件，在抗污染方面大多由于受到上覆地层的有效保护而保持良好的水质状态。尤其是承压含水层，污染物质由于受到上覆弱透水层的阻滞而延缓了地下水的污染。对于承压含水层中的地下水而言，大部分具有不良的补给条件和较长的补给滞后影响，水源的保护更注重于合理开采，实现水量均衡。应该注意到，潜水与承压水相比，由于不具弱透水层的阻隔，更易受到外部的影响。污染潜水由于承压水的大量开采（超采），水位大幅度下降而对承压水增大越流补给，增加了承压水的污染风险。毫无疑问，水源保护区和防护带的建立对于防止地下水污染和水质恶化具有重要作用。

3. 保护区功能与划分的原则

根据《饮用水水源保护区划分技术规范》HJ 338—2018水源保护区划分规定将集中式饮用水水源保护区划分为两个区，即一级保护区和二级保护区，必要时可增设准保护区。

（1）饮用水水源保护区划分的技术指标，应考虑以下因素：水源地的地理位置、水文、气象、地质特征、水动力特性、水域污染类型、污染特征、污染源分布、排水区分布、水源地规模、水量需求、社会经济发展规模和环境管理水平等。

地表水饮用水源保护区范围，应按照不同水域特点进行水质定量预测，并考虑当地具体条件，保证在规划设计的水文条件、污染负荷以及供水量时，保护区的水质能满足相应的标准。

地下水饮用水源保护区范围，应根据当地的水文地质条件、供水量、开采方式和污染源分布确定，并保证开采规划水量时能达到所要求的水质标准。

划定的饮用水源一级保护区，应防止水源地附近人类活动对水源的直接污染；划定的饮用水水源二级保护区，应足以使所选定的主要污染物在向取水点（或开采井、井群）输移（或运移）过程中，衰减到所期望的浓度水平；在正常情况下保证取水水质达到规定要求；一旦出现污染水源的突发事件，有采取紧急补救措施的时间和缓冲地带。

划定的水源保护区范围，应以确保饮用水水源水质不受污染为前提，以便于实施环境管理为原则。

（2）水质要求

地表水饮用水源一级保护区的水质基本项目限值不得超过《地表水环境质量标准》GB 3838—2002 的相关要求。

地表水饮用水源二级保护区的水质基本项目限值不得超过《地表水环境质量标准》GB 3838—2002 的相关要求，并保证流入一级保护区的水质满足一级保护区水质标准的要求。

地表水饮用水源准保护区的水质标准应保证流入二级保护区的水质满足二级保护区水质标准的要求。

地下水饮用水源保护区，包括一级保护区、二级保护区和准保护区水质各项指标不得低于《地下水质量标准》GB/T 14848—2017 的相关要求。

饮用水水源地保护区划分方法与要求参见《饮用水水源保护区划分技术规范》HJ 338—2018。

4. 建立有效的地下水源卫生防护带

（1）卫生防护带的划分

国际上为了有效防止水源地污染，往往设定水源卫生防护带（表9-4）。生活饮用水水源设置的卫生防护带通常为三带：

第一带为戒严带，此带仅包括取水构筑物附近的范围，要求水井周围 30m 范围内，不得设置厕所、渗水坑、粪坑、垃圾堆和废渣堆等污染源，并建立卫生检查制度。

第二带为限制带，紧接第一带，包括较大的范围，要求单井或井群影响半径范围内，不得使用工业废水或生活污水灌溉，不得施用持久性或剧毒性农药，不得修建渗水厕所、渗水坑、堆放废渣或铺设污水管道，并不得从事破坏深层土层活动。如含水层上有不透水的覆盖层，并与地表水无直接联系时，其防护范围可适当缩小。

第三带为监视带，应经常进行流行病学的观察，以便及时采取防治措施。

世界上大多数国家均根据水源分布特征、水源保护的法律法规，建立具有不同要求、不同目的的水源卫生保护区（带），以确保水源水质量的有效保护。表9-4所列为世界上

各国卫生防护带的划分　　　　　　　　表 9-4

限定项目	德国	澳大利亚	比利时	芬兰	荷兰	法国	瑞士	捷克	匈牙利	瑞典	英国
只允许给水	Ⅱ带(井场) 10m	直接保护区	直接保护区 20m	取水区	井场	直接保护区 10~20m	Ⅰ带 10~20m	第一卫生产水带	保护带	井区	保护区 10~50m
限制建筑、农业	Ⅱ带 50d	保护区 50d	100m 24d / 内保护区 300~1000m 50d	内保护带 60d	集水区 ≥30d 50~60d	内保护区	Ⅱ带 ≥100m 10d	中间卫生保护带	50d	内保护区 ≥100m ≥60d	
限制某些工业和化学物质、油的储运	ⅢA带 2km / ⅢB带	局部保护区	远保护区	外保护带	滞留10年保护区 / 滞留25年保护区 / 远离补给区	远保护区 / 补给区外边界	Ⅲ带 ≥200m / ⅢA带 / ⅢB带	外围第二卫生保护带	水文地质保护区 / 区域保护区	外保护区	保护带（地下水保定是通过在法定开发规划下商定和具有含水层补给区环境整制程序达到的）

部分国家地下水源地卫生防护带划分类型和具体要求。

（2）卫生防护带半径的计算

荷兰的 V·韦根尼（Van Weageningh）于 1985 年提出了潜水含水层保护半径的计算公式

$$R = \sqrt{\frac{Q}{\pi}\left[1 - \exp\left(-\frac{tW}{Mn_e}\right)\right]}$$ (9-15)

式中　R——防护带半径，m；

　　　　Q——井的出水量，m³/a；

　　　　M——含水层厚度，m；

　　　　t——迟后时间，a；

　　　　n_e——有效孔隙度，%；

　　　　W——地下水垂直补给量，m³/a。

迟后时间是指污染物由开采区降落漏斗范围某一点运移至抽水井所需的时间。V·韦根尼和 V·杜文布登曾提出，戒严带的迟后时间可考虑为 60d。一些研究表明，沙门氏杆菌在地下水中的存活时间一般为 44～50d。为安全起见，将其乘上 1.5～2.0 的安全系数，便可取为 60d。这样长的时间足以破坏一般的病原菌，使其丧失病原性。限制带的迟后时间一般取为 10 年。这样，一旦在此带内发现化学污染，也有足够的时间来采取防治措施。

必须注意到，上述防护带的划分中，设置戒严带主要考虑防止病原菌的污染，属于卫生防护；而对于病毒的污染可能是无效的，因为有些病毒的存活时间长于 60d。另一方面，它只考虑了病原菌的水平迁移，因而只适用于污染物从水平方向补给含水层的条件，对于通过包气带来自地面的污染则未注意到。这样，在包气带较厚，且为黏性土覆盖时，按式（9-15）计算的半径必然偏大。因此计算时必须考虑具体水文地质条件，特别是包气带的岩性和厚度。

9.5.7　强化水体污染的控制与治理

1. 地表水体污染控制与治理

由于工业和生活污水的大量、持久的排放，以及农业面源和水土流失的影响，造成地表水体的高富营养化，地下水体有毒有害污染物的污染，严重影响和危害生态环境和人类的身体健康。对于污染水体的控制与治理，主要是减少污水排放。大多数国家和地区根据水源污染控制与治理的法律法规，通过制订减少营养物和工厂有毒物排放标准和目标，设立实现减排的污水处理厂，改造给水、排水系统等基础设施建设，利用物理、化学和生物技术加强水质的净化处理，加大污水排放和水源水质监测的力度。对于量大面广的农业面源，通过制订合理的农业发展规划，有效的农业结构调整，有机和绿色农业的推广，无污染小城镇建设，实现面源的源头控制。上述政策、技术措施在伊利湖、琵琶湖、莱茵河等污染治理中起到重要的作用。

对于伊利湖的富营养化问题，美国和加拿大政府采取一系列措施：共同签署《大湖区管理协议》，建立城市污水集中处理系统，制定减少营养物排放标准，制订合理的农业发展规划。这些措施大大减少废水排放环境的数量，实现湖水质量的有效提高。为了解决琵琶湖的富营养化问题，日本制定了《富营养化防止条例》，严格规定工厂和事业单位的排水基准值，限制氮、磷的排放浓度，在法律上禁止含磷合成洗涤剂的使用，农业生产上要科学合理使用氮磷化肥，生活污水和养殖废水要进行适当处理。

污染地表水体的治理另一重要方面就是内源的治理。由于长期污染，在水体的底泥中存留大量营养物或有毒有害污染物。在有利的环境和水文条件下，不断缓慢地释放。在浓度梯度或水流的作用下，在水体中扩散、对流迁移，造成水源水质污染与恶化。内源污染是地表水源污染治理的重要内容之一。目前，底泥疏浚、水生生态系统恢复、现代物化与生物技术的应用成为内源治理的重要措施。

2. 地下水污染的控制与治理

地下水污染与地表水污染相比，由于运动通道、介质结构、水岩作用、动力学性质的复杂性而增大了控制与治理的难度。同时，由于水流动相当缓慢，水循环周期较长，地下水一旦受到污染，水质恢复将经历十分漫长的时间。自20世纪80年代以来，世界各国有关的环保科学工作者作了大量的研究，开展了艰难的探索，在地下水污染控制与治理的理论上、技术上取得了重要的阶段性研究成果，部分成果已在实际中得到一定的应用，具有一定效果。应该注意到，治理污染的地下水仍有很长的路要走，许多净化技术与理论尚处在探索阶段，有待进一步研究与完善。

（1）污染包气带土层治理

包气带土层可作为地下水的重要保护层，截留或净化输入包气带的大量污染物，经过自身的净化功能将大部分污染去除。但由于在一定条件下所截留的未被降解的污染物在淋滤、解吸、溶解等一系列作用下释放，而成为地下水的重要污染源。因此，从地下水环境保护的角度，如何发挥土层的净化功能，治理失去功能的污染土层显得尤为重要。

研究表明，在受污染的土层，即使停止污染物的渗入，许多污染物质也很难降解，尤其是不易分解的有机污染物和重金属将在土层中长期存留。如果各种污染物大量富集于土层中，超过了土层的天然净化能力，造成对地下水的污染，则人工治理成为重要途径之一。目前大多采用换土法、微生物治理技术、焚烧法、表活剂清洗、吹脱法、植物修复等。

美国在20世纪80年代先后制定、修改和实施了有毒有害废物处置的资源保护与恢复法案（Resource Conservation Recovery Act（RCRA））、保护含水层的安全饮水法案（the Safe Drinking Water Act（SDWA））、废弃杀虫剂处置的联邦杀虫剂、杀真菌剂和灭鼠剂法案等有关的法律法规，要求以经济有效和环境友好型的技术与方法治理污染场地和污染土层，保护地下含水层。

1）物化修复技术

物化修复技术：主要是通过开挖、淋洗、化学作用等方式去除污染物。相对其他技术而言，物化修复技术快速、高效，尤其适用于污染场地的应急处理。部分物化技术成本高、产生二次污染。因此，污染场地修复时，通过技术经济分析，选择适宜的物化技术。

气提技术：是降低土层孔隙蒸气压，将土层中的有机污染物由液态转化成气态加以去除的一种修复技术。通过在污染土层注入空气，利用土层固相、液相和气相之间的浓度梯度，将介质中的液态污染物转化为气态污染物排出土层（图9-12）。气提技术适用于高挥发性有机污染土层的修复，污染物种类主要是亨利系数大于0.01或者蒸气压大于66.66Pa的挥发性有机化合物。

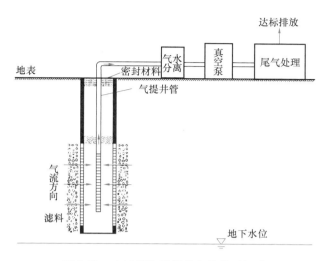

图 9-12　土壤蒸汽抽提技术的典型组成

　　固化/稳定化技术：包括化学吸附/老化过程、沉降/沉淀过程、结晶作用。技术要点为：①需要污染土壤与固化剂/稳定剂等进行混合，改变有机物质的性质；②稳定化可能与封装等其他固定技术联合使用，可能增加污染物的总体积；③固化/稳定化技术处理后的污染土壤应当有利于后续处理。

　　淋洗技术：是借助具有增溶作用的溶剂淋洗污染土层，促进土层中污染物的溶解或迁移，然后收集和处理含污染物的淋洗液，达到污染土层治理的技术方法。清洗液主要是水、水加添加剂或有机溶剂。在污染土层治理过程中，清洗液可以循环再生或多次注入地下，实现淋洗液的多次重复利用，如图 9-13 所示。

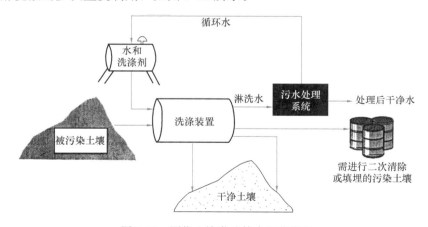

图 9-13　原位土壤淋洗技术工艺流程

　　化学改良：是指施用改良剂、抑制剂降低土层中重金属的水溶性、扩散性和生物有效性，从而降低它们进入植物体、微生物和水体的能力，减轻它们对生态环境的危害的方法。根据污染物的赋存状态，主要的改良剂包括：石灰、磷酸盐、黏土矿物、炉渣等。

　　2）生物修复

　　生物治理是在适宜的环境条件下，通过生物降解将复杂有机污染组分转化成简单组分，从降解组分中微生物得到生长所需的能量。天然有机物降解过程中所形成的生物酶在污染土层有机污染物净化方面起到重要作用，达到控制污染源、降低风险、防止污染，降低有机组分的毒性和迁移能力。

研究表明，污染土层中广泛存在可降解有机污染物的微生物种群，目前发现能够降解石油烃的微生物种群就有 70 属 200 多种，其中：细菌 28 属、丝状真菌 30 属、酵母菌 12 属。典型微生物种属有节杆菌属、甲单胞菌属、芽孢杆菌属、土壤杆菌属、黄杆菌属、其他自然选择基因突变所形成的、选择性富集的微生物种属。

微生物降解发生条件：①存在非毒性条件；②生物具有或能够产生降解有机物的酶系统；③其他有利的环境条件，如：pH、营养物、氧、温度、水分含量，见表9-5。

微生物降解的环境因素　　　　　　　　　　　　　　　　表 9-5

环 境 因 素	条 件
土壤湿度	25%～85%的持水量
土壤 pH	5.5～8.5
养分比例	C：N：P＝120：10：1
盐分含量	＜4%
氧化还原电位	好氧、兼性＞50mV，厌氧＜50mV
温度	15～45℃

决定生物治理可行性的因素包括土层中碳氢物质的种类与数量、需要治理的土层体积、地下水埋深和水质、技术的接受程度、生物治理过程中残留物的最终处置、治理周期和费用、未来场地的用途等。

① 生物通气（Bioventing）

具有降低气体量、强化有机物及半挥发物质的生物降解、降低或削减气体处理要求，费用低、效果好。所需要的典型场地条件包括：污染物好氧降解，场地条件适宜（可利用的营养物、水分含量）或场地条件可调整以适宜生物降解。

② 植物修复（Phytoremediation）

利用植物对污染物的吸收、积累、植物及其根际微生物区将污染物降解矿化、污染物固定，达到净化土层中的污染物。由于植物根圈效应的作用（分泌物、微环境），加强了土层微生物降解外来污染物的能力。适宜的植物能够改变土层的外部环境，显著增加对污染物的降解量。

植物修复的主要技术包括：植物萃取技术（Phytoextration）、植物降解技术（Phytodegradation）、植物固定化技术（Phytostabilization）。污染土层的植物修复技术的优势在于应用广泛，对环境扰动少，增加肥力，以利农作物生长，控制风蚀、水蚀，减少水土流失，成本低。局限性表现在：植物所具有的选择性，修复周期长，对环境条件要求较高（土壤肥力、气候、水分、盐度、酸碱度、排水与灌溉系统），一定程度上污染物可重新回归土层。

对于重金属污染土层的植物修复，主要表现为：①植物固定：利用植物及一些添加物质使环境中的金属流动性降低，生物可利用性下降，使金属对生物的毒性降低；②植物挥发：去除环境中的一些挥发污染物；③植物吸收：利用能耐受的积累金属的植物吸收环境中的金属组分，在植物体内输送与储存金属污染物；对用于修复的植物特性要求具有较高的积累速率，能在体内积累高浓度的污染物，能同时积累几种金属，生长快、生物量大，具有抗虫抗病能力。

对于有机污染的植物修复，关键在于有机污染物的生物可利用性。即通过植物—微生物系统吸收和代谢能力。有机污染土层植物修复的机制在于：①直接吸收并在植物组织中积累非植物毒性的代谢物；②释放出生物化学反应的酶；③强化根基（根—土层界面）的矿化作用。

污染包气带土层的治理技术各异，适用的条件各不相同。总结起来。污染土层治理技术的技术经济优劣分析结果见表 9-6。表中的技术经济分析结果为治理技术的选择提供了基础。

污染土层原位治理技术的技术经济分析 表 9-6

治理技术	优　点	缺　点
氧化法	费用较低	降解速度慢，土层渗透率大于 10^{-4} cm/s，污染物可能渗入地下含水层
蒸汽法	对非水溶性油类具有聚集作用，使挥发性组分挥发	工程质量要求高、费用高，污染物可能污染地下水
抽气法	有效去除挥发性污染物，增强油类的生物降解	污染空气，费用较高
有机溶剂法	有效去除土层中的污染物	费用较高，可能污染地下水
水力冲洗法	费用较低	仅适用于砂土层，需多次循环冲洗，污染物可能渗入污染地下水
表活剂冲洗法	较有效去除污染物，费用相对较低	土层的渗透率大于 10^{-4} cm/s，污染物可能渗入污染地下水
生物技术	有效去除有机污染物，费用低	运行管理较为复杂，环境条件要求较高
植物技术	有效去除污染物，费用低	修复周期长，对环境条件要求较高

（2）污染地下水治理

在污染地下水的治理中，污染源的控制与根除对于治理效果是十分重要的。在此基础上，通过有效的异位或原位的物理、化学、生物方法去除地下水中的污染物质，达到地下水质净化与恢复的目的。考虑异位治理技术与地面给水处理类似，在此不作详细的阐述。下面将就原位的物化技术、生物净化技术、抽出—处理技术、渗透反应墙技术等给予简要论述。

1）物化技术

物化技术包括活性炭吸附法、臭氧分离法、泡沫分离法、电解法、沉淀法、中和法、氧化还原法等。这些方法不仅可以用于处理抽到地面来的被污染的地下水，也可用在含水层中对污染的地下水体进行净化，以降低地下水的污染程度。

潜水含水层常含有一些有机腐殖质，使地下水发出一些异味和臭味，从净化井中投入漂白粉，则可起到消毒、去味、除臭的作用。在铁、锰离子含量较高的含水层中，可以通过注入石灰水溶液，除去铁、锰。离子交换技术也可应用在地下水含水层的治理中，在硬度、碱度较高的地下水体中，由净化井内投入 Na 型交换剂可使水中硬度大大降低，若使用氢离子交换剂可使镁、钙、重碳酸根同时除去，从而达到硬水软化、脱碱的作用。也可将粒状活性炭投入净化井中，使某些有害物质被吸附掉。

氧化剂如高锰酸钾、二氧化氯（ClO_2）和臭氧（O_3）广泛用于有机污染含水层的净化作用。利用表面活性剂，增加疏水性有机物的溶解度及生物可利用性，实现修复污染地下水的目的。利用含水层中的黏土，通过注入季铵盐阳离子表面活性剂，使其形成有机黏土矿物，吸附或固定有机污染物，防止地下水的进一步污染。在利用化学技术修复污染地下水和含水层的过程中，重要的是防止二次污染，尤其是技术实施之前的环境影响评价与分析是十分重要的。

2）生物净化技术

生物净化技术的实质是在适宜的环境条件下，微生物通过降解有机污染物获得自身生长繁殖所必需的碳源和能源的同时，将有毒大分子有机物分解成为无毒的小分子物质，最终矿化成为 CO_2 和 H_2O。微生物治理技术因效果好、投资省、不产生二次污染、污染物净化彻底而受到人们的广泛关注。

生物净化技术现场实施的基本程序在于：在掌握地下水污染带的分布特征、污染物质的性质、污染程度和污染范围的基础上，针对要净化的污染物，可利用生物净化井人工注入专门培养、驯化的细菌；也可通过地下曝气和通入氧气提高污染带中的溶解氧含量，促进微生物的生长繁殖，强化生物活性，加快微生物对污染物的降解与转化。需要注意的是，在投放菌种之前，要确保掌握治理区的环境条件、地质和水文地质条件、地下水动态及水体的物理和化学性质，以利微生物的有效性和可靠性。

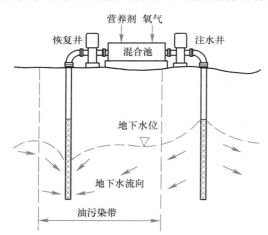

图 9-14 典型现场生物治理系统示意图

图 9-14 表示了一种典型的现场生物治理系统。利用抽水井将污染地下水抽至地表面，在地面与氧和营养剂（N、P）等混合后重新注入污染的含水层中，在人工流场的控制下，实现对污染含水层的连续不断地净化。这一净化系统在美国部分地区的汽油泄漏治理中已获得了相当的成功，碳氢化合物的去除率达到 70%～80%。技术关键在于：查清治理区的地质、水文地质条件；准确确定污染物类型和污染范围、污染物含量；测定有关的水动力学和水化学参数；准确确定抽、注水量及氧、营养剂的投加量。

生物净化技术是治理大面积污染的一种有价值的技术方法。生物净化技术的优势在于可用于处理烃类和一定有机物质，尤其是水溶性污染物和其他方法难以去除的污染物；由于不产生废物和污染物的完全降解，具环境友好性；利用土著微生物种落，不引入具有潜在危害的生物种群；迅速、安全和经济；对于有机污染地下水的短期治理尤为有效。其局限性在于重金属和某些有机物所抑制；细菌能够阻塞土壤，降低物质循环；营养物的加入可能影响附近地表水体的水质；残留物可能引起嗅味问题；维修和人力要求可能很高，尤其是那些长期运行的治理系统；对于阻碍营养物正常循环的低渗透性含水层，系统难以正常工作；难以预测长期效应。由此，在确定应用生物净化技术治理污染地下水之前，对治理场地信息进行收集与深入分析，对有利或不利环境条件全面评价，采取有效措施克服不利因素，以确保治理技术的有效实施，治理系统的正常运行。

3）渗透反应墙技术

渗透反应墙是人工构筑的一座具有还原性的地下填充介质反应单元。在地下水治理中，垂直地下水流向设置反应墙。当地下水流通过反应墙时，反应墙填充活性介质与污染水流中的有机污染物发生化学与生物反应达到降解有机物的目的。在现场应用时，可采用墙体下游抽水或注入来控制地下水通过墙体的流速，使地下水中有机污染物通过墙体时反应充分，达到治理地下水的目的。另外，在原位反应墙法中，为了使地下水能优先通过反应墙，墙体的渗透性应大于周围地质体。

目前，反应墙的充填介质多为铁屑。考虑施工的难度，多以治理埋深较浅，渗透性较好的受卤代烃污染的含水层中地下水为主。世界上已建成的数百座地下水污染治理的反应墙主要分布在美国、加拿大和欧洲等发达国家。

4）抽出—处理技术

从含水层中直接抽出被污染的地下水，经过处理后排向地表水体或再补给地下水。这样长期的抽水过程可以促使被污染含水层水体的净化。该方法适用于大面积污染的含水层，投资相对较小，是目前世界各国广泛采用的行之有效的方法。

首先抽取被污染的地下水，经过地面处理，水中污染物的浓度降低到一定标准，重新注入含水层内，在条件许可情况下也可排放到附近的地表水体中。然而最简便和经济的方式，是将抽出的被污染地下水在适当地段用于农田灌溉。由于土壤是一个天然的过滤器，利用被污染的地下水进行灌溉，不仅可以使农业增产，还因土壤对污染物的吸附净化而达到最经济处理被污染地下水的目的。前提是充分评价土壤的自净能力、污染水体内有害物质浓度、灌溉方式和灌溉制度等，以防土壤污染和作物品质降低。

在采用抽出—处理技术治理污染地下水过程中，场地水文地质条件，地下水现状功能与利用状况，污染物性质参数、数据的解译，对于保证治理系统最大限度发挥效益是至关重要的。

场地水文地质条件主要包括：

① 地质条件：含水层类型、含水层的厚度与分布、空隙类型（原生空隙或次生空隙）、弱透水层或承压层、水位埋深、包气带厚度；

② 水动力条件：含水层水动力学特征（导水性、储水性、空隙性、弥散性）、压力条件（承压或非承压）、地下水流向（横向与垂向水力梯度）、排泄量、平均水流速度、补给与排泄区、地下水与地表水作用、地下水向地表水体排泄区、地下水条件的季节变化；

③ 地下水现状功能与开发利用状况。

对于污染物性质的调查评价与分析，主要包括以下方面：

① 水溶解度：指示污染物在水体中可能的最大浓度；

② Henry 定律常数：指示水相中污染物的挥发性；

③ 密度：DNAPLs 或 LNAPLs；

④ 辛醇—水分布系数：指示溶解性与吸附性；

⑤ 有机碳分布系数：指示地下水和土壤之间分布趋向，生物可降解性；

⑥ NAPL：流体相对密度（密度）主要涉及流体黏滞性、残留饱和度、相对渗透性与

饱和毛细压力关系、NAPL 厚度与分布。

表 9-7 给出抽出—处理系统设计所要求的数据资料。

抽出—处理系统设计数据资料 表 9-7

类　　型	数据资料要求
场地物理组构	水动力弥散系数评价，有效空隙度，含水层组分的背景浓度
流体状态	流体密度及与污染物浓度的关系
污染物特征	污染源位置，污染的释放量与途径
化学/生物组构	矿物学，有机物含量，地下水温度，溶质性质，宏量离子化学组成，微量离子化学组成，Eh-pH 环境
监测分析	水、固、气污染物的时空分布，地表水水质的时空分布
有利条件确认	污染源被切断，易迁移的化合物，具有较高的水力传导性（$K>10\sim5cm/s$），各向同性
不利条件确认	污染源未切断，NAPLS 残留饱水带，化学性质表现为吸附或沉淀，较低的水力传导性（$K<10^{-7}cm/s$），较高的各向异性

在上述场地信息调查、污染物特性分析的基础上，利用一系列地球化学、地质统计和数学模型方法，定量处理各种数据资料，为系统的优化设计奠定基础。

对于抽出—处理系统选择应遵循的原则为：所选择的抽水井群在横向和垂向上可最大限度地截获污染羽流；确定最有效的抽水量；抽水不允许影响治理场区以外的水井或其他设施；处理污染水的回注井的位置选择应有利于与抽水井之间的配合。

9.5.8　实施流域水资源的统一管理

流域水资源管理与污染控制是一项庞大的系统工程，必须从流域、区域和局部的水质、水量综合控制、综合协调和整治才能取得较为满意的效果。

英、德、美等国的流域管理体制不尽相同，但其共同特点是建立全流域的统一管理模式。如泰晤士河水务局、莱茵河管理委员会都属于流域性质的跨地区水资源管理机构，在流域范围实施供水、排水、污水处理的统一规划、统一管理，确定合理功能区和水质目标，实施污染物总量控制和颁发排污许可证，协调供水与排水、水资源和水环境、上游和下游之间的矛盾和冲突，同时通过现代化的信息系统进行水质变化过程的监测和预测，预防污染事故的发生。流域内各种水污染防治工程多由各个独立经营的专业化公司承包建设和运行管理，这种流域管理体制促进了水资源的利用和开发，保护了水环境，同时取得了巨大的经济效益。下面就典型的泰晤士河和莱茵河的管理给予介绍，可从中借鉴一些宝贵的管理方法、手段，提高我国流域的水资源管理水平。

1. 泰晤士河流域水资源管理

泰晤士河流域位于英格兰岛的南部，流域面积为 $13100km^2$，河流全长约为 338km。多年平均径流量为 $1.89\times10^8m^3$，流域内人口密度为 885 人/km^2，总人口为 1157 万，其中伦敦市人口 700 万，占流域总人口的 60%，其他较大城市有雷丁、牛津等。此外，每年大约还有 2000 万人次旅游者，是英国人口最稠密的地区。泰晤士河流域的年平均降水量为 704mm，降水年内分配较均匀，是英国的少雨区。降水中约有 49% 消耗于蒸发；51%形成地表径流及下渗成为地下水。如折合水量，则全流域多年平均降水量为 92.22×

$10^8\,m^3$。其中，形成河川径流和补给地下水的量为 $47.03\times10^8\,m^3$，约占全英国水资源总量的 3.48%。泰晤士河流域内人口密度是英格兰和威尔士地区平均人口密度的 4 倍。泰晤士河流域内人均水资源量为 $418\,m^3$，仅为全英国人均水资源量 $2700\,m^3$ 的 $1/7$ 左右。这个数字与我国的淮河流域人均水资源量 $425\,m^3$ 和海河流域的人均水资源量 $321\,m^3$ 相差不多，可见泰晤士河流域的地表水资源与地下水资源并不丰富。泰晤士河每天排入河道的污水量高达 $432\times10^4\,m^3$，占径流量的 65%，遇到大旱年份，伦敦地区用水的 80% 是来自上游净化处理后的污水。这里，污水排放总量大于供水总量，是由于雨水进入排污管道增加了污水处理量。因此，强化全流域污水处理，防治水污染始终是泰晤士河治理和管理工作的重点。在这种水量不足、污水负荷过大的情况下，泰晤士河水务管理局通过严格科学的水资源管理措施，保证了工农业、生活、公共设施与水上娱乐等方面的用水，保护了良好的生态环境，真正达到了经济效益、社会效益和环境效益的统一。

（1）建立有效的水资源分区管理体制

根据英国会议通过的水法，1973 年以流域为单位成立了泰晤士河水务管理局，对流域内的供水、水资源开发、污染控制、地面排水、污水处理、防洪防潮、航运、渔业等事业实行统一管理。泰晤士河水务管理局下面分设水资源管理、水质、农田排水、渔业和旅游、行政管理六个处。由它们分管水资源长期战略计划的编制，水文站网、水情监测预报系统、供水系统、污水系统、水质控制系统的建设和运行，新水源工程的布局和兴建，取水许可证发放和水费的计收以及农田排水、防洪防潮和综合经济各方面的工作。

（2）按流域统一管理水资源

实行水资源分区管理的理论依据是水循环理论，即遵循水循环过程中各环节相互联系与制约的自然规律。以流域为整体，把地表水和地下水、水量和水质、多种用途的供水和排水结合起来进行统一管理，运用系统论的指导思想与系统工程原理，谋求全系统最优，用科学的人工水循环改善自然水循环，力争以较少的投入取得最大的效益。

1）提供可靠稳定的供水

按流域水循环系统对水资源进行全面有效的管理，是泰晤士河水务管理局管理泰晤士河水资源的一项十分重要的内容。河流的水经过水库调蓄，提供稳定的供水水源；考虑地表水和地下水的循环补给作用，在灰岩区进行地下水回灌，增加地下水的补给源。为解决上、下游用水的矛盾，采取限制上游从河中引水的措施。经过利用后的废水，加以处理后返回河流，做到质和量的统一。这样，使水资源在利用过程中保持良性循环，得以可持续利用。

2）严格控制排放的污水水质

泰晤士河水务管理局高度重视污水处理与污染控制工作，建污水处理厂 476 座，日处理污水量约 $440\times10^4\,m^3$（其中约有 $100\times10^4\,m^3$ 是由于暴雨进入下水道的污水）。为了保持水资源在开发利用过程中的良性循环，得以连续使用，达到水量和水质的高标准统一要求，管理局规定：一切污水都要达到英国环境部提出的污水排放标准才允许排放；排放的污、废水都要经过污水处理厂处理后才能排入河道；取用污水（即进入自来水厂的水）又要经高标准净化处理。通过上述三个环节的处理，使供水水质达到欧洲制定的标准（EEC标准），从而进一步改善了泰晤士河流域的水质状况。

（3）实行切实有效的水质目标管理方法

英国对水体污染的控制采用水质目标管理法。除上述环境部与EEC标准外，对不同的污水处理厂或排污的工矿企业，由于它们所处河道的自净能力、水的用途及污水排放地点不同而确定出不同的排放标准（例如，对河流上游的污水处理厂要求严，对河流下游的要求放宽等）。泰晤士河水务管理局就是根据各河流水体及沿河的水环境状况和用途，分别设定其水质目标，再据此水质目标，确定各河段的污水排放标准。此外，管理局根据不同性质的工厂定出不同的工业废水排放标准，并将工厂排出的废水与生活污水混合后再引入污水处理厂，这种混合可为工业废水的净化处理提供所需的营养。由于不同的工厂采用不同的废水排放标准，又可降低工厂的废水预处理费用。

（4）大力实行节约用水政策

英国的水务管理部门充分认识到，水资源短缺，水体污染加剧导致生态环境恶化问题均与用水量直接相关。因此节约用水、严格控制用水量的增长成为水资源管理的重要内容。在大力宣传节约用水的同时，还积极协助各有关单位进行实际节水工作，特别注意提高水的重复利用率。不仅力求做到每个用水环节的节约，而且更注重在整个水循环系统上达到合理用水与节约用水的目的。泰晤士河流域的水资源重复利用已达6次以上。

（5）提高供水项目的整体效益

水务管理部门对任何一个供水水源基本建设项目的提出与确定，都必须经过充分的费用—效益分析和近期、远期经济分析论证，以克服盲目性与重复性。

在对水循环系统进行费用—效益分析与经济对比评价时，特别注意处理好下列几个关系：

1）开发利用水资源和控制水污染的关系；

2）保护和改善水源地水质与加强水厂水处理工艺的关系；

3）适当控制工业废水与充分发挥城市污水处理厂的作用的关系；

4）根据用途确定合理的水质目标和充分利用自然净化能力的关系，以求得投资的整体最佳效益。

（6）建立水费制度，财务自负盈亏

泰晤士河水务管理局是经济独立、自负盈亏的公共事业组织，故水费是其主要财政收入。政府只拨给防洪工程费用，但比例很小，其他项目投资全靠管理局自己的收入，有困难时可向政府申请低息贷款。

收取的水费包括供水水费、排污费、地面排水费和环境服务费四项。其中，供水水费占总收入的41%，排污费占51%，其他两项占8%。收取水费有计量和非计量两种收费办法。对于与供水、排水系统有联系的工矿企业，根据用水量收取供水水费和排污费，按产业可计价值收取地面排水费和环境服务费。对于居民、商业和第三产业用水户，按其财产收取供水、排水和环境服务费。

（7）实现管理的自动控制

泰晤士河水务管理局设立了洪水预报与水质监测控制室，与流域内的水位站、流量站、雨量站及地下水取水井直接连通，通过微波通信、终端显示和自动绘图装置，随时掌握雨量、水位、流量、水质和水温等实时状况，进行水情、水量、水质的监测、调度和分配。

（8）开展综合经营

泰晤士河水务管理局积极为用户提供各种服务，注意收集新老用户的批评和表扬意见，搞好用户信息，加强与用户的联系，并为此目的建立了用水户协会。管理局认为，用户的支持和协作是实现水务管理目标的主要环节。

泰晤士河水务管理局也开展一些综合经营，如水上娱乐、旅游服务、承包海外工程等，但目前经营规模不大。

综合上述，英国对泰晤士河流域水资源的多年综合治理，已取得了巨大的经济、社会与环境效益。其成功之处主要在于为流域建立了先进的、高效的水资源规划、利用、管理体制，并建造了有明显针对性与效益的给水、污水处理与防洪系统。

泰晤士河流域管理之所以取得巨大的成功，成为流域水资源管理的典范，其关键因素在于：

（1）利用泰晤士河干流河槽蓄水，使有限的水资源得到有效的重复利用，满足了各部门的用水要求，这是该流域优越的自然条件与先进科学技术相结合的结果。

（2）建立了以水质控制为中心的流域水资源集中统一管理系统。按此系统进行资源管理的优越性为：

① 便于统一规划供水工程；

② 分配调度合理，防止污染；

③ 便于协调解决各用水户之间的矛盾，保障其合法权益；

④ 减少机构的重叠及其相互之间的冲突；

⑤ 有利于地表水与地下水的联合开发利用，提高供水保证率；

⑥ 可充分利用先进的自动化控制技术；

⑦ 可促进流域的水资源问题的综合研究。

2. 莱茵河流域的治理

莱茵河是一条国际河流，位于欧洲中部，发源于瑞士阿尔卑斯山，流经奥地利、瑞士和法国的边界，进入德国境内，通过鲁尔工业区，最后到达荷兰，流入北海。全长 1300km，流域面积 22.4 万 km^2。莱茵河是河流域各个国家重要的生活、工农业生产的水源。

随着莱茵河流域的人口密集、工业发展、航运频繁、能耗增加和农业对土地的过度利用以及土壤结构的改变等，从 20 世纪 50 年代以来，莱茵河开始出现污染。据统计，每天约有 $5000 \times 10^4 \sim 6000 \times 10^4 m^3$ 的工业和生活污水排入莱茵河，莱茵河实际上已成为欧洲最大的污水道，水质污染已极其严重。水中 COD_{Cr} 达到 $30 \sim 130mg/L$，BOD_5 达到 $5 \sim 15mg/L$，有些河段的溶解氧降低到 $1mg/L$，几乎完全丧失自净能力。

为了改善莱茵河的水质，20 世纪 60 年代以来，莱茵河流域各国采取一系列措施：建立一些国际性的管理机构，制订有关的协定、条约；增加投资费用；抓重点污染源、重点工业区及污染严重的河流的治理；大力兴建污水处理设施等。经过多年的治理，莱茵河的水质基本上得到了控制。

（1）建立机构，制定协定

1950 年，由荷兰发起成立莱茵河国际防治污染委员会，参加国有荷兰、德国、卢森堡、法国和瑞士。其主要任务是，调查研究莱茵河污染的性质、程度与来源（诸如对 1885 年～1950 年工业发展情况，工厂排污类型、方式、数量、去向及可能造成污染的有害物进行详细调研等),提出防污具体措施,制定共同遵守的有关标准。1970 年初,莱茵河流域国际水处理协作组负责莱茵河水体的监测、保护及治理工作。1976 年底,签订"盐类协定"及"化学物协定",对恢复莱茵河水质起了重要作用。此外,还定期召开莱茵河流域国家部长级会议,汇报本国防污染计划与政策的执行情况,并制定其他有关防污染的协议与条约。

(2)增加投资

1961 年~1971 年,西德政府共投资 68 亿马克用于治理莱茵河。1971 年以后,每年用于环保的投资达 30 亿马克,直接用于治理莱茵河的占 14 亿马克,估计在治理莱茵河的 25 年期间,投资约 350 亿马克。

(3)治理重点污染源与工业区的污染

在德国境内的莱茵河沿岸,有污染的厂矿近 290 个,其中有影响的有拜耳公司及巴斯夫化工联合企业。巴斯夫公司曾投资 4.5 亿马克,用于兴建污水净化设施,其中包括兴建中央污水处理厂及改进下水道系统、污水泵站、中和装置等。污水处理厂设计能力为 375t BOD/d,处理污水量为 $63 \times 10^4 \mathrm{m}^3/\mathrm{d}$。该厂投入使用后,莱茵河水质有了改善,排污口的溶解氧从过去的 1mg/L 提高到 7~8mg/L;挥发酚减少 90%,达到 0.7mg/L。

莱茵河流经的鲁尔工业区是德国工业的心脏,因而德国重点抓鲁尔工业区的水污染治理,在鲁尔河建设了许多水利工程与污水处理厂,并采用了向河中充氧等措施,以进行水污染的治理。

莱茵河又是欧洲交通枢纽,过往船只是一个大污染源。据此,德国政府成立了一个由 7 艘油水分离船组成的"黄金舰队",负责处理压舱水等含油污水,每年可以回收废油 5000t,占总排放量的 50%,回收的资金为运转费的 50%。

(4)治理污染较为严重的河段

自 20 世纪 60 年代以来,德国在莱茵河沿岸城市和工矿企业陆续修建了 100 多个污水处理厂(最大的厂每天能处理污水 $260 \times 10^4 \sim 390 \times 10^4 \mathrm{m}^3$),使排入莱茵河的工业废水和生活污水的 60% 以上能得到处理。

此外,莱茵河管理委员会根据各段水质污染程度的不同,分成四级进行有效管理,有固定监测站 30 个,流域监测点 100 多个,水文站 17 个。这些监测站都设有连续自动监测系统。

通过上述各项措施,莱茵河的水质得到了初步改善,1975 年与 1971 年相比,莱茵河下游河段污水的 BOD 减少了 24%,氯离子含量减少了 27%,重金属的平均含量明显低于饮用水标准,一些地区的磷酸盐含量不再增加。

泰晤士河流域、莱茵河流域在资源综合管理方面取得了巨大的成功,有很多值得我国在流域管理方面借鉴的经验与措施。

3. 我国的流域水资源保护

我国在流域水资源保护与管理方面开展了一定的工作。在以《中华人民共和国水法》《中华人民共和国环境保护法》《中华人民共和国水污染防治法》等法律为基础的水资源法制管理的基础上,又制定了其他与流域水资源管理与保护有关的政策性法规,为我国的流域水资源管理起到了积极的推动作用。流域水资源保护的主要内容包括:

(1)水污染综合防治是流域、区域总体开发规划的组成部分。水资源的开发利用,要按照"合理开发、综合利用、积极保护、科学管理"的原则,对地表水、地下水和污水再生回用统筹考虑，合理分配和长期有效地利用水资源。

（2）制订可操作性强的流域、区域水质管理规划，并将其纳入社会经济发展规划。制订水质管理规划时，对水量和水质必须统筹考虑，应根据流域、区域内的经济发展、工业布局、人口增长、水体级别、污染物排放量、污染源治理、城市污水处理厂建设、水体自净能力等因素，采用系统分析方法，确定出优化方案。

在流域、区域水资源规划中，应充分考虑自然生态条件，除保证工农业生产和人民生活用水外，还应保证在枯水期为改善水质所需要的环境用水。特别是在江河上建造水库时，除应满足防洪、发电、城市供水、灌溉、水产等特定要求外，还应考虑水环境的要求，保证坝下最小流量，维持一定的流态，以改善水质、协调生态和美化环境。

（3）重点保护饮用水水源，严防污染。对作为城市饮用水水源的地下水及输水河道，应分级划定水源保护区。在一级保护区内，不得建设污染环境的工矿企业、设置污水排放口、开辟旅游点以及进行任何有污染的活动。在二级保护区内，所有污水排放都要严格执行国家和地方规定的污染物排放标准和水体环境质量标准，以保证保护区内的水体不受污染。

（4）厉行计划用水、节约用水的方针。加强农业灌溉用水的管理，完善工程配套，采用渠道或管道输水等科学的灌溉制度与灌溉技术，提高农业用水的利用率。重视发展不用水或少用水的工业生产工艺，发展循环用水、一水多用和污水再生回用等技术，提高工业用水的重复利用率。在缺水地区，应限制发展耗水量大的工业和农作物种植面积，积极发展节水型的工、农业。

（5）流域、区域水污染的综合防治，应逐步实行污染物总量控制制度。对流域内的城市或地区，应根据污染源构成特点，结合水体功能和水质等级，确定污染物的允许负荷和主要污染物的总量控制目标，并将需要削减的污染物总量分配到各个城市和地区进行控制。

（6）根据流域、区域和水质管理规划，允许排入污水的江段（河段）应按受纳水体的功能、水质等级和污染物的允许负荷确定污水排放量和污水排放区。污水排放区应选择水文、水力和地质条件以及稀释扩散好的水域，对其污水排放口排放方式的设计，应进行必要的水力试验。特别是对重要水体，应以水力扩散模型为依据进行设计，防止形成岸边污染带和对水生生态造成不良影响。

（7）对较大的江河，应根据水体的功能要求，划定岸边水域保护区，规定相应的水质标准，在保护区内必须限制污水排放量。对已经形成岸边污染带的江段，应对排放口的位置及排放方式进行调整和改善，或采取其他治理措施，使岸边水域达到规定的水质标准。位于城市或工业区附近已被污染的河道，应通过污染源控制、污水截流与处理、环境水利工程等措施，使河流水质得到改善。对已变成污水沟的河段，要通过污染源调查及制订综合治理规划，分期分批进行治理。根据湖泊、水库不同的功能要求和水质标准，采取措施防止富营养化的发生和发展。对已受污染的湖泊、水库，在有条件的地区，可采用调水方法降低单位容积的纳污量，或通过污水截流和处理等技术措施，达到消除污染的目的。对已处于中等营养状态的湖泊、水库，应严格控制氮、磷的入湖、入库量，并对湖泊、水库流域内的水环境进行综合治理。

（8）以地下水为生活饮用水源的地区，在集中开采地下水的水源地、井群区和地下水的直接补给区，应根据水文地质条件划定地下水源保护区。在保护区内禁止排放废水、堆放废渣、垃圾和进行污水灌溉，并加强水土保持和植树造林，以增加和调节地下水的补给。

（9）防治地下水污染应以预防为主。在地下水水源地的径流、补给和排泄区应建立地下水动态监测网，对地下水的水质进行长期连续监测，对地下水的水位、水量应进行定期监测，准确掌握水质的变化状况，以便及时采取措施，消除可能造成水质恶化的因素。对地下水质具有潜在危害的工业区应加强监测。地下水受到污染的地区，应认真查明环境水文地质条件，确定污染的来源及污染途径，及时采取控制污染的措施与治理对策（如消除污染源、切断污染途径、人工回灌、限制或禁止开采、污染含水层的物化与生物治理等）。防止过量开采地下水，已形成地下水降落漏斗的地区，特别是深层地下水降落漏斗地区及海水入侵、地面沉降、岩溶塌陷等地区，应严格控制或禁止开采地下水，支持和鼓励有条件的地区利用拦蓄的地表水或其他清洁水进行人工回灌，以调蓄地下水资源。

（10）控制农业面源污染。合理使用化肥，积极发展集合生态农业，扩大绿色农业的种植面积，以防止和减少化肥和农药（包括农田径流）对水体的污染。

（11）强化水资源的监测、预警与应急能力，提高水资源环境质量变化与应急响应、污染扩散趋势分析与预警水平。基于水资源保护的监测系统，能够系统掌握水资源质、量时空变化，为水资源保护和管理提供基本动态资料；利用水资源预警体系，把握水资源量存在的短缺问题或水质可能的恶化趋势，掌握水资源及其相关生态系统存在潜在威胁的时空变化趋势，为缓解或预防措施的制订与实施提供重要支撑。水资源环境风险应急体系涵盖法规制度、组织保障、技术支撑和科技创新等，是实现水资源安全利用，防范环境风险的关键环节。由此，水资源保护的监测、预警与应急系统的建立对于水资源的可持续安全利用具有重要的保障作用。

主要参考文献

[1]　叶锦昭，卢如秀. 世界水资源概论 ［M］. 北京：科学出版社，1993.

[2]　翁焕新. 城市水资源控制与管理 ［M］. 杭州：浙江大学出版社，1998.

[3]　《城市地下水工程与管理手册》编写委员会. 城市地下水工程与管理手册 ［M］. 北京：中国建筑工业出版社，1993.

[4]　张永平，陈惠源. 水资源系统分析与规划 ［M］. 北京：水利电力出版社，1995.

[5]　杨肇蕃，孙文章. 城市和工业用水计划指标体系 ［M］. 北京：中国建筑工业出版社，1993.

[6]　林玉锁，龚瑞忠，朱忠林. 农药与生态环境保护 ［M］. 北京：化学工业出版社，2000.

[7]　汪光焘，肖绍雍，孙文章. 城市节水技术与管理 ［M］. 北京：中国建筑工业出版社，1994.

[8]　刘昌明，何希武. 中国 21 世纪水问题方略 ［M］. 北京：科学出版社，1998.

[9]　黄锡荃. 水文学 ［M］. 北京：高等教育出版社，2005.

[10]　刘光文. 水文分析与计算 ［M］. 北京：水利电力出版社，1989.

[11]　张书农，华国祥. 河流动力学 ［M］. 北京：水利电力出版社，1988.

[12]　叶守泽. 水文水利计算 ［M］. 北京：水利电力出版社，1992.

[13]　雅文生. 河流水文学 ［M］. 北京：水利电力出版社，1992.

[14]　杨诚芳. 地表水资源与水文分析 ［M］. 北京：水利电力出版社，1992.

[15]　殷兆熊，毛启平. 水文水利计算 ［M］. 北京：水利电力出版社，1994.

[16]　廖松，王燕生，王路. 工程水文学 ［M］. 北京：清华大学出版社，1991.

[17]　马学尼，叶镇国. 水文学. 第 2 版 ［M］. 北京：中国建筑工业出版社，1989.

[18]　王民，周玉文，王纯娟. 水文学与供水水文地质学. 第 2 版 ［M］. 北京：中国建筑工业出版社，2000.

[19]　施嘉炀. 水资源综合利用 ［M］. 北京：中国水利水电出版社，1996.

[20]　袁作新. 工程水文学 ［M］. 北京：水利电力出版社，1990.

[21]　曾庆生. 水文统计学 ［M］. 北京：水利电力出版社，1995.

[22]　金炳陶. 概率论与数理统计 ［M］. 北京：电子工业出版社，1997.

[23]　施成熙，粟宗嵩. 农业水文学 ［M］. 北京：农业出版社，1984.

[24]　张淑英，郭同章，牛王国. 河流取水工程 ［M］. 郑州：河南科学技术出版社，1994.

[25]　张瑞道，谢鉴衡，王明甫，等. 河流泥砂动力学. 第 2 版 ［M］. 北京：水利电力出版社，1998.

[26]　钱宁，万兆惠. 泥砂运动力学 ［M］. 北京：科学出版社，2003.

[27]　严煦世. 给水排水工程快速设计手册 ［M］. 北京：中国建筑工业出版社，1995.

[28]　黄明明，张蕴华. 给水排水标准规范实施手册 ［M］. 北京：中国建筑工业出版社，1993.

[29]　严煦世，高乃云. 给水工程. 第 5 版 ［M］. 北京：中国建筑工业出版社，2022.

[30]　张人权，梁杏，靳孟贵，等. 水文地质学基础 ［M］. 北京：地质出版社，2011.

[31]　梁秀娟，迟宝明，王文科，等. 专门水文地质学. 第 4 版 ［M］. 北京：科学出版社，2016.

[32]　薛禹群，吴吉春. 地下水动力学. 第 3 版 ［M］. 北京：地质出版社，2010.

[33]　上海市政工程设计院. 给水排水设计手册. 第 3 册（城镇给水）. 第 2 版 ［M］. 北京：中国建筑工业出版社，2004.

[34]　中国市政工程西北设计院. 给水排水设计手册 第 11 册（常用设备）. 第 3 版 ［M］. 北京：中国

建筑工业出版社，2014.

[35] 雅·贝尔. 地下水水力学 [M]. 许娟铭，等译. 北京：地质出版社，1985.

[36] 高伟生，肖德极，宇振东. 环境地学 [M]. 北京：中国科学技术出版社，1992.

[37] 沈照理，朱宛华，钟佐燊. 水文地球化学基础 [M]. 北京：地质出版社，1993.

[38] 杨忠耀，王秉忱，活乃礼. 环境水文地质学 [M]. 北京：原子能出版社，1990.

[39] 刘兆昌，张兰生，聂永丰，等. 地下水系统的污染与控制 [M]. 北京：中国环境科学出版社，1991.

[40] 金伯欣，方子云. 水资源导论 [M]. 武汉：华中师范大学出版社，1991.

[41] 夏青，贺珍. 水环境综合整治规划 [M]. 北京：海洋出版社，1989.

[42] 水利部水政水资源司. 水资源保护管理基础 [M]. 北京：中国水利水电出版社，1996.

[43] 林年丰，李昌静，钟佐燊，等. 环境水文地质学 [M]. 北京：地质出版社，1990.

[44] 国家标准化管理委员会. 地下水质量标准（GB/T 14848—2017）[S]. 北京：中国标准出版社，2017.

[45] 中华人民共和国水利部. 2022 年中国水资源公报 [R/OL]. （2023-06-30）http：//www. mwr. gov. cn/sj/tjgb/szygb/202306/t20230630-1672556. html.

[46] 建设部. 岩土工程勘察规范（2009 年版）（GB 50021—2001）[S]. 北京：中国建筑工业出版社，2004.

[47] 董辅祥，董欣东. 城市与工业节约用水理论 [M]. 北京：中国建筑工业出版社，2000.

[48] 舒瓦尔（Shuval，H. I.）. 水的再净与再用 [M]. 邱中峙，等译. 北京：中国建筑工业出版社，1986.

[49] 张忠祥，钱易. 城市可持续发展与水污染防治对策 [M]. 北京：中国建筑工业出版社，1998.

[50] 陈家琦，王浩. 水资源学概论 [M]. 北京：中国水利水电出版社，1996.

[51] 金伯欣，方子云. 水资源导论 [M]. 武汉：华中师范大学出版社，1991.

[52] 董辅祥. 给水水源及取水工程 [M]. 北京：中国建筑工业出版社，1998.

[53] 吴文桂，洪世华. 城市水资源评价及开发利用 [M]. 南京：河海大学出版社，1988.

[54] 李广贺，刘兆昌，张旭. 水资源利用工程与管理 [M]. 北京：清华大学出版社，1998.

[55] 刘兆昌，李广贺，朱琨. 供水水文地质. 第 5 版 [M]. 北京：中国建筑工业出版社，2021.

[56] 周金全. 地表水取水 [M]. 北京：中国建筑工业出版社，1986.

[57] 住房和城乡建设部. 室外排水设计标准（GB 50014—2021）[S]. 北京：中国计划出版社，2021.

[58] 水利部水资源水文司. 水资源评价导则（SL/T 238—1999）[S]. 北京：中国水利水电出版社，1999.

[59] 住房和城乡建设部. 工业循环冷却水处理设计规范（GB/T 50050—2017）[S]. 北京：中国计划出版社，2017.

[60] 住房和城乡建设部. 城市排水工程规划规范（GB 50318—2017）[S]. 北京：中国建筑工业出版社，2017.

[61] 建设部. 城市污水处理工程项目建设标准（修订）（ZBBZH/CW）[S]. 北京：中国计划出版社，2001.

[62] 住房和城乡建设部. 城镇污水再生利用工程设计规范（GB 50335—2016）[S]. 北京：中国建筑工业出版社，2017.

[63] 住房和城乡建设部. 建筑中水设计标准（GB 50336—2018）[S]. 北京：中国建筑工业出版社，2018.

[64] 王继明. 给水排水管道工程 [M]. 北京：清华大学出版社，1989.

[65] 张智. 排水工程（上册）. 第 5 版 [M]. 北京：中国建筑工业出版社，2015.

［66］ James W. Mercer，David C. Skipp，Daniel Giffin. Basics of Pump-and-Treat Groundwater Remediation Technology. EPA-600/8-90/003，USA.

［67］ Randall J. Charbeneau，Philip B. Bedient，Raymond C. Loehr. Groundwater Remediation. Technomic Publishing Compony，USA，1992.

［68］ 钱正英，张光斗. 中国可持续发展水资源战略研究综合报告及各专题报告［M］. 北京：中国水利水电出版社，2001.

［69］ 刘昌明，陈志恺. 中国水资源现状评价和供需发展趋势分析［M］. 北京：中国水利水电出版社，2001.

［70］ 崔玉川，崔建国，梁月花，等. 城市与工业节约用水手册［M］. 北京：化学工业出版社，2002.

［71］ 国家市场监督管理总局，国家标准化管理委员会. 节水型企业评价导则（GB/T 7119—2018）［S］. 北京：中国标准出版社，2018.

［72］ 何俊仕，林洪孝. 水资源概论［M］. 北京：中国农业大学出版社，2006.

［73］ 任树梅. 水资源保护［M］. 北京：中国水利水电出版社，2003.

［74］ 史晓新，朱党生，张建永. 现代水资源保护规划［M］. 北京：化学工业出版社，2005

［75］ 谢新民，张海庆，等. 水资源评价及可持续利用规划理论与实践［M］. 北京：黄河水利出版社，2003.

［76］ 蒋辉，等. 专门水文地质学［M］. 北京：地质出版社，2007.

［77］ 曹剑峰，等. 专门水文地质学. 第3版［M］. 北京：科学出版社，2006.

［78］ 王浩，王建华，秦大庸. 流域水资源合理配置的研究进展与发展方向［J］. 水科学进展，2004，15（1）：123-128.

［79］ 黄君礼. 水分析化学. 第4版［M］. 北京：中国建筑工业出版社，2013.

［80］ 钟华平. 美国供用水情况介绍［J］. 南水北调与水利科技，2011，9（2）：137～139.

［81］ 景静可，李珠怀. 我国农业节水灌溉现状与对策建议［J］. 科技情报开发与经济，2013，23（20）：138～140.

［82］ 中国地质调查局. 供水水文地质手册［M］. 北京：地质出版社，2012.

［83］ 水利部水利水电规划设计总院. 中国水资源及其开发利用调查评价［M］. 北京：中国水利水电出版社，2014.

［84］ 甘日华. WHO和世界主要国家生活饮用水卫生标准介绍［J］. 中国卫生监督杂志，2007，14（5）：353～356.

［85］ WHO. Guidelines for Drinking-water Quality. Fourth Edition，2011.

［86］ 李宗来，宋兰合. WHO《饮用水水质准则》第四版解读［J］. 给水排水，2012，38（7）：9～13.

［87］ 陈卓，吴乾元，杜烨，等. 世界卫生组织《再生水饮用回用：安全饮用水生产指南》解读［J］. 给水排水，2018，44（6）：7～12.

［88］ 胡洪营，杜烨，吴乾元，等. 系统工程视野下的再生水饮用回用安全保障体系构建［J］. 环境科学研究，2018，31（7）：1163～1173.

［89］ 王浩，仇亚琴，贾仰文. 浅析变化环境下的水资源评价理论方法［J］. 水利发展研究，水利部发展研究中心成立10周年专辑，2010. 8，9～11.

［90］ 陈立华，王焰，关昊鹏. 气候因子对地表水资源量变化影响的定量分析［J］. 中国农村水利水电，2018（3）：1～7.

［91］ 中华人民共和国建设部. 供水水文地质勘察规范（GB 50027—2001）［S］. 北京：中国计划出版社，2001.

［92］ 国家市场监管总局，国家标准化管理委员会. 地下水资源储量分类分级（GB/T 15218—2021）［S］. 北京：中国标准出版社，2021.

[93] 住房和城乡建设部. 节水灌溉工程技术标准（GB/T 50363—2018）[S]. 北京：中国计划出版社，2018.

[94] 环境保护部. 饮用水水源保护区划分技术规范（HJ 338—2018）[S]. 北京：中国环境科学出版社，2018.

[95] 国家卫生健康委员会，国家市场监督管理总局. 食品安全国家标准 饮用天然矿泉水（GB 8537—2018）[S]. 北京：中国标准出版社，2018.

[96] 王浩. 中国水资源问题与可持续发展战略研究 [M]. 北京：中国电力出版社，2010.

[97] 闫大鹏. 非传统水资源利用技术及应用 [M]. 河南：黄河水利出版社，2013.

[98] 住房和城乡建设部. 城镇供水管网漏损控制及评定标准（CJJ 92—2016）[S]. 北京：中国建筑工业出版社，2016.

[99] 崔建国，张峰，陈启斌，等. 城市水资源高效利用 [M]. 北京：化学工业出版社，2015.

[100] 国家海洋局. 海水循环冷却系统设计规范 第1部分：取水技术要求（HY/T 187.1—2015）[S]. 北京：中国标准出版社，2015.

[101] 国家市场监督管理总局，国家标准化管理委员会. 水平衡测试通则（GB/T 12452—2022）[S]. 北京：中国标准出版社，2022.

[102] 李慧，丁跃元，李原园，等. 新形势下我国节水现状及问题分析 [J]. 南水北调与水利科技，17（1），2019.

[103] 中华人民共和国住房和城乡建设部. 城市节水评价标准（GB/T 51083—2015）[S]. 北京：中国建筑工业出版社，2015.

[104] 胡洪营. 中国城镇污水处理与再生利用发展报告（1978—2020）[M]. 北京：中国建筑工业出版社，2021.

高等学校给排水科学与工程学科专业指导委员会规划推荐教材

征订号	书名	作者	定价（元）	备注
40573	高等学校给排水科学与工程本科专业指南	教育部高等学校给排水科学与工程专业教学指导分委员会	25.00	
39521	有机化学（第五版）（送课件）	蔡素德等	59.00	住建部"十四五"规划教材
41921	物理化学（第四版）（送课件）	孙少瑞、何洪	39.00	住建部"十四五"规划教材
42213	供水水文地质（第六版）（送课件）	李广贺等	56.00	住建部"十四五"规划教材
42807	水资源利用与保护（第五版）（送课件）	李广贺	63.00	住建部"十四五"规划教材
27559	城市垃圾处理（送课件）	何品晶等	42.00	土建学科"十三五"规划教材
31821	水工程法规（第二版）（送课件）	张智等	46.00	土建学科"十三五"规划教材
31223	给排水科学与工程概论（第三版）（送课件）	李圭白等	26.00	土建学科"十三五"规划教材
32242	水处理生物学（第六版）（送课件）	顾夏声、胡洪营等	49.00	土建学科"十三五"规划教材
35780	水力学（第三版）（送课件）	吴玮、张维佳	38.00	土建学科"十三五"规划教材
36037	水文学（第六版）（送课件）	黄廷林	40.00	土建学科"十三五"规划教材
36442	给水排水管网系统（第四版）（送课件）	刘遂庆	45.00	土建学科"十三五"规划教材
36535	水质工程学（第三版）（上册）（送课件）	李圭白、张杰	58.00	土建学科"十三五"规划教材
36536	水质工程学（第三版）（下册）（送课件）	李圭白、张杰	52.00	土建学科"十三五"规划教材
37017	城镇防洪与雨水利用（第三版）（送课件）	张智等	60.00	土建学科"十三五"规划教材
37679	土建工程基础（第四版）（送课件）	唐兴荣等	69.00	土建学科"十三五"规划教材
37789	泵与泵站（第七版）（送课件）	许仕荣等	49.00	土建学科"十三五"规划教材
37788	水处理实验设计与技术（第五版）	吴俊奇等	58.00	土建学科"十三五"规划教材
37766	建筑给水排水工程（第八版）（送课件）	王增长、岳秀萍	72.00	土建学科"十三五"规划教材
38567	水工艺设备基础（第四版）（送课件）	黄廷林等	58.00	土建学科"十三五"规划教材
32208	水工程施工（第二版）（送课件）	张勤等	59.00	土建学科"十二五"规划教材
39200	水分析化学（第四版）（送课件）	黄君礼	68.00	土建学科"十二五"规划教材
33014	水工程经济（第二版）（送课件）	张勤等	56.00	土建学科"十二五"规划教材
29784	给排水工程仪表与控制（第三版）（含光盘）	崔福义等	47.00	国家级"十二五"规划教材
16933	水健康循环导论（送课件）	李冬、张杰	20.00	
37420	城市河湖水生态与水环境（送课件）	王超、陈卫	40.00	国家级"十一五"规划教材
37419	城市水系统运营与管理（第二版）（送课件）	陈卫、张金松	65.00	土建学科"十五"规划教材
33609	给水排水工程建设监理（第二版）（送课件）	王季震等	38.00	土建学科"十五"规划教材
20098	水工艺与工程的计算与模拟	李志华等	28.00	
32934	建筑概论（第四版）（送课件）	杨永祥等	20.00	
24964	给排水安装工程概预算（送课件）	张国珍等	37.00	
24128	给排水科学与工程专业本科生优秀毕业设计（论文）汇编（含光盘）	本书编委会	54.00	
31241	给排水科学与工程专业优秀教改论文汇编	本书编委会	18.00	

　　以上为已出版的指导委员会规划推荐教材。欲了解更多信息，请登录中国建筑工业出版社网站：www.cabp.com.cn 查询。在使用本套教材的过程中，若有任何意见或建议，可发 Email 至：wangmeilingbj@126.com。